Franke / Platzer

Rohrleitungen

Wilfried Franke
Bernd Platzer

Rohrleitungen

Grundlagen – Planung – Montage

3., aktualisierte Auflage

HANSER

Über die Autoren:
Prof. i. R. Dr.-Ing. habil. Wilfried Franke ist Lehrbeauftragter für Apparate und Anlagen an der Hochschule Merseburg (FH).
Prof. em. Dr.-Ing. habil. Bernd Platzer war Professor für Technische Thermodynamik an der Fakultät für Maschinenbau der TU Chemnitz.

MIX
Papier aus verantwortungsvollen Quellen
FSC® C083411

Print-ISBN: 978-3-446-48348-4
E-Book-ISBN: 978-3-446-48392-7

Bibliografische Information der Deutschen Nationalbibliothek:
Die Deutsche Nationalbibliothek verzeichnet diese Publikation in der Deutschen Nationalbibliografie; detaillierte bibliografische Daten sind im Internet unter http://dnb.d-nb.de abrufbar.

Kolbergerstraße 22 | 81679 München | info@hanser.de
www.hanser-fachbuch.de
Lektorat: Dipl.-Ing. Natalia Silakova-Herzberg
Herstellung: Frauke Schafft
Coverkonzept: Marc Müller-Bremer, www.rebranding.de, München
Covergestaltung: Thomas West
Titelmotiv: © gettyimages.de/seraficus
Satz: Eberl & Koesel Studio, Kempten
Druck: CPI Books GmbH, Leck
Printed in Germany

Vorwort

Das vorliegende Buch ist als Lehrbuch zum Gebrauch neben den Vorlesungen konzipiert. Es wendet sich vordergründig an Ingenieurstudenten, die einen verfahrenstechnisch orientierten Studiengang belegen. Erfahrungsgemäß sind in diesen Studiengängen – mehr oder weniger ausgeprägt – Lehrveranstaltungen zur Anlagen- und Apparatetechnik bzw. zur Rohrleitungstechnik integriert. Hier ist das Buch geeignet, das Selbststudium zu unterstützen. Von Studierenden mehr maschinenbaulich orientierter Studiengänge kann es ebenfalls mit Gewinn gelesen werden. Auch Praktiker können in ihm Anregungen zur Beantwortung anstehender Fragen finden.

Entsprechend dieser Ausrichtung sind zum Verständnis der behandelten Problematik und zum Nachvollziehen der aufgezeigten Lösungswege Kenntnisse der in den vorgelagerten Lehrveranstaltungen, z. B. Mathematik, Strömungslehre, Wärmelehre (Thermodynamik) und Technische Mechanik vermittelten Grundlagen erforderlich. Davon ausgehend und unter Berücksichtigung des einzuhaltenden Umfanges des Buches, wurde auf eine ausführliche Darstellung prägender Elemente dieser Lehrgebiete verzichtet. Im Buch ist die Anwendung dieser theoretischen Grundlagen auf ausgewählte Fragestellungen aus dem Gebiet der Rohrleitungstechnik vordergründig. Eine vollständige Behandlung aller hier relevanten ingenieurtechnischen Aspekte ist nicht möglich. Dafür sei auf die weiterführende Literatur verwiesen, für deren Nutzung das vorliegende Buch den Einstieg erleichtern soll.

Bei Verweis auf Normen ist stets deren neueste Ausgabe zu nutzen, das gilt auch für andere im Text zitierte Regeln.

Die Autoren sind den Firmen zu Dank verpflichtet, die dieses Projekt durch Bereitstellung von Informationen und die Genehmigung für deren Veröffentlichung sowie durch praktische Hinweise tätig unterstützten. Insbesondere seien hier APRO Ingenieurbüro GmbH Leuna, Sikla GmbH VS-Schwenningen, Witzenmann GmbH Pforzheim sowie IMO Industriemontagen Merseburg GmbH genannt.

Dank gebührt dem Fachbereich Ingenieur- und Naturwissenschaften der Hochschule Merseburg (FH) für die Unterstützung bei der Fertigstellung des Manuskriptes. Besonderen Dank schulden die Autoren Herrn *Jochen Horn* vom Carl Hanser Verlag für seine Begleitung des Buchprojektes und sein stets gezeigtes Verständnis! Dank gilt auch Frau *Silke Wienhold*, die die nicht immer einfache Aufgabe übernahm und hervorragend löste, dem Text und den Skizzen die rechte Form zu geben.

Juni 2014

Wilfried Franke, Merseburg

Bernd Platzer, Chemnitz

Vorwort zur 3. Auflage

Das Vorhaben des Verlags, eine neue Auflage zu editieren, bot die Möglichkeit, einige Korrekturen am Text vorzunehmen.

Diese Auflage berücksichtigt die EU-Richtlinie 2019/882, nach welcher die Produkte des Verlags barrierefrei zu gestalten sind. Diese Vorgaben dienen dazu, die digitalen Inhalte (E-Book) für automatisierte Lesesoftware aufzubereiten. Insbesondere waren Bilder und Diagramme mit sogenannten Alternativtexten zu versehen, die partiell auch mit KI-Unterstützung seitens des Verlags generiert wurden.

Für die gute Zusammenarbeit dem Verlagsteam zu danken, ist den Autoren ein Bedürfnis.

Januar 2025

Wilfried Franke, Merseburg

Bernd Platzer, Chemnitz

Inhalt

1 Rohre und Armaturen

1.1 Rohre

Rohrleitungen sind fester Bestandteil von Produktions- sowie von Ver- bzw. Entsorgungsanlagen. Das **Rohr** selbst ist ein sehr altes Bauelement, das z. B. als Trag- und Stützelement, als Blas- und Trinkrohr sowie für die Weiterleitung von Stoffen eingesetzt wird. Die älteste bekannte Rohrleitung wurde in der Stadt Habuka Kabira im Euphrat-Gebiet gefunden. Die Wasserversorgung war bestimmend für die Bildung von Städten, für die Be- und Entwässerung, die Abfallentsorgung und die Brandbekämpfung. Die Rohre bestanden zunächst aus Holz, Fasern und Steinen. Das bisher mit ca. 4700 Jahren älteste Metallrohr (Kupfer) wurde in einem ägyptischen Tempel gefunden. Da Rohre nur mit endlicher Länge gefertigt werden konnten, bestand das Problem der Verbindung und der Dichtung an den Stößen. Die Römer lösten dies mit Ton und Kalk. Römische Schriftquellen belegen das Gießen von Blechen mit genormter Breite und das Zusammenbiegen der Bleche zu Rohren von 25 ... 300 mm Durchmesser. Aus römischer Zeit sind sogar Flussunterquerungen, sog. Düker, bekannt (bei Lyon 2,5 km lang, 20 parallele Bleirohre). Das im Jahre 97 erschienene Buch „De aquis urbis Romae" von *Sextus Julius Frontinus* (geb. etwa 35 bis 40 n. Chr., gest. 103) zeigt, dass schon damals grundlegende Zusammenhänge zwischen Rohrquerschnitt, Volumenstrom und Druckabfall bekannt waren.

Eine **Rohrleitung** muss Temperatur, Druck und Korrosion standhalten. Werkstoffe für Rohre sind heutzutage vorwiegend Stahl, Kunststoffe, zementgebundene Werkstoffe und in Laboren und Versuchshallen auch Glas. In Chemieanlagen beträgt der Planungsaufwand für Rohrleitungen zwischen 20 und 40 % des Gesamtaufwandes. Überschlägig schätzt man für Chemieanlagen die *Kosten des Rohrleitungsmaterials einer Anlage*, also Rohre einschließlich der Rohrleitungselemente und der Halterungen, auf 20 ... 50 % der Kosten der Hauptausrüstungen (Apparate und Maschinen) der

Anlage, die *Kosten der Rohrleitungsmontage* auf etwa 15 ... 30 % der Kosten der Hauptausrüstungen [80, 94]. Diese Montagekosten werden größer, wenn es sich um Hochdruck-Rohrleitungen oder Rohrleitungen aus hochlegierten Stählen oder um komplizierte Rohrleitungssysteme handelt.

Unter **Rohrleitungsbau** versteht man die Arbeitsverrichtungen von der Planung bis zur Realisierung einer Rohrleitung. Tabelle 1.1 vermittelt einen Überblick über die Abfolge der einzelnen Arbeitsverrichtungen und verweist auf die Kapitel im Buch, in denen dazu nähere Ausführungen enthalten sind.

Tabelle 1.1 Systematisches Vorgehen bei Rohrleitungsbauprojekten mit Verweisen, in welchen Buchabschnitten dazu Aussagen enthalten sind

Sachgebiet	Buchbezug
Konzeptionsphase	
Definition des Projekts ▪ Standort mit Umweltbedingungen ▪ Technologie einschließlich der Festlegung von Hilfsprozessen ▪ Ausdehnung und Anordnung ▪ verwendete Medien mit Definition der Durchsätze und Betriebsbedingungen ▪ Realisierungszeitraum	
Festschreibung technologischer Randbedingungen ▪ Charakterisierung der zu fördernde Medien (Aggressiv gegenüber Rohrmaterial? Aggregatzustand? Aggregatzustandsänderung? Entmischung? Ein-/mehrphasig? *Newton*sches Medium? Einzubauende Apparaturen? Mess-, Steuer, Regelungstechnik? Isolierung? Ablagerungen (Fouling)? Reinigungsmöglichkeit? Sterilisierbarkeit? ...)	
Verlegungsplan ▪ einfache Leitung oder Leitungsnetz? Mehrere Einspeisestellen/Verbraucher?	
Betriebsweise ▪ Dauerbetrieb? Stationär/periodisch/intermittierend?	

Sachgebiet	Buchbezug
Hydrodynamische Auslegung	
Charakterisierung der stationären Strömung inkompressibler Medien	
▪ Phasenverhältnisse	Abschnitt 2.1
▪ Fließgesetz (*Newton*sch, *Bingham*-Fluid, ...)	Tabelle 2.1
▪ Strömungsregime (laminar, turbulent)	Tabelle 2.1
▪ instationäre Strömung	Abschnitt 2.4
▪ Wandrauigkeit (Alterung/Ablagerungen/Korrosion berücksichtigen)	Tabelle 2.2
▪ Ermittlung Rohrreibungsbeiwert	Abschnitt 2.2.1
▪ Zusammentragen relevanter Widerstandsbeiwerte	Abschnitt 2.2.2, A2
▪ Berechnung Rohrdurchmesser nach strömungstechnischen Gesichtspunkten und unter Berücksichtigung der Ergebnisse der Wanddickenberechnung (Achtung: ökonomisch sinnvolle Geschwindigkeitsbereich beachten, berechnete Durchmesser an genormte Größen anpassen)	Abschnitt 2.2.4, 2.2.6, 3.1 Tabelle 2.12
▪ Förderenergiebereitstellung (Hoch-, Druckspeicher, Pumpen, Verdichter)	Abschnitt 2.2.4, 2.2.5
▪ Ventilauslegung	Abschnitt 2.2.7, 2.2.8
▪ Vermeidung Strömungsabriss und Kavitation	Abschnitt 2.2.9
Rohrleitungsnetzberechnung	Abschnitt 2.2.11
Strömung kompressibler Medien	Abschnitt 2.3
Strömung verdünnter Gase	Abschnitt 2.3.2
Dampfleitungen	Abschnitt 2.3.3
Kraftwirkungen von Strömungen	Abschnitt 2.5

Tabelle 1.1 Systematisches Vorgehen bei Rohrleitungsbauprojekten mit Verweisen, in welchen Buchabschnitten dazu Aussagen enthalten sind *(Fortsetzung)*

Sachgebiet	Buchbezug
Konstruktiv-gestalterische Auslegung	
Spannungsbeanspruchung von Rohren	
▪ Auswirkung des Innendrucks	Abschnitt 3.1
▪ Auswirkung thermischer Längenänderung	Abschnitt 4.3
Berechnung von Wanddicken	
Dicke gerader Rohrstücke unter Beachtung	
▪ der Herstellungsmethode (nahtlos, geschweißt, ...)	Abschnitt 1.1
▪ der Art der Belastung (stationär, periodisch, intermittierend, ...)	Abschnitt 3.1.3
▪ der Bestellwanddicke	Abschnitt 3.1.4
Wanddicke von Rohrbögen	
▪ Druckbelastung	Abschnitt 3.3
▪ Belastung durch thermische Ausdehnung	Bild 4.49 ff.
Wanddicke von T-Stücken und Abzweigungen	Abschnitt 3.4
Flansche	
▪ Abdichtungen	Abschnitt 3.2
▪ Flanschdimensionierung	Bild 3.8 ff.
▪ Schraubendimensionierung	Formel 3.70 ff.
im System zu kompensierende Kräfte	
▪ Strömungskräfte	Abschnitt 2.5
▪ Eigengewicht und äußere Kräfte	
▪ Durchbiegung	Abschnitt 4.2
▪ Stützweite in Abhängigkeit der Lagerungsart	Abschnitt 4.2
▪ Druckspannung infolge thermischer Beanspruchung	Abschnitt 4.4.3, 4.4.4
▪ Dehnungsausgleicher	Abschnitt 4.4.1, 4.4.2
Verlegung von Rohrleitungen	
▪ Rohrhalterungen	Abschnitt 4.1
▪ Rohrbrücken	Abschnitt 5.3.2.2
▪ Erdverlegung	

Sachgebiet	Buchbezug
Wärmetechnische Auslegung	
Wärmeausdehnung	
▪ Änderung der Abmessungen durch wechselnde Temperaturen oder Unterschiede zwischen Montage – und Betriebstemperaturen	Abschnitt 2.8.1
▪ Verformung von eingespannten Rohrleitungen infolge Wärmeausdehnung	Abschnitt 4.4.3
▪ Kompensation von Längenänderungen	Abschnitt 4.4.1, 4.4.2
Beschreibung der Ursachen des Wärmeaustauschs mit der Umgebung	
▪ Wärmeleitung	Abschnitt 2.8.2
▪ konvektiver Wärmeübergang	Abschnitt 2.8.3
▪ Wärmedurchgang	Abschnitt 2.8.4
▪ Wärmestrahlung	Abschnitt 2.8.5
Maßnahmen mit Ziel Erhöhung des Wärmeaustauschs	
▪ stärkere Anströmung	Abschnitt 2.8.3
▪ Erhöhung der Leitfähigkeit des Materials	Tabelle 2.29, 2.30
▪ Rippenrohre	Abschnitt 2.8.4.2
Maßnahmen mit Ziel Verringerung des Wärmeaustauschs (Isolierung)	
▪ Auswahl Isoliermaterial	Tabelle 2.31, 2.42
▪ Bestimmung ökonomischer Isolierdicke	Bild 2.29
▪ Befestigung der Isolierung	
Weitere Fragestelllungen	
Leckage	Abschnitt 2.6
Verweilzeitverteilung	Abschnitt 2.7
Druckstöße	Abschnitt 2.5.2

Tabelle 1.1 Systematisches Vorgehen bei Rohrleitungsbauprojekten mit Verweisen, in welchen Buchabschnitten dazu Aussagen enthalten sind *(Fortsetzung)*

Sachgebiet	Buchbezug
Rohrleitungsmontage	
Montageplanung	
▪ Aufstellungspläne	Abschnitt 5.3
▪ Montagefreiheit	Abschnitt 5.2
▪ Montageablaufplanung	Bild 5.11 ff.
▪ Montageablauf	Abschnitt 5.3.2
▪ Vorfertigung	Abschnitt 5.4
Funktionssicherheit	
▪ Schweißnähte	Abschnitt 5.3.3.2
▪ Entlüftung, Entleerung, Kondensatabscheider, Rückflussverhinderung, Druckbegrenzung	Abschnitt 1.2
▪ Rohrreinigung	Abschnitt 5.3.3.3
▪ Entrosten	Abschnitt 5.3.3.4
▪ Qualitätssichernde Maßnahmen bei der Montage	Abschnitt 5.3.3
Abnahme	
Drucktest	
Dichtheitstest	Abschnitt 5.3.3.5
Bescheinigungen	

Der Rohrleitungsbau erfordert Kenntnisse aus den Gebieten Strömungsmechanik, Wärmelehre, Festigkeitslehre, Fertigungstechnik (Trennen, Fügen), Ökonomie, Qualitätsmanagement u. a. sowie die Bereitstellung unterschiedlicher Daten. Diese Verflechtung zeigt Bild 1.1.

Rohrleitungsteile sind neben den Rohren im Wesentlichen die Formstücke, Verbindungselemente, Armaturen und Halterungen. Im Bedarfsfall kommen Isolierung und Rohrbrücken dazu. Basierend auf der **technologischen Auslegung** (Ermittlung des Durchmessers, Auswahl der Pumpen, Festlegung der Armaturen und der Regelungstechnik, Isolierdickenermittlung) folgt die **konstruktive Auslegung** (Werkstoffauswahl, Wandstärkenermittlung, Durchbiegung, Trassenführung, Dehnungsausgleich). Der Abschluss dieser Arbeiten ermöglicht das Aufstellen von Stücklisten als Grundlage für die Bestellung, die Montage und letztlich die Inbetriebnahme.

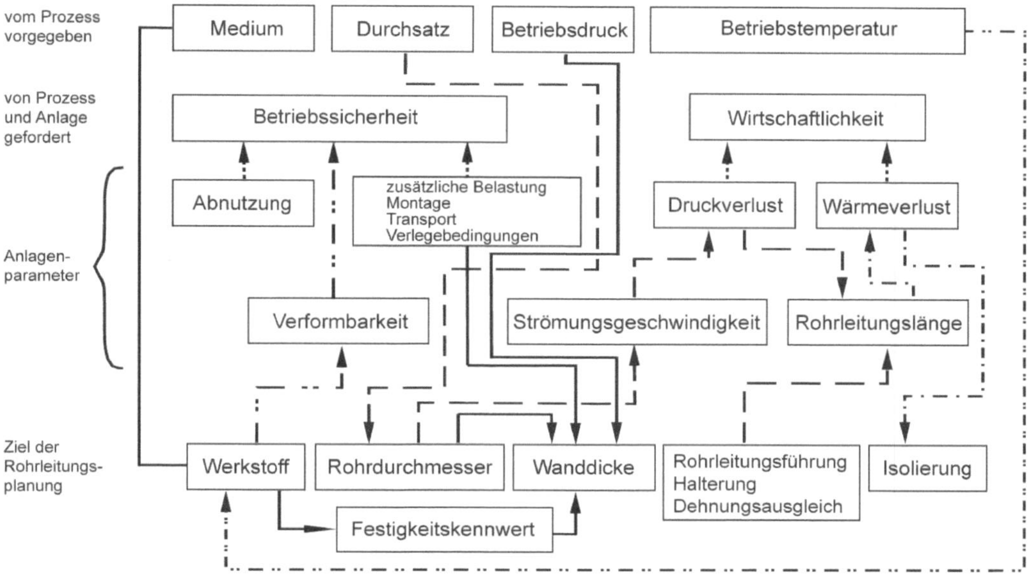

Bild 1.1 Verflechtungen bei der Rohrleitungsplanung

Die Vielfalt der Elemente einer Rohrleitung erfordert zwingend eine **Normung**. Normen repräsentieren den Stand der Technik und sind z. B. im DIN-Normenwerk und in AD-Merkblättern (Arbeitsgemeinschaft Druckbehälter) zu finden. Hinweis: Die hierzu erlassenen Technischen Regeln, z. B. die Technischen Regeln für brennbare Flüssigkeiten TRbF, sind ab dem 01. 01. 2013 nicht mehr verbindlich. Für die praktische Arbeit können sie aber noch als Orientierung dienen. Außerdem existieren spezielle Auslegungsvorschriften der Berufsgenossenschaften und Verbände. Zu den zu berücksichtigenden DIN-Normen gehören wiederum Grundnormen für Rohrleitungen, Normen für Rohre, Formstücke, Flansche, Dichtungen, Schrauben, Armaturen, Anwendungsnormen, schweißtechnische Normen u. a. Für Projekte im Ausland sind die dort geltenden Normen zu beachten.

Entsprechend dem Stand der Technik sind die Normen ebenfalls einer Weiterentwicklung unterworfen. Das ist bei der praktischen Arbeit unbedingt zu beachten, d. h., es sind stets die neuesten gültigen Vorschriften zu berücksichtigen. Eine Zusammenstellung der Normen ist in Bild 1.2 gegeben.

Richtlinien, Gesetze, Verordnungen	
Richtlinie über Druckgeräte	RL 97/23/EG; RL 2014/68/EU
Druckgeräteverordnung (14. Verordnung zum ProdSG)	DruckgeräteV
Technische Grundlagen	
Graphische Symbole für technische Zeichnungen, Rohrleitungen - Allgemeines - Funktionelle Darstellungen	DIN 2429-1 DIN 2429-2
Leitfaden für die Beschaffung von Ausrüstungen für Kraftwerke, Rohrleitungen und Armaturen - Hochdruckrohrleitungen - Kessel- und Rohrleitungs-Armaturen	DIN EN 45510-7-1 DIN EN 45510-7-2
Rohrleitungsteile, Definition und Auswahl von DN (Nennweite)	DIN EN ISO 6708
Fluidtechnik, Nenndrücke	ISO 2944
Kennzeichnung von Rohrleitungen nach Durchflußstoff	DIN 2403
Metallische industrielle Rohrleitungen	
Allgemeines	DIN EN 13480-1
Werkstoffe	DIN EN 13480-2
Berechnung und Konstruktion	DIN EN 13480-3
Herstellung	DIN EN 13480-4
Prüfung und Inspektion	DIN EN 13480-5
Zusätzliche Prüfungen an erdgedeckten Rohrleitungen	DIN EN 13480-6
Anleitung für den Gebrauch des Konformitätsbewertungs-verfahrens	DIN EN 13480-7
Zusatzanforderungen an Rohrleitungen aus Aluminium	DIN EN 13480-8
Technische Grundnormen	
Begriffsbestimmung zur Stahleinteilung	DIN EN 10020
Bezeichnungssysteme für Stähle - Kurznamen - Nummernsystem	DIN EN 10027-1 DIN EN 10027-2
Bezeichnungssysteme für Stähle, Zusatzsymbole	CR 10260
Maße und längenbezogene Masse für nahtlose und geschweißte Stahlrohre	DIN EN 10220
Eisen- und Stahlwerkstoffe, Arten von Prüfbescheinigungen	DIN EN 10204

Bild 1.2 Normen für Rohrleitungen, zusammengestellt von Mußmann [87], Stand: 11. 08. 2015

Öffentliche verfügbare Spezifikationen	
Rohrklassen für verfahrenstechnische Anlagen	
- Grundlagen für das Erstellen von Rohrklassen auf Basis von EN 13480	PAS 1057-1
- Formstücke - Sonderbauformen	PAS 1057-5
- Techn. Lieferbedingungen für Rohrbauteile aus leg. u. unleg. Stählen mit festgelegten Eigenschaften bei höheren Temperaturen, Gruppe 1.1 und 1.2 (CR ISO 15608)	PAS 1057-10
- Techn. Lieferbedingungen für Rohrbauteile aus austenitischen nichtrostenden Stählen, Gruppe 8.1 (CR ISO 15608)	PAS 1057-11
- Standardrohrklassen PN 10 bis PN 100 Rohrbauteile aus unleg. und leg. Stählen mit festgelegten Eigenschaften bei höheren Temperaturen; Gruppe 1.1 und 1.2 und austenitischen nichtrostenden Stählen, Gruppe 8.1 (CR ISO 15608)	PAS 1057-100
Nahtlose druckgeführte Rohre	
aus unlegierten Stählen mit festgelegten Eigenschaften bei Raumtemperatur	DIN EN 10216-1
aus unlegierten und legierten Stählen mit festgelegten Eigenschaften bei erhöhten Temperaturen	DIN EN 10216-2
aus legierten Feinkornbaustählen	DIN EN 10216-3
aus unlegierten und legierten Stählen mit festgelegten Eigenschaften bei tiefen Temperaturen	DIN EN 10216-4
aus nicht rostenden Stählen	DIN EN 10216-5
Geschweißte druckgeführte Rohre	
aus unlegierten Stählen mit festgelegten Eigenschaften bei Raumtemperatur	DIN EN 10217-1
aus unlegierten u. legierten Stählen mit festgelegten Eigenschaften bei erhöhten Temperaturen	DIN EN 10217-2
aus legierten Feinkornbaustählen	DIN EN 10217-3
aus unlegierten Stählen mit festgelegten Eigenschaften bei tiefen Temperaturen	DIN EN 10217-4
UP-geschw. Rohre aus unlegierten u. legierten Stählen mit festgel. Eigenschaften bei erhöhten Temperaturen	DIN EN 10217-5
UP-geschw. Rohre aus unlegierten Stählen mit festgel. Eigenschaften bei tiefen Temperaturen	DIN EN 10217-6
aus nicht rostenden Stählen	DIN EN 10217-7
Blechmaterial und Schmiedeteile	
Schmiedestücke aus Stahl für Druckbehälter (allgem. Anforderungen, Ferritische u. Martensitische St., Nickel-St., Fk-St., martensitische, austenitische, Duplex Stähle	DIN EN 10222-1 bis -5
Flacherzeugnisse aus Druckbehälterstählen	DIN EN 10028-1 bis -6

Bild 1.2 *(Fortsetzung)*

Leitungsrohre für Gas und brennbare Flüssigkeiten	
Erdöl- und Erdgasindustrie - Stahlrohre für Rohrleitungstransportsysteme	DIN EN ISO 3183
Leitungsrohre für brennbare Medien – Anforderungsklasse C	DIN EN 10208-3
Rohrzubehör	
Stahlfittings mit Gewinde	DIN EN 10241
Tempergußfittings	DIN EN 10242
Formstücke zum Einschweißen aus unlegierten und legierten C-Stählen für Innendruckbelastung	DIN EN 10253-2
Formstücke zum Einschweißen aus nicht rostenden Stählen für Innendruckbelastung	DIN EN 10253-4
Kompensatoren mit metallischen Bälgen für Druckanwendungen	DIN EN 14917
Leitfaden für die Bestellung und Herstellung von Druckgeräten nach DGRL	
- Allgemeine Anforderungen	PAS 1010-1
- Unbefeuerte Behälter	PAS 1010-2
- Industrielle Rohrleitungen	PAS 1010-3
- Druckhaltende Ausrüstungsteile	PAS 1010-4
- Ausrüstungsteile mit Sicherheitsfunktion	PAS 1010-5
- Baugruppen	PAS 1010-6
Flansche und ihre Verbindungen	
Runde Flansche nach PN - aus Stahl	DIN EN 1092-1
- aus Gusseisen	DIN EN 1092-2
- aus Kupferlegierungen	DIN EN 1092-3
- aus Aluminiumlegierungen	DIN EN 1092-4
Dichtungen für Flansche mit PN-Bezeichnung - Flachdichtungen aus nichtmetallischen Werkstoff mit und ohne Einlagen	DIN EN 1514-1
- Spiraldichtungen	DIN EN 1514-2
- nichtmetallische Weichstoffdichtungen mit PTFE-Mantel	DIN EN 1514-3
- aus Metall mit gewelltem, flachem oder gekerbtem Profil	DIN EN 1514-4
- Kammprofildichtungen	DIN EN 1514-6
- Metallummanteldichte Dichtungen mit Auflage	DIN EN 1514-7
- Runddichtringe mit Auflage	DIN EN 1514-8

Bild 1.2 *(Fortsetzung)*

Regeln für die Auslegung von Flanschverbindungen mit runden Flanschen und Dichtungen	
- Berechnungsmethoden	DIN EN 1591-1
- Hintergrundinformationen	DIN EN 1591-1 Beibl. 1
- Dichtungskennwerte	DIN EN 1591-2
- Berechnungsmethode im Kraft-Nebenschluss	DIN CEN/TS 1591-3
- Qualifizierung von Personal zur Montage von Schraubverbindungen im Bereich der DGRL	DIN EN 1591-4
- Berechnungsmethode für Verbindung mit vollflächiger Dichtung	DIN CEN/TS 1591-5
Runde Flansche für Rohre, Armaturen, Formstücke und Zubehörteile, nach Class bezeichnet	
- Stahlflansche, NPS ½ bis 24	DIN EN 1759-1
- Flansche aus Kupferlegierungen	DIN EN 1759-3
- Flansche aus Aluminiumlegierungen	DIN EN 1759-4
Dichtungen für Flansche mit Class-Bezeichnung	
- Flachdichtungen aus nichtmetallischen Werkstoff mit und ohne Einlagen	DIN EN 12560-1
- Spiraldichtungen	DIN EN 12560-2
- Nichtmetallische Weichstoffdichtungen mit PTFE-Mantel	DIN EN 12560-3
- aus Metall mit gewelltem, flachem oder gekerbtem Profil	DIN EN 12560-4
- RTJ-Dichtungen aus Metall	DIN EN 12560-5
- Kammprofildichtungen	DIN EN 12560-6
- Metallummanteldichte Dichtungen mit Auflage	DIN EN 12560-7
Qualitätssicherungsprüfung und Prüfung von Dichtungen nach den Normen der Reihe EN 1514 und 12560	DIN EN 14772
Dichtungskennwerte und Prüfverfahren für die Anwendung der Regeln für die Auslegung mit runden Flanschen und Dichtungen	DIN EN 13555

Bild 1.2 *(Fortsetzung)*

Die Passfähigkeit der Elemente einer Rohrleitung miteinander wird durch zwei zentrale Größen gesichert, die in die **Maßnormen** eingearbeitet sind:

- *Nennweite:* Kurzzeichen DN (frz.: diamètre nominal) (alt: NW)

  Die **Nennweite** wird durch eine Zahl charakterisiert. Sie orientiert sich bezüglich ihrer Größe am lichten Durchmesser des Rohrs in Millimetern. Sie kennzeichnet aber nur die Rohrleitung insgesamt. Sie hat keine Einheit, sie darf nicht im Sinne einer Maßzahl zur Maßeintragung benutzt werden.

- *Nenndruck:* Kurzzeichen PN (frz.: pression nominale) (alt: ND)

  Der **Nenndruck** ist eine gerundete, auf den Atmosphärendruck bezogene Kennzahl, die sich an der Maßeinheit bar orientiert. Er gibt den Druck an, der bei 20 °C ertragen wird. Die Nenndrücke sind in DIN EN 13333[1] festgelegt. Der maximal zulässige Druck eines Rohrleitungsteils hängt von der PN-Stufe, dem Werkstoff, der Auslegung des Bauteils, der zulässigen maximalen Temperatur usw. ab.

Elemente mit gleichen DN- und PN-Werten sind mechanisch miteinander fügbar. So sind z. B. Flansche und Armaturen, die den Aufdruck DN 100 PN 10 tragen, kompatibel, sie haben die gleichen Anschlussmaße.

DN und PN beruhen auf **Normzahl-Reihen**. Sie ergeben sich aus der geometrischen Zahlenfolge $a, ax, ax^2, ax^3, \ldots, ax^n$. Der Stufensprung x ist konstant von Glied zu Glied der Reihe. Jede Dekade (1 … 10, 10 … 100 usw.) wird in 10 Intervalle geteilt. Für die erste Dekade gilt $a = 1$. Entsprechend der Bildungsvorschrift der geometrischen Reihe muss das letzte Glied der 1. Dekade bestimmt werden aus der 10. Potenz des Stufensprunges x, d. h. $10 = x^{10}$. Damit ist der Stufensprung zu berechnen: $x = \sqrt[10]{10} \approx 1,2589$. Für die erste Dekade folgen somit die in Tabelle 1.2 angegebenen Werte. Die zweite Dekade von 10 … 100 ist mit $a = 10$, die dritte mit $a = 100$ zu bilden.

Tabelle 1.2 Bestimmung der Intervalle in der ersten Dekade

$a = 1$	x^0	x^1	x^2	x^3	x^4	x^5	x^6	x^7	x^8	x^9	x^{10}
exakt	1	1,259	1,585	1,995	2,512	3,162	3,981	5,012	6,310	7,943	10,000
abgeleitet	1	1,25	1,6	2	2,5	3,15	4	5	6,3	8	10

Der Vergleich der dezimal-geometrischen Normzahlreihe mit den genormten DN- und PN-Werten zeigt, dass Abweichungen zwischen den theoretischen und den tatsächlich verwendeten Werten vorhanden sind. Während in einigen Bereichen die Übereinstimmung gut ist, gibt es im oberen DN-Bereich aus praktischen Erwägungen noch Zwischenwerte.

---

[1] In Bild 1.2 nicht enthalten.

Bevorzugte DN-Stufen aus der DIN EN ISO 6708 und PN-Stufen aus der DIN EN 13333 (Werte in Klammer: Schrittweite):

- DN-Stufen
  - DN 10
  - DN 15
  - DN 20
  - DN 25
  - DN 32
  - DN 40
  - DN 50
  - DN 60
  - DN 65
  - DN 80
  - DN 100
  - DN 125
  - DN 150 (50)
  - DN 500 (100)
  - DN 1200
  - DN 1400
  - DN 1500
  - DN 1600 (200)
  - DN 4000
- PN-Stufen
  - PN 1
  - PN 2,5
  - PN 6
  - PN 10
  - PN 16
  - PN 25
  - PN 40
  - PN 63
  - PN 100
  - PN 160
  - PN 250
  - PN 320
  - PN 400

Die DIN-Normen enthalten auch Angaben zu den **Herstellerlängen**, wobei Längenbereiche und Mindestdurchschnittslänge der Gesamtliefermenge vorgegeben sind (z. B. für Rohre aus unlegiertem Stahl Bereich 3...8 m/Durchschnitt 6 m, Bereich 4...12 m/Durchschnitt 8 m). Außerdem existieren Grenzabmaße für zulässige Längentoleranzen.

Die Kennzeichnung von Rohrleitungen erfolgt durch farblich gestaltete rechteckige Schilder, die eine in Fließrichtung weisende Spitze haben. Wechselnde Durchströmungsrichtungen zeigen zwei Spitzen an. Wortangaben können zur Ergänzung aufgeführt werden. Die Schildfarbe richtet sich nach DIN 2403, Tabelle 1.1, z. B. Wasser grün, Wasserdampf rot, Luft grau, Gase gelb, Säuren orange. Die Rohrleitungen selbst können neutrale Farben aufweisen.

Die Herstellungsverfahren hängen stark vom Rohrmaterial und der Rohrart ab. Die Fertigung **nahtloser Stahlrohre** erfolgt meist durch Warmformung, die in zwei Schritten durchgeführt wird:

- Lochen eines Blockes zu einem dickwandigen Hohlzylinder,
- Auswalzen des Hohlzylinders zum Rohr (Bild 1.3).

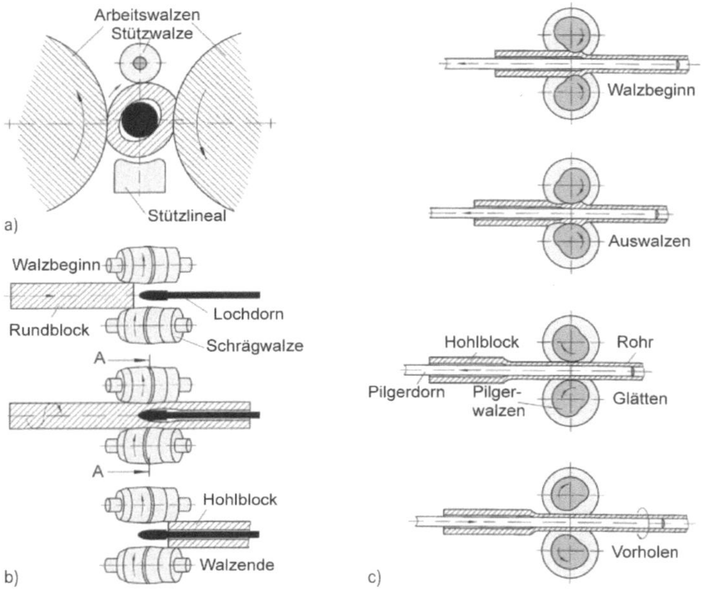

Bild 1.3 Mannesmann-Schrägwalz-Pilgerschrittverfahren [25].
a) Schnitt A-A, b) Lochen des Blockes, c) Auswalzen

Durch eine anschließende Kaltverformung (Bild 1.4) können spezielle Maße bis $d_a = 380$ mm, bessere Oberflächengüten u. a. erreicht werden. Dazu wird das Rohr durch einen Ziehring gezogen, dessen lichte Weite kleiner als der Rohraußendurchmesser d_a ist.

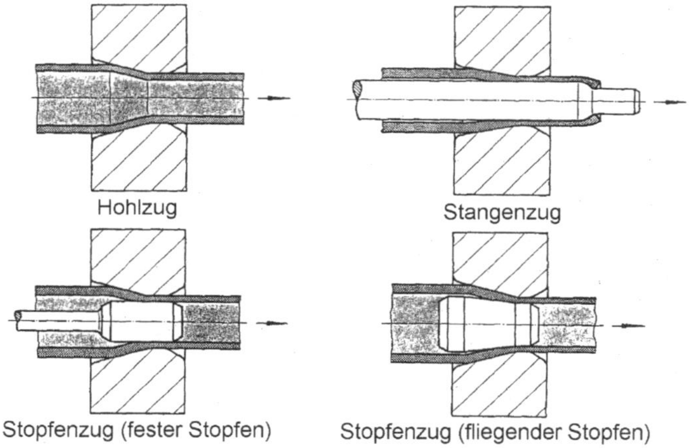

Bild 1.4
Kaltziehverfahren [25]

Das älteste Warmformverfahren ist das **Schrägwalz-Pilgerschrittverfahren**. Dieses Verfahren wurde um 1880 von den Brüdern *Mannesmann* entwickelt. Der Name leitet sich von der Echternacher Springprozession her: 3 Schritte vor und 2 zurück. Damit sind Rohre der Abmessungen $d_a = 60 \ldots 660$ mm, $s = 3 \ldots 125$ mm und $l \leq 30$ m herstellbar. Die Temperatur beim Pilgern beträgt etwa 1250...1300 °C. Eine Alternative für Rohrdurchmesser $d_a \approx 20 \ldots 230$ mm ist das **Strangpressverfahren** (Bild 1.5).

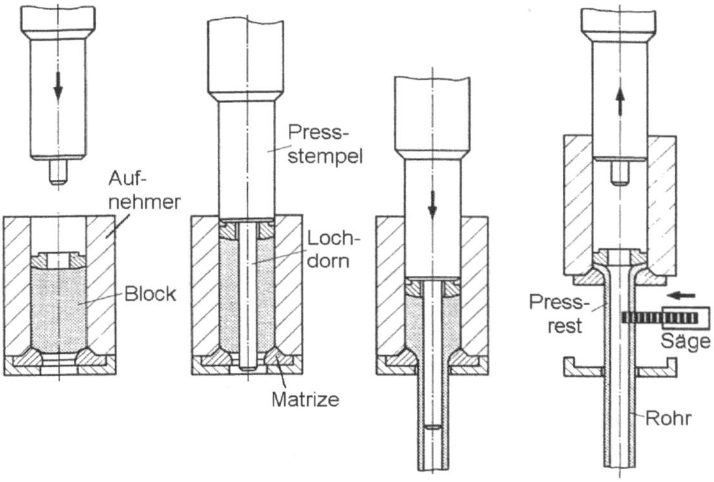

Bild 1.5 Abläufe beim Rohrstrangpressen [25]

Zur Herstellung von **Kunststoffrohren** kommen Extrudierverfahren zum Einsatz (Bild 1.6). Der **Extruder** besteht aus einer oder zwei angetriebenen Transportschnecken. Das zugegebene Pulver oder Granulat wird bis zum an die Schnecken anschließenden Formwerkzeug durch Reibung und eine Heizung auf die gewünschte Verarbeitungstemperatur gebracht. Das austretende Rohr erhält in einer Kühl- und Kalibriervorrichtung die genaue Abmessung. Danach wird es von einer Abzugsvorrichtung erfasst und einer Trenneinrichtung oder einer Ringbund-Wickelmaschine zugeführt. Rohre bzw. Ringbunde werden anschließend mit dem in den Lieferbedingungen vorgeschriebenen Prüfdruck auf Dichtheit geprüft. Nach dem Extrudierverfahren werden Druckrohre für Rohrleitungen bis zu etwa 400 mm und dünnwandige Rohre in Einzelfällen bis zu ca. 1000 mm Durchmesser hergestellt. Die Kunststoffrohre können in werkstoffspezifischen Temperaturbereichen spanlos umgeformt werden.

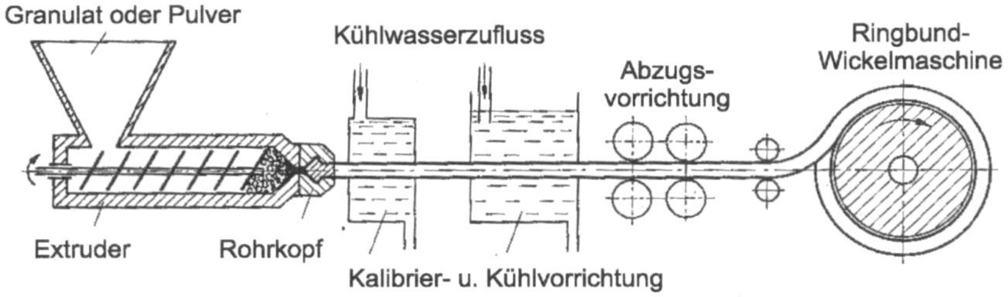

Bild 1.6 Extrudieren von Kunststoffrohren [95]

Tafeln und Bänder sind das Ausgangsmaterial für die Herstellung **geschweißter Rohre**. Das Blechumformen ist auf warmem oder kaltem Wege möglich. Wichtige Schweißverfahren sind das **Press-** und das **Schmelzschweißen**. Das **Fretz-Moon-Verfahren** wurde in England seit 1825 entwickelt. Seinen Abschluss fand es 1931 (Arbeitsgeschwindigkeit 100 ... 300 m/min, $d_a = 40 \ldots 114$ mm). Der hohen Produktionsgeschwindigkeit sind alle folgenden Arbeitsgänge (Entgraten, Druckprüfung) anzupassen. Die auf Schweißtemperatur erhitzten Kanten werden unter hohem Druck zusammengepresst und verschweißen damit (Bild 1.7).

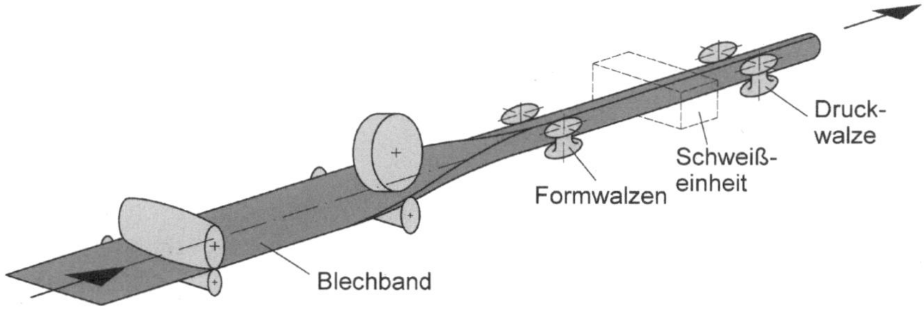

Bild 1.7 Technologie des Umform- und Fügeprozesses für pressgeschweißte Rohre [43]

Für größere Rohrdurchmesser ($d_a = 500 \ldots 2500$ mm) wendet man das Spiralnaht-Schweißen an. Das Halbzeug ist hier ein Blechband, dessen Bandbreite nicht mit dem Rohrumfang übereinstimmt. Maßgebend ist die Schrägstellung des Blechbandes (Einlaufwinkel) gegenüber der Rohrachse (Bild 1.8).

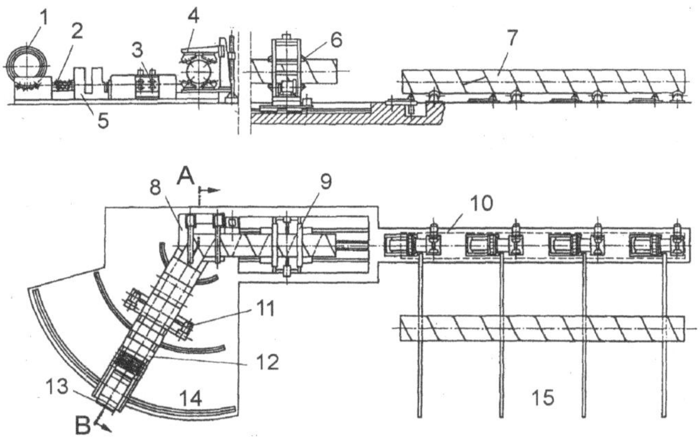

Bild 1.8 Fertigungsprinzip für Spiralnahtrohre [95]. 1, 13 Ringbund; 2, 14 Richtmaschine; 3, 11 Treibwalzen; 4, 8 Formteil mit Schweißköpfen für Innen- und Außenschweißung; 5, 12 Schopfschere und Stumpfschweißeinrichtung; 6, 9 Rohrtrennvorrichtung; 7 fertiges Rohr; 10 Rollgang mit Auswerfer; 15 Auslaufrost

1.2 Armaturen

Armaturen bewirken eine Massenstromveränderung durch mechanische Beeinflussung der Geometrie des Durchflussquerschnitts. Sie erfüllen verschiedene Aufgaben:

- *Absperren/Öffnen*

  Auf- und Zu-Funktion, Forderungen beim Absperren: geringe Leckage, Forderungen beim Öffnen: minimaler Druckverlust,

- *Stellen/Regeln*

  zeitabhängige Veränderung des Massenstroms bzw. Konstanthalten eines Parameters bei sich ändernden Prozessbedingungen,

- *Sichern*

  Unterbindung unzulässiger Betriebszustände (z. B. Vermeidung unzulässiger Drucküberschreitungen, Verhinderung des Rückstroms).

Die Art der Armatur und deren spezielle Gestaltung richten sich nach den von der Anlage vorgegebenen Parametern. Dazu zählen PN, DN, chemische Beständigkeit, geringe Korrosion und Verschleißfestigkeit, aber auch die Instandhaltungsfreundlichkeit. Außerdem werden Lösungen für sehr kleine bis zu sehr großen Volumenströmen sowie von sehr niedrigen bis zu sehr hohen Druckdifferenzen und Temperaturen benötigt.

Je nach Ausführung unterscheidet man Ventile, Schieber, Hähne und Klappen, die für die soeben genannten Aufgaben unterschiedlich gut geeignet sind (Tabelle 1.3). Einsatzbereiche zeigt Tabelle 1.4.

Tabelle 1.3 Bewertung der Armaturengrundtypen für Absperraufgaben (+ günstig, o eingeschränkt, – ungünstig) [104]

Anforderung	Ventil	Schieber	Hahn	Klappe
Dichtheit	+	+	o	o
Druckverlust	–	+	+	o
Verschleiß	o	o	o	o
Reparaturaufwand	–	–	–	o
Einsatzbereich				
▪ Druck	+	o	o	–
▪ Nennweite	o	+	–	o
▪ Temperatur	+	+	o	o

Tabelle 1.4 Einsatzbereiche und Eigenschaften von Armaturen

Eigenschaften / Typ	Einsatzbereich	Druckverlust	Nennweite	Medium	Einsatzgebiet
Schieber	bis ≈ PN 400, 500 °C	gering, $\zeta \approx 0{,}2 \dots 0{,}3$	bis zur größten	Dampf, Wasser	Wasserverteilung, Kraftwerke
Ventile	< PN 1000, 600 °C	hoch, $\zeta \approx 2 \dots 6$	kleine	Flüssigkeiten, Gase	sämtliche Industrien
Membranventile	< PN 10, < 100 °C, je nach Membranmaterial	gering, $\zeta \approx 0{,}3 \dots 0{,}5$	kleine	aggressive Flüssigkeiten	Verfahrenstechnik
Kugelhähne, Hähne	bis ≈ PN 320 ... 400, bis ≈ 200 °C	sehr gering, $\zeta \approx 0{,}1 \dots 0{,}5$	kleine; große für Gase	Gase, Flüssiggase, Öl	Hydraulik, Gaspipeline
Klappen	bis ≈ PN 16, < 200 °C, je nach Dichtungsmaterial	gering	große	Flüssigkeiten aller Art	Verfahrenstechnik, Wasserbau

1.2.1 Sperr- und Regeleinrichtungen

Schieber (Skizzen in Tabelle A2) werden für größere Nennweiten und alle Nenndrücke angeboten. Sie sind strömungstechnisch günstig, da sie geöffnet den gesamten Querschnitt freigeben und den Fluidstrom nicht umlenken. Vorteilhaft ist auch die geringe Baulänge. Nachteilig sind die lange Betätigungszeit, der Reibverschleiß der Dichtflächen, die großen Bedienungskräfte und die große Bauhöhe, da die Freigabe des Gesamtquerschnitts einen großen Hub erfordert. Eine Bypass-Leitung zum Druckausgleich ist sinnvoll.

Doppel- oder **Einzelplatten-Schieber** werden z. B. in Ferngasleitungen mit $p \leq 70$ bar und DN ≤ 1200 eingesetzt, der Armaturenabstand im Gelände beträgt 12 ... 15 km. Ab DN 600 erfolgt ein elektrischer Antrieb, was zu einer Verteuerung führt. Deshalb kommen häufiger Kugelhähne zum Einsatz, die manuell betätigt werden können.

Ventile werden ebenso wie Schieber und Hähne zum Absperren von Rohrleitungen verwendet, sie sind jedoch auch zum Drosseln und bis zu höchsten Nenndrücken sehr gut geeignet. Ventile haben in der Regel kleinere Nennweiten sowie gegenüber Schiebern und Hähnen den Nachteil einer ziemlich großen Umlenkung der Strömung. Daraus resultiert ein großer Druckverlustbeiwert. Die Ventile haben im Gegensatz zu Schiebern keine Reibung der Sitzflächen beim Öffnen und Schließen.

Ein Ventil besteht aus dem Gehäuse, dem Abschlusskörper und der Antriebsspindel (Bild 1.9). Das Medium tritt in das Ventil ein und durchströmt von unten die Öffnung, die durch den Abschlusskörper verschlossen werden kann. Das Ventil hat nur eine Durchflussrichtung. Dadurch wird die Spindel nur auf Druck beansprucht. Der Hub der Spindel beträgt etwa $H = d/4$, weil dann wegen $\pi\, d^2/4 = \pi\, d\, H$ die Ringfläche oberhalb der Ventilöffnung bei offener Ventilstellung dem Kreisquerschnitt der Ventilöffnung entspricht. Auf diese Weise wird versucht, das Medium mit annähernd gleicher Geschwindigkeit durch das Ventil zu führen, damit keine weiteren Druckverluste entstehen.

Beim Eckventil liegen die Anschlüsse im rechten Winkel zueinander. Das strömende Medium wird um 90° umgelenkt. Eckventile können auch gleichzeitig als Rückschlagventil ausgebildet sein. Schrägsitzventile, bei denen die Achse der Spindel nicht senkrecht zur Strömungsrichtung, sondern in einem Winkel von etwa 45° steht, weisen wegen der geringeren Umlenkung der Strömung einen nicht so hohen Druckverlust wie Geradsitzventile auf. Bei den Ventilsitzen werden unterschiedliche Ausführungen (Kolben, Teller-, Kegelventil) eingesetzt. Die Form des Ventilsitzes und des Stellkörpers beeinflusst die Energieumsetzung im Ventil.

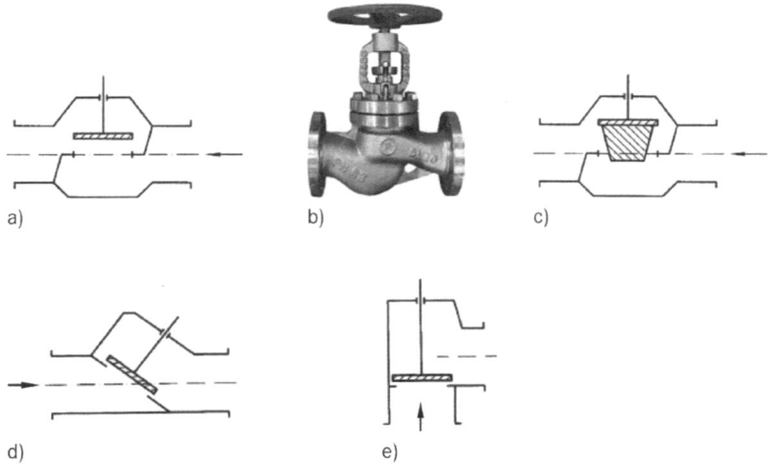

Bild 1.9 Prinzipielle Ventilbauarten. a) Geradsitzventil – Schnittdarstellung, b) Geradsitzventil – Ansicht [Fromme Armaturen GmbH & Co. KG], c) Kegelventil, d) Schrägsitzventil, e) Eckventil

Der Einsatz von **Membranarmaturen** (Bild 1.10) ist sowohl durch den Druck als auch durch die Temperatur begrenzt. Eingesetzt werden sie je nach Membranmaterial bis etwa PN 10 und 100 °C. Die Membranventile sind in der Hauptsache Absperrarmaturen. Vorteilhaft ist die vollständige Abtrennung des Antriebs vom Medium. Sie eignen sich deshalb für aggressive Stoffe und setzen sich auch bei hochviskosen Flüssigkeiten nicht zu.

Bild 1.10 Membranventil

Klappen (Skizze in Tabelle A2) sind Drehkörperarmaturen und können zum Absperren und Drosseln genutzt werden. Die Gestaltung des Drehkörpers, der Dichtung (Metall, Gummi oder auch Elastomer) und die Lage des Drehpunkts bestimmen das Funktionsverhalten. Der Einsatz erfolgt für reine Fluide und geringe Strömungsgeschwindigkeiten. Ein Einbau sollte nicht in der Nähe von Pumpen, Ein- oder Austrittstutzen sowie vor Rohrbögen erfolgen, da dort Schwingungsgefahr besteht. Vorteile sind die kurze Betätigungszeit, der geringe Raumbedarf, der einfache Aufbau, die Selbstreinigung sowie eine beliebige Einbaulage und Durchflussrichtung. Nachteilig sind die Einsatzbegrenzung auf ≤ PN 40, die Unmöglichkeit des Einsatzes eines Molchs für die Rohrreinigung und das hohe Stellmoment bei großen Differenzdrücken.

Hähne (Skizzen in Tabelle A2) gehören ebenfalls zu den Drehkörperarmaturen. Sie sind Absperrorgane für eine Auf-Zu-Anwendung. Sie haben ein zylindrisches oder konisches Küken, das durchbohrt ist. Durch die Drehung kann die Stellung der Bohrung des Kükens zu den Bohrungen im Gehäuse verändert werden. Dadurch wird die Strömung entweder freigegeben oder abgesperrt. Die Reibung des Hahns wird durch konstruktive Maßnahmen oder durch Schmierung möglichst gering gehalten. Leckverluste sollen vermieden werden. Hähne werden oft in Gas- und Ölleitungen verwendet. Kükenhähne werden bis $p \leq$ PN 40 und $\vartheta \leq 150\,°C$, Kugelhähne bei PTFE-Dichtung bis $p \leq$ PN 160 und $\vartheta \leq 400\,°C$ eingesetzt.

1.2.2 Sicherheitsarmaturen

Sicherheitsarmaturen werden mit dem Ziel der Schadensabwehr in Anlagen für den Fall eingebaut, dass die Regelungstechnik nicht mehr in der Lage ist, den regulären Betrieb zu sichern oder wenn Havarien auftreten. Sie müssen eine hohe Funktionstüchtigkeit aufweisen und nach Möglichkeit selbsttätig in Aktion treten. Von großer Bedeutung ist, dass die vorgesehenen Ansprechwerte erreicht und über lange Zeit eingehalten werden.

Rückflussverhinderer (Bild 1.11) sind Absperrorgane, die sich bei Beginn einer Förderung in die gewünschte Richtung selbsttätig öffnen und bei Ende durch Einwirkung des Eigengewichts, einer Feder oder eines Belastungsgewichts selbsttätig schließen. Sie unterbinden ein Rückströmen des Fördermediums und können sowohl in Saug- als auch in Druckleitungen eingesetzt werden. Rückschlagventile mit Federbelastung sind für vertikale Leitungen geeignet und sowohl in Eck- und Schrägsitzform im Angebot. Rückschlagklappen sind für große DN geeignet. Als Dichtelement sind auch Kugeln oder Kegel einsetzbar.

Wichtigstes Kriterium für den Einsatz ist die Schließzeit, die kurz sein sollte. Entsprechend der Klappenbewegung und der damit verbundenen projizierten Schließfläche wird zunächst eine langsame und dann zunehmend eine schnellere Schließbewegung erreicht. Mit der Beendigung der Klappenbewegung kommt es zur schlagartigen Vollendung des Schließens.

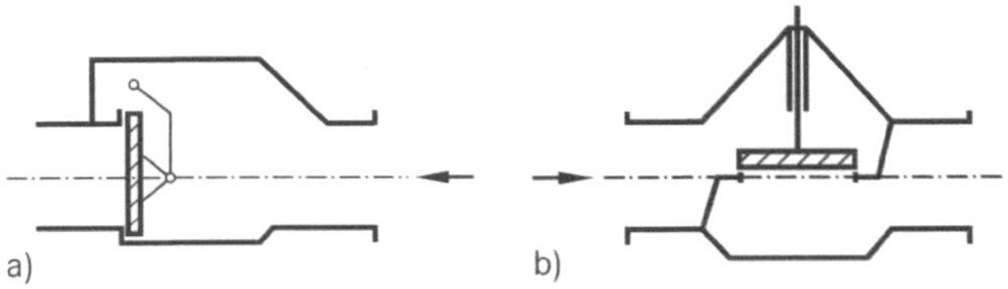

Bild 1.11 Rückflussverhinderer. a) Rückschlagklappe, b) Rückschlagventil

Dadurch sind Druckstöße (s. Abschnitt 2.5.2) zu erwarten, die z. B. durch einen Bypass oder durch Öldruckbremsen vermindert werden können.

Berstscheiben (Bild 1.12) sollen Schäden durch Drucküberschreitung in Behältern bzw. Anlagen verhindern. Ihre besonders bemessenen Berstelemente werden beim Ansprechen der Berstsicherung zerstört oder bleibend verformt. Die Umkehrberstscheibe tritt in Aktion, wenn die Beulfestigkeit des Kugelsegments überschritten wird. Dieser Effekt wird vom Elastizitätsmodul und nicht von der Zugfestigkeit bestimmt. Für die Funktion der einfachen Berstscheibe ist die Zugfestigkeit prägend. Umkehrberstscheiben sind dauerhafter, da der E-Modul weniger von Lastwechseln beeinflusst wird als die Zugfestigkeit. Es gibt jedoch auch ebene Berstscheiben. Berstscheiben werden z. B. dort eingebaut, wo Explosionsgefahr droht. Sie stellen dann eine Soll-Bruchstelle dar, s. a. AD 2000, AD1-2006-10.

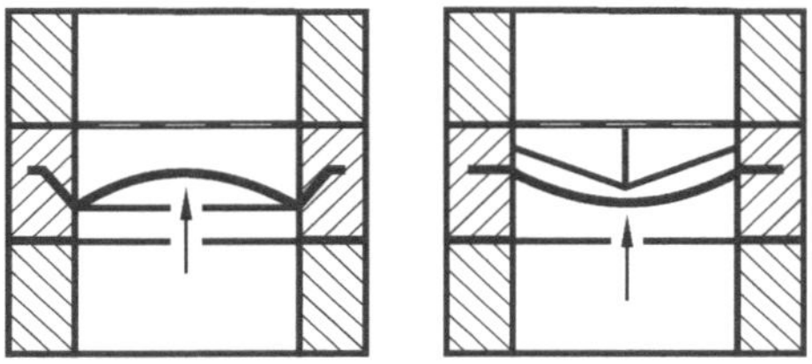

Bild 1.12
Berstscheiben. a) Berstscheibe mit Fangsieb, b) Berstscheibe mit Reißdorn, da hier ein Beulen der Scheibe eintritt (Umkehrberstscheibe)

Schnellschlussarmaturen sollen bei Havarien bzw. bei Verlassen des Druckbereichs, der der Auslegung zugrunde lag, durch Schließzeiten ≤ 1 s eine schnelle Absperrung ermöglichen. Zum Einsatz kommen z. B. Magnetventile, Ventile mit Federspeicher und Schnellschlussschieber. Es ist zu beachten, dass ein schneller Verschluss zu einem erheblichen Druckaufbau (s. Abschnitt 2.5.2) führen kann.

Sicherheitsventile sind Sicherheitseinrichtungen gegen Drucküberschreitung, die innerhalb einer Druckabsenkung von 10 % bei kompressiblen und 20 % bei inkompressiblen Medien unter den Ansprechdruck wieder schließen müssen (siehe DIN 3320). Unmittelbar wirkende Sicherheitsventile öffnen bei Erreichen des Ansprechdrucks unter Überwindung einer genau festliegenden Belastung durch den auf den Ventilkegel wirkenden Mediumdruck völlig selbsttätig. Bei mittelbar wirkenden Sicherheitsventilen (gesteuerte Sicherheitsventile) öffnet das Hauptventil ausschließlich durch Ansprechen eines Steuersicherheitsventils, s. a. AD 2000, AD2-2015-04.

Wird die Einteilung nach der Öffnungscharakteristik vorgenommen, so sind drei Ansprechverhalten der Ventile zu unterscheiden:

- Normal-Sicherheitsventil,
- Vollhub-Sicherheitsventil,
- Proportional-Sicherheitsventil.

Damit wird beschrieben, wie sich der Hub des Ventilschließers und damit des freigegebenen Querschnitts zum Ausströmen des abzuführenden Massenstroms in Abhängigkeit vom Druck im zu schützenden Anlagenteil ändert. Diese Öffnungscharakteristika sind in den Regelwerken AD2000-Merkblatt A2, TRD 421 und DIN EN ISO 4126-1 angegeben.

Brechkappen (Bild 1.13) werden als Soll-Bruchstelle eingebaut. Sie sind billig, absolut dicht, sprechen schnell an und haben sofort einen größeren Öffnungsquerschnitt. Ungünstig ist, dass sie nach einem Bruch nicht wieder schließen, sodass große Produktverluste beim Ansprechen auftreten und ein Neueinbau (Ersatzstücke müssen vorhanden sein) notwendig ist. Auch durch das Altern, durch Korrosion oder Verkrustung ist von Zeit zu Zeit ein Ersatz erforderlich.

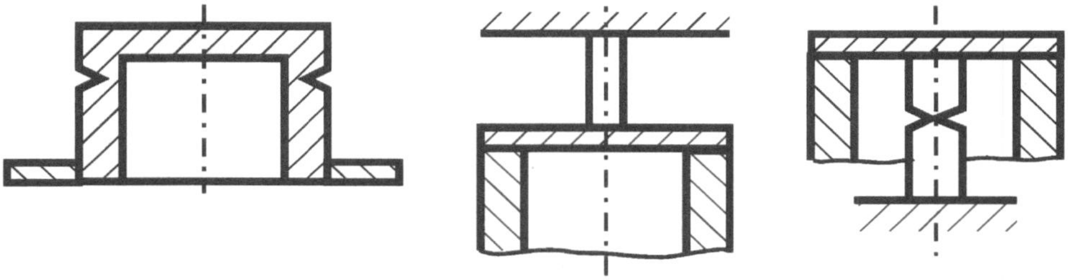

Bild 1.13 Brechkappen

1.2.3 Sonderarmaturen

Bei der Wärmeübertragung vom Dampf in eine aufzuheizende Substanz entsteht Kondensat. Dieses muss so schnell wie möglich durch **Kondensatableiter** abgeführt werden, weil der Wärmedurchgang (s. Abschnitt 2.8.4) durch den Wasserfilm viel schlechter wird. Außerdem kann heißer Dampf, der mit abgekühltem Kondensat in Berührung kommt, **Wasserschläge** hervorrufen. Dabei wird das Kondensat zu Pfropfen zusammengeschoben. Diese schießen mit Dampfgeschwindigkeit (ca. 30 ... 60 m/s) durch die Rohre und können großen Schaden anrichten. Die meisten Kondensatableiter arbeiten nach dem Schwimmer-Prinzip (Bild 1.14).

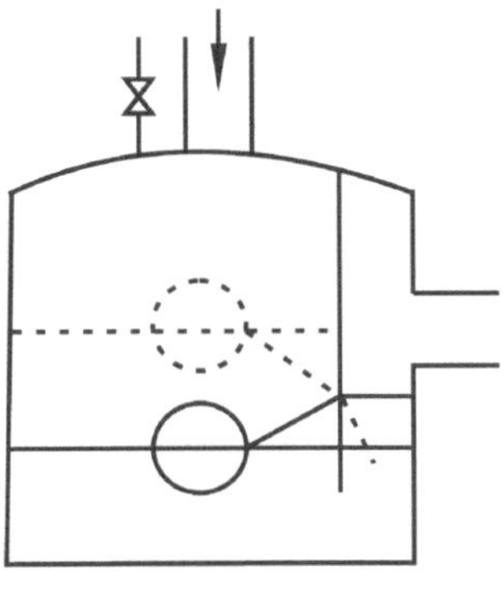

Bild 1.14
Kondensatableiter

Ist der Schwimmer unten, ist der Ablauf geschlossen, beim Überschreiten eines festgelegten Füllstandes wird er solange geöffnet, bis die Ansprechhöhe wieder unterschritten wird. Vorteilhaft ist, dass der Füllstand direkt als Regelgröße verwendet wird, jedoch ist die Einbaulage vorgeschrieben. Nachteilig ist auch die Frostempfindlichkeit.

Die **Entlüftung** dient dem Entfernen von Gasen, die sich sehr nachteilig auswirken können. So kann im Dampf schon ein Volumenanteil von 0,5 ... 1 % Luft den Wärmeübergang um 50 % herabsetzen. Kohlenstoffdioxid, das aus im Speisewasser enthaltenen Karbonaten entsteht und im Dampfkessel frei wird, löst sich im anfallenden Kondensat und bildet Kohlensäure, die die Rohrwände durchfressen kann. Luftblasen in Heizungsanlagen können Teile der Anlage vom Wasserumlauf abkoppeln.

Bodenablassventile (Bild 1.15) dienen zur Entleerung von Behältern. Sie sollen so gestaltet sein, dass Ablagerungen beim Öffnen und Schließen des Ventils durch das Verschlussstück zerstört werden.

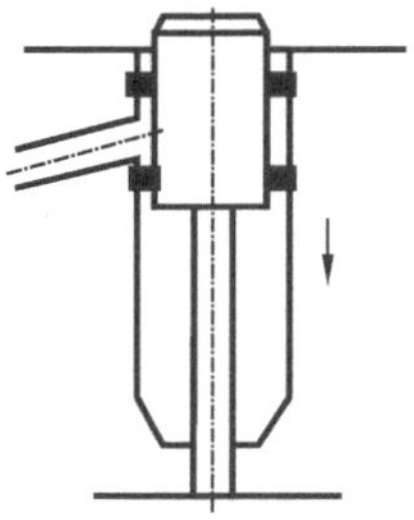

Bild 1.15
Bodenablassventil

Schmutzfänger (Skizzen in Tabelle A2) werden eingesetzt, um Verunreinigungen des Fluids in Form fester Bestandteile zurückzuhalten. Sie müssen von Zeit zu Zeit gereinigt werden. Mit steigender Beladung nimmt der Druckverlust z. T. sehr stark zu.

2 Strömungs- und wärmetechnische Rohrauslegung

2.1 Strömungscharakteristika

Rohrleitungen dienen dem Transport von fließfähigen Stoffen. Dabei unterscheidet man **einphasige Systeme**, bei denen Phasengrenzen nur an den Grenzen des betrachteten Systems vorhanden sind (z. B. Behälterwand, Flüssigkeitsoberfläche), und **Mehrphasenströmungen**. Bei der **eindimensionalen** oder **Fadenströmung** wird eine einheitliche Geschwindigkeit über dem Querschnitt angenommen (Pfropfenströmung). Bei diesem Modell werden für alle Größen (z. B. Geschwindigkeit, Druck, Temperatur, Dichte, Viskosität, Konzentration) nur Änderungen in der Durchströmungsrichtung und ggf. mit der Zeit zugelassen, die als repräsentative Mittelwerte für die jeweils durchströmte Fläche stehen. Die **stationäre Strömung** ist dadurch gekennzeichnet, dass alle Größen einschließlich des Fließverhaltens sich nicht mit der Zeit ändern. Sonst spricht man von einer **instationären Strömung**. **Fluide** ist der Oberbegriff für Gase und Flüssigkeiten. Als **inkompressibel** bezeichnet man dichteunveränderliche Fluide, was für Flüssigkeiten meist sehr gut und für Gase bei relativ kleinen Geschwindigkeiten näherungsweise zutrifft.

Ein **ideales Gas** besteht aus massebehafteten Teilchen, die kein Eigenvolumen aufweisen, keinerlei Anziehungs- oder Abstoßungskräfte ausüben und nur vollkommen elastische Wechselwirkungen eingehen. Die Reduzierung der Atome/Moleküle auf Massenpunkte ist für Gase möglich, wenn der Druck so niedrig ist, dass die freie Weglänge viel größer ist als die Molekülabmessungen. Die Relation zwischen den Zustandsgrößen Druck, Temperatur und Dichte (bzw. spezifisches Volumen $v = 1/\rho$) wird dann durch die ideale Gasgleichung, die einfachste Art der Zustandsgleichung für Gase, beschrieben. Bei den Zustandsänderungen unterscheidet man:

- *isotherme:* konstante Temperatur im gesamten Strömungsbereich, was bei langen nichtisolierten Rohrleitungen gut erfüllt sein kann,

- *isentrope/reversibel adiabate:* reibungsfrei und kein Wärmeaustausch mit der Umgebung, gute Näherung bei sehr kurzen Abschnitten mit stark beschleunigter/verzögerter Strömung (Düsen/Diffusoren),
- *polytrope:* reversible Vorgänge bei beliebigem Wärmeaustausch mit der Umgebung, aus thermodynamischer Sicht nicht für reibungsbehaftete Strömungen nutzbar, dennoch wird damit (ggf. auch durch Polygonzüge mit unterschiedlichen Exponenten) eine z. T. recht gute Wiedergabe der experimentell gefundenen Zusammenhänge möglich,
- *isobare:* konstanter Druck im System (z. B. bei Gleichdruckverbrennung).

Weitere Arten der Zustandsänderungen existieren zwar, spielen jedoch bei Rohrleitungen und Armaturen keine große Rolle.

Für die Beschreibung der Strömungsvorgänge und der Zustandsänderungen werden Stoffwerte benötigt, die von unterschiedlichen Größen (z. B. Temperatur, Druck, Zusammensetzung) abhängen. Besondere Bedeutung für Strömungsvorgänge hat die **Viskosität**. Man unterscheidet die kinematische Viskosität ($\nu = \eta/\rho$ in m^2/s) und die dynamische Viskosität (η in Pa s = kg/(m s)). Die Viskosität ist stark temperaturabhängig, wobei gilt:

Flüssigkeit: $T\uparrow \eta\downarrow$

Gase: $T\uparrow \eta\uparrow$

Für häufig verwendete Stoffe gibt es in der Literatur Stoffwertegleichungen und Tabellen (z. B. in [2], [16], [65]). In der Tabelle A1 im Anhang sind für Wasser, Wasserdampf und Luft einige empirische Gleichungen zusammengestellt. Stoffwerte für Erdgas enthält z. B. [15].

Bei **Mehrphasenströmungen**, an denen zwei oder mehr Fluide und ggf. auch feste Phasen beteiligt sind, treten im betrachteten Gebiet durch Phasengrenzen getrennte Bereiche auf, die Relativgeschwindigkeiten aufweisen. Man spricht auch oft dann von Mehrphasenströmungen, wenn sich im Bilanzbereich mindestens zwei Phasen befinden, sich aber nur eine Phase frei bewegt (z. B. Durchströmung einer Schüttung). Um eine disperse Phase handelt es sich, wenn die Phase in räumlich getrennte Bereiche zerfällt, die in einer kontinuierlichen (zusammenhängenden) Phase verteilt sind. Hängen beide Phasen zusammen, handelt es sich um geschichtete Systeme. Beispiele für Mehrphasenströmungen sind gemeinsame Strömungen von Flüssigkeiten und Gasen in Rohren oder Apparaten, Emulsionen (z. B. Öl-Wasser-Systeme), Suspensionen (Teilchen in Flüssigkeiten) und der pneumatische Transport.

Mehrphasensysteme sind oft dichteveränderlich. Es muss weiterhin beachtet werden, dass in Abhängigkeit von den wechselwirkenden Phasen, den Phasenanteilen, den geometrischen Gegebenheiten und den Betriebsbedingungen unterschiedlichste, oft optisch gut unterscheidbare Strömungsformen auftreten. Deren Existenzbereiche versucht man in geeigneten Diagrammen zu verallgemeinern, wobei in der Literatur unterschiedliche und sich z. T. auch widersprechende Angaben existieren. Durch die

Vielfalt der Einflussgrößen sind bei Mehrphasenströmungen die gefundenen Zusammenhänge viel komplexer. Übersichten enthalten z. B. [2], [15], [20] und [21].

2.2 Inkompressible Medien

2.2.1 Berechnung der Rohrreibung

Der Druckverlust Δp_V infolge der Reibung zwischen Fluid und Rohrwandung beträgt bei geraden Rohren ohne Einbauten der Länge l zwischen den Bilanzpunkten 1 (Anfang) und 2 (Ende) gemäß der *Darcy-Weisbach*-Gleichung:

$$\Delta p_V = p_1 - p_2 = \lambda \frac{l}{d} \frac{\rho \overline{c}^2}{2} \tag{2.1}$$

Die **mittlere Strömungsgeschwindigkeit** $\overline{c}$ bestimmt bei vorgegebenem Durchsatz den Strömungsquerschnitt und ist wie folgt definiert:

$$\overline{c} = \frac{\dot{V}}{A} = \frac{1}{A} \int_0^A c \, \mathrm{d}A \tag{2.2}$$

Neben der Gewährleistung des Durchsatzes müssen bei der Festlegung der mittleren Strömungsgeschwindigkeit noch weitere Anforderungen beachtet werden (s. Abschnitt 2.2.6).

λ ist der **Rohrreibungsbeiwert** bzw. die Rohrreibungszahl. Einflussgrößen sind die *Reynolds*-Zahl, Wandrauigkeit, Leitungsabmessungen, Form des Leitungsquerschnitts sowie Stoffeigenschaften. Anhand der Größe der *Reynolds*-Zahl

$$Re = \frac{c_{\text{char}} l_{\text{char}}}{\nu} = \frac{\rho c_{\text{char}} l_{\text{char}}}{\eta} \tag{2.3}$$

wobei bei Rohrleitungen die charakteristische Geschwindigkeit die mittlere Geschwindigkeit und die charakteristische Länge der Durchmesser ist, erfolgt die Einteilung in **laminare** (Schichtenströmung, $Re < Re_{\text{krit}}$) und **turbulente** (Grundströmung überlagert mit stochastischen Wirbelstrukturen, $Re > Re_{\text{krit}}$) **Strömungen**. Neuere Messungen haben gezeigt, dass auch in ausgebildeten turbulenten Strömungen die Grob- und die Feinturbulenz eine Intermittenz aufweisen. Bei Störungsfreiheit (abgerundeter Einlauf, sorgsames Anfahren, Vermeidung auch kleinster Störungen wie z. B. Schwingungen) kann sich Re_{krit} zu sehr großen Werten verschieben. Solche Bedingungen sind jedoch meist nur mit speziellen Laboraufbauten zu erreichen. Die Strömung schlägt dann aber auch schon bei sehr kleinen Störungen um und bleibt danach turbulent. Richtwerte für Re_{krit} bei Rohrströmungen unter technischen Bedingungen, bei denen von der Existenz kleiner Störungen (Druckschwankungen, Schwingungen der

Rohre u. a.) ausgegangen werden kann, enthält Tabelle 2.1. Sie stellen somit die untere Grenze des Umschlags dar.

Die **mittlere Geschwindigkeit** wird bei Rohrströmungen meist als charakteristische Geschwindigkeit verwendet. Die Stoffwerte werden bei moderaten Druck- und Temperaturänderungen während der Strömung meist auf den mittleren Druck $(p_1 + p_2)/2$ und die mittlere Temperatur $(T_1 + T_2)/2$ bezogen.

Tabelle 2.1 *Reynolds*-Zahlen für Rohrströmungen und Anhaltswerte für Re_{krit}

Flüssigkeit	ν	Re	Re_{krit}
*Newton*sches Fluid $\tau = \eta\,\dot{\gamma}$	$\nu \neq f(\dot{\gamma})$	$\frac{\bar{c}d}{\nu} = \frac{\dot{V}d}{\nu A}$	▪ **Rohr***): 2320 gekrümmtes Rohr: $2 \cdot 10^4\,(d/d_k)^{0{,}32}$ für $15 < d_k/d < 860$, (d_k siehe Tabelle Anhang A2) ▪ **Rohrschlange:** $2320\left[1 + 8{,}6\left(\frac{d}{D}\right)^{0{,}45}\right]$, ($D$ s. Tabelle Anhang A2) ▪ **oszillierende/pulsierende Strömung:** z. T. deutlich über oder unter 2320 [13] ▪ Kanal (Seite $a \geq b$, in $Re\; d \rightarrow d_h$): $1350\left(\frac{b}{a}\right)^{1{,}6} + 2790\,\tanh\left(0{,}26\frac{a}{b}\right)$ (Anpassung an [46])
		Ringspalt, $R_2 > R_1$: $\frac{2\dot{V}}{\pi\nu(R_1+R_2)}$	▪ **Ringspalt****): (Anpassung an [47]) innerer Zylinder: $2700\,\tanh\left[1{,}8\left(\frac{R_1}{R_2}\right)^{0{,}4}\right]$
Bingham-Fluid $\tau = \tau_0 + \eta_B\,\dot{\gamma}$ (τ_0 … Fließgrenze, τ_w … Wandschubspannung)	$\nu_B = \frac{\tau_0}{\rho\dot{\gamma}} + \nu$	$\frac{\bar{c}d}{\nu_B}$	**Rohr:** $2320\frac{1-\frac{4\tau_0}{3\tau_W}+\frac{1}{3}\left(\frac{\tau_0}{\tau_W}\right)^4}{\left(1-\frac{\tau_0}{\tau_W}\right)^3}$ (s. auch [44], [45])
pseudoplastisch ($n < 1$) oder dilatant ($n > 1$) (*Ostwald-de-Waele*-Fluid) $\tau = k\,\dot{\gamma}^n$	$\nu_P = k\,\dot{\gamma}^{n-1}$	$\frac{8\bar{c}^{2-n}d^n\rho}{k\left(2\frac{1+3n}{n}\right)^n}$	**Rohr:** $\frac{7144n}{(1+3n)^2}\,(2+n)^{\frac{2+n}{1+n}}$ [8]

*) Bis $Re = 3000$ kann die Strömung intermittierend sein. Bei Mikrokanälen wurde von einigen Autoren der Wert für Re_{krit} bestätigt, es sind in der Literatur dafür jedoch auch größere oder kleinere Werte zu finden.
**) Die Strömung wird zunächst am inneren und erst später am äußeren Zylinder turbulent. Schon eine leicht exzentrische Anordnung des inneren Kerns senkt Re_{krit} deutlich [66].

Die Innenwandung wird durch die **Wandrauigkeit** k charakterisiert. Sie ist eine mittlere Größe für die Wandunebenheiten. Anhaltswerte enthält Tabelle 2.2, detailliertere Zusammenstellungen gibt es z. B. in [4]. Man unterscheidet zwischen **unregelmäßigen** und **welligen Rauigkeiten** sowie einer **Sandrauigkeit** k_S, die für Strömungsuntersuchungen im Labor durch dicht aufgeklebte Sandkörner auf Flächen erzeugt wurde. Versuche zeigten, dass bei gleichem Druckverlust die Erhebung bei Wellenrauigkeit ca. fünfmal größer sein kann als die Erhebung der Sandrauigkeit.

Es ist zu beachten, dass sich die Rohrrauigkeiten durch Ablagerungen, Korrosion und Erosion während der Betriebszeit gegenüber dem Neuzustand sehr stark verändern können, was erhebliche Auswirkungen auf den Druckverlust haben und zum vollständigen Verstopfen von Leitungen bzw. zur Lochbildung führen kann. Stahlrohrleitungen verschmutzen weniger als Gussrohre, denn die Gussrohre weisen neben der schon größeren Anfangsrauigkeit viele Muffenverbindungen auf, die das Ablagern mitgeführter Teilchen begünstigen. In Gasleitungen erhöht mitgeführtes Wasser die Korrosion.

Tabelle 2.2 Anhaltswerte für die absolute Rauigkeit k von Rohren

Rohrart	Bemerkung	k (in mm)
gezogene Rohre aus Glas, Messing, Kupfer, Aluminium		< 0,0015
Stahlrohre	gezogen, neu	0,04
	gezogen, angerostet	0,2
	gezogen, stark verkrustet	3,0
	geschweißt, neu	0,05
gusseiserne Rohre	neu	0,5
	gebraucht, angerostet	1,2
Betonrohre	Glattstrich	0,5
	rau	3,0
Kunststoffrohre	neu	< 0,0015
	länger gebraucht	< 0,03

Bei laminaren Strömungen kann der Einfluss der Wandrauigkeit so lange vernachlässigt werden, wie der freie Querschnitt nicht merklich eingeengt wird. Die Größe der Wandrauigkeit hat jedoch im turbulenten Strömungsbereich große Auswirkungen auf das sich ausbildende Strömungsprofil und den sich einstellenden Druckverlust. Man unterscheidet folgende Situationen:

- *hydraulisch glatt* $\frac{k}{d} \leq 5Re^{-7/8}$
- *Übergangsgebiet* $5Re^{-7/8} < \frac{k}{d} < 225Re^{-7/8}$
- *hydraulisch rau* $\frac{k}{d} \geq 225Re^{-7/8}$

Bei ***Newton*****schen Medien** besteht ein linearer Zusammenhang zwischen der Schubspannung τ (tangential an einer Fläche angreifende Kraft) und der Deformationsgeschwindigkeit $\dot{\gamma}$ (Änderung des Deformationswinkels eines Fluidteilchens mit der Zeit, was der Ableitung der Geschwindigkeit quer zur Strömungsrichtung entspricht). Wasser, Gase, Lösungsmittel, viele technische Öle und zumindest näherungsweise die Mehrzahl der dünnflüssigen Einphasensysteme können als *Newton*sche Medien angesehen werden.

Nicht-***Newton*****sche Medien** sind alle Fluide, für die ein anderer als der obige Zusammenhang zwischen der Schubspannung und der Deformationsgeschwindigkeit besteht. Dazu gehören z. B. Polymerschmelzen, viele Lebensmittel (z. B. Honig, Schlagsahne), Zahnpasta und viele Mehrphasensysteme. Bei nicht-*Newton*schen Medien und mehrphasigen Strömungen existieren neben der *Reynolds*-Zahl (s. Tabelle 2.1) weitere Einflussgrößen.

Im **laminaren Strömungsbereich** gilt für ein Medium im waagerechten Rohr das *Hagen-Poiseuille*-Gesetz, das schon 1838/1840 gefunden wurde:

$$c\,(r) = \frac{\Delta p\, d^2}{16\,\eta l}\left[1 - \left(\frac{r}{R}\right)^2\right] = 2\bar{c}\left[1 - \left(\frac{r}{R}\right)^2\right] \tag{2.4}$$

Dieses Gesetz führt nach Kopplung mit der Formel 2.1 und einigen Zwischenrechnungen zu dem **Rohrreibungsbeiwert**:

$$\lambda = \frac{64}{Re} \tag{2.5}$$

Das Geschwindigkeitsprofil der **turbulenten Rohrströmung** ist gegenüber dem laminaren in der Mitte flacher und am Rand viel steiler. Das zeitlich gemittelte Profil kann mit $c_{\max}$ als Geschwindigkeit in der Rohrmitte gut mit

$$c = c_{\max}\left[1 - \frac{2r}{d}\right]^{1/n} = \frac{(n+1)\,(2n+1)}{2n^2}\bar{c}\left[1 - \frac{2\,r}{d}\right]^{1/n} \tag{2.6}$$

beschrieben werden, wobei für kleine r die Abweichung von den Messwerten etwas größer wird, da für Formel 2.6 in der Rohrmitte die radiale Ableitung der Geschwindigkeit nicht null wird. Der Exponent n hängt von der *Reynolds*-Zahl und der Wandrauigkeit ab. *Nunner* [67] gibt an, dass sowohl für glatte als auch für raue Rohre als gute Näherung verwendet werden kann (λ s. Formel 2.9):

$$n = \frac{1}{\sqrt{\lambda}} \tag{2.7}$$

Für eine laminare Strömung eines *Newton*schen Mediums in einem Kanal der Höhe H und der Breite B (Koordinatenursprung in Kanalmitte, $x \in [-B/2,\, B/2]$, $y \in [-H/2,\, H/2]$) ergibt sich die Geschwindigkeit nach [48] zu:

$$c = \frac{\Delta p_V H^2}{8\,\eta l}\left\{1 - 4\frac{x^2}{B^2} - \frac{32}{\pi^3}\sum_{n=1}^{\infty}\frac{(-1)^{n+1}}{(2n-1)^3}\frac{\cosh\left[(2n-1)\,\pi\,\frac{y}{B}\right]}{\cosh\left[(2n-1)\,\pi\,\frac{H}{2B}\right]}\cos\left[(2n-1)\,\pi\,\frac{x}{B}\right]\right\} \tag{2.8}$$

Bei vorgegebenem Druckverlust wird der Durchsatz für einen quadratischen Querschnitt ($B = H$) am größten. Analog zum Rohr sind turbulente Geschwindigkeitsprofile bei Kanalströmungen gegenüber dem laminaren Fall ebenfalls viel völliger. Zusätzlich treten jedoch in den Ecken von Kanälen und in Rohrschlangen Sekundärströmungen auf.

Die verschiedenen Geschwindigkeitsprofile führen zu unterschiedlichen Gleichungen für den Rohrreibungsbeiwert. Der Zusammenhang $\lambda\,(Re, k)$ ist in dem Diagramm nach *Prandtl-Colebrook* dargestellt (Bild 2.1).

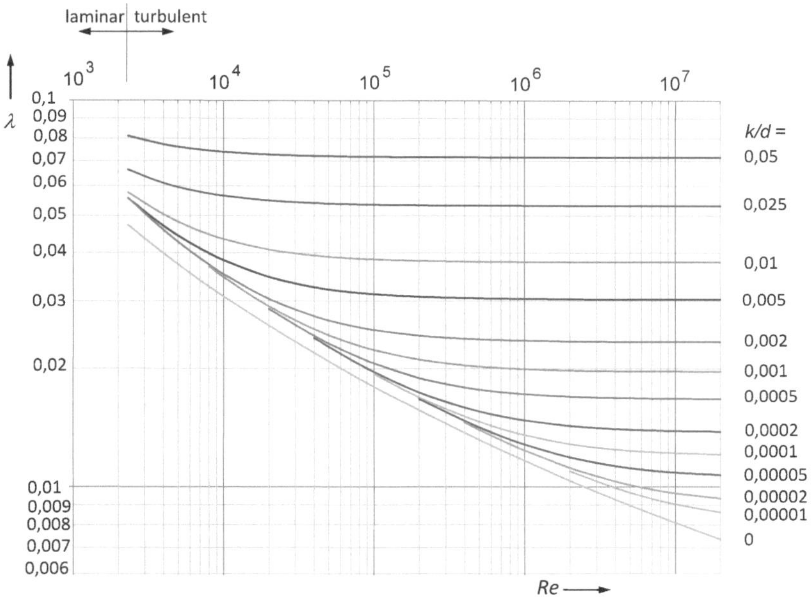

Bild 2.1 Rohrreibungsbeiwert für gerade Rohre in Abhängigkeit von der *Reynolds*-Zahl und der Wandrauigkeit nach Formel 2.9

Die für die unterschiedlichen turbulenten Strömungsbereiche existierenden Gleichungen weichen stark voneinander ab und ermöglichen z. T. nur eine iterative λ-Bestimmung. Deshalb hat man in den letzten Jahren nach Gleichungen gesucht, die für den gesamten turbulenten Bereich gelten und eine iterationsfreie Berechnung von λ ermöglichen. Eine sehr gute Übereinstimmung mit dem *Prandtl-Colebrook*-Diagramm erreicht der Ansatz von *Zigrang* und *Sylvester* [5]:

gesamter turbulenter Bereich:

$$\frac{1}{\sqrt{\lambda}} = -2\lg\left\{\frac{k}{3,7\,d} - \frac{5,02}{Re}\lg\left[\frac{k}{3,7\,d} - \frac{5,02}{Re}\lg\left(\frac{k}{3,7\,d} + \frac{13}{Re}\right)\right]\right\} \qquad (2.9)$$

$Re > Re_{\text{krit}}$ und $\forall \frac{k}{d}$

Diese Gleichung vereinfacht sich wie folgt:

- glattes Rohr ($k = 0$):

$$\frac{1}{\sqrt{\lambda}} = -2\ \lg\left\{-\frac{5,02}{Re}\lg\left[-\frac{5,02}{Re}\lg\left(\frac{13}{Re}\right)\right]\right\} \tag{2.10}$$

alternativ

$$\lambda = 0,3164 Re^{-0,25} \tag{2.11}$$

für $2300 < Re < 10^5$

$$\lambda = 0,0032 + 0,221 Re^{-0,237} \tag{2.12}$$

für $10^5 < Re < 5 \cdot 10^6$

- raues Rohr (λ-Wert für $Re \to \infty$ aus Formel 2.9, der aber schon ab $Re^{7/8} \cdot k/d > 225$ gilt):

$$\frac{1}{\sqrt{\lambda}} = -2\lg\left(\frac{k}{3,7d}\right) = -2\lg\left(\frac{k}{d}\right) + 1,14 \tag{2.13}$$

Bei **nichtkreisförmigen Querschnitten** bleibt die Abhängigkeit von der *Reynolds*-Zahl erhalten, wenn der Durchmesser in der *Reynolds*-Zahl, in der Druckverlustbeziehung und im Verhältnis k/d durch den hydraulischen Durchmesser ersetzt wird:

$$d_{\text{hydr}} = 4\ A_{\text{durchströmt}}/U_{\text{benetzt}} \tag{2.14}$$

Im Massenerhaltungssatz steht jedoch weiterhin die durchströmte Fläche. Diese Definition ergibt für ein volldurchströmtes rundes Rohr den Rohrdurchmesser. Mit dieser Modifizierung können im turbulenten Bereich die für das Rohr gefundenen Formeln für λ übernommen werden. Bei einer laminaren Strömung ändert sich trotz der Verwendung des hydraulischen Durchmessers jedoch noch zusätzlich der Wert des Proportionalitätsfaktors:

$$\lambda = \frac{64\ \varphi}{Re_{\text{h}}} \tag{2.15}$$

Die Anpassung der in der Literatur für einen Kanal tabellierten Werte ergibt

$$\varphi = 1,5 - 0,625\ \tanh\left(2,5h/b\right) \tag{2.16}$$

mit b längere, h kürzere Seite.

Tabelle 2.3 liefert Anhaltswerte für den Druckabfall. Danach folgt eine zusammengefasste Vorgehensweise. Strömungsprofile und andere Charakteristika für eckige und elliptische Kanäle sowie Ringkanäle für nicht-*Newton*sche bzw. *Newton*sche Medien findet man z. B. in [21]. Aussagen zu den λ-Werten bei nicht-*Newton*schen Flüssigkeiten enthalten Tabelle 2.4 sowie Bild 2.2 und Bild 2.3.

Tabelle 2.3 Anhaltswerte für den längenbezogenen Druckabfall in verfahrenstechnischen Anlagen

Medium	$\frac{\Delta p}{l}$ (in Pa m^{-1})	$\frac{\Delta p}{p_1 l}$ (in m^{-1})
Wasser, besonders Kühlwasser	250...350	
organische Flüssigkeiten	150	
zähe Flüssigkeiten	30...100	
Flüssigkeiten, die aus einem Behälter oder Apparat mit eigenem Gefälle ablaufen sollen	20...50	
drucklose Gase		$(0{,}2\ldots0{,}5)\cdot10^{-4}$
Druckgase		$(0{,}4\ldots1{,}5)\cdot10^{-4}$
Heißdampf		$(0{,}5\ldots3)\cdot10^{-4}$
Produktdämpfe		$(10\ldots30)\cdot10^{-4}$

Vorgehen bei der Bestimmung des Rohrreibungsbeiwerts für ein *Newton*sches Medium:

1. Berechnung der *Reynolds*-Zahl (Tabelle 2.1)
   - Einbeziehen von d_{hydr} bei nichtkreisförmigen Strömungsquerschnitten (Formel 2.14)
   - Berücksichtigung der Temperaturabhängigkeit der Viskosität bei merklichen Temperaturänderungen
2. Festlegung des Strömungscharakters durch Vergleich der berechneten mit der kritischen *Reynolds*-Zahl (Tabelle 2.1). Bei Mehrphasenströmungen sind weitere Strömungsformen zu beachten!
3. Ermittlung von k/d_{hydr} bei turbulenten Strömungen (s. Tabelle 2.2)
4. Bei laminaren Strömungen in nichtkreisförmigen Querschnitten zusätzlich Bestimmung des Proportionalitätsfaktors entsprechend Formel 2.15 und Formel 2.16
5. Berechnung von λ (laminar: Formel 2.5 oder Formel 2.15, turbulent: Formel 2.9) oder Ablesen aus Bild 2.1

Tabelle 2.4 Reibungsbeiwerte und Strömungscharakteristika einiger Fluide für ein gerades Rohr ohne Einbauten, Re_{krit} s. Tabelle 2.1

Flüssigkeit/ Kennwert	λ	$c\,(r)$, $\ddot{V}$
*Newton*sches Fluid $\tau = \eta\,\dot{\gamma}$	laminar: Formel 2.5, Formel 2.15 turbulent: Formel 2.9 und Bild 2.1	laminar: $c\,(r)$ in Formel 2.4 $\dot{V} = \frac{\pi}{128}\frac{d^4}{\eta l}\Delta p$ turbulent: $c\,(r)$ in Formel 2.6, Formel 2.7 $\dot{V} = 2{,}2526\left(\frac{d^{19}\Delta p^4}{\eta\rho^3 l^4}\right)^{\frac{1}{7}}$ für Formel 2.11 $\dot{V} = \pi\,\lg\left(\frac{k}{3{,}7d}\right)\sqrt{\frac{d^5\Delta p}{2\rho l}}$ für Formel 2.13
Bingham-Fluid $\tau = \tau_0 + \eta_\mathrm{B}\,\dot{\gamma}$ $Re_\mathrm{B} = \frac{\rho\bar{c}d}{\eta_\mathrm{B}}$, *Hedström*-Zahl $He = \frac{\rho\tau_0 d^2}{\eta_\mathrm{B}^2}$ $r_0 = \frac{2\tau_0 l}{\Delta p}$, $\tau_\mathrm{w} = \frac{\Delta p d}{4l}$	laminar [21]: $\frac{\lambda Re_\mathrm{B}}{64} = 1 + \frac{1}{6}\left(\frac{Re_\mathrm{B}}{He}\right)^{-1} - 8{,}138\cdot 10^{-5}\left(\frac{\lambda Re_\mathrm{B}}{64}\right)^{-3}\left(\frac{Re_\mathrm{B}}{He}\right)^{-4}$ $\approx \begin{cases} 1 + \frac{1}{6}\left(\frac{Re_\mathrm{B}}{He}\right)^{-1} & \frac{Re_\mathrm{B}}{He} > 0{,}1 \\ \frac{1}{8}\left(\frac{Re_\mathrm{B}}{He}\right)^{-1} & \frac{Re_\mathrm{B}}{He} < 0{,}001 \end{cases}$ (s. auch Bild 2.2) turbulent [21]: $\lambda = 0{,}3164\,Re_\mathrm{B}^{-1/4}$ $\lambda = \max\left(\lambda_\mathrm{lam}, \lambda_\mathrm{turb}\right)$	laminar: $c\,(r) = \begin{cases} \frac{\tau_\mathrm{w} d}{4\eta_\mathrm{B}}\left[1 - \frac{r^2}{R^2} - 2\frac{r_0}{R}\left(1 - \frac{r}{R}\right)\right] & r \geq r_0 \\ \frac{\tau_\mathrm{w} d}{4\eta_\mathrm{B}}\left(1 - \frac{r_0}{R}\right)^2 & r \leq r_0 \end{cases}$ $\dot{V} = \begin{cases} 0 & 0 \leq \tau_\mathrm{w} \leq \tau_0 \\ \frac{\pi d^3\tau_\mathrm{w}}{32\eta_\mathrm{B}}\left[1 - \frac{4\tau_0}{3\tau_w} + \frac{1}{3}\left(\frac{\tau_0}{\tau_\mathrm{w}}\right)^4\right] & \tau_\mathrm{w} > \tau_0 \end{cases}$
Potenzansatz $\tau = k\,\dot{\gamma}^n$ $Re_\mathrm{P} = \frac{8\rho\bar{c}^{2-n}d^n}{k\left(\frac{2+6n}{n}\right)^n}$	laminar: $\lambda = \frac{64}{Re_\mathrm{P}}$ turbulent: $\frac{1}{\sqrt{\lambda}} = \frac{2}{n^{0{,}75}}\lg\left[Re_\mathrm{P}\,(\lambda/4)^{1-n/2}\right] - \frac{0{,}2}{n^{1{,}2}}$ (s. auch Bild 2.3)	laminar: $\frac{c\,(r)}{\bar{c}} = \frac{1+3n}{1+n}\left[1 - \left(\frac{2r}{d}\right)^{(1+n)/n}\right]$ $\dot{V} = \frac{n\pi d^3}{8\,(1+3n)}\left(\frac{\Delta p d}{4kl}\right)^{1/n}$

Beispiel: Durch Alterungsprozesse ändern sich bei einer durch ein Rohr umgepumpten Flüssigkeit die Fließeigenschaften derart, dass sich bei dem zunächst *Newton*schen Medium eine immer größer werdende Fließgrenze ausbildet. Welche Auswirkungen ergeben sich dadurch bei sonst gleichbleibenden Bedingungen für den Durchsatz?

Lösung

Nach Tabelle 2.4 gilt mit $\eta_B = \eta$ und $\tau_W = \frac{\Delta p d}{4l}$

$$\frac{\dot{V}_{\text{Bingham}}}{\dot{V}_{\text{Newton}}} = \frac{\frac{\pi d^3}{32\eta}\frac{\Delta p d}{4l}\left[1 - \frac{4\tau_0}{3\tau_W} + \frac{1}{3}\left(\frac{\tau_0}{\tau_W}\right)^4\right]}{\frac{\pi}{128}\frac{d^4}{\eta l}\Delta p} = 1 - \frac{4\tau_0}{3\tau_W} + \frac{1}{3}\left(\frac{\tau_0}{\tau_W}\right)^4$$

Somit folgt z. B. für $\tau_0/\tau_W = 0,1$ für das Volumenstromverhältnis der Wert 0,8667. Für $\tau_0/\tau_W \geq 1$ kommt die Strömung vollkommen zum Erliegen.

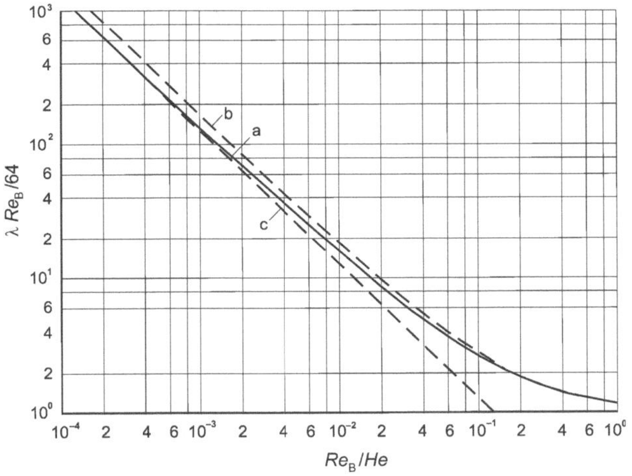

Bild 2.2 Rohrreibungsbeiwert λ für ein laminar strömendes *Bingham*-Fluid [21]. Kurve a exakte Lösung, b Näherung für große Werte für Re_B/He, c für kleine Werte für Re_B/He

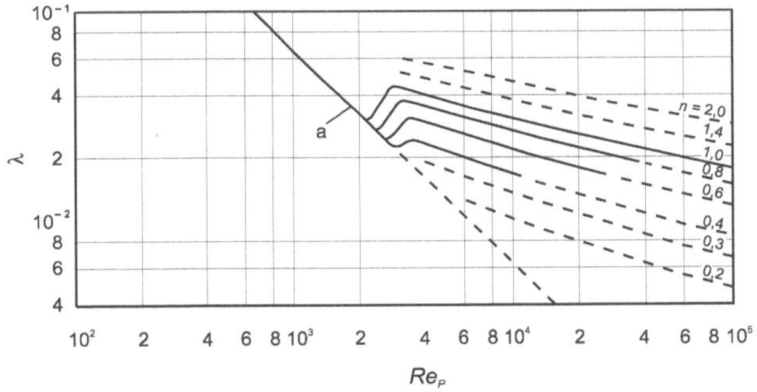

Bild 2.3 Rohrreibungsbeiwert λ für ein *Ostwald-de-Waele*-Fluid [21].
a laminare Strömung

Bei dem Eintritt eines Fluids in eine Rohrleitung treten **Einlaufeffekte** auf. Das Strömungsprofil nähert sich – eine genügend lange störungsfreie Rohrlänge vorausgesetzt – dem voll ausgebildeten Geschwindigkeitsprofil (s. Formel 2.4 und Formel 2.6) an. Diese Distanz ist die **Einlauflänge**. Die in der Literatur enthaltenen Werte für die Einlauflängen weichen stark voneinander ab [23]. Anhaltswerte sind:

- laminare Rohrströmung [39] $\frac{l_E}{d} \approx \left[0,619^{1,6} + (0,0567Re)^{1,6}\right]^{\frac{1}{1,6}}$
- laminare Kanalströmung [39] $\frac{l_E}{d} \approx \left[0,631^{1,6} + (0,0442Re)^{1,6}\right]^{\frac{1}{1,6}}$
- turbulente Strömung $\frac{l_E}{d} \approx \frac{4,88}{\sqrt{\lambda}}$

Durch die Einlaufeffekte treten zusätzliche Druckänderungen auf, die besonders bei kurzen Rohrleitungen (kleine l/d-Werte) zu berücksichtigen sind (s. a. ζ-Werte in Tabelle Anhang A2). Außerdem ändern sich durch die Umbildung des Geschwindigkeitsprofils die kinetische Energie

$$\dot{E}_{\text{kin}} = \frac{\rho}{2} \int_0^A c^3 \, \mathrm{d}A \tag{2.17}$$

und der Impulsstrom

$$\dot{I} = \rho \int_0^A c^2 \, \mathrm{d}A \tag{2.18}$$

Wie sich das bei unterschiedlichen Strömungsprofilen auswirkt, zeigt Tabelle 2.5.

Tabelle 2.5 Werte für den Impulsstrom und die kinetische Energie bei Rohrströmungen

Profil	$K_i = \frac{\dot{I}}{\rho \frac{\pi d^2}{4} \overline{c}^2}$	$K_e = \frac{\dot{E}_{\text{kin}}}{\rho \frac{\pi d^2}{8} \overline{c}^3}$
Pfropfen	1	1
Parabel (laminare Strömung, Formel 2.4)	4/3	2
Potenzfunktion der turbulenten Strömung, Formel 2.6	$\frac{(n+1)\,(2n+1)^2}{4n^2\,(n+2)}$	$\frac{(2n+1)^3\,(n+1)^3}{4n^4\,(n+3)\,(2n+3)}$
Potenz-Ansatz nicht-*Newton*sches Medium, (Tabelle 2.4), laminar, ($n = 1$: Parabel)	$\frac{3n+1}{2n+1}$	$\frac{3\,(3n+1)^2}{(2n+1)\,(5n+3)}$

Nichtisotherme Strömungen wirken sich zunächst über die Temperaturabhängigkeit der Stoffwerte auf die *Reynolds*-Zahl und somit auf die Größe der Rohrreibungsbeiwerte aus. Es ist deshalb notwendig, die sich ergebende maximale und minimale *Reynolds*-Zahl und deren Einfluss auf die Rohrreibungsbeiwerte zu bestimmen. Radiale Temperaturprofile führen außerdem zusätzlich zu einer Veränderung des Geschwindigkeitsprofils. Dessen Anstieg wird in Wandnähe bei kalter Wand flacher und bei warmer Wand steiler, was in Analogie zu den Modellen für den Wärmeübergangskoeffizienten (s. Abschnitt 2.8.3) unter Einbeziehung des Viskositätswertes an der Wand η_w mit folgendem Ansatz berücksichtigt werden kann:

$$\lambda = \lambda_{iso} \left(\frac{\eta_w}{\eta}\right)^{0,14} \tag{2.19}$$

Für Wasser kann näherungsweise auch mit

$$\lambda = \lambda_{iso} \left(\frac{T}{T_w}\right)^{0,14} \tag{2.20}$$

gerechnet werden. Bei einer Änderung der Temperatur in Strömungsrichtung gehen in die Formel 2.19 und Formel 2.20 die Mittelwerte der Temperaturen ein. Durch den kleinen Exponenten kann der Einfluss der Nichtisothermie zumindest für Überschlagsrechnungen zunächst häufig vernachlässigt werden.

Bei der Planung geometrisch komplizierter Rohrleitungen und von vernetzten Systemen (s. Abschnitt 2.2.11) ist es praktisch nicht möglich, detailliert auf alle Widerstände einzugehen und diese explizit zu berücksichtigen. Insbesondere ist es auch nicht möglich, bestimmte Einflussgrößen, wie beispielsweise den Durchhang der Schweißnahtwurzel bei einer Schweißverbindung, zu erfassen und hinsichtlich des dadurch bedingten Druckverlustes zu bewerten. Daher muss der planende Ingenieur auf erfahrungsgestützte Näherungen zurückgreifen. Diese stehen in verschiedenen Regelwerken zur Verfügung, z. B. in der **DVGW-G 464**. Hier werden die vorhandenen Widerstände in der Leitung zur integralen Rauigkeit k_i zusammengefasst. Hierzu gehören die Wandrauigkeiten, Ablagerungen, Einbauten in der Leitung, wie Formstücke und Armaturen, Differenzen zwischen dem angesetzten und dem tatsächlich vorhandenen inneren Rohrdurchmesser, Unrundheit u. a. Anhaltswerte für die integrale Rauigkeit sind in Tabelle 2.6 gegeben. Für Gasrohrleitungen wurden speziell die in Tabelle 2.7 fixierten Werte ermittelt.

Tabelle 2.6 Integrale Rauigkeit [98]

k_i (in mm)	Werkstoff der Leitung	Ablagerungen	Leitungsführung	Einbauten	Beispiele
0,1	Stahl, Guss, Kunststoff	keine	nicht oder wenig vermascht	fast ohne	Transportleitung, Überlagerungsleitung
0,5	Stahl, Guss, Kunststoff	keine	stärker vermascht	vorhanden	Überlagerungsleitung, Versorgungsleitung

Tabelle 2.6 Integrale Rauigkeit [98] *(Fortsetzung)*

k_i (in mm)	Werkstoff der Leitung	Ablagerungen	Leitungsführung	Einbauten	Beispiele
1,0	Stahl, Guss	gering	stark vermascht	vorhanden	ND-Netze
3,0	Stahl, Guss	stark	stark vermascht	vorhanden	alte ND-Netze

Tabelle 2.7 Integrale Rauigkeit von Gasrohrleitungen [99]

Leitungsführung	Werkstoff der Leitung	k_i (in mm)
starke Vermaschung	Stahl	1,0
	Kunststoff	0,2
	Guss, alt	2,0...4,0
gestreckte Leitung	Stahl	0,2
	Kunststoff	0,1

2.2.2 Verlustbeiwerte von Formstücken

Durch jegliche Art der Beeinflussung der Strömung entstehen Druckverluste, die durch **Verlustbeiwerte** ζ charakterisiert werden und die mit dem Staudruck verknüpft sind:

$$\Delta p_V = \frac{\zeta \rho \bar{c}^2}{2} \tag{2.21}$$

Einige Anhaltswerte für ζ enthält Tabelle Anhang A2, wobei davon ausgegangen wird, dass eine voll ausgebildete Strömung vorliegt. Die in der Tabelle aufgeführten Elemente müssen bei einer Aufeinanderfolge so weit voneinander entfernt sein, dass sie sich gegenseitig nicht beeinflussen. Fehlen die Beruhigungsstrecken (ca. $2d$ vor und $6d$ nach dem Einbauteil), können die vorliegenden ζ-Werte von den angegebenen stark abweichen. Weitere Informationen zu Widerstandsbeiwerten können z. B. [4], [6], [7], [10], [68] entnommen werden. Dabei ist zu beachten, dass in der Literatur auch mehr oder weniger stark differierende Angaben existieren.

Da je nach Anlagenkonfiguration einige der Teilwiderstände keinen nennenswerten Einfluss auf die Summe der Druckverluste $\Delta p_{V,ges} = \sum i \, \Delta p_{V,i}$ haben, können diese bei den Berechnungen unberücksichtigt bleiben, was den Aufwand zur Datenbeschaffung stark verringern kann. Für Werte, die die Summe dominieren, sollten genauere Informationen vom Hersteller eingeholt werden.

Vergleicht man die Druckverluste von Einbauteilen mit denen in einem geraden Rohr

$$\zeta \frac{\bar{c}^2 \rho}{2} = \lambda \frac{l_{\text{äquiv}}}{d} \frac{\bar{c}^2 \rho}{2}$$

dann ist die Umrechnung von ζ in eine **äquivalente Rohrlänge** $l_{\text{äquiv}} = \zeta\, d/\lambda$ möglich. Somit kann die Berechnung des Druckverlusts auch so durchgeführt werden, dass man die äquivalenten Längen von Formstücken und Einbauteilen zu der ausgeführten Rohrlänge addiert und dieses längere Rohr als gerade und frei von Einbauten behandelt:

$$l_{\text{eff}} = l_{\text{geom}} + \sum l_{\text{äquiv}} \tag{2.22}$$

2.2.3 Kenngrößen von Armaturen

Anhaltswerte für die Druckverlustbeiwerte ζ einiger Armaturen sind ebenfalls in Tabelle Anhang A2 enthalten. Weiterhin ist für die Charakterisierung von Ventilen noch der **Ventilkoeffizient** K_V gebräuchlich, für dessen Messung Wasser mit einer Temperatur $\vartheta = 5\ldots40\,°\text{C}$ vorgeschrieben ist. K_V in m^3/h steht für die Durchflussmenge von reinem Wasser mit der Dichte $\rho = 1000\,\text{kg/m}^3$ und der kinematischen Viskosität $\nu = 10^{-6}\,\text{m}^2/\text{s}$ bei $\vartheta = 20\,°\text{C}$, die beim Durchströmen einer Armatur einen Druckverlust von $\Delta p = 10^5\,\text{Pa}$ erfährt. Wenn die Nennweiten des Ventils und der Rohrleitung übereinstimmen sowie turbulent strömende *Newton*sche Flüssigkeiten vorliegen, bei denen keine Kavitation oder Verdampfung stattfindet, gilt Formel 2.23:

$$K_V \left(\frac{\text{m}^3}{\text{h}}\right) = \dot{V} \left(\frac{\text{m}^3}{\text{h}}\right) \sqrt{\frac{10^5}{\Delta p_V\,(\text{in Pa})} \frac{\rho\,(\text{in kg/m}^3)}{1000}} \tag{2.23}$$

Tabelle 2.8 K_V-Werte für BOA-Kompaktventil EKB PN 10/16 [103]

	K_V (in m³/h)	347,8	295,6	260,9	226,1	191,3	156,5	121,7	87	52,2	17,4	0	
DN 100	ζ	1,3	1,8	2,3	3	4	7	11	21	59	529	∞	Ventil zu
	Spindelumdrehungen n ab Geschlossenstellung	20	17	15	13	11	9	7	5	3	1	0	
	Spindelumdrehungen n ab Offenstellung	(0)	(3)	(5)	(7)	(9)	(11)	(13)	(15)	(17)	(19)	(20)	

Formel 2.23 gilt auch für Gase, wenn für die Drücke nach und vor der Armatur $p_2/p_1 \geq 0,95$ gilt. Definitionen für abweichende Bedingungen findet man in der Norm EN 60534-2-1. Der K_V-Wert ist von den Herstellern anzugeben, s. Tabelle 2.8.

Der in der englischsprachigen Literatur übliche C_V-Wert unterscheidet sich infolge der dort zugrunde gelegten Maßeinheiten um einen Faktor: $C_V = 1{,}16\,K_V$.
Mit $\Delta p_V = \zeta \frac{\rho}{2}\overline{c}^2$ und $\overline{c} = \frac{\dot{V}}{A}$ folgt $\dot{V} = \frac{A}{\sqrt{\zeta}}\sqrt{\frac{2\Delta p_V}{\rho}}$ und somit

$$K_V \left(\text{in m}^3/\text{h}\right) = 50.912\,\frac{A\ (\text{in m}^2)}{\sqrt{\zeta}} = 39.985\,\frac{d^2\ (\text{in m}^2)}{\sqrt{\zeta}} \tag{2.24}$$

Somit ist bei bekanntem K_V-Wert durch Umstellen von Formel 2.24 die Berechnung des Druckverlustbeiwertes möglich. Vergleicht man auf der Basis des K_V-Werts Armaturen gleicher Nennweite DN miteinander, dann ist die mit dem größten Wert die bessere, da sie einen höheren Durchsatz bei gleichem Druckverlust hat.

Außerdem wird der **Durchflussbeiwert** α verwendet, der die Kontraktion infolge der Strahleinschnürung (Querschnittsfläche A_D) bei Verengungen und den Reibungsanteil erfasst:

$$\alpha = \frac{A}{A_D\sqrt{\zeta}} \tag{2.25}$$

Die durch Strahleinschnürung auftretende Geschwindigkeit $\overline{c}_d = \overline{c}A/A_D$ ist heranzuziehen, wenn überprüft werden soll, ob Kavitationsgefahr (s. Abschnitt 2.2.9) besteht.

Beispiel: Für ein Ventil DN 100 beträgt der Druckverlustbeiwert $\zeta = 5{,}75$. Wie groß sind der Druckverlust und der K_V-Wert im Ventil bei einem stündlichen Durchsatz von 10 000 kg Luft? Die Luft hat eine Temperatur von 90 °C und steht unter einem Druck von $p_1 = 15$ bar.

Lösung

Bei einer Gasströmung ist das Druckverhältnis p_2/p_1 zu beachten, um zu entscheiden, ob die Kompressibilität berücksichtigt werden muss. Dies Verhältnis kann bei Kenntnis des Druckverlusts berechnet werden:

$$p_1 - p_2 = \Delta p_V \rightarrow \frac{p_2}{p_1} = 1 - \frac{\Delta p_V}{p_1}$$

Für ein inkompressibles Medium ist $\Delta p_V = \zeta\frac{\rho}{2}\overline{c}^2$. Mit dem idealen Gasgesetz und der spezifischen Gaskonstante $R_{Luft} = 287{,}2$ N m/(kg K) (s. Tabelle Anhang A1) ergibt sich

$$\rho = \frac{p}{R_{Luft}T} = \frac{1,5\cdot 10^6}{287,2\cdot 363,15}\frac{\text{kg}}{\text{m}^3} = 14,38\frac{\text{kg}}{\text{m}^3}$$

Weiterhin gilt $\overline{c} = \frac{\dot{m}}{\rho A} = \frac{4\dot{m}}{\pi\rho d^2} = \frac{4\cdot 10.000}{14{,}38\cdot 0{,}1^2\cdot\pi\cdot 3600}\,\frac{\text{m}}{\text{s}} = 24,6\frac{\text{m}}{\text{s}}$.
Somit folgt $\Delta p_V = 5,75\cdot\frac{14{,}38}{2}\cdot 24,6^2\ \text{Pa} = 25.019\ \text{Pa}$ und damit

$$\frac{p_2}{p_1} = 1 - \frac{25.019}{1.500.000} = 0,9833 > 0,95$$

sodass eine Korrektur wegen der Kompressibilität der Luft nicht nötig ist. Man erhält

$$K_V \left(\text{in m}^3/\text{h}\right) = 50.912 \frac{A \ (\text{in m}^2)}{\sqrt{\zeta}} = 50.912 \frac{0,1^2\,\pi}{4\,\sqrt{5,75}} = 166,75 \frac{\text{m}^3}{\text{h}}$$

Aus den von den Firmen angebotenen Ventilen für DN 100 scheiden die aus, die im voll geöffneten Zustand einen kleineren K_V-Wert haben. Ventile mit größeren K_V-Werten sind einsetzbar, müssen aber entsprechend gedrosselt werden. Man könnte auch die kleinere Nennweite DN 80 wählen, um den zur Verfügung stehenden Ventilhub besser auszunutzen. Dadurch ergibt sich eine höhere Strömungsgeschwindigkeit im Ventil, was aber eventuell zur Geräuschbildung führt. Bei merklicher Drosselung im Ventil folgt $p_2/p_1 < 0,95$, sodass obige Rechnung entsprechend EN 60534-2-1 zu modifizieren ist. Aus Kostengründen ist auch die Verwendung eines kleineren Ventils bedenkenswert.

2.2.4 Rohrleitungsdimensionierung und Pumpenauslegung

Neben dem Druckverlust ist bei der Förderung fluider Medien zu beachten, dass unterschiedliche Höhen, Drücke und Geschwindigkeiten am Ein- und Austritt vorliegen (Bild 2.4) und Pumpen/Verdichter eingebunden sein können. Für die Auslegung einer Fördereinrichtung wird die um die Pumpenleistung erweiterte *Bernoulli*-Gleichung ausgewertet:

$$\frac{P_W}{\dot{m}} + K_{e,E}\frac{\overline{c}_E^2}{2} + \frac{p_E}{\rho} + g\,z_E = K_{e,A}\frac{\overline{c}_A^2}{2} + \frac{p_A}{\rho} + g\,z_A + \frac{\Delta p_V}{\rho} = \text{const} \tag{2.26}$$

Die Pumpe wird dabei dem Eintritt E zugeordnet. Die Motorleistung ergibt sich unter Beachtung des Wirkungsgrads der Pumpe η_P und der Wellenleistung P_W zu $P = P_W/\eta_P$. Die Faktoren $K_{e,E}$ und $K_{e,A}$, die die Art des Geschwindigkeitsprofil berücksichtigen, sind Tabelle 2.5 zu entnehmen. Liegt der Punkt E auf der Spiegeloberfläche eines Behälters und ist diese deutlich größer als der Rohrquerschnitt, so kann die Geschwindigkeit des Flüssigkeitsspiegels oft vernachlässigt werden ($\overline{c}_E \approx 0$). Eine der Höhen kann als Bezugshöhe null gesetzt werden. Es ist aber zu beachten, dass die Konstante auf der rechten Seite der *Bernoulli*-Gleichung, die (erweiterte) *Bernoulli*-Konstante, sich durch Unterbrechung des Stromfadens (z. B. beim Zerfall des Strahls am Austritt im Bilanzpunkt 3 in Bild 2.4) ändert, sodass z. B. bei einem eventuellen Weiterströmen aus dem oberen Behälter erneut eine getrennte Bilanz für den sich anschließenden Strömungsbereich erstellt werden muss.

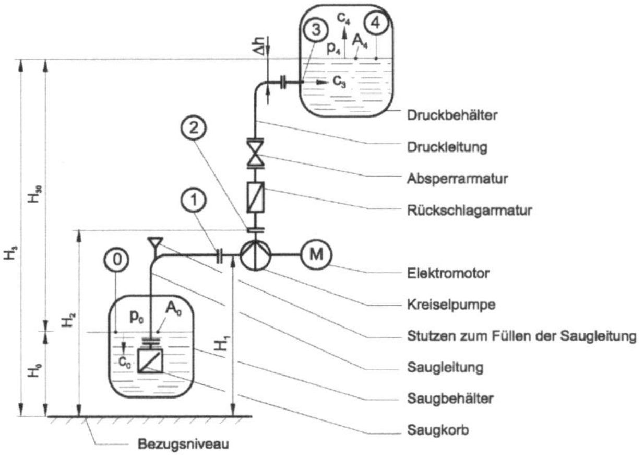

Bild 2.4 Prinzipschema einer Rohrleitungsanlage mit Pumpe und Bilanzpunkten. 0, 4 Flüssigkeitsspiegel, 1 Pumpeneintritt, 2 Pumpenaustritt, 3 Strahlaustritt in den Behälter

Erreicht p den Dampfdruck, so siedet die Flüssigkeit und der Stromfaden reißt ab. Die *Bernoulli*-Gleichung ist dann für den Gesamtstrang nicht mehr anwendbar. In der Pumpe oder in Querschnittsverengungen kann außerdem Kavitation (s. Abschnitt 2.2.9) auftreten, was verhindert werden muss.

Den Zusammenhang zwischen den Geschwindigkeiten liefert für eine stationäre Fadenströmung die **Kontinuitätsgleichung**:

$$\dot{m} = \rho\,\bar{c}A = \text{const} \tag{2.27}$$

Diese Aussage trifft bei stationären Strömungen sowohl für Flüssigkeiten als auch für Gase zu. Bei inkompressiblen Medien vereinfacht sich die Gleichung zu

$$\dot{V} = \bar{c}A = \text{const} \tag{2.28}$$

Die Berechnungsabläufe sind folgend und in Tabelle 2.9 zusammengefasst.

Vorgehen beim Anwenden der erweiterten *Bernoulli*-Gleichung (Formel 2.26):

1. Kennzeichnung der Bilanzpunkte
   - Die Bilanz darf nur für Punkte mit gleicher *Bernoulli*-Konstante erfolgen. Ansaugen und Freistrahlaustritte ändern die Konstante!
   - Liegt eine Pumpe zwischen den Bilanzpunkten, wird diese dem strömungsseitig vorangehenden Bilanzpunkt zugeordnet.
   - Die Kompressibilität muss klein sein, bei Verwendung einer mittleren Dichte $\overline{\rho} = \frac{\rho_1+\rho_2}{2}$ ist das näherungsweise bis $\frac{\Delta\rho}{\overline{\rho}} = 2\frac{\rho_2-\rho_1}{\rho_1+\rho_2} < 0,05$ bzw. $Ma < 0{,}3$ (s. Abschnitt 2.3.1) der Fall.

- Die freie Weglänge der Atome/Moleküle muss viel kleiner als die Kanalabmessungen sein. Bei $\bar{l}_f/d \geq 0,001$ ist die *Knudsen*-Diffusion zu beachten (s. Abschnitt 2.3.2).

2. Festlegung der Bezugshöhe (Punkte unterhalb der Bezugslinie haben eine negative Höhe)
3. Nutzen von Vereinfachungen (z. B. geschickte Wahl der Bezugshöhe = 0, in großen Reservoiren Geschwindigkeit des Flüssigkeitsspiegels ≈ 0)
4. Erfassen aller relevanten Druckverluste (Tabelle 2.4 und A2), Größenordnungen der einzelnen Terme möglichst zur Vereinfachung nutzen
5. Berücksichtigung der Änderung der Werte für den Impulsstrom und die kinetische Energie bei Änderung des Strömungsprofils an den Bilanzpunkten (Tabelle 2.5)
6. Einbeziehung der Kontinuitätsgleichung bei unterschiedlichen Querschnittsflächen (Formel 2.27)
7. (ggf. iterative) Berechnung der gesuchten Größe

Tabelle 2.9 Abläufe der strömungstechnischen Rohrleitungsberechnungen für *Newton*sche Fluide

Ausgangssituation		
Gleichung	Massenerhaltung, Formel 2.27	*Bernoulli*-Gleichung, Formel 2.26
Verknüpfung	$\bar{c}_1,\ d_1 \leftrightarrow \bar{c}_2,\ d_2$	$P_{\text{Pumpe}},\ \bar{c}_1,\ H_1,\ d_1,\ p_1 \leftrightarrow \bar{c}_2,\ H_2,\ d_2,\ p_2,\ l$
zusätzlich berechenbar	$A,\ \dot{m},\ \dot{V}$	
Stoff-, Anlagenwerte	ρ	$\rho,\ \nu,\ \lambda,\ \zeta_i$
Lösungsstrategien		

a) geg.: $\dot{V},\ d_1,\ d_2,\ l,\ H_1, H_2,\ k,\ \nu,\ \rho$; ges.: Δp_V oder P_{Pumpe}
   1. Geschwindigkeiten ermitteln, s. Formel 2.27
   2. *Re* berechnen, s. Tabelle 2.1
   3. λ und ζ bestimmen, s. Tabelle 2.4 und Tabelle Anhang A2
   4. Δp_V aus *Bernoulli* -Gleichung, Formel 2.26

b) geg.: $\Delta p,\ d_1,\ d_2,\ l,\ H_1,\ H_2,\ k,\ \nu,\ \rho$; ges.: $\dot{V}$
   1. Schätzung $\bar{c}$, s. Tabelle 2.10, oder $\dot{V}$
   2. λ und ζ-Werte ermitteln, s. Tabelle 2.4 und Tabelle Anhang A2
   3. $\dot{V}$ aus *Bernoulli*-Gleichung, Formel 2.26, unter Nutzung von Formel 2.28
   4. erneute Durchrechnung bei zu großer Abweichung von den in Punkt 1 geschätzten Werten

Tabelle 2.9 Abläufe der strömungstechnischen Rohrleitungsberechnungen für *Newton*sche Fluide *(Fortsetzung)*

c) geg.: $\Delta p, \dot V, l, H_1, H_2, k, \nu, \rho$; ges.: d
1. Vorgabe für d unter Berücksichtigung ökonomischer Geschwindigkeiten $\bar c$ gemäß Tabelle 2.10
2. Berechnung λ und ζ, s. Formel 2.28, Tabelle 2.4 und Tabelle Anhang A2
3. Δp_V aus *Bernoulli*-Gleichung, Formel 2.26
4. erneute Durchrechnung bei größerer Abweichung zum vorgegebenen Δp_V

Tabelle 2.10 Orientierungswerte für ökonomische Geschwindigkeiten

Fluid	Bemerkung	$\bar c$ (in m/s)
Flüssigkeiten		1
Gase	bei niederen Drücken	20
	bei Hochdruck	5
	Lüftungskanäle	1
Dämpfe	Heißdampf	30...50
	Nassdampf	15

Beispiel: Welcher Volumenstrom kann in der in Bild 2.4 dargestellten Anordnung in den oberen Behälter gefördert werden, wenn a) keine Pumpe oder b) eine Pumpe mit einer Leistungsabgabe von 100 kW zur Verfügung steht. Welche Auswirkung hat die Berücksichtigung der Reibungsverluste auf die Ergebnisse?

$p_0 = 4$ bar, $p_4 = 2$ bar, $d_1 = d_2 = 10$ cm, d_0 bzw. $d_4 \gg d_1$, $\Delta h = 5$ m, $H_{30} = 25$ m, $l_{\text{waag.}} = 40$ m, $\rho = 1000\ \text{kg/m}^3$, $\nu = 10^{-6}\ \text{m}^2/\text{s}$, $k = 0{,}2$ mm, $r_{\text{Krümmung}} = 0{,}5$ m, Patent-Freifluss-Ventil, $\zeta_{\text{Rückschlagarmatur}} = 2$

Lösung

Ausgangspunkt ist Formel 2.26, wobei die Bilanz zwischen den Punkten ⓪ (Bezugshöhe) und ③ aufgestellt wird. Wegen der Durchmesserunterschiede zwischen den Behältern und der Leitung ist $\bar c_0 \approx \bar c_4 \approx 0$. Bei Annahme einer turbulenten Strömung ist $K_{e,3} \approx 1$.

$$\frac{P_W}{\dot m} + \frac{p_0}{\rho} = \frac{p_4+\rho g\,\Delta h}{\rho} + g\,(H_{30} - \Delta h) + \left(1 + \lambda \frac{l_{\text{waag.}}+H_{30}-\Delta h}{d_1} + 2\zeta_{90°-\text{Uml.}} + \zeta_{\text{Einlauf}} + \zeta_{\text{Rückschlag}} + \zeta_{\text{Ventil}}\right)\frac{\bar c_3^2}{2}$$

$P_W = 0$, reibungsfrei

Für die reibungsfreien Betrachtungen entfallen alle Druckverluste. Wegen $\bar c_3 = \frac{4\dot V}{\pi d_1^2}$ folgt

$$\sqrt{2\left(\frac{p_0 - p_4}{\rho} - g\,H_{30}\right)} = \bar c_3 = \frac{4\dot V}{\pi\, d_1^2}$$

$$\dot{V} = \frac{\pi}{4} d_1^2 \sqrt{2\left(\frac{p_0 - p_4}{\rho} - g\,H_{30}\right)} = \frac{\pi}{4} \cdot 0{,}1^2 \sqrt{2\left[\frac{(4-2)\cdot 10^5}{10^3} - 9{,}81 \cdot 25\right]} \frac{\text{m}^3}{\text{s}}$$

Da der Wert unter dem Wurzelzeichen negativ ist (–90,5 m^2/s^2), gibt es keine physikalisch sinnvolle Lösung. Eine Strömung in den oberen Behälter ohne Einsatz einer Pumpe ist somit bei den gegebenen Werten bei reibungsfreier Strömung und erst recht bei Berücksichtigung der Reibungswirkungen nicht möglich.

$P_W \neq 0$, reibungsfrei

In diesem Fall bleibt der Term $\frac{P_W}{\dot{m}} = \frac{P_W}{\rho \dot{V}}$ in der Bilanz, wodurch sich statt einer quadratischen eine kubische Gleichung für $\dot{V}$ ergibt:

$$\frac{8\rho}{\pi^2 d_1^4}\dot{V}^3 + (p_4 - p_0 + \rho\,g\,H_{30})\,\dot{V} - P_W = 0.$$

Zwar existieren dafür Lösungsformeln, jedoch soll eine iterative Berechnung in Anlehnung an den weiter unten folgenden Lösungsweg bei reibungsbehafteter Strömung erfolgen, wo wegen der unterschiedlichen *Reynolds*-Zahl-Abhängigkeiten des Rohrreibungswerts analytische Lösungen nicht immer möglich sind:

$$\begin{aligned}\dot{V} &= \sqrt[3]{\frac{\pi^2 d_1^4}{8\rho}\left[(p_0 - p_4 - \rho\,g\,H_{30})\,\dot{V} + P_W\right]} \\ &= \sqrt[3]{\frac{\pi^2 \cdot 0{,}1^4}{8 \cdot 10^3}\left\{\left[(4-2)\cdot 10^5 - 10^3 \cdot 9{,}81 \cdot 25\right]\dot{V} + 10^5\right\}} = 0{,}231 \cdot \sqrt[3]{1 - 0{,}4525\dot{V}}\,\frac{\text{m}^3}{\text{s}}\end{aligned}$$

Als Startwert wird $\dot{V} = 0{,}1\text{m}^3/\text{s}$ gewählt. Es folgt

1. Iteration $\dot{V} = 0{,}2275\ \text{m}^3/\text{s}$,

2. Iteration $\dot{V} = 0{,}2228\ \text{m}^3/\text{s}$,

3. Iteration $\dot{V} = 0{,}2230\ \text{m}^3/\text{s}$.

Das Ergebnis der 3. Iteration stellt den maximalen Volumenstrom dar, den die Pumpe fördert, der in der Realität durch die Reibungswirkungen jedoch noch gemindert wird. Wegen $Re = \frac{\bar{c}_3 d_1}{\nu} = \frac{4\dot{V}}{\pi d_1 \nu} = \frac{4 \cdot 0{,}223}{0{,}1 \cdot 10^{-6}\pi} = 2{,}84 \cdot 10^6 \gg 2320$ war die Annahme für $K_{e,3}$ gerechtfertigt.

$P_W \neq 0$, reibungsbehaftet

Zunächst müssen der Rohrreibungsbeiwert und die noch fehlenden ζ-Werte ermittelt werden. Als Startwert für die *Reynolds*-Zahl kann auf den reibungsfreien Wert zurückgegriffen werden. Da der turbulente Bereich vorliegt, muss die Rohrrauigkeit berücksichtigt werden: $k/d = 0{,}2/100 = 0{,}002$.

Aus Bild 2.1 ist ersichtlich, dass man sich im vollständig rauen Gebiet befindet und der Rohrreibungsbeiwert unabhängig von *Re* ist. Es folgen $\lambda = 0{,}0234$ und damit

$$\lambda \cdot \frac{l_{\text{waag.}} + H_{30} - \Delta h}{d_1} = 0{,}0234 \cdot \frac{40 + 25 - 5}{0{,}1} = 14{,}04$$

Nach Tabelle Anhang A2 ist

$$\zeta_{\text{Einlauf}} = 0{,}5$$

$$\begin{aligned}\zeta_{90^\circ\text{-Umlenkung}} &= \frac{0{,}0078 c_K c_{Re} \delta^{0{,}75}}{\sqrt{\frac{r_K}{d}}} + 0{,}0175 \cdot \lambda \frac{r_K}{d}\delta \\ &= \frac{0{,}0078 \cdot 2 \cdot 90^{0{,}75}}{\sqrt{\frac{0{,}5}{0{,}1}}} + 0{,}0175 \cdot 0{,}0234 \cdot \frac{0{,}5}{0{,}1} \cdot 90 = 0{,}39\end{aligned}$$

$c_K = 2, \quad c_{Re} = 1$

$\zeta_{\text{Patent-Freifluss-Ventil}} = 0,6$

(voll geöffnet, da $\dot{V}_{\max}$ gesucht ist)

Somit ist

$$\lambda \frac{l_{\text{waag.}} + H_{30} - \Delta h}{d_1} + 2\zeta_{90^\circ-\text{Umlenkung}} + \zeta_{\text{Einlauf}} + \zeta_{\text{Rückschlag}} + \zeta_{\text{Ventil}}$$

$$= 14,04 + 2 \cdot 0,39 + 0,5 + 0,6 + 2 = 17,92$$

Es zeigt sich, dass die Rohrreibung den größten Einfluss hat. Greift man auf die obige Iterationsvorschrift zurück, die um die Druckverlustterme erweitert werden muss, so folgt

$$\dot{V} = \sqrt[3]{\frac{\pi^2 d_1^4}{8\rho} \frac{(p_0 - p_4 - \rho g H_{30})\,\dot{V} + P_W}{\left(1 + \lambda \frac{l_{\text{waag.}}+H_{30}-\Delta h}{d_1} + 2\zeta_{90^\circ-\text{Umlenkung}} + \zeta_{\text{Einlauf}} + \zeta_{\text{Rückschlag}} + \zeta_{\text{Ventil}}\right)}}$$

$$= \sqrt[3]{\frac{\pi^2 \cdot 0,1^4}{8 \cdot 10^3} \frac{\left[(4-2) \cdot 10^5 - 10^3 \cdot 9,81 \cdot 25\right] \dot{V} + 10^5}{1 + 17,92}} \frac{\text{m}^3}{\text{s}} = 0,0867 \cdot \sqrt[3]{1 - 0,4525\dot{V}} \frac{\text{m}^3}{\text{s}}$$

Durch iterative Lösung der Gleichung mit dem Startwert $\dot{V} = 0,223\text{m}^3/\text{s}$ erhält man

1. Iteration $\dot{V} = 0,0837\text{m}^3/\text{s}$,
2. Iteration $\dot{V} = 0,0856\text{m}^3/\text{s}$,
3. Iteration $\dot{V} = 0,0856\text{m}^3/\text{s}$.

Somit hat die Reibung einen großen Einfluss, der Volumenstrom beträgt nur noch 38 % des beim reibungsfreien Fall erreichbaren Wertes. Die Abnahme der *Reynolds*-Zahl auf $Re = \frac{4 \cdot 0,0856}{0,1 \cdot 10^{-6}\pi} = 1,09 \cdot 10^6$ hat keinen großen Einfluss auf λ, sodass keine erneute Durchrechnung notwendig ist.

2.2.5 Förderhöhe und Rohrleitungskennlinie

Die **Rohrleitungskennlinie** (RKL) gibt den Zusammenhang zwischen dem Förderstrom $\dot{V}$ und der Förderhöhe $H_P = P/(\dot{m}g)$ an, die nach Formel 2.26 von der geodätischen Förderhöhe, dem Druckunterschied, dem Unterschied der Geschwindigkeiten und den Reibungsverlusten bestimmt wird:

$$H_P = \frac{p_A - p_E}{\rho g} + z_A - z_E + \frac{K_{e,A}\overline{c}_A^2 - K_{e,E}\overline{c}_E^2}{2g} + \frac{\Delta p_V}{\rho g} \qquad (2.29)$$

Dominieren ζ-Werte bzw. liegt eine turbulente Strömung im vollständig rauen Gebiet vor, so hängt der Druckverlust quadratisch von der Geschwindigkeit bzw. vom Volumenstrom $\dot{V}$ ab:

$$H_P = K_1 + K_2\dot{V}^2 \tag{2.30}$$

Für die anderen Strömungsbereiche treten Terme mit Exponenten < 2 auf. Dann tritt an die Stelle von Formel 2.30 eine parabelähnliche Kurve.

Ändert sich z. B. durch höhere Verluste infolge von Verkrustungen im Rohrinneren K_2 auf K_1', dann verläuft die RKL bei dem gleichen Startpunkt steiler, bei Änderung von K_1 auf K_1', z. B. durch Veränderung der geodätischen Förderhöhe $H_{geo} = z_A - z_E$ oder des Gegendrucks $p_A - p_E$, erfolgt eine Parallelverschiebung, s. Bild 2.5.

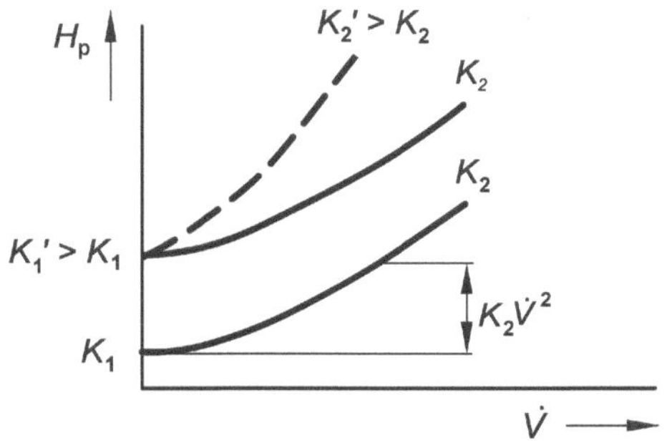

Bild 2.5
Einflüsse der Parameter auf den Verlauf der Rohrleitungskennlinie

Das Zusammenwirken von Rohrleitung und Kreiselpumpe verdeutlicht die gemeinsame Darstellung von RKL und PKL (**Pumpenkennlinie**) in Bild 2.6. Die PKL erhält man vom Pumpenhersteller. Die Pumpe liefert bei geschlossener druckseitiger Armatur die größte Förderhöhe. Mit zunehmendem Volumenstrom verringert sich diese. Der Schnittpunkt der PKL mit der RKL ist der Arbeitspunkt A. Vergrößert man den Widerstand in der Rohrleitung durch Drosselung, dreht sich die RKL um K_1 nach links. Es ergibt sich der neue Arbeitspunkt A'.

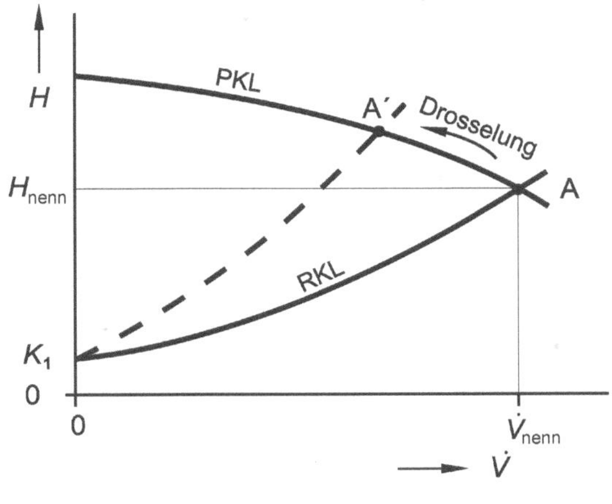

Bild 2.6
Zusammenspiel von Kreiselpumpe und Rohrleitung. A: Arbeitspunkt

Beispiel: Es ist die notwendige Förderhöhe einer Pumpe überschlägig zu bestimmen, mit der $\dot{V} = 2000\ \mathrm{m^3/h}$ Flusswasser mit einer Temperatur von 20 °C durch ein Stahlrohr in ein 25 m höher gelegenes offenes Reservoir geleitet werden soll. Die Druckleitung ist dem Gelände angepasst und hat eine effektive Länge von 1800 m, mit der schon die äquivalenten Längen für Umlenkungen und die Absperrvorrichtung berücksichtigt sind.

Lösung

Ausgangspunkt für die Berechnung ist die Formel 2.29, die entsprechend der Aufgabenstellung übergeht in

$$H_P = z_A - z_E + \frac{\Delta p_V}{\rho g} = H_{geo} + \lambda \frac{l_{eff}}{gd} \frac{\bar{c}^2}{2}$$

Für den Beginn der Rechnung wird auf die Orientierungswerte für ökonomische Geschwindigkeiten in Tabelle 2.10 zurückgegriffen. Mit $\bar{c} = 1\ \mathrm{m/s}$ folgt nach Formel 2.28 bzw. Formel 2.31

$$d = \sqrt{\frac{4\dot{V}}{\pi \bar{c}}} = \sqrt{\frac{4 \cdot 2000}{3600 \cdot \pi \cdot 1}}\mathrm{m} = 0,84\,\mathrm{m}$$

und mit dem Viskositätswert nach Tabelle Anhang A1 ($\nu = 10^{-6}\mathrm{m^2/s}$) $Re = \bar{c}d/\nu = 840.000$. Die kritische *Reynolds*-Zahl ist weit überschritten, sodass die Strömung voll turbulent ist und zur Ermittlung des Rohrreibungsbeiwerts noch die Rohrrauigkeit benötigt wird. Anhaltswerte dafür enthält Tabelle 2.2. Zwar beträgt für ein neues Stahlrohr die Rohrrauigkeit nur $k \approx 0{,}04$ mm, jedoch muss die Leistung der Pumpe auch nach einer längeren Betriebszeit noch ausreichend sein. Deshalb wird mit $k \approx 0{,}2$ mm für ein angerostetes Rohr gerechnet. Damit ist $k/d = 2,381 \cdot 10^{-4}$ und somit nach Formel 2.9 $\lambda = 0{,}0152$. Die notwendige Förderhöhe der Pumpe ergibt sich nun zu

$$H_P = 25\,\mathrm{m} + 0,0152 \cdot \frac{1800}{9,81 \cdot 0,84} \cdot \frac{1}{2} \cdot 1^2\,\mathrm{m} = 26,66\,\mathrm{m}$$

2.2.6 Bestimmung des optimalen Rohrdurchmessers

Als optimal wird der Rohrdurchmesser betrachtet, der unter definierten Bedingungen jährlich die geringsten Kosten verursacht. Für den Rohrinnendurchmesser d gilt bei $\rho = \mathrm{const}$:

$$d = \sqrt{\frac{4\dot{V}}{\pi \bar{c}}} \qquad (2.31)$$

Prinzipiell könnte jede $d - \bar{c}$-Kombination gewählt werden, um einen Volumenstrom $\dot{V}$ zu fördern. Mit abnehmendem Rohrdurchmesser steigen jedoch die Druckverluste Δp_V und somit die Energiekosten, während die Material- und Montagekosten sinken.

Insbesondere für lange oder starkwandige Leitungen sowie bei großen Betriebszeiten ist deshalb die Festlegung des Rohrdurchmessers unter dem Kostenaspekt sehr wichtig.

Die **Festkosten** K_F setzen sich aus den Investitions- und den Unterhaltskosten zusammen. Die **Investitionskosten** enthalten neben den Lohnkosten alle Aufwendungen, die für den Bau der Rohrleitung erforderlich sind (Bild 2.7). Bei der Finanzierung über einen Bankkredit werden die Investitionskosten vom Kapitaldienst K_K, d. h. von den Zinsen und der Tilgung, beeinflusst, bei einer Eigenfinanzierung nur von der Abschreibung. Bei der hier betrachteten Finanzierung mithilfe eines Bankkredits muss dieser mit Zinsen zurückgezahlt werden. Bei linearer Tilgung (Zurückzahlung in jährlich gleichen Raten) ist zur Bestimmung der Rate die Kreditsumme (hier die Investitionskosten K_I) durch den für die Rückzahlung angenommenen Zeitraum t_T zu teilen: $K_T = K_I/t_T$. Die jährlich zu entrichtenden Zinsen beziehen sich auf den am jeweiligen Jahresanfang noch nicht getilgten Anteil der Investitionskosten (Kredit-Rest). Um diese Rechnung zu vereinfachen, wird bei linearer Tilgung als Bezugsgröße für die Zinsberechnung die mittlere Kredithöhe $K_I/2$ angesetzt. Damit bleiben die Zinsen während des Tilgungszeitraums t_T konstant. Bei dieser Betrachtung spricht man von **kalkulatorischen Zinsen**. Die jährlichen kalkulatorischen Zinsen ergeben sich nach [80] mit dem kalkulatorischen Zinssatz p in % je Jahr zu

$$K_Z = \frac{K_I p\,(\text{in}\,\%)}{2 \cdot 100\%} \cdot \frac{t_T + 1}{t_T}$$

Bild 2.7 Bestandteile der Investitionskosten von Rohrleitungen

Die Summe der jährlichen Abschreibungen und Zinsen ergibt die **Kapitaldienstkosten** K_K

$$K_F \approx K_K = K_T + K_Z = \frac{K_I}{t_T}\left[1 + p\frac{(t_T + 1)}{200}\right]$$

Meist kann man davon ausgehen, dass sowohl die Investitionskosten als auch die Kapitaldienstkosten mit zunehmendem Durchmesser ansteigen. Deshalb wird in Anlehnung an [1] vereinfachend davon ausgegangen, dass für die Investitionskosten ein Ansatz auf der Basis der **Materialkosten** K_M geeignet ist und dass dafür unter Nutzung eines beliebig wählbaren Bezugsdurchmessers d_0 folgende Ansatzfunktion verwendet werden kann:

$$K_M = b \sum n_i \, k_{0i} \left(\frac{d}{d_0} \right)^{m_i} \tag{2.32}$$

b Abschreibungsfaktor

n_i Quantität der Einheit i (z. B. Rohre, Formstücke, Armaturen, Schweißnähte)

k_{0i} Kosten pro Einheit für die Bezugsnennweite d_0

m_i Kostenexponent der Einheit i

Einige Werte für k_{0i} und m_i sind in [1] enthalten.

Die **Unterhaltungskosten** K_U beinhalten Instandsetzungsarbeiten, die notwendige Pflege und Wartung der Rohrleitung sowie das Durchführen von Inspektionen. Als Richtwert kann ein jährlich anfallender Betrag von 1 % der Investitionskosten angesetzt werden. Bei diesen Betrachtungen werden die Unterhaltungskosten jedoch nicht beachtet.

Die jährlichen **Energiekosten** ergeben sich unter Berücksichtigung der Betriebsdauer t_B aus:

$$K_E = P_M \, t_B \, k_E \tag{2.33}$$

Die vom Elektromotor aufgenommene Leistung hängt über den Motorwirkungsgrad mit der Kupplungsleistung $P_M = P_K / \eta_M$ zusammen, die wiederum über den Pumpenwirkungsgrad mit der Nutzleistung der Pumpe $P_K = P_P / \eta_P$ verbunden ist. Im Rahmen der Durchmesseroptimierung braucht nur der Anteil der Pumpenleistung betrachtet zu werden, der vom Druckverlust stammt, da davon ausgegangen werden kann, dass eine ggf. notwendige Druckerhöhung im Förderendpunkt bzw. ein zusätzlich noch zu überwindender Höhenunterschied unabhängig vom Rohrdurchmesser der Anlage ist. Mit $P_P = \Delta p_V \, \dot{V}$ folgt dann

$$K_E = \frac{\Delta p_V \dot{V} t_B k_E}{\eta_P \eta_M}$$

Der Druckverlust wird bestimmt durch Rohrreibung, Formstücke und Einbauten:

$$\Delta p_V = \frac{\rho}{2} \bar{c}^2 \left(\sum_i \frac{\lambda_i l_i}{d_i} + \sum_j \zeta_j \right) \tag{2.34}$$

Vereinfachend soll hier davon ausgegangen werden, dass die gesamte Rohrleitung nur einen Durchmesser hat. Führt man analog zu [1] wiederum die Variable d/d_0 ein, so ergibt sich:

$$K_{\text{ges}} = b \sum_i n_i \, k_{0i} \left(\frac{d}{d_0}\right)^{m_i} + \frac{8\rho\dot{V}^3}{\pi^2 d_0^4}\left(\frac{d}{d_0}\right)^{-4} \frac{t_\text{B} k_\text{E}}{\eta_\text{P}\eta_\text{M}} \left(\frac{\lambda l}{d_0}\frac{d_0}{d} + \sum_j \zeta_j\right) \tag{2.35}$$

Der **optimale Rohrinnendurchmesser** (Bild 2.8) kann nun bestimmt werden:

$$\frac{\partial K_{\text{ges}}}{\partial\left(\frac{d}{d_0}\right)} = 0 = b \sum_i n_i \, k_{0i} \, m_i \left(\frac{d}{d_0}\right)^{m_i - 1} - \frac{8\rho\dot{V}^3}{\pi^2 d_0^4}\frac{t_\text{B} k_\text{E}}{\eta_\text{P}\eta_\text{M}} \left(\frac{d}{d_0}\right)^{-5} \left[5\frac{\lambda l}{d_0}\left(\frac{d}{d_0}\right)^{-1} + 4\sum_j \zeta_j\right] \tag{2.36}$$

Die Nullstellen von Formel 2.36 müssen numerisch bestimmt werden. Man wählt dann den nächstliegenden genormten Durchmesser. Ausgeführt wird letztlich der Innendurchmesser, der sich nach der Wanddickenberechnung (s. Abschnitt 3.1) und der Auswahl eines genormten Rohraußendurchmessers d_a ergibt. Die Geschwindigkeit ändert sich natürlich durch den Übergang zum genormten Durchmesser. Deshalb muss man prüfen, ob der dadurch entstehende Druckabfall vertretbar ist.

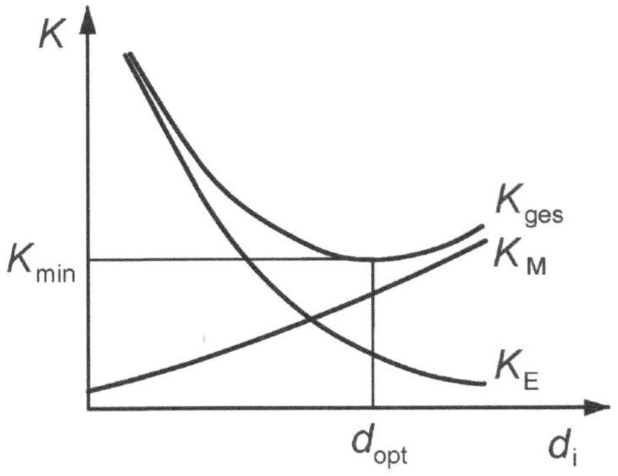

Bild 2.8
Abhängigkeit der Kosten vom Durchmesser

Da für die Nullstellenberechnungen nach Formel 2.36 sehr viele Daten notwendig sind, sind in einer Reihe von Büchern (z. B. [2]) z. T. sehr detaillierte Zusammenstellungen von Richtwerten enthalten. In neueren Veröffentlichungen (z. B. [3]) wird jedoch darauf hingewiesen, dass die Entwicklungen bei den Energie- und den Materialkosten in den letzten Jahren zu einer merklichen Verringerung der ökonomischen Geschwindigkeiten im Rohr und damit zu einer Erhöhung der wirtschaftlich optimalen Durchmesser geführt haben. Deshalb sind in Tabelle 2.10 nur einige wenige und sehr grobe Richtwerte für erste Überschlagsrechnungen angegeben. Eine Feinplanung auf der Basis von Formel 2.36 wird empfohlen. Bei dieser Vorgehensweise zur Durchmesserbestimmung ist jedoch zu beachten:

- Sedimentierende Suspensionen (z. B. Kalkmilch) verstopfen bei Unterschreitung einer korngrößenabhängigen Mindestgeschwindigkeit die Rohrleitung, hohe Strömungsgeschwindigkeiten vergrößern neben dem Energieaufwand jedoch auch den Verschleiß.

- Voll entsalztes Kesselspeisewasser ruft bei $\bar{c} > 8\ldots10\,\mathrm{m/s}$ Erosionserscheinungen hervor, wobei zuerst meist die Krümmer betroffen sind, oder führt zu merklichen Strömungsgeräuschen. Ähnliches gilt für andere Flüssigkeiten.
- Wasserleitungen zeigen Ablagerungen durch den Ausfall von Härtebildnern. Bei sehr hartem Wasser kann eine mäßige Erwärmung somit schnell zu einer Verkrustung führen.
- Die Rohrleitung sollte durch das strömende Medium im Hinblick auf ihre Lagerung nicht zu Schwingungen angeregt werden.
- Schlechtleitende Medien unterliegen besonders in Rohrleitungen aus isolierenden Kunststoffen der Gefahr starker elektrostatischer Aufladung [12], was die zulässige Geschwindigkeit begrenzt (Tabelle 2.11).
- Eine geringere Anzahl größerer Pumpen ergibt oft bessere Wirkungsgrade und daher niedrigere Energiekosten als eine entsprechende Anzahl kleiner. Zusammen mit einer Reserveeinheit steigen aber die Anlagenkosten.
- Bei kurzer Betriebsdauer sollten die Investitionskosten niedrig sein, die Geschwindigkeiten also möglichst hoch angesetzt werden, bei langer Betriebsdauer dominieren die Energiekosten, sodass sich ein Mehraufwand für energiesparende Maßnahmen, z. B. für eine Regelung der Pumpen, amortisiert.
- Als nachteilig erweist sich die Tatsache, dass weder die Material- und noch weniger die Montagekosten allein vom Rohrdurchmesser bestimmt werden. Die Wanddicke, die Länge der Leitung sowie die örtlichen Montagebedingungen bis hin zu Wettereinflüssen beeinflussen die Kosten wesentlich.

Tabelle 2.11 Maximale Geschwindigkeiten für entzündliche Medien

Rohrdurchmesser (in mm)	10	25	50	100	200	400	600
Strömungsgeschwindigkeit (in m/s)	8	4,9	3,5	2,5	1,8	1,3	1,0

Beispiel: Für eine Rohrleitung ist der optimale Innendurchmesser zu bestimmen. Vereinfachend sollen alle Armaturen zu einer Einheit zusammengefasst werden und die Einzelposten der Materialkosten (Rohre, Bögen, Flansche, Schweißnähte) über eine effektive Rohrlänge berücksichtigt werden. Außerdem wird davon ausgegangen, dass der *Reynolds*-Zahl-Einfluss auf den Rohrreibungsbeiwert gering ist.

Rohrlänge l_{eff} = 800 m; b = 0,1 a^{-1}; n_i = 1; t_B = 8000 h/a; k_{01} = 15 000 €; k_{02} = 8600 €; m_1 = 2; m_2 = 1,6

d einheitlich in gesamter Anlage; Bezugsdurchmesser d_0 = 0,1 m; $\sum \zeta_{ges} = \sum \zeta_i = 95$; $\lambda = 0{,}03 \neq f\ (Re)$ (turbulent, technisch rau)

$\dot{V} = 100\text{m}^3/\text{h}$; $\rho = 1000\text{kg/m}^3$; $\nu = 10^{-6}\text{m}^2/\text{s}$; $k_E = 0{,}10$ €/kWh; $\eta_{ges} = \eta_P \cdot \eta_M = 0{,}9$

Lösung

Mit den obigen Angaben nimmt Formel 2.36 folgende Form an:

$$0 = b\left[k_{01}m_1\left(\frac{d}{d_0}\right)^{m_1-1} + k_{02}m_2\left(\frac{d}{d_0}\right)^{m_2-1}\right] - \frac{8\rho\dot{V}^3}{\pi^2 d_0^4}\cdot\frac{t_B k_E}{\eta_{ges}}\left(\frac{d}{d_0}\right)^{-5}\left[5\frac{\lambda l_{eff}}{d_0}\cdot\left(\frac{d}{d_0}\right)^{-1} + 4\zeta_{ges}\right]$$

Unter Berücksichtigung der Maßeinheiten folgt

$$\begin{aligned}0 &= 0{,}1\left[15.000\cdot 2\,\tfrac{d}{d_0} + 8600\cdot 1{,}6\left(\tfrac{d}{d_0}\right)^{0{,}6}\right]\\ &\quad - \frac{8\cdot 10^3\cdot\left(\frac{100}{3600}\right)^3}{\pi^2 0{,}1^4}\cdot\frac{8000\cdot\frac{0{,}1}{1000}}{0{,}9}\cdot\left(\tfrac{d}{d_0}\right)^{-5}\left[5\cdot\frac{0{,}03\cdot 800}{0{,}1}\cdot\left(\tfrac{d}{d_0}\right)^{-1} + 4\cdot 95\right]\\ &= 3000\left(\tfrac{d}{d_0}\right)^1 + 1376\left(\tfrac{d}{d_0}\right)^{0{,}6} - 154{,}4\left(\tfrac{d}{d_0}\right)^{-5}\left[1200\left(\tfrac{d}{d_0}\right)^{-1} + 380\right]\end{aligned}$$

Die iterative Lösung ergibt $d/d_0 = 1{,}842$ und somit d = 184,2 mm.

Nun muss noch geprüft werden, ob die Annahme $\lambda \neq f\ (Re)$ richtig war:

$$Re = \frac{\bar{c}d}{\nu} = \frac{4\dot{V}}{\pi\, d\nu} = \frac{4\cdot(100/3600)}{0{,}1842\cdot 10^{-6}\,\pi} = 1{,}92\cdot 10^5$$

Aus Bild 2.1 ist ersichtlich, dass sich λ in diesem Re-Bereich für raue Rohre nur wenig ändert.

2.2.7 Auswahl von Regelventilen

Oft wird gefordert, einen Flüssigkeitsstrom in einem Bereich zwischen einem oberen Wert $\dot{V}_0$ und einem unteren Wert $\dot{V}_u$ zu regeln. Die Frage ist nun, welches Ventil dafür auszuwählen ist. Dabei ist zu berücksichtigen, dass der Volumenstrom vom Druckabfall im Ventil Δp_V abhängt. Der Zusammenhang beider Größen ist durch den K_V- bzw. den ζ-Wert gegeben. Also ist zunächst einer dieser beiden ineinander umrechenbaren Werte (s. Abschnitt 2.2.3) zu bestimmen. Außerdem benötigt man den an der Einbaustelle der Armatur herrschenden Druck, wobei das Ventil z. B. direkt an einem Behälter oder irgendwo in der Rohrleitung installiert werden kann. Man benötigt also je nach dem Einbauort der Armatur den Behälterdruck bzw. die Rohrleitungskennlinie sowie den Verlauf der Pumpenkennlinie.

Hier soll beispielhaft der Fall betrachtet werden, dass das Ventil in einer von einer Kreiselpumpe gespeisten Rohrleitung einzubauen ist (Bild 2.9a). Am Anfang der Rohrleitung steht der von der Arbeitsmaschine erzeugte Druck p_P an, der durch die Pumpenkennlinie gegeben ist. Von der Stelle der Einspeisung an bis zur Armatur fällt der Druck infolge der Reibung im Rohr entsprechend der Kennlinie der Rohrleitung um den vom Durchsatz abhängigen Wert Δp_{R1} ab. Damit gilt für den Druck am Eintrittsflansch des Ventils $p_1 = p_P - \Delta p_{R1}$. In der Armatur erfolgt eine Drosselung auf den Druck p_2 am Austrittsflansch des Ventils. Mit diesem Druck tritt das Medium in die anschließende Rohrleitung ein, längs der sich der Druckverlust Δp_{R2} wiederum entsprechend der Rohrleitungskennlinie einstellt. Es wird außerdem angenommen, dass am Ende der Rohrleitung der Druck p_3 ansteht. Also ist $p_2 = p_3 + \Delta p_{R2}$ und $\Delta p_V = p_1 - p_2$ der Druckabfall im Ventil. Durch die Strahleinschnürung (Bild 2.9b) auf eine Fläche, die kleiner als die freie Ventilfläche ist, sinkt der Druck im Ventil jedoch zunächst stärker ab. Durch die nachfolgende Strahlaufweitung kommt es aber zu einem teilweisen Druckrückgewinn.

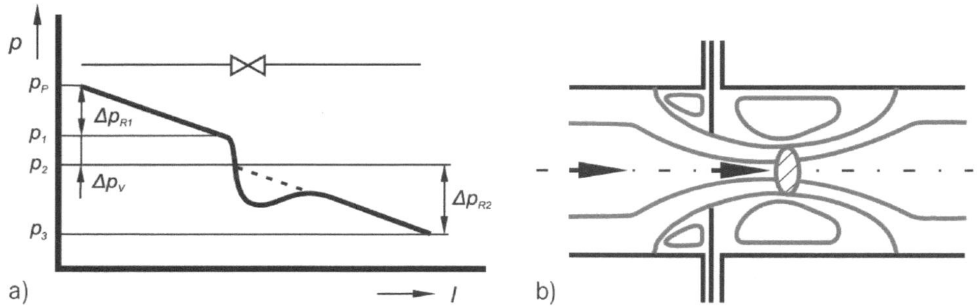

Bild 2.9 Druckverlauf im Rohr infolge des Ventileinbaus (a) und Geschwindigkeitsverhältnisse (schematisch) bei einer Querschnittsverengung (b)

Zur Regelung des Volumenstroms mit dem Ventil wird durch die Veränderung des freien Querschnitts die Rohrleitungskennlinie entsprechend Formel 2.30 und Bild 2.5 verschoben. Über Formel 2.24 und unter Nutzung der Abhängigkeit der ζ-Werte aus Tabelle Anhang A2 kann für den gewünschten Regelbereich auf Basis der K_V-Werte die Auswahl des erforderlichen Ventils erfolgen. Der K_V-Wert der gewählten Armatur soll etwas größer sein als der Wert für den oberen Durchsatz. Im Interesse einer feinfühligen Regelbarkeit des Volumenstroms ist es angebracht, den in der Armatur vorhandenen Hub des Ventiltellers h weitgehend auszunutzen. Zur Beurteilung des Verhaltens des Ventils bei unterschiedlicher Stellung des Handrades bzw. bei unterschiedlichem Ventilhub dient die **Ventilhub-Kennlinie**.

Normalerweise sind die Ventile so ausgelegt, dass sie eine lineare Öffnungscharakteristik haben, d. h., es besteht ein linearer Zusammenhang zwischen dem Spindelhub und der vom Ventilteller freigegebenen durchströmten Fläche. Nur bei besonderen Anforderungen führt man nichtlineare Öffnungscharakteristika durch entsprechend geformte Ventilteller (z. B. Kegel) aus. Theoretisch wäre bei linearer Öffnungscharakteristik auch eine lineare Abhängigkeit des Durchsatzes vom Spindelhub zu erwarten.

Praktisch ist jedoch der Durchsatz vom Druckverlauf im Ventil abhängig, d. h., der lineare Idealfall wird nur angenähert erreicht. Bei der Auswahl des Ventils wird man daher bestrebt sein,

- eine praktische Kennlinie nahe der linearen theoretischen Kennlinie zu realisieren und
- den verfügbaren Ventilhub gut auszunutzen.

Es ist festzustellen, dass im Allgemeinen nicht der gesamte im Ventil zur Verfügung stehende Hub für Regelzwecke verwendet werden kann. Während der größte Hub h_{max}, der der Freigabe des vollen Ventilquerschnitts entspricht, für den maximalen Durchsatz nutzbar ist, erlaubt die Konstruktion des Ventils nur, Regelaufgaben bis zu einem minimalen Durchsatz $\dot{V}_{min}$ durchzuführen. Unterhalb dieses Grenzwerts ist der Durchsatz nicht mehr stabil einzustellen. Nach Angaben der Hersteller wird der Arbeitsbereich in den Grenzen von 20...90 % des maximalen Ventilhubs gesehen. Der Regelbereich sollte sich in diese Grenzen einordnen.

Bei einer linearen Abhängigkeit des Ventilhubs h vom K_V-Wert ergibt sich mit Formel 2.23:

$$\frac{h}{h_{max}} = \frac{K_V}{K_{V,max}} = \frac{\dot{V}\ (\text{in m}^3/\text{h})\ \sqrt{\frac{100\rho\ (\text{in kg/m}^3)}{\Delta p_V\ (\text{in Pa})}}}{K_{V,max}} \tag{2.37}$$

Trägt man auf der Ordinate eines Diagramms das Hubhöhenverhältnis und auf der Abszisse den Durchsatz an, dann folgt mit Formel 2.37 die **Ventilhub-Kennlinie** (Bild 2.10). Meist erhält man keine Gerade. Durch Eintragen des unteren und des oberen Hubverhältnisses kann deutlich gemacht werden, in welchem Maße der verfügbare Hub ausgenutzt wird.

Bei der Berechnung der Ventilhub-Kennlinie wird man zunächst den K_V-Wert $K_{V,o}$ für den oberen Durchsatz $\dot{V}_o$ und den zugeordneten Druckabfall im Ventil Δp_{Vo} ermitteln. Aus Armaturenprospekten ist ein Ventil mit etwas größerem K_V-Wert zu wählen oder mittels des ζ-Werts bei voller Öffnung der Armatur zu berechnen. Für das gewählte Ventil ist dieser Wert der maximale, also $K_{V,max} > K_{V,o}$. Er geht in Formel 2.37 ein. Damit ist nunmehr das Ventilhub-Verhältnis zu berechnen und die Ventilhub-Kennlinie kann gezeichnet werden. Erforderlichenfalls kann man jetzt, wenn die Hubnutzung nicht befriedigend ist, durch Wahl eines anderen Ventils diese Verhältnisse so ändern, dass der Hub besser für die Regelaufgabe genutzt wird. Diese Verhältnisse kann man erreichen, wenn das Regelventil mit einer kleineren Nennweite als die der Rohrleitung ausgeführt wird.

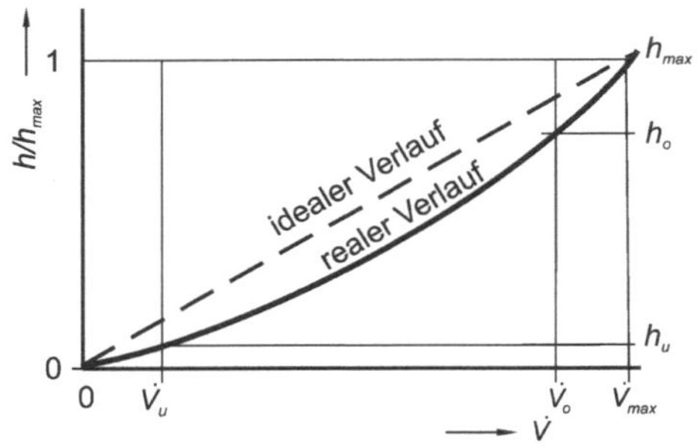

Bild 2.10
Ventilhub-Kennlinie

Beispiel: Für eine Flüssigkeit mit $\rho = 800\,\text{kg/m}^3$ ist ein Ventil auszuwählen, mit dem der Volumenstrom zwischen 20 und $200\,\text{m}^3/\text{h}$ geregelt werden kann. Der Druckverlust im Ventil betrage beim kleinsten Durchsatz 4,5 bar und beim größten 1,25 bar. Die Werte der Rohrleitungskennlinie sind in Tabelle 2.12 gegeben.

Tabelle 2.12 Rohrleitungskennlinie

$\dot{V}$ (in m^3/h)	20	50	100	150	200	217,04	220
Δp_V (in $10^5\,\text{N/m}^2$)	4,5	4,2	3,375	2,4	1,2	0,825	0,75

Lösung

$$K_{V,o} = 200 \cdot \sqrt{\frac{10^5}{1,25 \cdot 10^5} \cdot \frac{800}{1000}} \frac{\text{m}^3}{\text{h}} = 160 \frac{\text{m}^3}{\text{h}}$$

$$K_{V,u} = 20 \sqrt{\frac{10^5}{4,5 \cdot 10^5} \frac{800}{1000}} \frac{\text{m}^3}{\text{h}} = 8,43 \frac{\text{m}^3}{\text{h}}$$

Es soll ein Ventil DN 100 mit $\zeta = 3,5$ gewählt werden. Somit ergibt sich

$$K_V = 50.912 \cdot \frac{\frac{A}{\sqrt{\zeta}} \text{m}^3}{\text{h}} = \frac{50.912 \frac{\pi \cdot 0,1^2}{4\sqrt{3,5}} \text{m}^3}{\text{h}} = 213,74 \text{m}^3/\text{h}$$

Dieser K_V-Wert ist natürlich größer als der für den oberen Durchsatz berechnete Wert $K_{V,o}$. Er ist demnach als maximaler Wert $K_{V,max}$ einzusetzen. Damit erhält man $\frac{h}{h_{\text{max}}} = \frac{K_V}{K_{V,\text{max}}} = \frac{\dot{V}\sqrt{\frac{100\rho}{\Delta p_V}}}{213,74}$ und die in der Tabelle 2.13 aufgeführten Werte. Die so berechnete Ventilhub-Kurve ergibt einen deutlich gekrümmten Verlauf. Man sieht auch, dass für $\dot{V} = 220\,\text{m}^3/\text{h}$ das Hubverhältnis größer als 1 wird. Zu $h/h_{\text{max}} = 1$ gehören $\dot{V} \approx 217\text{m}^3/\text{h}$ und $\Delta p_V = 82.500\,\text{N/m}^2$. Weiterhin erkennt man, dass der verfügbare Hub für die Regelung im Bereich $\dot{V} = 20 \ldots 200\text{m}^3/\text{h}$ nur zu 76,5 % ausgenutzt wird. Ist man damit nicht zufrieden, dann kann eine geringere Nennweite, etwa DN 80, gewählt werden. Für dieses Ventil ist dann die Rechnung zu wiederholen.

Tabelle 2.13 Ventilhub-Kennlinienwerte

$\dot{V}$ (in m^3/h)	20	50	100	150	200	217,04	220
h/h_{max}	0,039	0,102	0,228	0,405	0,764	0,9999	1,063

2.2.8 Auslegung von Sicherheitsventilen

Prof. Dr. nat. techn. Ulf Schubert[1)]

Zur Dimensionierung von Sicherheitsventilen ist der größte abzuführende Massenstrom festzulegen. Für **inkompressible Fluide** gilt für zwei Stellen (Indizes 1: Behälter, Rohrleitung; 2: engste Stelle, Ventilsitz) mit $\rho = \text{const}$:

$$p_1 + \frac{\rho}{2}\bar{c}_1^2 + \rho\, g\, H_1 = p_2 + \frac{\rho}{2}\bar{c}_2^2 + \rho\, g\, H_2$$

Es ist davon auszugehen, dass beim Entspannen eines großen Rohrleitungssystems oder eines Behälters die Strömungsgeschwindigkeit $\bar{c}_1$ in dem zu entspannenden Teil sehr viel kleiner ist als in der Abblaseleitung ($\bar{c}_1 \ll \bar{c}_2$). Außerdem kann davon ausgegangen werden, dass der Anteil des Druckverlusts aus dem geodätischen Höhenunterschied vom Eintritt bis zum Austritt des Sicherheitsventils vernachlässigbar klein ist ($H_1 \approx H_2$). Die Ausströmgeschwindigkeit $\bar{c}_2$ am Austritt eines Sicherheitsventils ergibt sich somit aus der Druckdifferenz vor und nach dem Sicherheitsventil $\Delta p = p_1 - p_2$ und der Dichte des abzuführenden Fluids zu $\bar{c}_2 = \sqrt{2\Delta p/\rho}$. Damit folgen der theoretische **Ausflussvolumenstrom** $\dot{V}_{th} = A\,\bar{c}_2 = A\sqrt{2\Delta p/\rho}$ und der theoretische **Ausflussmassenstrom** $\dot{m}_{th} = \rho\,\dot{V}_{th} = A\sqrt{2\rho\,\Delta p}$.

Der tatsächliche Ausflussmassenstrom wird beeinflusst von Strahleinschnürungen und Reibungsverlusten im Sicherheitsventil. Diese Phänomene werden mit einer **Ausflussziffer** $\alpha < 1$ berücksichtigt:

$$\dot{m} = \alpha\,\dot{m}_{th} = \alpha\,A\sqrt{2\rho\,\Delta p} \tag{2.38}$$

Die Ausflussziffer wird empirisch medien- und ventilbezogen ermittelt. Aus Sicherheitsgründen wird diese empirische Ausflussziffer α noch um 10 % reduziert und ergibt dann die **zuerkannte** dimensionslose Ausflussziffer: $\alpha_W = \alpha/1{,}1$. Der Strömungsquerschnitt A, der erforderlich ist, um den gewünschten Ausflussmassenstrom abzuführen, ergibt sich aus der Formel 2.38 und Einsatz der zuerkannten Ausflussziffer:

$$A = \frac{\dot{m}}{\alpha_W\sqrt{2\rho\,\Delta p}} \tag{2.39}$$

[1] Prof. Dr. nat. techn. Ulf Schubert, Professor für Apparate und Anlagen an der Hochschule Merseburg (FH), FB Ingenieur- und Naturwissenschaften

Hinweise:

- α_W ist aus der Ventildokumentation (Bauteilprüfblatt) zu entnehmen.
- Δp ist die Differenz des absoluten Drucks im abzusichernden Druckraum mit p_1 und des absoluten dynamischen Fremdgegendrucks p_2 hinter der Sicherheitsarmatur, also der Umgebungsdruck bei zur Atmosphäre offenen Ventilen ohne Abblaseleitung oder der Gegendruck der Abblaseleitung bei maximalem Abflussmassenstrom.
- $\dot{m}$ ist der maximal erreichbare Massenstrom, der abzuführen ist.

Der engste Durchmesser d des Sicherheitsventils im Zulauf ist dann $d = \sqrt{4A/\pi}$.

Bei der Dimensionierung von Sicherheitsventilen für siedende Flüssigkeiten ist der Dampfanteil zu berücksichtigen, sodass sich der abzuführende Massenstrom aus zwei Phasen, einem Flüssigteil $\dot{m}_F$ und einem Dampfteil $\dot{m}_D$, zusammensetzt:

$$\dot{m} = \dot{m}_F + \dot{m}_D \tag{2.40}$$

Es wird hier davon ausgegangen, dass die Dampfphase erst durch die Entspannung der Flüssigkeit über das Sicherheitsventil entsteht. So ist im abzusichernden Anlagenteil ausschließlich unter Druck verflüssigtes Gas anzusetzen. Die Bemessung von Sicherheitsventilen für Gase im flüssigen Zustand regelt VdTÜV-Merkblatt Sicherheitsventile 100/2. Darin wird der Teilstrom des Dampfes $\dot{m}_D$ über den Verdampfungsanteil n berechnet, der Rest ist dann dem Flüssiganteil $\dot{m}_F$ zuzurechnen:

$$\dot{m}_D = n\dot{m} = \frac{h'_1 - h'_2}{\Delta h_{V(2)}}\dot{m} \tag{2.41}$$

h'_1 Enthalpie der siedenden Flüssigkeit vor dem Ventil bei dem Druck p_1, dem absoluten Druck im abzusichernden Anlagenteil

h'_2 Enthalpie der siedenden Flüssigkeit bei dem Druck p_2, dem absoluten Fremdgegendruck direkt am Ventilaustritt

$\Delta h_{V(2)}$ Verdampfungsenthalpie des Fluids, bezogen auf den Druck p_2

Mit diesen Teilströmen können die Strömungsquerschnitte für den maximal abzuführenden Massenstrom nach den Formel 2.39, z. B. nach AD 2000-A2, berechnet werden. Der Gesamtquerschnitt A_{ges} ergibt sich aus der Addition der beiden Phasenquerschnitte der Flüssigkeit A_{1F} und des bei der Entspannung entstehenden Dampfes A_{1D}: $A_{ges} = A_{1F} + A_{1D}$.

Aus VdTÜV-100/2 ist zu entnehmen, dass dieser Gesamtquerschnitt zur Sicherheit um 20 % erhöht wird, sodass der engste Strömungsquerschnitt $A_{ges,20\,\%}$ des Ventils im Zulauf resultiert: $A_{ges,\,20\,\%} = 1{,}2\ \ (A_{1F} + A_{1D})$.

Die Berechnungen des engsten Strömungsquerschnitts beziehen sich üblicherweise auf Fluide, die eine ähnliche Viskosität wie Wasser aufweisen. Bei zähen Flüssigkeiten ist mit einem größeren Widerstand zu rechnen, sodass der erforderliche Strömungsquerschnitt des Sicherheitsventils erweitert werden sollte. Nach z. B. DIN IEC 534 Teil 2-1 und API RP 512 wird zur Berücksichtigung dieser Widerstände mit der Einführung eines Korrekturfaktors gearbeitet, der von der Strömungsgeschwindigkeit abhängig und der ≤ 1 ist. Der engste Strömungsquerschnitt A ist durch diesen Korrekturfaktor zu dividieren.

Beispiel: Ein Vorratsbehälter wird über eine Speisepumpe mit Reinstwasser von maximal 20 °C versorgt. Die Speisepumpe ist in der Lage, maximal 10 m³/h zu fördern. Die maximale Förderhöhe der Pumpe liegt bei 20 m Wassersäule ($p \approx 2$ bar Überdruck und ≈ 3 bar absolut). Der Druckbehälter ist mit einem zulässigen Betriebsdruck von 2 bar absolut ausgelegt, sodass eine Druckabsicherung erforderlich ist und der absolute Ansprechdruck dieser Absicherung auf 1,8 bar absolut festgelegt werden kann. Da es sich um Wasser handelt und der Behälter in einem Raum mit Bodenabläufen installiert ist, ist keine Abblaseleitung erforderlich, sodass der absolute Gegendruck von etwa 1 bar (Atmosphärendruck absolut) zu berücksichtigen ist. Der maximale Volumenstrom, der abzuführen ist, beträgt somit $\dot{V} = 10\text{m}^3/\text{h}$.

Lösung

Aus Tabelle Anhang A1 folgt $\rho_{20\,°\text{C}} = 998{,}2\ \text{kg/m}^3$ und aus dem Bauteilprüfblatt des Herstellers eines vorausgesuchten Ventils $\alpha_\text{W} = 0{,}40$. Somit ergibt sich

$$\dot{m} = \rho_{20°\text{C}}\,\dot{V} = 998{,}2 \cdot 10\,\text{kg/h} = 9982\,\text{kg/h}$$

$$\Delta p = p_1 - p_2 = 1{,}8\,\text{bar} - 1{,}0\,\text{bar} = 0{,}8\,\text{bar}$$

$$A = \frac{\dot{m}}{\alpha_\text{W}\sqrt{2\rho\Delta p}} = \frac{\frac{9982}{3600}}{0{,}40 \cdot \sqrt{2 \cdot 0{,}8 \cdot 10^5 \cdot 998{,}2}}\text{m}^2 = 5{,}4910^{-4}\text{m}^2 = 549\text{mm}^2$$

$$d = \sqrt{\frac{4A}{\pi}} = \sqrt{\frac{4 \cdot 549}{\pi}}\,\text{mm} = 27\,\text{mm}$$

Für **kompressible Fluide** (Näheres dazu s. Abschnitt 2.3) gilt bei der Annahme, dass die Lageenergie durch den geringen Höhenunterschied von Zu- und Ablauf des Ventils ($H_1 \approx H_2$) vernachlässigbar klein ist:

$$\frac{\overline{c}_1^2}{2} + c_{p1}T_1 = \frac{\overline{c}_2^2}{2} + c_{p2}T_2 \tag{2.42}$$

Nach umfangreichen Zwischenrechnungen und Vereinfachungen (s. [109]) ergibt sich für unterkritische Verhältnisse der theoretische Auslaufmassenstrom

$$\dot{m}_\text{th} = A\sqrt{2p_1\rho_1} \cdot \sqrt{\frac{\kappa}{\kappa - 1}} \cdot \sqrt{\left(\frac{p_2}{p_1}\right)^{\frac{2}{\kappa}} - \left(\frac{p_2}{p_1}\right)^{\frac{\kappa+1}{\kappa}}} = A\sqrt{2\frac{p_1}{v_1}}\,\psi \tag{2.43}$$

wobei die beiden hinteren Wurzeln oft zur Ausflussfunktion ψ zusammengefasst werden und in der ersten Wurzel $\rho_1 = 1/v_1$ gesetzt wird.

Wie bei den Flüssigkeiten wird auch der Ausflussmassenstrom von Strahleinschnürungen und Reibungsverlusten beeinflusst, was wiederum zur Verwendung der Ausflussziffer α_W führt:

$$\dot{m} = \alpha_W A \sqrt{2\frac{p_1}{v_1}}\,\psi \tag{2.44}$$

Nach dem engsten Strömungsquerschnitt A umgestellt, erhält man:

$$A = \frac{\dot{m}}{\psi \cdot \alpha_W \cdot \sqrt{2\frac{p_1}{v_1}}} \tag{2.45}$$

Die Ausflussfunktion kann berechnet oder auch aus dem AD 2000-A2 entnommen werden. Bei der Anwendung von Formel 2.44 muss das kritische Druckverhältnisses beachtet werden: $\left(\frac{p_2}{p_1}\right)_{krit} = \left(\frac{2}{\kappa+1}\right)^{\frac{\kappa}{\kappa-1}}$. Ist das Druckverhältnis überkritisch, d. h. $\frac{p_2}{p_1} \leq \left(\frac{2}{\kappa+1}\right)^{\frac{\kappa}{\kappa-1}}$, so spielen die Drücke für die Ausflussgeschwindigkeit keine Rolle mehr. Es besteht dann nur noch eine Abhängigkeit vom Isentropenexponenten:

$$\psi_{max} = \sqrt{\frac{\kappa}{\kappa+1}} \cdot \left(\frac{2}{\kappa+1}\right)^{\frac{1}{\kappa-1}} \tag{2.46}$$

Bei der Festlegung der Ventilzuleitung und Ventilableitung von Sicherheitsventilen sind unbedingt die Druckverluste mit einzukalkulieren bzw. maximal erlaubte Druckverluste in der Zuleitung zu berücksichtigen.

Beispiel: In einem Reaktor findet eine exotherme chemische Reaktion statt. Die flüssigen Reaktanten erzeugen im Fall einer durchgehenden Reaktion eine CO_2-Gasproduktionsrate von maximal 1500 kg/h. Das Gas kann dabei eine maximale Temperatur von 200 °C annehmen. Der Reaktor hat einen zulässigen Betriebsdruck von 10 bar absolut und soll mit einem Sicherheitsventil mit einem Ansprechdruck von 8 bar absolut abgesichert werden. Die Abblasleitung erzeugt bei maximalem Volumenstrom einen Gegendruck von 2,0 bar absolut.

Lösung

Aus [2] folgt mit $\kappa = c_p/c_v$ für $\kappa_{200°C,\,8\,bar} = 1,008/0,8096 = 1,245$. Weiterhin werden die molare Masse für CO_2 (44,01 g/mol) und die allgemeine Gaskonstante R = 8,314 J/(mol K) sowie aus dem Bauteilprüfblatt des Herstellers eines vorausgesuchten Ventils die Ausflussziffer (α_W = 0,32) benötigt.

Dichte von CO_2 bei 200 °C und 8 bar:

$$\rho_{CO_2} = \frac{pM}{RT_1} = \frac{8,0 \cdot 10^5 \cdot 44,01 \cdot 10^{-3}}{8,314 \cdot 473}\frac{kg}{m^3} = 8,953\frac{kg}{m^3}$$

Kritisches Druckverhältnis:

$$\left(\frac{p_2}{p_1}\right)_{krit} = \left(\frac{2}{\kappa+1}\right)^{\frac{\kappa}{\kappa-1}} = \left(\frac{2}{1,245+1}\right)^{\frac{1,245}{1,245-1}} = 0,56$$

Tatsächliches Druckverhältnis:

$$\frac{p_2}{p_1} = \frac{2}{8} = 0,25$$

Wegen 0,25 < 0,56 muss die Ausflussfunktion wie folgt berechnet werden:

$$\psi_{max} = \sqrt{\frac{\kappa}{\kappa+1}}\left(\frac{2}{\kappa+1}\right)^{\frac{1}{\kappa-1}} = \sqrt{\frac{1,245}{1,245+1}}\left(\frac{2}{1,245+1}\right)^{\frac{1}{1,245-1}} = 0,46$$

Berechnung des engsten Strömungsquerschnitts und des engsten Durchmessers des Sicherheitsventils:

$$A = \frac{\dot{m}}{\psi_{max}\alpha_W\sqrt{\rho_1 p_1}} = \frac{1500}{3600 \cdot 0,46 \cdot 0,32 \cdot \sqrt{8,953 \cdot 8,0 \cdot 10^5}} \text{m}^2 = 1,058 \cdot 10^{-3}\text{m}^2 = 1058\text{mm}^2$$

$$d = \sqrt{\frac{4A}{\pi}} = \sqrt{\frac{4 \cdot 1058}{\pi}}\,\text{mm} = 36,7\,\text{mm}$$

2.2.9 Strömungsabriss und Kavitation

Sinkt der Flüssigkeitsdruck in Steigleitungen, in Querschnittsverengungen oder an schnell rotierenden Einbauten auf oder unter den Dampfdruck der Flüssigkeit, dann entstehen Dampfblasen. Da der Dampf ein größeres spezifisches Volumen als die Flüssigkeit hat, kommt es in Steigleitungen zur Verdrängung der Flüssigkeit, sodass die Strömung völlig zum Erliegen kommen kann (**Strömungsabriss**). Die theoretische **Saughöhe** H_S, bei deren Überschreitung die Strömung abreißt, ergibt sich nach der *Bernoulli*-Gleichung als Differenz aus dem Druck über dem Flüssigkeitsspiegel p_b und dem Dampfdruck p_d unter Berücksichtigung der Strömungsverluste und der kinetischen Energie im Saugrohr zu:

$$H_S = \frac{p_b - p_d}{\rho g} - \frac{\bar{c}^2}{2g}\left(1 + \lambda\frac{l_s}{d_s}\right) \approx \frac{p_b - p_d}{\rho g} \qquad (2.47)$$

Für Wasser bei Umgebungsdruck und Umgebungstemperatur liegt die Saughöhe etwas unter 10 m, bei siedendem Wasser ist sie null.

In Querschnittsverengungen oder an schnell rotierenden Einbauten reißt die Strömung nicht ab. Die entstehenden Dampfblasen gelangen jedoch beim Weitertransport zwangsläufig in Bereiche höheren Drucks. Dadurch wird der Dampf wieder zur Flüssigkeit, die Dampfblase implodiert wegen der großen Dichtezunahme (**Kavitation**). Dies geschieht schlagartig, und die dabei auftretenden Implosionsgeräusche sind oft hörbar. Bei der Implosion bilden sich sogenannte **Mikrojets**, die mit großer Geschwindigkeit auch auf die vorhandenen Wandungen treffen können. Die Wand erfährt dadurch eine schlagartige punktförmige Druckbelastung, die zum Materialabtrag führt (Bild 2.11). Werden unterschiedliche Materialien unter gleichen Bedingungen der Kavitation ausgesetzt, hängt der Masseverlust stark von der Materialart ab. Von Grauguss über Messing, Aluminium, Stahlguss bis zu Al-Bronze sinkt der Masseverlust um fast zwei Zehnerpotenzen ab.

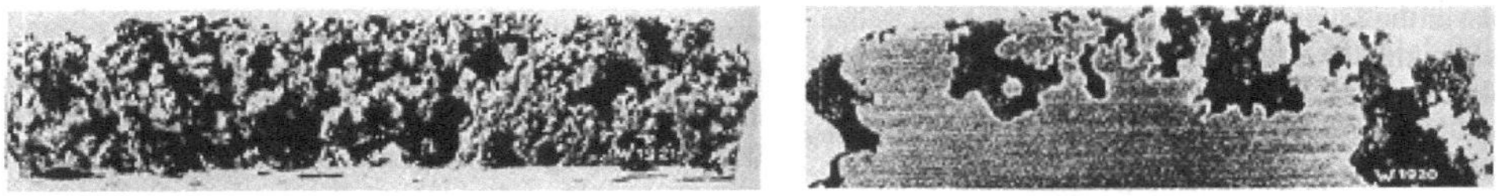

Bild 2.11 Schäden durch Kavitation, links: Draufsicht, rechts: Schnitt [26]

Neben der Erosion kann die in der Anlage befindliche Pumpe unruhig laufen, wodurch wiederum Durchsatz, Förderhöhe und Wirkungsgrad sinken. Bis auf einige spezielle Anwendungsfälle in der Verfahrenstechnik wird ein kavitationsfreier Betrieb angestrebt.

Mit Formel 2.47 lässt sich auch die mögliche **Zulaufhöhe** bei Zulaufbetrieb (Bild 2.12) bestimmen. Kommt man in ihre Nähe, tritt ebenfalls Kavitation ein.

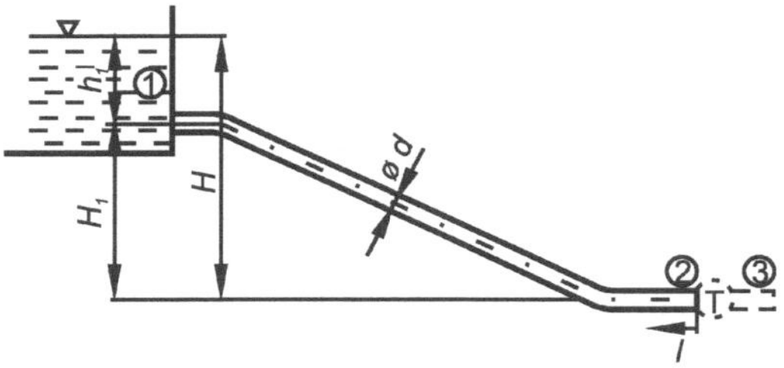

Bild 2.12
Beispiel für eine Kraftleitung

Beispiel: Durch eine Rohrleitung ($d = 10$ cm) soll Wasser ($\rho = 1000\,\text{kg/m}^3$) mit $\bar{c} = 2\,\text{m/s}$ strömen. Durch nachträgliche Einbauten kommt es an einer Stelle zu einer Verengung des Querschnittes. Wie groß darf diese höchstens sein, damit keine Kavitation auftritt? Der Dampfdruck beträgt 0,02 bar, der Druck in der Rohrleitung vor dem Einbauteil 2 bar.

Lösung

Die Anwendung der *Bernoulli*-Gleichung vor und in der Verengung unter Vernachlässigung von Druckverlusten und zusätzlichen Einschnüreffekten ergibt

$$\frac{\rho}{2}\bar{c}^2 + p = \frac{\rho}{2}\bar{c}_V^{\,2} + p_V$$

Der Druck in der Verengung muss bei Kavitation den Dampfdruck p_D erreichen, außerdem gilt die Kontinuitätsgleichung

$$\bar{c}_V = \bar{c}\frac{A}{A_V} = \bar{c}\left(\frac{d}{d_V}\right)^2$$

Somit ergibt sich

$$\frac{\rho}{2}\bar{c}^2 + p = \frac{\rho}{2}\bar{c}^2\left(\frac{d}{d_V}\right)^4 + p_D$$

und damit

$$d_V = \frac{d}{\sqrt[4]{\frac{2(p-p_D)}{\rho\bar{c}^2}+1}} = 3,16\,\mathrm{cm}$$

Da der Dampfdruck mit steigender Temperatur zunimmt, ist bei der Erhöhung der Betriebstemperatur dieser berechnete Wert für d_V zu klein.

2.2.10 Wirkungsgrad von Rohrleitungen und Diffusoren

Will man einem Verbraucher Wasser ohne Einschaltung einer Pumpe nur durch Nutzung eines geodätischen Gefälles H zuführen, ergibt sich die Frage nach der dabei an eine Turbine übertragbaren Leistung. Zur Beantwortung dieser Frage wird der in (Bild 2.12) dargestellte Fall betrachtet, bei dem Wasser aus einem hochgelegenen Becken entnommen wird. An der Austrittsstelle 3 soll der gleiche Druck wie über dem Flüssigkeitsspiegel vorliegen. Bezogen auf die Niveauebene 2 besitzt das sich auf der Höhe H befindliche Wasser den spezifischen Energieinhalt bzw. das spezifische theoretische Arbeitsvermögen $Y_{theor} = \Delta p/\rho = g\,H$. Bei drallfreier Betrachtung gilt somit bei Berücksichtigung der Druckverluste Δp_V, die zu einer Fluiderwärmung führen, und einer Leistungsentnahme durch die Turbine Δp_T an der Stelle 3:

$$\rho\,g\,H = \frac{\rho}{2}\bar{c}^2 + \Delta p_V + \Delta p_T \tag{2.48}$$

Geht man davon aus, dass die Rohrreibung dominiert bzw. dass Zusatzverluste durch eine effektive Rohrlänge berücksichtigt werden, so steht am Punkt 2 nur noch das Arbeitsvermögen des Fluids Y_{real} zur Verfügung:

$$Y_{real} = \frac{\Delta p_T}{\rho} = Y_{theor} - \frac{\Delta p_V}{\rho} - \frac{\bar{c}^2}{2} = g\,H - \left(\lambda\frac{l_{eff}}{d}+1\right)\frac{\bar{c}^2}{2} \tag{2.49}$$

Der Wirkungsgrad des an der Stelle 2 noch vorhandenen Arbeitsvermögens ist somit:

$$\eta_R = \frac{\text{nutzbare Leistung}}{\text{theoretische Leistung}} = \frac{Y_{real}}{Y_{theor}} = 1 - \frac{\left(\lambda\frac{l_{eff}}{d}+1\right)\frac{\bar{c}^2}{2}}{gH} \tag{2.50}$$

Für $\eta_R = 0$ wird die gesamte Energie zur Beschleunigung genutzt und es gilt:

$$\bar{c}_{max} = \sqrt{\frac{2gHd}{\lambda_{eff}\,l + d}} \tag{2.51}$$

$$\dot{V}_{\max} = A\,\overline{c}_{\max} = \frac{\pi \cdot d^2}{4}\sqrt{\frac{2gHd}{\lambda_{\text{eff}}l + d}} \tag{2.52}$$

Bei $\eta_R = 1$ muss dagegen $\overline{c} = 0$ und somit der Durchsatz null sein.

Die durch das Gefälle einer Turbine am Punkt 2 zur Verfügung gestellte Leistung ist:

$$P = \Delta p\dot{V} = \rho\,Y_{\text{real}}\,\dot{V} = \rho\left[g\,H - \left(\lambda_{\text{eff}}\frac{l}{d} + 1\right)\frac{\overline{c}^2}{2}\right]\frac{\pi d^2}{4}\overline{c} \tag{2.53}$$

Das Maximum der Nutzleistung findet man, wenn Formel 2.53 nach der Geschwindigkeit abgeleitet und die Ableitung null gesetzt wird. Unter der Voraussetzung $\lambda_{\text{eff}} = \text{const}$ (turbulente Strömung, hydraulisch rau) folgt $\frac{\mathrm{d}P}{\mathrm{d}\overline{c}} = \rho\frac{\pi d^2}{4}\left[g\,H - \left(\lambda_{\text{eff}}\frac{l}{d} + 1\right)\frac{3\overline{c}^2}{2}\right] = 0$. Die physikalisch sinnvolle Nullstelle ist:

$$\overline{c}_{P_{\max}} = \sqrt{\frac{2gHd}{3\,(\lambda_{\text{eff}}l + d)}} = \frac{\overline{c}_{\max}}{\sqrt{3}} \tag{2.54}$$

und somit beträgt nach Einsetzen von $\overline{c}_{P_{\max}}$ in Formel 2.53 die maximal verfügbare Leistung:

$$P_{\max} = \rho\,A\,\overline{c}_{P_{\max}}\left[g\,H - \frac{1}{d}\,(\lambda_{\text{eff}}\,l + d)\,\frac{1}{2}\,\frac{2gHd}{3\,(\lambda_{\text{eff}}l + d)}\right] = \frac{2}{3}\rho\,g\,H\,A\,\overline{c}_{P_{\max}} \tag{2.55}$$

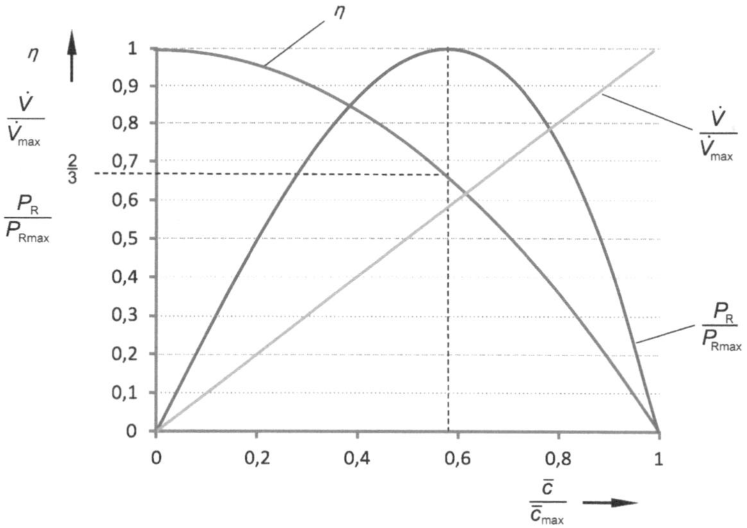

Bild 2.13 Verlauf von dimensionslosem Volumenstrom, dimensionsloser Leistung und Wirkungsgrad als Funktion der dimensionslosen Geschwindigkeit

Bezieht man diese Leistung auf das theoretische Arbeitsvermögen $\rho\, g\, H\, \dot{V}_{P_{\max}}$

$$\eta_{\mathrm{R,max}} = \frac{P_{\max}}{\rho g H \dot{V}_{P_{\max}}} = \frac{\frac{2}{3}\rho g H A \bar{c}_{P_{\max}}}{\rho g H A \bar{c}_{P_{\max}}} = \frac{2}{3} \tag{2.56}$$

so sieht man, dass maximal $2/3$ der geodätischen Energie nutzbar sind (Bild 2.13).

Diffusoren ermöglichen es, bei einem ausreichend kleinen Erweiterungswinkel und somit unterbleibendem Strömungsabriss einen Teil der kinetischen Energie durch einen Druckaufbau zurückzugewinnen. Der erreichbare Wirkungsgrad ist dann:

$$\eta_{\mathrm{D}} = \frac{p_2 - p_1}{\frac{\rho}{2}\bar{c}_1^2} = 1 - \left(\frac{A_1}{A_2}\right)^2 - \zeta_{\mathrm{Diff}} \tag{2.57}$$

Der höchste Wirkungsgrad ergibt sich bei a_{krit} (s. Tabelle Anhang A2). Der Wirkungsgrad einer **plötzlichen** Erweiterung (**Stoßdiffusor**) beträgt:

$$\eta_{\mathrm{D}} = 2\frac{A_1}{A_1 + A_2} \tag{2.58}$$

Fügt man also an die Stelle 3 des Bild 2.12 noch einen Diffusor an, lässt sich das Arbeitsvermögen der Turbine etwas über die in Formel 2.55 ausgewiesene Leistung erhöhen. Bei der Auslegung muss jedoch beachtet werden, dass der Dampfdruck nicht unterschritten wird, da sonst Kavitation (s. Abschnitt 2.2.9) auftritt.

Beispiel: Eine Druckrohrleitung aus Stahl soll einen Wasserdurchsatz von 500 m³/h ermöglichen. Es sind ihr Wirkungsgrad und die maximal verfügbare Leistung zu bestimmen.

Innendurchmesser: $d = 300$ mm; Rohrleitungslänge: $l = 400$ m

Geodätische Höhe: $H_{\mathrm{geo}} = 100$ m; Wassertemperatur: $\vartheta = 12\,°\mathrm{C}$

Lösung

$$\bar{c} = \frac{\dot{V}}{A} = \frac{4\dot{V}}{\pi d^2} = \frac{4 \cdot 500}{3600\pi \cdot 0,3^2}\frac{\mathrm{m}}{\mathrm{s}} = 1,965\frac{\mathrm{m}}{\mathrm{s}}$$

Tabelle Anhang A1 → $\nu = 1,235 \cdot 10^{-6}\mathrm{m}^2/\mathrm{s}$; $\rho = 999,5\mathrm{kg/m}^3$

$$\rightarrow Re = \frac{\bar{c}d}{\nu} = \frac{1,965 \cdot 0,3}{1,235 \cdot 10^{-6}} = 477.330$$

Rauigkeit $k = 0{,}2$ mm geschätzt nach Tabelle 2.2 → $d/k = 300/0,2 = 1500$

Mit Formel 2.9 (oder Bild 2.1) folgt $\lambda = 0{,}0187$.

Formel 2.50 → $\eta_{\mathrm{R}} = 1 - \frac{(\lambda\frac{l}{d}+1)\frac{\bar{c}^2}{2}}{gH_{\mathrm{geo}}} = 1 - \frac{\left(0,0187\cdot\frac{400}{0,3}+1\right)\cdot\frac{1,965^2}{2}}{9,81\cdot 100} = 0,949$

$$P = \eta_{\mathrm{R}}\,\rho\, g\, H_{\mathrm{geo}} = 0,949 \cdot 999,5 \cdot 9,81 \cdot 100 \cdot \frac{500}{3600}\,\mathrm{W} = 129,2\,\mathrm{kW}$$

Formel 2.54: $\bar{c}_{P_{\max}} = \sqrt{\frac{2dgH_{\mathrm{geo}}}{3(\lambda l + d)}} = \sqrt{\frac{2\cdot 0,3\cdot 9,81\cdot 100}{3\cdot(0,0187\cdot 400 + 0,3)}}\,\frac{\mathrm{m}}{\mathrm{s}} = 5,02\frac{\mathrm{m}}{\mathrm{s}}$

Formel 2.55: $P_{\max} = \frac{2}{3}\rho\, g\, H_{\mathrm{geo}}\, A\, \bar{c}_{P_{\max}} = 999,5 \cdot 9,81 \cdot 100\frac{\pi\cdot 0,3^2}{6}5,02\,\mathrm{kW} = 232,0\,\mathrm{kW}$

Um die Investitionskosten zu senken, wäre es günstig, eine Verringerung des Durchmessers in Erwägung zu ziehen. Dies ist auch deshalb sinnvoll, weil die maximal mögliche Nutzleistung deutlich größer als die erreichte ist. Für $d = 0{,}250$ m stimmt die sich dann ergebende maximale Leistung 130 kW mit der bei $d = 0{,}3$ m erreichten Leistung überein.

Bisher wurde eine Kraftleitung betrachtet, die z. B. mit einer Turbine zusammenarbeitet. Für eine **Arbeitsleitung**, die mit einer Pumpenanlage verknüpft ist, möchte man möglichst wenig Energie für den Antrieb der Arbeitsmaschine aufwenden, sodass der Wirkungsgrad der Rohrleitung möglichst hoch ist. Somit sind die Druckverluste zu minimieren, was schon in Abschnitt 2.2.6 eine Rolle spielte.

2.2.11 Rohrnetze

Oft sind statt einer durch Anfang und Ende definierten (Einstrang-)Rohrleitung komplexe Rohrsysteme erforderlich. Dieser Fall ist z. B. charakteristisch für die örtliche Wasserversorgung sowie für Industrie- und Chemieanlagen. Das Rohrnetz stellt einen zusammenhängenden Graphen dar, der aus **Knoten** und **Strängen** aufgebaut ist (Bild 2.14). Stränge sind Rohrleitungen, Pumpen und Behälter. Knoten sind Verzweigungen, Netzein- und Netzaustritte sowie Stellen, an denen sich der Charakter der Rohrleitung (z. B. Durchmesser, Wandrauigkeit) ändert. Die Stränge verbinden die Knoten miteinander, und zwar so, dass genau zwei Knoten durch nur einen einzigen Strang verknüpft sind. Ein Strang, der nicht direkt Knoten verbindet, ist nicht zulässig. Wenn die Druckhöhe von einem zum anderen Knoten hin fällt, ist der Druckhöhenunterschied in diesem Strang positiv.

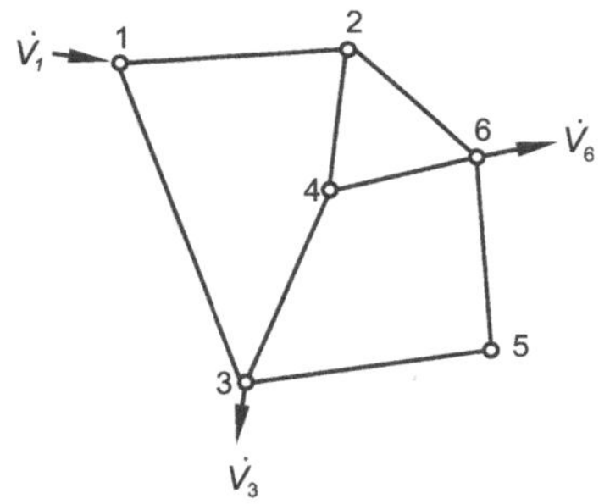

Bild 2.14
Rohrleitungsnetz. $\dot{V}_i$: Zu-/Abflüsse

Ein geschlossener Teilbereich des Netzes ist eine **Masche**, sodass das Netz aus insgesamt M Maschen, S Strängen und K Knoten besteht. Zuflüsse von außen in das Netz sind positiv und Abflüsse nach außen negativ.

Es ist möglich, dass längs eines Strangs in größerer Anzahl Abnahmen durch Verbraucher erfolgen. Dann könnte man natürlich eine solche Strangunterteilung vornehmen, dass jedem Verbraucher ein eigener Knoten entspricht. Das führt zu einer großen Anzahl von Knoten und bläht den Netzplan auf. Um diese Situation zu vermeiden, kann so verfahren werden, dass man die vielen Verbraucher je zur Hälfte den beiden „Hauptknoten" des Strangs zuordnet.

Folgende Charakteristika des Netzes sind von Bedeutung:

- der Durchmesser eines jeden der S Stränge,
- der Druckverlust in jedem der S Stränge,
- der Volumenstrom in jedem einzelnen Strang,
- die zugeschalteten Pumpen, deren Durchsätze und Förderhöhen.

Die weiteren Betrachtungen werden für eine allgemeine Masche durchgeführt. Für einen beliebigen Knoten k der Masche mögen S_k Stränge mit den Volumenströmen $\dot{V}_{k,i}$ zusammentreffen. Da ein Knoten kein Speichervermögen hat, muss die Summe der zufließenden gleich der Summe der abfließenden Ströme sein (***Kirchhoff*****scher Knotensatz**):

$$\sum_{i=1}^{S_k} \dot{V}_{k,i} = 0 \qquad (2.59)$$

für $1 \leq k \leq K$

i Laufindex der im Knoten k vorhandenen Stränge

Weil das Netzwerk K Knoten hat und für jeden Knoten dieser Satz gilt, bekommt man K Gleichungen. Davon ist jedoch – wie man leicht zeigen kann – eine durch alle anderen ersetzbar. Damit verbleiben $K-1$ unabhängige Gleichungen zur Beschreibung der Volumenströme in der Masche. Es ist zweckmäßig, an einem der Knoten zu beginnen, an dem in die Masche eine Einspeisung erfolgt (Zufluss: $\dot{V}_{k,i} > 0$). Die Abflüsse in die angeschlossenen Stränge sind an dem betrachteten Knoten negativ einzusetzen. Eine Masche besteht aus S_m und im einfachsten Fall (Bild 2.15) aus zwei Strängen. Da sich die Strömung so einstellt, dass der Druckverlust von einem Start- zu einem Zielpunkt auf allen möglichen Wegen gleich groß ist, gilt für Bild 2.15 $\Delta p_1 = \Delta p_2 = \Delta p$. Bei abweichender Beschaffenheit der Stränge müssen sich deshalb die Volumenströme unterscheiden.

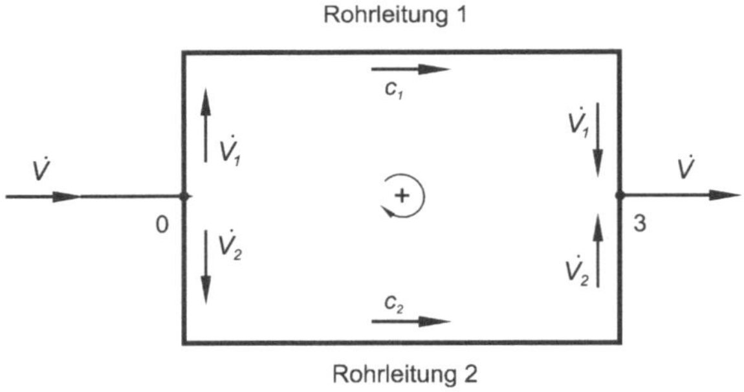

Bild 2.15 Einfache Rohrmasche

Um eine allgemeingültige Gleichung für den Druckverlust Δp_m einer beliebigen Masche m angeben zu können, ist es erforderlich, in der Masche einen **Umlaufsinn** zu definieren. Nachfolgend soll der Uhrzeigersinn als positive Orientierung angesehen werden. Bei Berücksichtigung der Richtung der Volumenströme und des Umlaufsinns der Masche gilt für den Druckverlust einer Masche (***Kirchhoff*scher Maschensatz**):

$$\Delta p_m = \sum_{j=1}^{S_m} \text{sign}\,(j_m)\; \Delta p_{m,j} = 0 \tag{2.60}$$

für $1 \leq m \leq M$

und $\text{sign}\,(j_m) = \begin{cases} 1 & \text{Volumenstromrichtung = Maschenumlaufsinn} \\ -1 & \text{Volumenstromrichtung} \neq \text{Maschenumlaufsinn} \end{cases}$

S_m Anzahl der Stränge der Masche m

$\Delta p_{m,j}$ Druckverlust im j-ten Strang der m-ten Masche

Bei der Nachrechnung eines bestehenden (oder des projektierten) Rohrleitungsnetzes sind alle geometrischen Größen, wie Rohrleitungslängen, Rohrdurchmesser, Rauigkeiten, geodätische Lage der Rohrleitungsabschnitte sowie Zahl, Art und Widerstandsbeiwerte von Einbauteilen, Krümmern usw. bekannt. Bestimmt werden dann die Fließrichtung, Geschwindigkeit und Mengenströme und die sich dadurch einstellenden Druckverluste in allen Rohrleitungen. Daraus kann man sowohl den Gesamtenergieaufwand berechnen, der zum Betreiben des Netzes erforderlich ist, als auch die Rohrleitungsabschnitte mit besonders hohen Druckverlusten oder mit deutlich höheren als den empfohlenen Richtgeschwindigkeiten ermitteln. Durch konstruktive Änderungen (größere Durchmesser, zusätzliche Leitungen) lässt sich der Energieaufwand verringern. Soll eine Optimierung eines neuen Rohrleitungsnetzes erfolgen, so sind die Kosten für den Aufbau und für das Betreiben des Rohrleitungsnetzes mit in die Rechnungen einzubeziehen.

Die Vorgehensweise bei der Berechnung soll nun detaillierter betrachtet werden. Bei einem Netz aus M Maschen gilt für jede Masche Formel 2.60, sodass sich M Gleichungen für die Druckverluste ergeben. Mit den $K-1$ Gleichungen der Knoten stehen damit $Z = M + K - 1$ Gleichungen zur Verfügung. Nach *Kirchhoff* gilt weiterhin für die Anzahl der Maschen in einem Graphen $M = S - (K - 1)$ und somit nach dem Einsetzen $Z = S$. Damit liegen exakt S Gleichungen für $2S$ Unbekannte (Durchmesser und Druckverlust bzw. Volumenstrom in jedem der S Stränge) vor. Um eine Lösung zu finden, müssen demnach S Unbekannte gewählt werden. In der Regel sind das die Rohrdurchmesser, man könnte aber ebenso die Volumenströme festlegen.

Eine Anfangslösung für die Aufteilung der Ströme erhält man z. B. durch die Vorgabe einer Verteilung, die dem Knotensatz genügt (**Verfahren des Druckhöhenausgleichs**), sodass das System volumenstromseitig abgeglichen ist. Der Maschensatz wird jedoch bei der Startlösung in der Regel nicht erfüllt sein. Die Druckverluste sind deshalb zu korrigieren. Alternativ kann man auch nach dem Maschensatz die Druckverluste in der Masche so festlegen, dass sie für das Netz ausgeglichen sind (**Verfahren des Durchflussausgleichs**). Bei dieser Vorgehensweise werden für die Startlösung die Zu- und Abflüsse in den Knoten nicht übereinstimmen und müssen korrigiert werden.

Unter der Annahme, dass für den Druckverlust nur die Rohrreibungsverluste bestimmend sind bzw. dass Zusatzverluste mit einer effektiven Rohrlänge berücksichtigt werden, ergibt sich für jeden Strang wegen $\overline{c} = \dot{V}/A$ und $A = \pi\, d^2/4$ eine nichtlineare Abhängigkeit von $\dot{V}$, wobei λ bis auf den hydraulisch rauen Bereich auch von $\dot{V}$ abhängt (s. Abschnitt 2.2.1):

$$\Delta p_{\mathrm{V}} = \lambda \cdot \frac{l}{d} \cdot \frac{\rho}{2} \cdot \overline{c}^2 = 8\rho \cdot \lambda\left(\dot{V}\right) \cdot \frac{l}{\pi^2} \cdot \frac{\dot{V}^2}{d^5} \tag{2.61}$$

Somit ist in der Regel für jede Masche ein nichtlineares Gleichungssystem iterativ zu lösen.

Die weitere Berechnung soll auf der Basis des **Verfahrens von *Cross*** erläutert werden. Die Iterationsmethode zur Bestimmung der Druckverluste $\Delta p_{m,j}$ und der Volumenströme $\dot{V}_{k,i}$ besteht darin, schrittweise die Druckverluste so zu korrigieren, dass alle Knoten- und Maschensätze nach Beendigung der Rechnungen mit vorzugebender Genauigkeit erfüllt werden. Das Näherungsverfahren wird anhand des einfachen Netzes in Bild 2.15 erläutert. Da in der Leitung 1 Fließrichtung und Drehsinn übereinstimmen, ist $\operatorname{sign}(j_m)$ positiv und somit in Leitung 2 negativ. Lässt man zunächst den Index der Masche weg, da nur eine vorhanden ist, folgt z. B. für $\lambda \neq f\left(\dot{V}\right)$ (turbulente Strömung, hydraulisch rau) aus Formel 2.60 mit Formel 2.61:

$$\Delta p = \sum_j \operatorname{sign}(j)\; a_j\, \dot{V}_j^2 = a_1 \dot{V}_1^2 - a_2 \dot{V}_2^2 = 0 \tag{2.62}$$

mit $a_j = 8\lambda_j\, \rho \frac{l_j}{\pi^2 d_j^5}$

Führt die Vorgabe der Volumenströme z. B. dazu, dass $\Delta p > 0$ ist, ist offenbar der dem Strang 1 zugeordnete Durchsatz zu groß. Es ist erforderlich, ihn zu verringern. Dadurch muss aber der Durchsatz im Strang 2 erhöht werden. Nach dem Maschensatz folgt somit

$$\begin{aligned}\Delta p &= a_1 \left(\dot{V}_1 - \Delta\dot{V}\right)^2 - a_2 \left(\dot{V}_2 + \Delta\dot{V}\right)^2 \\ &= a_1\dot{V}_1^2 - a_2\dot{V}_2^2 - 2\left(a_1\dot{V}_1 + a_2\dot{V}_2\right)\Delta\dot{V} + \left(a_1 - a_2\right)\Delta\dot{V}^2 = 0\end{aligned} \tag{2.63}$$

Das ist eine quadratische Gleichung für $\Delta\dot{V}$. Ihre Lösung ist

$$\Delta\dot{V} = \frac{a_1\dot{V}_1 + a_2\dot{V}_2}{a_1 - a_2} \pm \sqrt{\left(\frac{a_1\dot{V}_1 + a_2\dot{V}_2}{a_1 - a_2}\right)^2 - \frac{a_1\dot{V}_1^2 - a_2\dot{V}_2^2}{a_1 - a_2}} \tag{2.64}$$

Diese Beziehung wird allerdings nicht zur Bestimmung des Korrekturstroms verwendet, da eine Näherung nutzbar ist, bei der auch der Test auf die physikalische Sinnhaftigkeit der beiden Lösungen der quadratischen Gleichung entfällt. Außerdem ist die Näherung besonders dann von Vorteil, wenn durch den Term $\lambda\left(\dot{V}\right)$ viel kompliziertere Zusammenhänge entstehen. Die Näherung basiert auf der Überlegung, dass vereinfachend der Term mit $\Delta\dot{V}^2$ vernachlässigt werden kann, wenn die Korrekturmenge $\Delta\dot{V}$ sehr klein ist. Dann wird aus Formel 2.63

$$a_1\dot{V}_1^2 - a_2\dot{V}_2^2 - 2\left(a_1\dot{V}_1 + a_2\dot{V}_2\right)\Delta\dot{V} = 0 \tag{2.65}$$

und damit

$$\Delta\dot{V} = \frac{a_1\dot{V}_1^2 - a_2\dot{V}_2^2}{2\left(a_1\dot{V}_1 + a_2\dot{V}_2\right)} \tag{2.66}$$

Verallgemeinert ergibt sich in jeder Masche m:

$$\Delta\dot{V}_m = -\frac{\sum\limits_{j=1}^{S_m} \operatorname{sign}\left(j_m\right) a_{jm}\dot{V}_{jm}^2}{2\sum\limits_{j=1}^{S_j} a_{jm}\left|\dot{V}_{jm}\right|} \tag{2.67}$$

$$\Delta p_m = \sum_{j=1}^{S_m} \operatorname{sign}\left(j_m\right) a_{jm}\,\dot{V}_{jm}^2 \tag{2.68}$$

und der neue Volumenstrom zu:

$$\dot{V}_{j,\text{neu}} = \dot{V}_{j,\text{alt}} + \operatorname{sign}\left(j_m\right)\operatorname{sign}\left(\dot{V}_{j,\text{alt}}\right)\Delta\dot{V} \tag{2.69}$$

Ergeben sich dadurch negative Volumenströme, so ist eine Richtungsumkehr erfolgt. Bei der Berechnung der mittleren Geschwindigkeit und der *Reynolds*-Zahl ist natürlich der Absolutwert einzusetzen.

Ist bei vorgegebenem Abbruchkriterium mit dieser Korrektur die Bedingung $\Delta p \approx 0$ noch nicht erfüllt, muss mit der verbesserten Lösung erneut ein $\Delta\dot{V}$ bestimmt werden. Verallgemeinert kann man die Vorgehensweise bei der Berechnung von Rohrnetzen wie folgt beschreiben:

1. Orientierung in den Maschen festlegen (z. B. im Uhrzeigersinn positiv),
2. Anfangsverteilung vorgeben (Fließrichtung und Werte genügen dem Knotensatz),
3. Berechnung der Druckverluste in den einzelnen Strängen,
4. Überprüfung des Druckausgleichs in den Maschen (Maschensatz),
5. bei Nichterreichen des Abbruchkriteriums Wiederholung der Berechnung mit den korrigierten Volumenströmen.

Knoten und Stränge in einem Netzwerk werden in der Regel verschiedenen Maschen angehören. Deshalb sind für jede Masche die Korrekturströme zu berechnen, wobei ein Strang pro Iteration Korrekturen von mehreren Maschen erhalten kann. Nach dem Einzelschrittverfahren werden die Korrekturen jeder Masche sofort, beim Mehrschrittverfahren nur die von allen Nachbarmaschen aufsummierten Änderungen übergeben, wobei das Einzelschrittverfahren in der Regel besser konvergiert. Probleme bei der Lösung können jedoch auftreten, wenn die Korrekturen der Volumenströme zu einem Wechsel der Strömungsart (laminar → turbulent oder umgekehrt) in den Rohren führen. Durch die dann auftretende starke Veränderung des Rohrreibungsbeiwerts können aufeinanderfolgende Lösungen oszillieren. Zwar kann dieser Effekt durch eine Übergangsfunktion für den Rohrreibungsbeiwert unterdrückt werden, aber auch in der Realität kann in solchen Situationen bei relativ kleinen Änderungen der im Netz fließenden Volumenströme eine starke Umverteilung auftreten. Ist dies nicht erwünscht, kann eine Änderung des Rohrleitungsdurchmessers Abhilfe schaffen.

Außerdem ist zu beachten, dass Rohrleitungsnetze in der Praxis dauerhaft nicht mit zeitlich konstanten Abnahmemengen betrieben und die Druckverluste z. B. durch Ablagerungen ansteigen werden. Es sind deshalb mehrere Fälle in die Betrachtungen einzubeziehen. Weitere Informationen und Berechnungsalgorithmen können z. B. [40], S. 142 ff. entnommen werden.

Beispiel: Wie groß sind für die in Bild 2.16 dargestellte Masche die Druckverluste und Volumenströme in den drei Strängen?

Strang 1–2: $l = 280$ m, DN 50; Strang 1–3: $l = 630$ m, DN 100; Strang 2–3: $l = 400$ m, DN 80, $\dot{V}_1 = 120\,\mathrm{m^3/h}$, $\dot{V}_2 = 50\,\mathrm{m^3/h}$, $\dot{V}_3 = 70\,\mathrm{m^3/h}$, $\nu = 10^{-6}\,\mathrm{m^2/s}$, $p = 1000\,\mathrm{kg/m^3}$, $k = 0{,}4\,\mathrm{mm}$

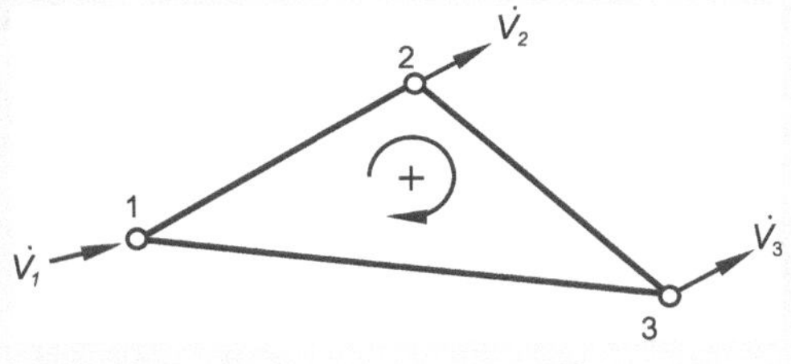

Bild 2.16
Rohrmasche

Lösung

Für die erste Durchrechnung wird als eine mögliche Startlösung $\dot{V}_{12} = 60\text{m}^3/\text{h}$, $\dot{V}_{13} = 60\text{m}^3/\text{h}$ und somit $\dot{V}_{23} = 10\text{m}^3/\text{h}$ gesetzt. Beim gewählten Umlaufsinn (s. Bild 2.16) ist $\text{sign}\,(j_m)$ für die Stränge 1-2 sowie 2-3 wegen der Übereinstimmung der Fließrichtung mit der Orientierung positiv und somit für Strang 1-3 negativ. Die Berechnungsergebnisse enthält Tabelle 2.14. Der Rohrreibungsbeiwert wurde mit Formel 2.9 ermittelt, wobei stets zu prüfen ist, ob tatsächlich eine turbulente Strömung vorliegt.

Tabelle 2.14 Werte der Rohrmaschenberechnung nach Bild 2.16

Strang		$\dot{V}$ (in m³/h)	$\overline{c}$ (in m/s)	10^{-5} *Re*	λ	10^{-9} a_j (in kg/m⁷)	Δp_j (in N/m²)
Entwurf							
1-2	+	60	8,49	4,24	0,0354	25,68	7 134 000
1-3	-	60	2,12	2,12	0,0289	1,48	-410 530
2-3	+	10	0,55	0,44	0,0324	3,21	24 730
$\Delta\dot{V}^{(1)} = -26,32\text{m}^3/\text{h}$, Δp = 6 748 000 Pa							
1. Korrektur							
1-2	+	33,68	4,77	2,38	0,0355	25,78	2 257 000
1-3	-	86,32	3,05	3,05	0,0288	1,47	-845 000
2-3	-	-16,32	0,90	0,72	0,0316	3,13	-64 330
$\Delta\dot{V}^{(2)} = -8,345\text{m}^3/\text{h}$, Δp = 1 347 000 Pa							
2. Korrektur							
1-2	+	25,34	3,58	1,79	0,0356	25,85	1 192 000
1-3	-	94,66	3,35	3,35	0,0288	1,47	-1 034 000
2-3	-	-24,66	1,36	1,09	0,0312	3,09	-155 600
$\Delta\dot{V}^{(3)} = -0,90\text{m}^3/\text{h}$, Δp = 1 203 00 Pa							
3. Korrektur							
1-2	+	24,44	3,46	1,73	0,0356	25,86	1 192 000
1-3	-	95,56	3,38	3,38	0,0287	1,47	-1 034 000
2-3	-	-25,56	1,41	1,13	0,0312	3,09	-155 600
$\Delta\dot{V}^{(4)} = -0,02\text{m}^3/\text{h} \approx 0$, Δp = 2048 Pa							

Die Rechnung zeigt, dass nach der 3. Korrektur der Druckausgleich nahezu erreicht ist, eine weitere Näherungsrechnung kann entfallen. Dem Knoten 2 fließen vom Knoten 3 25,56 m^3/h zu. Weiterhin erhält er vom Knoten 1 Zufluss in Höhe von ca. 24,44 m^3/h. Die Rechnung ist relativ aufwendig, da stets die Rohrreibungszahl λ neu zu bestimmen ist.

2.3 Strömung kompressibler Medien durch gerade Leitungen

2.3.1 Ideale Gase

Zunächst sollen einige Begriffe erklärt werden:

Schallgeschwindigkeit: Ausbreitungsgeschwindigkeit kleiner Druckstörungen (große breiten sich mit Überschallgeschwindigkeit aus).

Kritische Schallgeschwindigkeit: Bezugspunkt ist die Ruhetemperatur.

Drosselung: stationäre Expansion von Gasen oder Dämpfen infolge der Durchströmung von Querschnittsverengungen.

Verdichtungsstoß: senkrecht oder schräg; sprunghafte (im Bereich weniger Mikrometer) Veränderung der Zustandsgrößen.

Das Gas wird mit einer **Zustandsgleichung** beschrieben. Im Folgenden wird die Gültigkeit des idealen Gasgesetzes vorausgesetzt:

$$pV = nRT \tag{2.70}$$

Aussagen zur Dynamik realer Gase können z. B. [15] entnommen werden, dort wird auch auf Gase enthaltende Zweiphasenströmungen eingegangen.

Weiterhin werden Gleichungen zur Charakterisierung der **Zustandsänderung** benötigt. Das können z. B. isotherme, isentrope/reversibel adiabate (gute Näherung für ausreichend isolierte Leitungen) oder polytrope Prozesse sein. Ist die betrachtete Rohrleitung sehr lang und nicht isoliert, gleicht sich die Temperatur des Fluids der Außentemperatur an. Man kann dann ebenso wie bei erdverlegten Gasleitungen von einer isothermen Zustandsänderung des Gases ausgehen. Untersuchungen von *Albers* [17] ergaben, dass sich die **Temperatur im ungestörten Erdreich** im Jahresgang nur geringfügig ändert (s. Abschnitt 2.8, Bild 2.26):

2 m Tiefe: $\vartheta = 5 \ldots 13$ °C; 4 m Tiefe: $\vartheta = 7 \ldots 11$ °C; ab 8 m Tiefe: $\vartheta \approx 8$ °C

Gleichungen für Zustandsänderungen enthält Tabelle 2.15. Weitere für Gasströmungen wichtige Beziehungen sind in den Tabellen A3 und A4 aufgeführt.

Tabelle 2.15 Zustandsänderungen bei idealen Gasen und konstanter Stoffmenge

	isochor	isobar	isotherm	isentrop/ reversibel adiabat	polytrop
Bedingung	$v=\text{const}$	$p=\text{const}$	$T=\text{const}$	$s=\text{const}\rightarrow$ $dq=-dw_{diss}$ oder $dq=0$	$dh/(vdp)=\text{const}$
Grundlage	$\frac{p_1}{T_1}=\frac{p_2}{T_2}$	$\frac{v_1}{T_1}=\frac{v_2}{T_2}$	$p_1v_1=p_2v_2$	$p_1v_1^\kappa=p_2v_2^\kappa$	$p_1v_1^n=p_2v_2^n$
$\frac{v_1}{v_2}$	1	$\frac{T_1}{T_2}$	$\frac{p_2}{p_1}$	$\left(\frac{p_2}{p_1}\right)^{\frac{1}{\kappa}}=\left(\frac{T_2}{T_1}\right)^{\frac{1}{\kappa-1}}$	$\left(\frac{p_2}{p_1}\right)^{\frac{1}{n}}=\left(\frac{T_2}{T_1}\right)^{\frac{1}{n-1}}$
$\frac{p_1}{p_2}$	$\frac{T_1}{T_2}$	1	$\frac{v_2}{v_1}$	$\left(\frac{v_2}{v_1}\right)^{\kappa}=\left(\frac{T_1}{T_2}\right)^{\frac{\kappa}{\kappa-1}}$	$\left(\frac{v_2}{v_1}\right)^{n}=\left(\frac{T_1}{T_2}\right)^{\frac{n}{n-1}}$
$\frac{T_1}{T_2}$	$\frac{p_1}{p_2}$	$\frac{v_1}{v_2}$	1	$\left(\frac{p_1}{p_2}\right)^{\frac{\kappa-1}{\kappa}}=\left(\frac{v_2}{v_1}\right)^{\kappa-1}$	$\left(\frac{p_1}{p_2}\right)^{\frac{n-1}{n}}=\left(\frac{v_2}{v_1}\right)^{n-1}$

Reibungsfreie Vorgänge

Vorgänge mit großen örtlichen Beschleunigungen bzw. Verzögerungen bei starken Querschnittsänderungen oder mit großen zeitlichen Strömungsänderungen können näherungsweise als reibungsfrei angesehen werden. Bei der Durchströmung längerer Rohrleitungen ist diese Voraussetzung in der Regel nicht erfüllt.

Berechnungsgleichungen für isentrope/reversibel adiabate Gasströmungen eines idealen Gases mit konstanten c_p und c_v enthält Tabelle Anhang A4. Sind die Druck- bzw. die Dichteänderung $\Delta\rho/\rho = \Delta p/p - \Delta T/T$ während eines Strömungsvorgangs jedoch nicht zu groß, kann die Strömung mit ausreichender Genauigkeit als inkompressibel angesehen werden (Bild 2.17), was die Rechnungen merklich vereinfacht. Mit den in Tabelle Anhang A4 für den reibungsfreien Fall aufgeführten Gleichungen können die in Tabelle 2.16 angegebenen Änderungen der Zustandsgrößen berechnet werden. Man sieht, dass bei dem häufig in der Literatur als Grenze für eine inkompressible Betrachtung angegebenen Wert $Ma^* = 0{,}3$ die Auswirkungen der Kompressibilität noch relativ klein sind.

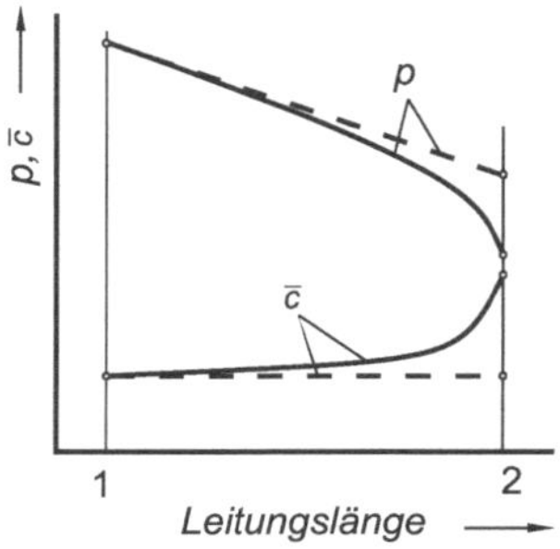

Bild 2.17
Vergleich des Druck- und des Geschwindigkeitsverlaufs von kompressibler (—) und inkompressibler (– – –) Strömung im waagerechten Rohr ohne Einbauten

Tabelle 2.16 Änderungen von Temperatur, Druck und Dichte bei Gasströmungen in Abhängigkeit von Ma^*, $\kappa = 1{,}4$; Formeln s. Tabelle Anhang A4

Ma^*	0,1	0,3	0,5	1,0
T/T_0	0,9980	0,9823	0,9524	0,8333
p/p_0	0,9930	0,9395	0,8430	0,5283
ρ/ρ_0	0,9950	0,9564	0,8852	0,6339

Bei Gasströmungen ist der Einfluss geodätischer Höhenunterschiede gegenüber Flüssigkeiten oft gering, bei höheren Gasgeschwindigkeiten übersteigt außerdem die Druckänderung infolge von Druckverlusten die Auswirkung von Höhenänderungen. So werden nach [15] 5 % der Auswirkungen von Reibungen nicht überschritten, wenn $\bar{c}\,(\mathrm{m/s}) \geq 25\sqrt{\beta\,(°)\,d\,(\mathrm{m})}$ ist, wobei der Winkel β die Abweichung von der Waagerechten angibt. Bei der schnellen Strömung von Gasen durch ein isoliertes Rohr stellt sich an der Wand die Temperatur T_{aw} ein, die von der Temperatur T im Inneren abweicht, da in unmittelbarer Wandnähe Reibung auftritt. Es gilt:

$$\frac{T_{\mathrm{aW}}}{T} = 1 + f_{\mathrm{R}}\frac{\kappa - 1}{2}Ma^2 \qquad (2.71)$$

wobei der Faktor f_{R} für Unterschallströmungen bei 0,87...0,91 und für Überschallströmungen bei 0,83...0,9 liegt [18].

Beispiel: Charakterisieren Sie bei einer adiabaten Drosselung die Verhältnisse vor und nach einem Ventil, durch das $\dot{V}_{\mathrm{N}} = 16.000\,\mathrm{m^3}$ i.N./h Sauerstoff fließt, wenn vor dem Ventil $p_1 = 15$ bar und $T_1 = 293{,}15$ K vorliegen und der Druckverlust über das Ventil 5 bar betragen soll. Es ist $c_{p_1}(p_1, T_1) = 0{,}942\,\mathrm{kJ/(kg\,K)}$ und $c_{p_2}(p_2, T_2 \approx T_1) = 0{,}934\,\mathrm{kJ/(kg\,K)}$. Der Rohrdurchmesser beträgt 0,05 m.

Lösung

Die Indizes 1 bzw. 2 sollen für die Stelle vor bzw. nach dem Ventil stehen. Sauerstoff liegt als zweiatomiges Gas (O_2) vor. Somit ist $\kappa = 1{,}4$. Die spezifische Gaskonstante als Verhältnis von allgemeiner Gaskonstante zu Molekulargewicht ist $R_{\mathrm{S}} = 260$ N m/(kg K). Mit den Normbedingungen $T_{\mathrm{N}} = 273{,}15$ K und $p_{\mathrm{N}} = 101\,325\,\mathrm{N/m^2}$ (= 1 atm) folgt:

- Dichte im Normzustand

$$\rho_{\mathrm{N}} = \frac{p_{\mathrm{N}}}{R_{\mathrm{S}}T_{\mathrm{N}}} = \frac{101.325}{260 \cdot 273{,}15}\frac{\mathrm{kg}}{\mathrm{m^3}} = 1{,}427\frac{\mathrm{kg}}{\mathrm{m^3}}$$

- Massendurchsatz

$$\dot{m} = \rho_{\mathrm{N}}\,\dot{V}_{\mathrm{N}} = 1{,}427 \cdot 16.000\,\mathrm{kg/h} = 22.832\,\mathrm{kg/h}$$

- Dichte vor dem Ventil

$$\rho_1 = \frac{p_1}{R_{\mathrm{S}}T_1} = \frac{15 \cdot 10^5}{260 \cdot 293{,}15}\frac{\mathrm{kg}}{\mathrm{m^3}} = 19{,}68\frac{\mathrm{kg}}{\mathrm{m^3}}$$

- Geschwindigkeit vor dem Ventil

$$\overline{c}_1 = \frac{4\dot{m}}{\pi d_1^2 \rho_1} = \frac{4 \cdot 22.832}{3600 \cdot \pi \cdot 0,05^2 \cdot 19,68} \frac{\text{m}}{\text{s}} = 164,1 \frac{\text{m}}{\text{s}}$$

- Vorhandenes Druckverhältnis

$$\frac{p_2}{p_1} = \frac{10}{15} = 0,667$$

- Kritisches Druckverhältnis (s. Tabelle Anhang A3)

$$\left(\frac{p_2}{p_1}\right)_{\text{krit}} = \left(\frac{2}{\kappa+1}\right)^{\frac{\kappa}{\kappa-1}} = \left(\frac{2}{1,4+1}\right)^{\frac{1,4}{1,4-1}} = 0,528$$

Das vorhandene Druckverhältnis ist größer als das kritische, d. h., im engsten Querschnitt wird die Schallgeschwindigkeit noch nicht erreicht und somit der Volumenstrom nicht beschränkt. Da nach dem Ventil wieder der davor vorhandene Rohrquerschnitt ($A_1 = A_2$) vorliegt, gilt nach der Kontinuitätsgleichung

$$\overline{c}_2 = \overline{c}_1 \frac{\rho_1}{\rho_2} = \overline{c}_1 \frac{p_1 T_2}{p_2 T_1}$$

Nach dem Energiesatz muss auch

$$\frac{\overline{c}_2^2}{2} + c_{p_2} T_2 = \frac{\overline{c}_1^2}{2} + c_{p_1} T_1$$

erfüllt sein. Die Kopplung beider Beziehungen ergibt eine quadratische Gleichung für T_2:

$$\frac{1}{2}\left(\frac{\overline{c}_1 p_1}{T_1 p_2}\right)^2 T_2^2 + c_{p_2} T_2 - c_{p_1} T_1 - \frac{\overline{c}_1^2}{2} = 0$$

Deren physikalisch sinnvolle Lösung ist

$$T_2 = -\frac{c_{p_2}}{\left(\frac{\overline{c}_1 p_1}{T_1 p_2}\right)^2} + \sqrt{\frac{c_{p_2}^2}{\left(\frac{\overline{c}_1 p_1}{T_1 p_2}\right)^4} + \frac{2 c_{p_1} T_1 + \overline{c}_1^2}{\left(\frac{\overline{c}_1 p_1}{T_1 p_2}\right)^2}}$$

$$= \left\{ -\frac{0,934 \cdot 1000}{\left(\frac{164,1 \cdot 15}{293,15 \cdot 10}\right)^2} + \sqrt{\left[\frac{0,934 \cdot 1000}{\left(\frac{164,1 \cdot 15}{293,15 \cdot 10}\right)^2}\right]^2 + \frac{2 \cdot 0,942 \cdot 1000 \cdot 293,15 + 16,41^2}{\left(\frac{164,1 \cdot 15}{293,15 \cdot 10}\right)^2}} \right\} \text{K} = 280,4\,\text{K}$$

und somit

$$\overline{c}_2 = 164,1 \frac{15 \cdot 280,4}{10 \cdot 293,15} \frac{\text{m}}{\text{s}} = 235,4 \frac{\text{m}}{\text{s}}$$

T_2 ist kleiner als T_1. Das hat jedoch keine signifikanten Auswirkungen auf c_{p_2}, sodass keine erneute Durchrechnung erfolgen muss.

Reibungsbehaftete Vorgänge

Bei langen Rohrleitungen kann die Reibung nicht mehr vernachlässigt werden. Bei kompressiblen Fluiden wird dabei trotz des konstanten Querschnitts ein Teil der Druckenergie in kinetische Energie umgewandelt, was bei inkompressiblen Strömungen nicht möglich ist. Der Grund dafür ist, dass der Druckverlust infolge der Reibung bei idealen Gasen und nahezu isothermen Bedingungen wegen $\rho = p/(R_j T)$ mit einer Dichteabsenkung längs der Rohrleitung verbunden ist. Wegen der Kontinuitätsbedingung $\dot{m} = \rho \bar{c} A = \text{const}$ folgt bei gleichbleibendem Rohrquerschnitt $\rho \bar{c} = \text{const}$. Stromab erhöht sich also die Fließgeschwindigkeit, was wiederum Energie benötigt und auch zu einer Zunahme der Reibungsverluste führt. Erschwerend kommt hinzu, dass bei kompressiblen Medien auch eine Abkühlung eintreten kann, da für isentrope Zustandsänderungen nach dem Energiesatz auch $\bar{c}^2 + 2c_p T = \text{const}$ erfüllt sein muss. Dadurch unterscheiden sich bei beiden Strömungsarten die Druckunterschiede an zwei Punkten bei sonst gleichen Bedingungen. Für den isothermen Fall erhält man mit Tabelle Anhang A3:

$$\frac{\Delta p_{\text{kompr, isoth}}}{p_1} = \left.\frac{p_1 - p_2}{p_1}\right|_{\text{isoth}} = 1 - \frac{Ma_1}{Ma_2} \tag{2.72}$$

Mit $\Delta p_{V,\text{ink}} = \lambda \frac{l}{d} \frac{\rho_1}{2} \bar{c}_1^2$ und wegen (s. Tabelle Anhang A3)

$$\lambda \frac{l}{d} = \frac{1}{\kappa Ma_1^2} \left(1 - \frac{Ma_1^2}{Ma_2^2} - \kappa Ma_1^2 \ln \frac{Ma_2^2}{Ma_1^2}\right) \tag{2.73}$$

folgt nach Einsetzen in Formel 2.72:

$$\frac{\Delta p_{\text{kompr, isoth}}}{\Delta p_{V,\text{ink}}} = \frac{2 p_1 \kappa Ma_1^2 \left(1 - \frac{Ma_1}{Ma_2}\right)}{\rho_1 \bar{c}_1^2 \left(1 - \frac{Ma_1^2}{Ma_2^2} - \kappa Ma_1^2 \ln \frac{Ma_2^2}{Ma_1^2}\right)} \tag{2.74}$$

Da $\frac{2p_1}{\rho_1 \bar{c}_1^2} \kappa \frac{\bar{c}_1^2}{a_1^2} = \frac{2p_1}{\rho_1} \frac{\kappa}{\kappa R_j T_1} = 2$ ist, ergibt sich letztlich:

$$\frac{\Delta p_{\text{kompr, isoth}}}{\Delta p_{V,\text{ink}}} = 2 \frac{1 - \frac{Ma_1}{Ma_2}}{1 - \frac{Ma_1^2}{Ma_2^2} + 2\kappa Ma_1^2 \ln \frac{Ma_1}{Ma_2}} \tag{2.75}$$

Geht man für den Fall der adiabaten Strömung analog vor, so erhält man:

$$\frac{\Delta p_{\text{kompr, ad}}}{p_1} = \left.\frac{p_1 - p_2}{p_1}\right|_{\text{ad}} = 1 - \frac{Ma_1^*}{Ma_2^*} \cdot \frac{1 - \frac{\kappa-1}{\kappa+1} Ma_2^{*2}}{1 - \frac{\kappa-1}{\kappa+1} Ma_1^{*2}} \tag{2.76}$$

$$\lambda \frac{l}{d} = \frac{\kappa + 1}{2\kappa} \cdot \frac{1}{Ma_1^{*2}} \left(1 - \frac{Ma_1^{*2}}{Ma_2^{*2}} - Ma_1^{*2} \ln \frac{Ma_2^{*2}}{Ma_1^{*2}}\right) \tag{2.77}$$

$$\frac{\Delta p_{\text{kompr, ad}}}{\Delta p_{V,\text{ink}}} = \frac{\frac{2p_1}{\rho_1 \bar{c}_1^2} Ma_1^{*2} \frac{2\kappa}{\kappa+1} \left(1 - \frac{Ma_1^*}{Ma_2^*} \cdot \frac{1 - \frac{\kappa-1}{\kappa+1} Ma_2^{*2}}{1 - \frac{\kappa-1}{\kappa+1} Ma_1^{*2}}\right)}{1 - \frac{Ma_1^{*2}}{Ma_2^{*2}} - Ma_1^{*2} \ln \frac{Ma_2^{*2}}{Ma_1^{*2}}} \tag{2.78}$$

Mit $\frac{2p_1\bar{c}_1^2 2\kappa}{(\kappa+1)\rho_1\bar{c}_1^2 a^{*2}} = \frac{2p_1 2\,\kappa(\kappa+1)}{(\kappa+1)\rho_1 2\kappa R_j T_0} = \frac{2p_1 T_1}{\rho_1 R_j T_0 T_1} = 2\frac{T_1}{T_0} = 2\left(1 - \frac{\kappa-1}{\kappa+1}Ma_1^{*2}\right)$ folgt:

$$\frac{\Delta p_{\text{kompr, ad}}}{\Delta p_{\text{ink}}} = 2\frac{1 - \frac{\kappa-1}{\kappa+1}Ma_1^{*2} - \frac{Ma_1^*}{Ma_2^*}\left(1 - \frac{\kappa-1}{\kappa+1}Ma_2^{*2}\right)}{1 - \frac{Ma_1^{*2}}{Ma_2^{*2}} - Ma_1^{*2}\ln\frac{Ma_2^{*2}}{Ma_1^{*2}}} \tag{2.79}$$

In Abhängigkeit von den *Mach*-Zahlen am Eintritt und am Austritt, der Art der Zustandsänderung und des Isentropenexponenten ergeben sich somit die in Tabelle 2.17 aufgeführten Werte. Wegen der Beschränkung durch $Ma_{2,\max}$ sind einige Werte physikalisch nicht sinnvoll, da $Ma_1/Ma_2 \geq \sqrt{1,4}\,Ma_1$ bzw. $Ma_1^*/Ma_2^* \geq Ma_1^*$ sein muss.

Tabelle 2.17 $\Delta p_{\text{kompr}}/\Delta p_{V,\text{ink}}$ zur Charakterisierung des Einflusses der Kompressibilität bei reibungsbehafteten Rohrströmungen, $\kappa = 1{,}4$, freies Kästchen: physikalisch nicht möglich

	0,99	0,9	0,7	0,5	0,3	0,1	0,05	0,01
Ma_1	**isotherm,** Ma_1/Ma_2							
0,01	1,0052	1,0528	1,1767	1,3337	1,5390	1,8194	1,9064	
0,10	1,0194	1,0692	1,2000	1,3688	1,5976			
0,50	1,5546	1,7205	2,3048					
Ma_1^*	**isentrop,** Ma_1^*/Ma_2^*							
0,01	1,0051	1,0528	1,1767	1,3336	1,5390	1,8193	1,9065	1,9853
0,10	1,0170	1,0664	1,1960	1,3630	1,5891	1,9387		
0,50	1,4011	1,5239	1,9168	2,6853				

Unterschallströmung am Rohreintritt: Das Ansteigen der Strömungsgeschwindigkeit mit fortschreitender Rohrlänge legt zunächst den Schluss nahe, dass man bei einer entsprechenden Länge jede beliebige Austrittsgeschwindigkeit erreichen kann, was – wie Experimente und auch theoretische Überlegungen zeigen – jedoch nicht der Fall ist. Tatsächlich kann am Austritt des Rohrs bei isentropen Verhältnissen maximal die Schallgeschwindigkeit ($Ma_{2,\max} = Ma_{2,\max}^* = 1$) und bei isothermen Rohren maximal der Wert $Ma_{2,\max} = 1/\sqrt{\kappa}$ erreicht werden, was jedoch schon nach einer endlichen Länge $l_{\max}$ der Fall ist (Berechnung s. Tabelle Anhang A3). Ist das Rohr länger, stellt sich die Strömung so ein, dass die Eintrittsgeschwindigkeit in das Rohr so weit sinkt, dass am Austritt des geraden Rohrs genau die maximale *Mach*-Zahl erreicht wird, denn die Druckverluste in der Leitung wären sonst für den Volumenstrom zu groß (Bild 2.18a). Außer der Verminderung des Durchsatzes kommt es durch die Beschleunigung zu einer Abkühlung. Die diese Vorgänge beschreibenden Gleichungen enthält Tabelle Anhang A3.

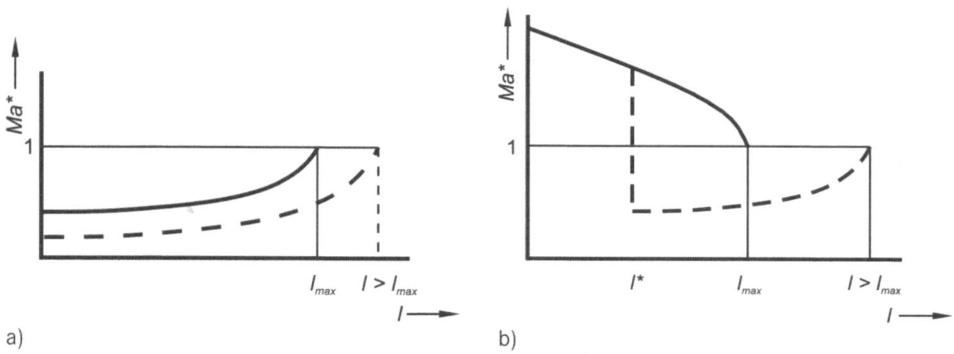

Bild 2.18 Geschwindigkeitsverläufe über die Rohrlänge. Eintritt mit a) Unterschall, b) Überschall, durchgezogene Linie: $l \leq l_{max}$, gestrichelte Linie: $l > l_{max}$

Überschallströmung am Rohreintritt: Die Rohrreibung bewirkt bei einer Überschallströmung im Rohr so lange ein Abbremsen, bis l_{max} erreicht ist. Für ein längeres Rohr entsteht im vorderen Teil des Rohrs ein senkrechter Verdichtungsstoß (s. u.), bei dem sich sprunghaft die Dichte erhöht, wodurch nach der Kontinuitätsgleichung die Geschwindigkeit sinkt und der Druck stark ansteigt. Die Lage des Verdichtungsstoßes stellt sich dabei so ein, dass das verbleibende Rohrstück gerade ausreicht, damit die nun vorliegende Unterschallströmung bis zum Rohrende genau bis zur Schallgeschwindigkeit Ma_{max} beschleunigt wird (Bild 2.18b, Formeln s. Tabelle Anhang A3).

Durch die zusätzlichen Freiheitsgrade von kompressiblen Strömungen erhöht sich gegenüber inkompressiblen Strömungen die Anzahl der zu berücksichtigenden Gleichungen (s. Tabelle 2.18).

Tabelle 2.18 Parameter und zur Verfügung stehende Gleichungen, kompressible Strömungen, vernachlässigbarer Höhenunterschied zwischen Ein- und Austritt, ①② ... Bilanzpunkte, ↔ ... Kopplungsbeziehung für zwei Bilanzpunkte

Gleichung	Massenerhaltung	Energieerhaltung	Zustandsgleichung	Zustandsänderung
Gleichungsanzahl	1 (① ↔ ②)	1 (① ↔ ②)	2 (① ②)	1 (① ↔ ②)
Verknüpfung	$\rho_1, \overline{c}_1, d_1 \leftrightarrow \rho_2, \overline{c}_2, d_2$	$\overline{c}_1, T_1 \leftrightarrow \overline{c}_2, T_2$ (mit Reibung zusätzlich l)	$p_1, \rho_1, T_1 \leftrightarrow p_2, \rho_2, T_2$	$p_1, \rho_1, T_1 \leftrightarrow p_2, \rho_2, T_2$
zusätzlich berechenbar	$A, \dot{m}, \dot{V}$	$\dot{Q}$		
Stoff-, Anlagenwerte		c_p, λ, ζ_i	$R_j = R/M_j$	κ bzw. n

10 (reibungsfrei) bzw. 11 (reibungsbehaftet) Parameter
Lösungsstrategie ist abhängig von der Art der 5 Unbekannten

Senkrechter Verdichtungsstoß

Verdichtungsstöße treten z. B. in Rohren von Entspannungsanlagen, bei Havarien in Systemen mit kompressiblen Stoffen, bei Düsen und bei der schnellen Umströmung von Körpern auf. Dabei handelt es sich um diskontinuierliche Zustandsänderungen, die eine Ausdehnung in Strömungsrichtung von etwa 1 µm haben, was in der Größenordnung der freien Weglänge der Moleküle liegt. Man unterscheidet senkrechte und schräge Verdichtungsstöße. Im Gegensatz zu Schallwellen, bei denen es sich um die Ausbreitung sehr kleiner Druckstörungen mit Schallgeschwindigkeit handelt, sind Verdichtungsstöße große Druckstörungen. Bei Explosionen bzw. Detonationen erfolgt die Ausbreitung der Druckstörungen mit Überschallgeschwindigkeit ($a \dots 2a$ bzw. $> 2a$). Beim senkrechten Verdichtungsstoß geht die Überschallströmung in eine Unterschallströmung über. Die den senkrechten Verdichtungsstoß beschreibenden Gleichungen enthält Tabelle Anhang A3.

Wärmequellen oder **Wärmesenken:** Obwohl schon beim Fall der isothermen reibungsbehafteten Rohrströmung ein (ortsabhängiger) Wärmeübergang zur Aufrechterhaltung von $T = \text{const}$ zwingend notwendig ist, gibt es in der Technik viele weitere Wärmeübertragungsfälle infolge von Heiz- und Kühlprozessen. Hinzu kommt, dass auch durch chemische Reaktionen (z. B. Verbrennungsvorgänge) eine Temperaturänderung im Inneren des Strömungsbereichs erfolgen kann. Bei Betrachtungen dieser Art kann häufig einfachheitshalber davon ausgegangen werden, dass der Anteil der Reibungseffekte gering ist und dass Reaktions- und Verdunstungs- bzw. Kondensationsvorgänge mit einfachen Wärmeübergangsprozessen beschrieben werden können.

Der Energiesatz muss die auftretenden Wärmeströme berücksichtigen, was sich in der Änderung der Ruhetemperaturen vor und nach der Wärmeübertragung widerspiegelt:

$$\dot{Q} = c_p\ (T_2 - T_1) + \frac{\bar{c}_2^2 - \bar{c}_1^2}{2} = c_p\ (T_{02} - T_{01}) \qquad (2.80)$$

Die resultierenden Gleichungen sind ebenfalls in Tabelle Anhang A3 enthalten. In der Tabelle 2.19 sind die durch Heizen bzw. Kühlen auftretenden Auswirkungen auf die Prozessparameter zusammengestellt. Weiterführende Informationen können [18] entnommen werden.

Zur Gasdynamik von **Zweiphasenströmungen** wird auf die Literatur (z. B. [81]) verwiesen.

Tabelle 2.19 Auswirkungen von Wärmequellen und Wärmesenken auf die Prozessgrößen nach [18]

	Heizen $Ma<1$	Heizen $Ma>1$	Kühlen $Ma<1$	Kühlen $Ma>1$
T_0	↑	↑	↓	↓
Ma	↑	↓	↓	↑
$T, Ma < 1/\sqrt{\kappa}$	↑	↑	↓	↓
$T, Ma > 1/\sqrt{\kappa}$	↓	↑	↑	↓
p	↓	↑	↑	↓
p_0	↓	↓	↑	↑
$\overline{c}$	↑	↓	↓	↑

Beispiel: Durch eine 10 m lange waagerechte Rohrleitung mit $d = 100$ mm fließt stationär Gas. Vor dem Rohr befindet sich eine *Laval*-Düse mit einem Durchmesser im engsten Querschnitt von $d^* = 70$ mm, in dem sich Schallgeschwindigkeit eingestellt hat. Die Strömung im Rohr ist reibungsbehaftet und adiabat, die Vorgänge in der *Laval*-Düse seien isentrop.

1. Welcher Massenstrom fließt durch das Rohr?
2. Wie groß sind p_1, T_1, r_1, v_1, Ma_1 und Ma_1^* am Rohreintritt?
3. Tritt in der Rohrleitung ein Verdichtungsstoß auf? Wenn ja, berechnen Sie dessen Lage und die Größen vor und nach dem Stoß.
4. Bestimmen Sie die Größen am Rohraustritt.

$\kappa = 1,4$; $\overline{c}_p = 1$ kJ/(kg K); $R_m = 0,287$ kJ/(kg K); $\eta = 10^{-5}$ Pa s

$k = 0,1$ mm; Ruhezustand: $p_0 = 1$ MPa; $T_0 = 600$ K

Lösung

Zur Lösung werden die Tabellen A3 und A4 herangezogen.

zu 1)

Da im engsten Querschnitt der Düse die Schallgeschwindigkeit erreicht wird, gilt mit

$$\rho_0 = \frac{p_0}{R_m T_0} = \frac{10^6}{287 \cdot 600} \frac{\text{kg}}{\text{m}^3} = 5,807 \frac{\text{kg}}{\text{m}^3}$$

und

$$A^* = \frac{\pi d^{*2}}{4} = \frac{\pi \cdot 0,07^2}{4} \text{m}^2 = 3,848 \cdot 10^{-3} \text{m}^2$$

$$\dot{m} = \dot{m}_{\max} = \left(\frac{2}{\kappa+1}\right)^{\frac{\kappa+1}{2(\kappa-1)}} \sqrt{\kappa\, p_0 \rho_0}\, A^*$$

$$= \left(\frac{2}{1,4+1}\right)^{\frac{1,4+1}{2(1,4-1)}} \cdot \sqrt{1,4 \cdot 10^6 \cdot 5,807} \cdot 3,848 \cdot 10^{-3} \frac{\text{kg}}{\text{s}} = 6,350 \frac{\text{kg}}{\text{s}}$$

zu 2)

Der Energiesatz $\overline{c}_p T_0 = \frac{\overline{c}_1^2}{2} + \overline{c}_p T_1$ führt mit $T_1 = T_0 \left(\frac{\rho_1}{\rho_0}\right)^{\kappa-1}$ zu:

$$\overline{c}_1 = \sqrt{2\overline{c}_p\ (T_0 - T_1)} = \sqrt{2\overline{c}_p\, T_0 \left[1 - \left(\frac{\rho_1}{\rho_0}\right)^{\kappa-1}\right]}$$

Da $\overline{c}_1 = \frac{\dot{m}}{\rho_1 A_1}$ ist, folgt $\rho_1 = \frac{\dot{m}}{A_1 \cdot \sqrt{2\overline{c}_p T_0 \left[1 - \left(\frac{\rho_1}{\rho_0}\right)^{\kappa-1}\right]}}$.

Diese Gleichung muss iterativ gelöst werden.

Mit $A_1 = \frac{\pi}{4} d^2 = \frac{\pi}{4} \cdot 0,1^2 \text{m}^2 = 7,854 \cdot 10^{-3} \text{m}^2$ erhält man:

$$\rho_1 = \frac{6,35}{7,854 \cdot 10^{-3} \sqrt{2 \cdot 1000 \cdot 600 \left[1 - \left(\frac{\rho_1}{5,807}\right)^{1,4-1}\right]}} \frac{\text{kg}}{\text{m}^3} = \frac{0,738}{\sqrt{1 - \left(\frac{\rho_1}{5,807}\right)^{0,4}}} \frac{\text{kg}}{\text{m}^3}$$

Die iterative Lösung ergibt $\rho_1 = 1,0482\ \text{kg/m}^3$ und somit folgt:

$$\overline{c}_1 = \frac{\dot{m}}{\rho_1 A_1} = \frac{6,349}{1,0482 \cdot 7,854 \cdot 10^{-3}} \frac{\text{m}}{\text{s}} = 771,3 \frac{\text{m}}{\text{s}}$$

$$T_1 = T_0 \left(\frac{\rho_1}{\rho_0}\right)^{\kappa-1} = 600 \left(\frac{1,0482}{5,807}\right)^{1,4-1} \text{K} = 302,5\,\text{K}$$

$$p_1 = \rho_1 R_m T_1 = 1,0482 \cdot 287 \cdot 302,5 \cdot 10^{-6}\,\text{MPa} = 0,09101\,\text{MPa}$$

$$a^* = \sqrt{\frac{2\kappa}{\kappa+1} R_m T_0} = \sqrt{\frac{2 \cdot 1,4}{1,4+1} 287 \cdot 600}\ \frac{\text{m}}{\text{s}} = 448,2\ \frac{\text{m}}{\text{s}}$$

$$Ma_1^* = \frac{\overline{c}_1}{a^*} = \frac{771,4}{448,2} = 1,721$$

$$Ma_1 = \frac{\overline{c}_1}{a_1} = \frac{\overline{c}_1}{\sqrt{\kappa R_m T_1}} = \frac{771,4}{\sqrt{1,4 \cdot 287 \cdot 302,5}} = 2,212$$

zu 3)

Mit $Re_1 = \frac{\overline{c}_1 d \rho_1}{\eta_1} = \frac{771,3 \cdot 0,1 \cdot 1,0482}{10^{-5}} = 8,085 \cdot 10^6$ und $\frac{k}{d} = \frac{0,1}{100} = 10^{-3}$ ist wegen $Re^{7/8} \frac{k}{d} = 1107 > 225$ mit Formel 2.13

$$\lambda = \left[-2 \lg \left(\frac{k}{d}\right) + 1,14\right]^{-2} = \left[-2 \lg 10^{-3} + 1,14\right]^{-2} = 0,0196$$

Nach der Kontinuitätsgleichung heben sich die Änderungen der Geschwindigkeit und der Dichte auf, sodass sich bei konstantem Rohrdurchmesser und der hier als konstant angenommenen Viskosität die *Reynolds*-Zahl im gesamten Rohr nicht ändert.

Die kritische Rohrlänge bestimmt man aus:

$$l_{12\,\text{max}} = \frac{\kappa+1}{2\kappa} \frac{d}{\lambda} \left(\frac{1}{Ma_1^{*2}} - 1 - \ln \frac{1}{Ma_1^{*2}}\right)$$

$$= \frac{1,4+1}{2 \cdot 1,4} \frac{0,1}{0,0196} \left(\frac{1}{1,721^2} - 1 - \ln \frac{1}{1,721^2}\right) \text{m} = 1,852\,\text{m}$$

Wegen $l = 10\,\mathrm{m} > 1,852\,\mathrm{m} = l_{12\,\max}$ stellt sich in der Leitung ein Verdichtungsstoß gerade so ein, dass am Rohraustritt die Schallgeschwindigkeit erreicht wird. Bezeichnet man die Stelle unmittelbar vor bzw. nach dem Verdichtungsstoß mit 2 bzw. 3 und den Austritt mit 4, so muss $\frac{1}{Ma_1^{*2}} - \frac{1}{Ma_2^{*2}} - \ln\frac{Ma_2^{*2}}{Ma_1^{*2}} = \frac{2\kappa}{\kappa+1}\cdot\lambda\cdot\frac{l_{12}}{d}$ und $\frac{1}{Ma_3^{*2}} - \frac{1}{Ma_4^{*2}} - \ln\frac{Ma_4^{*2}}{Ma_3^{*2}} = \frac{2\kappa}{\kappa+1}\cdot\lambda\cdot\frac{l_{34}}{d}$ mit $l_{12} + l_{34} = l$ und $Ma_4^* = 1$ erfüllt sein. Weiterhin gilt für den Verdichtungsstoß $Ma_2^* Ma_3^* = 1$. Somit stehen 5 Gleichungen für die 5 Unbekannten Ma_2^*, Ma_3^*, Ma_4^*, l_{12}, l_{34} zur Verfügung. Durch Einsetzen folgt

$$\frac{1}{Ma_1^{*2}} - Ma_3^{*2} + \ln\left(Ma_1^{*2} Ma_3^{*2}\right) = \frac{2\kappa}{\kappa+1}\cdot\lambda\cdot\frac{l_{12}}{d}$$

sowie

$$\frac{1}{Ma_3^{*2}} - 1 + \ln Ma_3^{*2} = \frac{2\kappa}{\kappa+1}\cdot\lambda\cdot\frac{l-l_{12}}{d}$$

und nach Elimination von l_{12} schließlich:

$$\frac{1}{Ma_3^{*2}} - Ma_3^{*2} + 2\ln Ma_3^{*2} = \frac{2\kappa}{\kappa+1}\cdot\lambda\cdot\frac{l}{d} + 1 - \frac{1}{Ma_1^{*2}} - \ln Ma_1^{*2} = C$$

Die rechte Seite der Gleichung ist konstant:

$$C = \frac{2\cdot 1,4}{1,4+1}\cdot 0,0196\cdot\frac{10}{0,1} + 1 - \frac{1}{1,721^2} - \ln 1,721^2 = 1,865$$

Man erhält durch Iterieren $Ma_3^* = 0,429$ und somit $Ma_2^* = \frac{1}{Ma_3^*} = \frac{1}{0,429} = 2,331$. Dieser Wert widerspricht ganz offensichtlich dem im Bild 2.18 b beschriebenen Verhalten, nach dem die kritische *Mach*-Zahl im Rohrabschnitt mit Überschallgeschwindigkeit sinken muss. Somit ist der Durchsatz bei einer Rohrlänge von 10 m nicht realisierbar. Wegen des Druckverlusts in der Leitung stellt sich am engsten Querschnitt nicht $Ma^* = 1$ ein. Bei einem Verdichtungsstoß direkt am Rohreingang wäre $Ma_2^* = \frac{1}{Ma_1^*} = \frac{1}{1,721} = 0,581$ und $l_{24\,\max} = \frac{\kappa+1}{2\kappa}\cdot\frac{d}{\lambda}\cdot\left(\frac{1}{Ma_2^{*2}} - 1 - \ln\frac{1}{Ma_2^{*2}}\right)$ $= \frac{1,4+1}{2\cdot 1,4}\cdot\frac{0,1}{0,0196}\cdot\left(1,721^2 - 1 - \ln 1,721^2\right)\ \mathrm{m} = 3,831\ \mathrm{m}$.

Somit existieren Lösungen nur für eine Rohrlänge bei $l_{12\,\max} < l < l_{24\,\max}$ mit einem Verdichtungsstoß im Rohr. Betrachtet man beispielhaft den Fall $l = 3$ m, so ergeben sich folgende Ergebnisse:

$$C = \frac{2\cdot 1,4}{1,4+1}\cdot 0,0196\cdot\frac{3}{0,1} + 1 - \frac{1}{1,721^2} - \ln 1,721^2 = 0,263$$

und durch Interation

$$Ma_3^* = 0,634$$

$$Ma_2^* = \frac{1}{Ma_3^*} = \frac{1}{0,634} = 1,577$$

$$\overline{c}_2 = Ma_2^*\, a^* = 1,577\cdot 448,2\,\mathrm{m/s} = 707,0\,\mathrm{m/s}$$

$$\overline{c}_3 = Ma_3^*\, a^* = 0,834\cdot 448,2\,\mathrm{m/s} = 284,2\,\mathrm{m/s}$$

$$T_2 = T_0 - \frac{\overline{c}_2^2}{2\overline{c}_p} = \left(600 - \frac{707^2}{2\cdot 1000}\right)\ \mathrm{K} = 350,1\ \mathrm{K}$$

$$T_3 = T_0 - \frac{\overline{c}_3^2}{2\overline{c}_p} = \left(600 - \frac{284,2^2}{2\cdot 1000}\right)\ \mathrm{K} = 559,6\ \mathrm{K}$$

$$\rho_2 = \frac{\dot{m}}{\overline{c}_2 A_1} = \frac{6,349}{707 \cdot 7,854 \cdot 10^{-3}} \frac{\text{kg}}{\text{m}^3} = 1,144 \frac{\text{kg}}{\text{m}^3}$$

$$\rho_3 = \frac{\dot{m}}{\overline{c}_3 A_1} = \frac{6,349}{284,2 \cdot 7,854 \cdot 10^{-3}} \frac{\text{kg}}{\text{m}^3} = 2,845 \frac{\text{kg}}{\text{m}^3}$$

$$p_2 = \rho_2 R_m T_2 = 1,144 \cdot 287 \cdot 350,1 \cdot 10^{-6}\ \text{MPa} = 0,1149\ \text{MPa}$$

$$p_3 = \rho_3 R_m T_3 = 2,845 \cdot 287 \cdot 559,6 \cdot 10^{-6}\ \text{MPa} = 0,4570\ \text{MPa}$$

$$l_{12} = \frac{d}{\lambda} \cdot \frac{\kappa+1}{2\kappa} \cdot \left[\frac{1}{Ma_1^{*2}} - \frac{1}{Ma_2^{*2}} - \ln \frac{Ma_2^{*2}}{Ma_1^{*2}}\right]$$

$$= \frac{0,1}{0,0196} \cdot \frac{1,4+1}{2 \cdot 1,4} \cdot \left[\frac{1}{1,721^2} - \frac{1}{1,577^2} - \ln \frac{1,577^2}{1,721^2}\right] \text{m} = 0,4807\ \text{m}$$

zu 4)

$$Ma_4^* = Ma_4 = 1 \rightarrow \overline{c}_4 = a^* = 448,2\ \text{m/s}$$

$$T_4 = T_0 - \frac{\overline{c}_4^2}{2\overline{c}_p} = \left(600 - \frac{448,2^2}{2 \cdot 1000}\right) \text{K} = 499,6\ \text{K}$$

$$\rho_4 = \frac{\dot{m}}{\overline{c}_4 A_1} = \frac{6,349}{448,2 \cdot 7,854 \cdot 10^{-3}} \frac{\text{kg}}{\text{m}^3} = 1,804 \frac{\text{kg}}{\text{m}^3}$$

$$p_4 = \rho_4 R_m T_4 = 1,804 \cdot 287 \cdot 499,6 \cdot 10^{-6}\ \text{MPa} = 0,259\ \text{MPa}$$

2.3.2 Verdünnte Gase

Beim Transport von Gasen bei sehr niedrigen Drücken ($p \approx 10\,\text{mPa}$) bzw. durch sehr enge Kanäle oder Rohre ändert sich der Strömungscharakter, da die mittlere freie Weglänge $\overline{l}_\text{f}$

$$\overline{l}_\text{f} = \frac{1}{\pi \sqrt{2} c_j d_\text{Molekül}^2 N_\text{A}} \tag{2.81}$$

c_j Molkonzentration
N_A *Avogadro*-Zahl (= $6{,}0225 \cdot 10^{23}\,\text{mol}^{-1}$)

groß gegenüber dem Rohrdurchmesser wird. Man spricht von einer **molekularen Strömung**, bei der die Bewegung der Teilchen unabhängig voneinander erfolgt und Wandstöße gegenüber Zusammenstößen von Fluidmolekülen dominieren. Bei einem Durchmesser der Gasmoleküle zwischen 0,3 ... 0,5 nm beträgt die freie Weglänge bei Umgebungsdruck etwa 0,1 µm, bei 1 Pa jedoch schon etwa 1 cm.

Zur Klassifizierung der Strömungen wird die *Knudsen*-Zahl

$$Kn = \frac{\overline{l}_\text{f}}{d} = \frac{\pi\, \overline{c}_\text{Molekül} \eta}{4pd} = 1,28 \cdot \sqrt{\kappa} \frac{Ma}{Re} \tag{2.82}$$

mit der mittleren gaskinetischen Geschwindigkeit $\overline{c}_\text{Molekül} = \sqrt{8 R_j T / \pi}$ herangezogen. Man unterscheidet:

- $Kn > 10$ molekulare Strömung (unabhängige Bewegung der Teilchen),
- $10 \geq Kn > 0{,}1$ Übergangsgebiet,
- $0{,}1 \geq Kn > 0{,}01$ viskose Strömung mit Gleitgeschwindigkeit an der Wand,
- $Kn \leq 0{,}01$ viskose Strömung (s. Abschnitt 2.3.1).

Im Übergangsbereich gilt:

$$\dot{m} = \dot{m}_{\text{Poiseuille}} + \dot{m}_{\text{molekular}} = \frac{\pi}{4}\frac{D^3}{l}\frac{\Delta p}{p}\rho\left(\frac{Dp}{32\eta} + \frac{\bar{c}_{\text{Molekül}}}{3}\right) \tag{2.83}$$

Es ist möglich, einen effektiven Widerstandsbeiwert zu verwenden:

$$\lambda = \frac{1}{\left(\frac{Re}{64} + \frac{4}{3\pi}\frac{\bar{c}}{\bar{c}_{\text{Molekül}}}\right)} = \frac{64}{Re}\frac{1}{1 + \frac{256 a_\eta Kn}{3\pi}} \tag{2.84}$$

Im Bereich der molekularen Strömung kann man auch Durchlaufwahrscheinlichkeiten angeben (s. [11]). Für ein Rohr ergibt sich bei isentroper Einströmung (z. B. aus großen Kesseln):

$$P_{\text{K}} = \frac{14 + 4\frac{l}{d}}{14 + 18\frac{l}{d} + 3\left(\frac{l}{d}\right)^2} \tag{2.85}$$

Weitere Beziehungen für verdünnte Gase können z. B. [11] entnommen werden.

2.3.3 Dampfleitungen

Bei Dampfleitungen handelt es sich um eine spezielle Art der Gasleitungen. Obwohl Dampfleitungen sehr gut isoliert sind, tritt durch die Reibungswirkungen neben dem Druckabfall und der dadurch erfolgenden Beschleunigung ein Temperaturabfall auf. Insbesondere bei kurzen Leitungen kann man aber die Strömung als isotherm betrachten. Bei Berechnungen ist jedoch zu beachten, dass sich Wasserdampf nur noch bei hoher Überhitzung und geringen Drücken in guter Näherung wie ein ideales Gas verhält.

In der Literatur (z. B. [2], [65]) existieren umfangreiche Wasserdampftabellen. Tabelle Anhang A1 enthält empirische Berechnungsgleichungen, Tabelle 2.3 Angaben zum Druckabfall und Tabelle 2.10 Richtgeschwindigkeiten. Wegen Strömungsgeräuschen sollten 60 m/s nicht überschritten werden. Zu hohe Geschwindigkeiten sind auch aus Gründen der Lagerungsruhe der Rohrleitung zu vermeiden, insbesondere bei Leitungen mit richtungsändernden Elementen. Bei Sattdampf kann Kondensation eintreten. Mit Kondensat ist auch beim An- und Abfahren von Heißdampfleitungen zu rechnen. Um Schäden zu vermeiden, sind geeignete Kondensatableitungen vorzusehen. Außerdem ist auf eine Entlüftung der Leitungen zu achten.

Beispiel: Für ein Kraftwerk ist eine Frischdampfleitung zu planen, die einen Dampferzeuger mit der Turbine verbinden soll. Der Massenstrom beträgt 396 t/h. Gesucht sind der lichte Rohrdurchmesser und der Druckabfall. Die Länge der Rohrleitung beträgt 38 m. Am Leitungsende wird ein Druck von 110 bar bei 530 °C gefordert.

Lösung

Mit [65] folgt $\rho_2 = 1/v_2 = 1/0{,}0311535\,\mathrm{kg/m^3} = 31{,}83\,\mathrm{kg/m^3}$ und des Weiteren $\eta_2 = 30{,}30 \cdot 10^{-6}\,\mathrm{Pa\,s}$. Die Leitung ist mit 38 m recht kurz, sodass man Isothermie annehmen kann, d. h. $\vartheta_1 = \vartheta_2 = 530°\mathrm{C}$. Erfahrungsgemäß lässt man zwischen Turbine und Dampferzeuger einen Druckabfall bis zu 0,05 p_1 zu. Hier wird ein Druckabfall von 1 % angenommen, da die Leitung kurz ist und kaum über Einbauten verfügen soll. Daraus folgt $p_2 = p_1 - 0{,}01p_1 = 0{,}99p_1$ und $p_1 = p_2/0{,}99 = 111\,\mathrm{bar}$. Wegen dieser geringen Druckänderung kann die Dichte als konstant und damit die Strömung als inkompressibel angesehen werden. Der Rohrquerschnitt folgt aus $A = \dot{m}/(\rho\,\bar{c})$. Für Heißdampf kann nach Tabelle 2.10 eine Geschwindigkeit von 45 m/s angenommen werden.

$$\rightarrow A = \frac{396 \cdot 1000}{3600 \cdot 31{,}83 \cdot 45}\mathrm{m^2} = 0{,}0768\mathrm{m^2}$$

und

$$d = 2\sqrt{\frac{A}{\pi}} = 0{,}3127\,\mathrm{m}$$

Es ist somit ein nahtloses Rohr 323,9 × 7,1 DIN 2448 mit d = 0,3097 m und A = 0,07533 m² ausreichend. Es ist im Durchmesser etwas geringer als berechnet. Eine Änderung ist aber nur notwendig, wenn sich gravierende Auswirkungen auf den Druckverlust ergeben.

Es wird hier angenommen, dass die Rohrwanddicke auch der Beanspruchung durch den Innendruck genügt (s. dazu Abschnitt 3.1.3).

Für die Berechnung des Druckabfalls wird die *Reynolds*-Zahl benötigt. Wegen der Isothermie und der Konstanz des Massenstroms ändert sich diese während der Strömung nicht:

$$Re = \frac{4\dot{m}}{\pi\,\bar{\eta}d} = \frac{4 \cdot 396 \cdot 1000}{3600 \cdot 3{,}03 \cdot 10^{-5} \cdot 0{,}3097\,\pi} = 1{,}496 \cdot 10^7$$

Die Wandrauigkeit kann nach Tabelle 2.2 zu k = 0,2 mm angenommen werden.

Damit ist $k/d = 0{,}2/309{,}7 = 6{,}46 \cdot 10^{-4}$ und wegen $Re^{7/8}k/d = 1225 > 225$ mit Formel 2.13:

$$\lambda = \left[-2\lg\left(\frac{k}{d}\right) + 1{,}14\right]^{-2} = \left[-2\lg\left(6{,}46 \cdot 10^{-4}\right) + 1{,}14\right]^{-2} = 0{,}0177$$

Wenn man nur die Reibungsverluste beachtet, ergibt sich der Druckunterschied zu:

$$\Delta p_v = \lambda\frac{l}{d}\frac{\rho}{2}\bar{c}^2 = 0{,}0177 \cdot \frac{38}{0{,}3097} \cdot \frac{31{,}83}{2} \cdot 45^2\,\mathrm{Pa} = 0{,}70\,\mathrm{bar}$$

Außerdem ist noch Energie erforderlich, um das Medium zu beschleunigen (s. Bild 2.18a). Wegen der kurzen Rohrleitung und der geringen Anfangsgeschwindigkeit ist dieser Anteil jedoch gering. Somit wird die Vorgabe eines Druckabfalls von 1 % eingehalten.

2.4 Instationäre Strömungsvorgänge

Bisher wurde die *Bernoulli*-Gleichung nur für stationäre Strömungen betrachtet. Bei Instationarität ist der Bilanz noch ein Term hinzuzufügen, der die zeitliche Änderung der kinetischen Energie beschreibt und der sich unter der Bedingung, dass Integration und Differentiation vertauschbar sind, sowie bei Verwendung der Lauflänge s und der Bezugsebene 2 (Austritt) mit $\overline{c} = \overline{c}_2 A_2/A$ umformen lässt:

$$\frac{\partial}{\partial t} \int\limits_{(B)} \frac{\rho \overline{c}^2}{2} \, dV = \int\limits_{(B)} \rho \, \overline{c} A \frac{\partial \overline{c}}{\partial t} \, ds = \dot{m} \int\limits_{(B)} \frac{\partial \overline{c}}{\partial t} \, ds = \dot{m} \int\limits_{(B)} \frac{\partial \overline{c}_2}{\partial t} \frac{A_2}{A} \, ds = \dot{m} \frac{\partial \overline{c}_2}{\partial t} \int\limits_{s_1}^{s_2} \frac{A_2}{A} \, ds$$

Somit lautet die Bilanz für eine reibungsfreie instationäre Strömung:

$$\frac{\overline{c}_1^2}{2} + \frac{p_1}{\rho} + g\,z_1 = \frac{\partial \overline{c}_2}{\partial t} \int\limits_{s_1}^{s_2} \frac{A_2}{A} \, ds + \frac{\overline{c}_2^2}{2} + \frac{p_2}{\rho} + g\,z_2 \qquad (2.86)$$

Beispiel: Für den im Bild 2.19 dargestellten Behälter soll der zeitliche Verlauf der Ausströmgeschwindigkeit nach dem plötzlichen Öffnen des Schiebers ermittelt werden, wobei wegen der kurzen Rohrlänge Reibungswirkungen vernachlässigbar sein sollen.

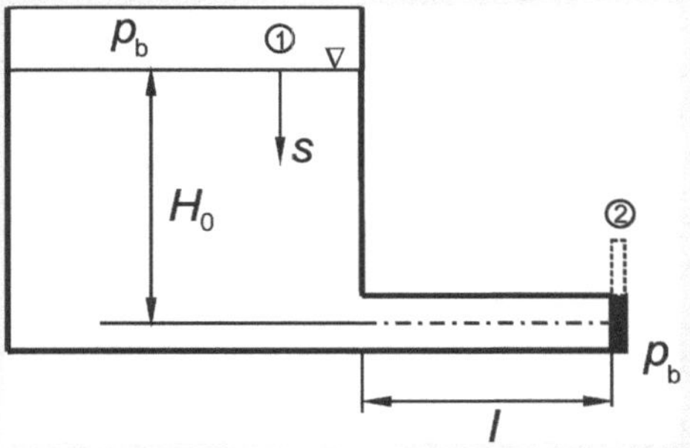

Bild 2.19
Behälter mit Absperrorgan

Lösung

Formel 2.86 vereinfacht sich bei konstanter Füllhöhe ($\overline{c}_1 = 0$) zu

$g\,H_0 = \frac{\partial \overline{c}_2}{\partial t} \int\limits_{s_1}^{s_2} \frac{A_2}{A} \, ds + \frac{\overline{c}_2^2}{2}$.

Das über die Lauflänge (Flüssigkeitsspiegel bis Ausflussöffnung) zu bestimmende Integral ergibt für den Fall konstanten Rohrdurchmessers und $A_1 = A_{Behälter} \gg A_{Rohr} = A_2$:

$$\int\limits_{s_1}^{s_2} \frac{A_2}{A} \, ds = \frac{A_2}{A_1} \int\limits_{0}^{H_0} ds + \int\limits_{H_0}^{H_0+l} ds = \frac{A_2}{A_1} H_0 + l \approx l$$

Somit folgt unter Berücksichtigung der stationären Austrittsgeschwindigkeit für vernachlässigbare Reibungswirkungen (Ausflussformel von *Torricelli*) $\overline{c}_\infty = \sqrt{2g\,H_0}$

$$\frac{\mathrm{d}\overline{c}}{\mathrm{d}t} = \frac{2gH_0 - \overline{c}^2}{2l} = \frac{\overline{c}_\infty^2 - \overline{c}^2}{2l}$$

Die Lösung dieser Differenzialgleichung ist:

$$\overline{c} = \overline{c}_\infty \frac{1 - e^{-\overline{c}_\infty t/l}}{1 + e^{-\overline{c}_\infty t/l}} = \overline{c}_\infty \tanh \frac{\overline{c}_\infty t}{2l} \tag{2.87}$$

Obwohl nach Formel 2.87 theoretisch erst bei $t \to \infty$ die Endgeschwindigkeit $\overline{c}_\infty$ vorliegt, werden oft schon nach kurzer Zeit 99 % der Endgeschwindigkeit erreicht:

$$t_{0,99}\,(\text{in s}) = \frac{1,2l\,(\text{in m})}{\sqrt{H_0\,(\text{in m})}} \tag{2.88}$$

2.5 Beanspruchungen von Rohrleitungen

2.5.1 Kraftwirkung bei stationären Strömungen

In Rohren stattfindende Änderungen der Richtung (z. B. durch Krümmer) und der Geschwindigkeit (z. B. durch Querschnittsänderungen) sowie die Umströmung der Leitungen üben Kräfte auf Rohre aus, die mit dem Impulserhaltungssatz ermittelt werden können. Dieser liefert bei Kenntnis der Geschwindigkeiten und Drücke in den Ein- und Austrittsquerschnitten des Bilanzgebiets sowie unter Beachtung der auftretenden Impulsströme, Feld- (z. B. Schwerkraft) und Oberflächenkräfte (z. B. Druckkräfte) die auf die Kontur ausgeübten Reaktionskräfte R_k. Der Index k kennzeichnet die Koordinatenrichtung, da die Kraft ein Vektor ist. Die Reaktionskräfte muss der Konstrukteur bei der Dimensionierung von Halterungen und Flanschverbindungen berücksichtigen. Ihre allgemeine Form lautet:

$$R_\mathrm{k} = \frac{\partial}{\partial t} \int_{(\mathrm{B})} c_\mathrm{k}\, \rho\, \mathrm{d}V + \int_{(\mathrm{B})} c_\mathrm{k}\, \rho\, c_i\, \mathrm{d}A_i - \int_{(\mathrm{B})} g_\mathrm{k}\, \rho\, \mathrm{d}V + \int_{(\mathrm{B})} p\, \mathrm{d}A_\mathrm{k} \tag{2.89}$$

Dabei kennzeichnen in den Integralen B den Bilanzraum, der Index i die Richtung des Flächenvektors bzw. den in Richtung des Flächenvektors auftretenden Geschwindigkeitsvektor. Die Flächenvektoren sind per Definition nach außen gerichtet. Für Strömungsaustritte zeigen der Flächenvektor A_i und der Geschwindigkeitsvektor c_i in die gleiche Richtung, sodass das Skalarprodukt der beiden Vektoren positiv und analog für Eintritte durch die entgegengesetzte Orientierung negativ ist. Im Bereich einer stoffundurchlässigen Wand stehen A_i und c_i rechtwinklig aufeinander, wodurch das Skalarprodukt und somit auch das Integral für Wände den Wert null hat. Der Anteil des Gewichts in Richtung k wird mit g_k durch die Zerlegung des Erdbeschleunigungsvektors in die Koordinatenrichtungen berücksichtigt. Unter Bezugnahme auf Bild 2.20 erhält man für eine stationäre Pfropfenströmung und für kartesische Koordinaten

$$R_k = \dot{m}\left(\overline{c}_{2,k} - \overline{c}_{1,k}\right) - G_{ges,k} + (p_1 - p_U)\ A_{1,k} + (p_2 - p_U)\ A_{2,k} \qquad (2.90)$$

Im Bild 2.20 bezeichnen die gestrichelte Linie den Bilanzraum, die Stelle 1 den Ein- sowie 2 den Austritt und der Index k den Anteil der vektoriellen Größe in die jeweilige Koordinatenrichtung. Die Gewichtskraft G_{ges} setzt sich je nach den Gegebenheiten aus dem Gewicht des Fluids, des Rohrs, der Isolierung, der Schneelast u. a. zusammen.

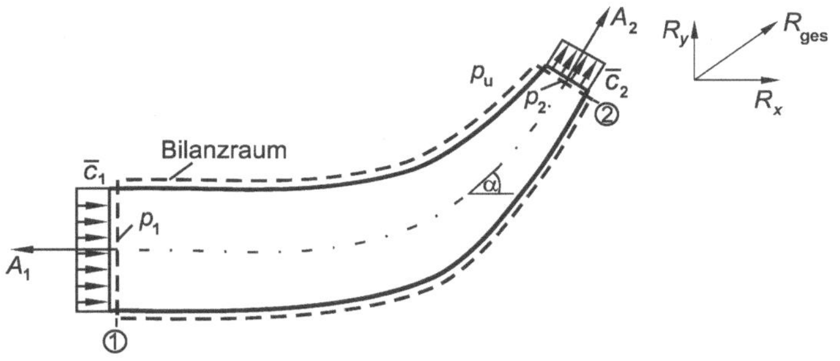

Bild 2.20 Anwendung des Impulserhaltungssatzes auf eine gekrümmte Düse

Beispiel: Für die in Bild 2.20 dargestellte gekrümmte Düse sind die Kräfte in *x*- und *y*-Richtung sowie die resultierende Kraft zu bestimmen. Die *x*-Richtung stimmt mit der Orientierung des eintretenden Volumenstroms überein, die Schwerkraft wirkt nach unten (negative *y*-Richtung).

$m_{ges} = 2\,\text{kg};\ \dot{m} = 1\,\text{kg/s};\ d_1 = 0{,}05\,\text{m};\ d_2 = 0{,}01\,\text{m};\ \alpha = 45°$

$p_1 = 5\,\text{bar};\ p_2 = p_U = 1\,\text{bar};\ \rho_{\text{Flüss.}} = 1000\text{kg/m}^3$

Lösung

$$A_1 = \frac{\pi\, d_1^2}{4} = 1{,}963 \cdot 10^{-3}\text{m}^2$$

$$A_2 = \frac{\pi\, d_2^2}{4} = 7{,}854 \cdot 10^{-5}\text{m}^2$$

$$\overline{c}_1 = \frac{\dot{m}}{\rho A_1} = 0{,}509\frac{\text{m}}{\text{s}}$$

$$\overline{c}_2 = \frac{\dot{m}}{\rho A_2} = 12{,}732\frac{\text{m}}{\text{s}}$$

$x \underset{+}{\rightarrow}$:

$$A_{1,x} = -A_1$$

$$A_{2,x} = A_2 \cos\alpha$$

$$\overline{c}_{1,x} = \overline{c}_1$$

$$\overline{c}_{2,x} = \overline{c}_2 \cos\alpha$$

$$G_{\text{ges},x} = 0$$

$$R_x = \dot{m}\left(\overline{c}_{2,x} - \overline{c}_{1,x}\right) - (p_1 - p_\text{U})\, A_1 + (p_2 - p_\text{U})\, A_2 \cos\alpha$$
$$= \left[1\,(12{,}73\cos 45° - 0{,}509) - (5-1)\cdot 10^5 \cdot 1{,}963\cdot 10^{-3} + 0\right]\ \text{N} = -776{,}7\ \text{N}$$

$y \underset{+}{\uparrow}$:

$$A_{1,y} = 0$$

$$A_{2,y} = A_2 \sin\alpha$$

$$\overline{c}_{1,y} = 0$$

$$\overline{c}_{2,y} = \overline{c}_2 \sin\alpha$$

$$G_{\text{ges},y} = -G_\text{ges}$$

$$R_y = m_\text{ges}\, g + \dot{m}\overline{c}_2 \sin\alpha + (p_2 - p_\text{U})\, A_2 \sin\alpha = [2\cdot 9{,}81 + 1\cdot 12{,}732 \sin 45° - 0]\ \text{N} = 28{,}6\ \text{N}$$

$$R_\text{ges} = \sqrt{R_x^2 + R_y^2} = \sqrt{(-776{,}7)^2 + 28{,}6^2}\ \text{N} = 777{,}2\ \text{N}$$

Es ist ganz offensichtlich, dass bei diesem Beispiel der Term mit der Druckdifferenz dominiert. Liegt der Krümmer in einer Horizontalebene, entfällt die Gewichtskraft in y-Richtung, da sie dann in z-Richtung wirkt.

2.5.2 Druckstoß

Wenn äußere Eingriffe wie das plötzliche Ausfallen oder auch Regulieren einer Pumpe bzw. das Verstellen oder Schließen einer Armatur erfolgen, kommt es zu einer Reaktion im gesamten System. Das Problem der Flüssigkeitsschwingung in Röhren haben schon *Newton* und *Bernoulli* behandelt. Die Grundgleichungen der **Druckstoßtheorie** wurden vor über 100 Jahren von *Joukowski, Allievi, Braun* u. a. entwickelt.

Bei der Betrachtung des Druckstoßes, der auch als **Wasserschlag** bezeichnet wird, müssen bei der Flüssigkeit und beim Rohr die Elastizität berücksichtigt werden. Die Strömung im Rohr sei adiabat und reibungsfrei, es liege eine Pfropfenströmung ohne Druckgradienten über dem Querschnitt vor. Durch die Elastizität des Wassers und des Rohrs bewirkt die Druckerhöhung sowohl ein Zusammendrücken des Flüssigkeitsvolumens als auch eine Dehnung des Rohrelements, das dieses Volumen umgibt (Bild 2.21). Beide Erscheinungen überlagern sich und bewirken eine axiale Verkürzung bei positivem oder Verlängerung bei negativem Δp des Flüssigkeitselements.

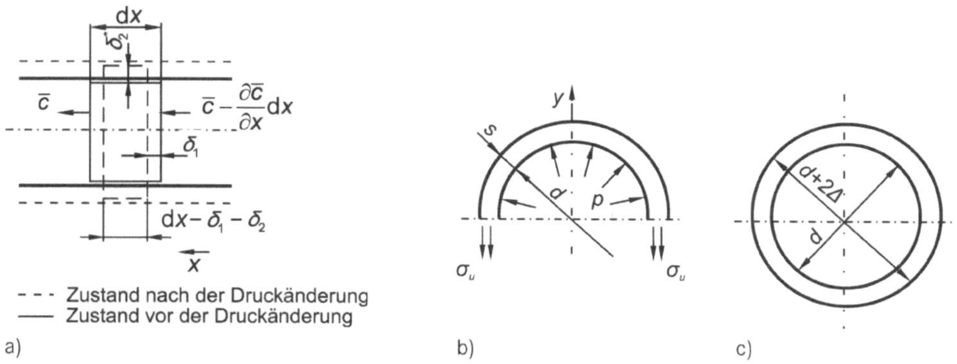

Bild 2.21 Auswirkung einer Druckerhöhung bei elastischer Flüssigkeit und Rohrwand. a) Verformungen eines Volumenelements, b) Schnittdarstellung, c) Vorderansicht

Zur Modellierung der Auswirkungen auf das Rohr wird in einer horizontalen Rohrleitung ein Flüssigkeitselement der Länge dx betrachtet. Aus der Kontinuitätsgleichung folgt somit:

$$\frac{\partial \rho}{\partial t} = \rho_0 \frac{\partial \bar{c}}{\partial x} \tag{2.91}$$

Die Kraft auf das Volumenelement durch die Änderung des Drucks auf seine beiden Stirnseiten ist gleich dem Produkt aus seiner Masse und der Beschleunigung. Somit ergibt sich aus der Impulsbilanz (*Euler*-Gleichung) $\rho \mathrm{d}\bar{c}/\mathrm{d}t = \partial p/\partial x$.

Da $\bar{c} = \bar{c}\,(x,\,t)$ und $x = x\,(t)$ ist, erhält man mit $\frac{\mathrm{d}\bar{c}(x,t)}{\mathrm{d}t} = \frac{\partial \bar{c}}{\partial t} + \frac{\partial \bar{c}}{\partial x}\frac{\partial x}{\partial t}$ und $\frac{\partial x}{\partial t} = \bar{c}$:

$$\rho \left(\frac{\partial \bar{c}}{\partial t} + \bar{c}\frac{\partial \bar{c}}{\partial x} \right) = \frac{\partial p}{\partial x} \tag{2.92}$$

Tabelle 2.20 Anhaltswerte für den Elastizitätsmodul

Stoff	Elastizitätsmodul (in GPa)
Rohre	
Beton	30
Blei	17
Eternit	30
Gusseisen	88
Messing	105
PVC-hart	2,5
Stahl	210

Tabelle 2.20 Anhaltswerte für den Elastizitätsmodul *(Fortsetzung)*

Stoff	Elastizitätsmodul (in GPa)
Flüssigkeiten	
Benzin	0,9
Heizöl	1,3
Rohöl	1,7
Wasser (Formel s. Tabelle Anhang A1)	2,1

Die Deformation der Flüssigkeit folgt dem *Hooke*schen Gesetz $\sigma = \frac{\partial p}{\partial t}\partial t = \varepsilon\, E_F$. Anhaltswerte für Elastizitätsmodule enthält Tabelle 2.20. Die Dehnung bzw. Verkürzung ε ist zu ersetzen durch $\delta_1/\mathrm{d}x$. Damit wird $\delta_1 = \frac{1}{E_F}\frac{\partial p}{\partial t}\partial t\, \mathrm{d}x$.

Geht man davon aus, dass das Verhältnis von Wanddicke s des Rohres zum inneren Rohrdurchmesser sehr klein ist, kann die Spannung über die Wanddicke als konstant angesehen werden. Aus der Kräftebilanz $p\,d \cdot \mathrm{d}x = 2\sigma_u\, s \cdot \mathrm{d}x$ folgt $\sigma_u = p\,d/(2s)$. Die resultierende Dehnung ist $\varepsilon = 2\Delta/d$. Mit dem *Hooke*schen Gesetz ergibt sich $\sigma_u = \varepsilon\, E_R$ und somit $\Delta = \frac{pd^2}{4sE_R}$. Da sich der Druck in Abhängigkeit von der Zeit ändert, folgt $\partial\Delta = \frac{d^2}{4sE_R}\frac{\partial p}{\partial t}\partial t$ und damit die zeitabhängige Vergrößerung des Rohrelements $\partial V = \pi\, d\, \mathrm{d}x\partial\Delta$. Hieraus resultiert eine weitere Verringerung der axialen Ausdehnung des Volumenelements um $\delta_2 = \frac{4\partial V}{\pi d^2} = \frac{d}{sE_R}\mathrm{d}x\frac{\partial p}{\partial t}\partial t$, da das Fluidvolumen dem sich vergrößernden Rohrvolumen folgt. Die Wegstreckendifferenz zwischen den beiden Stirnflächen infolge der Geschwindigkeitsdifferenz ∂c muss gleich der Änderung der axialen Volumenausdehnung sein: $\bar{c}\partial t - \left(\bar{c} - \frac{\partial \bar{c}}{\partial x}\mathrm{d}x\right)\partial t = \delta_1 + \delta_2$. Setzt man hier die für δ_1 und δ_2 gefundenen Ausdrücke ein, so folgt nach kleinen Umformungen:

$$\frac{\partial \bar{c}}{\partial x} = \left(\frac{1}{E_F} + \frac{d}{2sE_R}\right)\frac{\partial p}{\partial t} \tag{2.93}$$

Berücksichtigt man die Definition der **Schallgeschwindigkeit** $a = \sqrt{E/\rho}$, so lässt sich die für ein **dünnwandiges Rohr** gültige Formel 2.93 durch Einführen einer resultierenden Ausbreitungsgeschwindigkeit weiter umformen:

$$a_F = \sqrt{\frac{E}{\rho_F}} = \sqrt{\frac{\frac{E_F}{\rho_F}}{1 + \frac{E_F}{E_R}\cdot\frac{d}{s}}} \tag{2.94}$$

Setzt man Formel 2.94 in Formel 2.93 ein, erhält man $\frac{\partial \bar{c}}{\partial x} = \frac{1}{\rho_F a_F^2}\frac{\partial p}{\partial t}$.

Für ein **dickwandiges Rohr** führen analoge Betrachtungen zu:

$$a_F = \sqrt{\frac{\frac{E_F}{\rho_F}}{1 + 2\frac{E_F}{E_R}\left[1 + \frac{\left(\frac{d}{s}\right)^2}{2\left(1+\frac{d}{s}\right)}\right]}} \tag{2.95}$$

Die Schallgeschwindigkeit in Wasser beträgt z. B. 1403 m/s bei 0 °C bzw. 1483 m/s bei 20 °C. Sie ist somit mehr als viermal so groß wie die der Luft. In elastischen Rohren mit der Wandstärke s ist sie nach Formel 2.94 bzw. Formel 2.95 etwas geringer.

Somit stehen die bei einer plötzlichen Druckänderung in einer Rohrleitung auftretenden Ausbreitungsgeschwindigkeiten fest. Geht man davon aus, dass die Fluidgeschwindigkeit klein gegenüber der Schallgeschwindigkeit und die Dichteänderung gering ist, erhält man für eine ebene Druckwelle die Gleichung:

$$\frac{\partial^2 p}{\partial t^2} = a_F^2 \frac{\partial^2 p}{\partial x^2} \tag{2.96}$$

Die Lösung der Formel 2.96 für die durch einen Druckstoß entstehenden Wellen lautet

vorlaufen:

$$p_+ = \rho F_1 \left(t - \frac{x}{a_F} \right) \tag{2.97}$$

nachlaufend:

$$p_- = \rho F_2 \left(t + \frac{x}{a_F} \right) \tag{2.98}$$

F_1 und F_2 können beliebige Funktionen sein. Ihr Charakter hängt jedoch z. B. von der Schließ- bzw. Öffnungsdynamik der Ventile ab.

Wendet man dies auf einen plötzlichen Drucksprung in einem Rohr zum Zeitpunkt $t = 0$ am Ort $x = 0$ an, so bewegt sich dieser Drucksprung unverändert mit a_F in beide Richtungen vom Ursprung fort. Somit befindet sich zum Zeitpunkt t der Drucksprung an den Stellen $x = \pm a_F t$. Treten Veränderungen in der Rohrleitung auf, reagiert die Druckwelle wie folgt:

- Reflexion der Welle (Totalreflexion ohne Vorzeichenumkehr) an geschlossenen Enden, die Druckwelle wird wiederhergestellt,
- Auslöschen der Druckwelle an offenen Leitungsenden,
- Druckwelle behält Größe bei, aber Richtungswechsel (Totalreflexion mit Vorzeichenumkehr) bei offenen Beckenenden (unendlich großes Becken), der Überdruck beim Erreichen des Behälters führt zu einem Einströmen in den Behälter, was wiederum eine Unterdruckwelle in das Rohr bewirkt, die betragsmäßig der Überdruckwelle gleich ist,
- Teilreflexion bei Änderungen des Rohrdurchmessers, der Wandstärke, des Rohrleitungsmaterials, der Einspannung und beim Zusammentreffen von Leitungen.

Nun ist noch die Höhe des Drucksprungs zu klären. Die gefährlichsten Zustände treten bei plötzlichem Öffnen und, wie noch gezeigt wird, besonders bei plötzlichem Schließen auf.

Plötzliches Öffnen von Absperrvorrichtungen

Ausgangspunkt der Betrachtungen soll der schon bei den instationären Strömungen verwendete offene Behälter mit konstantem Füllstand H_0 über einem im Freien endenden Ausflussrohr der Länge l sein (s. Bild 2.19). Zum Zeitpunkt $t = 0$ werde der abgebildete Schieber schlagartig geöffnet ($t_S = 0$ oder zumindest $t_S < l/a_F$). Vor der Öffnung beträgt der Druck vor dem Schieber infolge des Gesetzes der Hydrostatik $p = p_b + \rho\, g\, H_0$. Durch das plötzliche Öffnen stellt sich sofort der Umgebungsdruck ein, sodass ein Drucksprung der Größe $\Delta p = \rho\, g\, H_0$ zwischen Flüssigkeit und Luft auftritt, wobei das Fluid zunächst überall noch ruht ($\overline{c}_0 = 0$), während es bei diesem Füllstand bei reibungsfreier Betrachtung nach der AusflussFormel von *Torricelli* die stationäre Austrittsgeschwindigkeit $\overline{c}_\infty = \sqrt{2g\, H_0}$ haben müsste. Der Drucksprung wandert nach Formel 2.97 als Druckwelle mit a_F in die Rohrleitung hinein, die an allen von der Druckwelle passierten Stellen die Auslassgeschwindigkeit $\overline{c}_1 = \Delta p/(a_F\, \rho_F)$ ermöglicht. Beim Erreichen des Behälters nach $t = l/a_F$ erfolgt eine Totalreflexion, sodass die von dieser zurücklaufenden Welle überstrichene Länge die Geschwindigkeit $\overline{c}_2 = 2\Delta p/(a_F\, \rho_F)$ erreicht. Dieser Vorgang wiederholt sich viele Male, wobei sich durch die Zunahme der kinetischen Energie am Austritt Δp langsam verringert. Im Gegensatz zu dem im Abschnitt 2.4 in der Beispielaufgabe bei der instationären Strömung berechneten zeitlichen Verlauf existiert bei dieser realeren Betrachtung keine stetige Funktion, der Ausfluss erhöht sich in diskreten Sprüngen. Dennoch ist die weiter oben ermittelte stetige Funktion eine gute Näherung.

Zwar kommt es bei dem plötzlichen Öffnen zu einer dynamischen Beanspruchung der Anlage, der Druck übersteigt aber zu keiner Zeit die Werte im geschlossenen Zustand.

Plötzliches Schließen von Absperrvorrichtungen

Durch ein plötzliches Schließen ($t_S = 0$ oder zumindest $t_S < l/a_F$) des in Bild 2.19 dargestellten Schiebers bei $t = 0$ wird die Fluidgeschwindigkeit vor dem Ventil null, sodass die vorhandene kinetische Energie in Druckenergie umgewandelt wird. Unmittelbar vor dem soeben geschlossenen Ventil erfolgt ein Druckanstieg um $\Delta p = \rho\, a_F\, \overline{c}_\infty$, der sich als **Druckstoß** mit Schallgeschwindigkeit im Rohr entgegen der Fließrichtung des Fluids bewegt. Da das Verhältnis $\frac{\Delta p_{\text{Schließen}}}{\Delta p_{\text{Öffnen}}} = \frac{\rho a_F \overline{c}_\infty}{\rho g H_0} = \frac{2 a_F}{\overline{c}_\infty} \gg 1$ ist, treten Druckbeanspruchungen auf, die beim plötzlichen Schließen wesentlich größer als im stationären Betrieb oder bei Anlagenstillstand sind. Dadurch steigt das Gefahrenpotenzial sehr stark an.

Durch den Druckstoß wird in der überstrichenen Lauflänge die Geschwindigkeit $\overline{c} = 0$. Nach $t = l/a_F$ wird der Behälter erreicht. Da in diesem Moment der Druck am Anfang der Leitung nun plötzlich viel größer als im Behälter ist, strömt Flüssigkeit in den Behälter zurück, was eine Saugwelle mit dem betragsmäßig gleichen Druckunterschied hervorruft. Erreicht diese den geschlossenen Schieber, wird die Saugwelle reflektiert, um bei $x = l$ dann wieder als Überdruckwelle zurückgeworfen zu werden. Dadurch tritt hier wieder die Geschwindigkeit $\overline{c}_\infty$ auf, jedoch nun in Richtung des Behälters. Beim Erreichen des Schiebers nach $t = 2l/a_F$, bewirkt sie dort eine Druckabnahme, und der Gesamtvorgang beginnt von vorn. Nur durch Reibungseffekte kommt die Druckwelle langsam zum Erliegen. Ihr exponentielles Abklingen hängt von mehreren Faktoren ab. Die dynamische Beanspruchung durch die hin- und herlaufenden Druckwellen ist sehr hoch und kann zu größeren Schäden führen.

Um die Auswirkungen auf das durchströmte System zu mindern, baut man vor Absperrschiebern in Trinkwasserfernleitungen und vor Wasserkraftwerken sog. **Wasserschlösser** ein (Bild 2.22). Diese nutzen aus, dass an freien Oberflächen stets eine Totalreflexion der Stoßwellen erfolgt, wodurch der Druckstollen nach dem Wasserschloss nahezu druckstoßfrei bleibt.

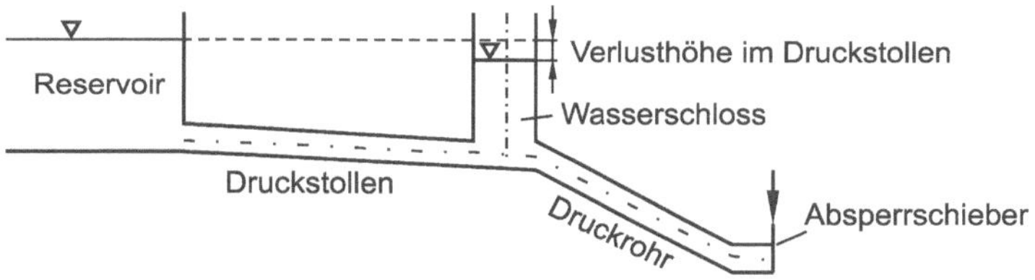

Bild 2.22 Wasserschloss zum Abfangen von Druckstößen bei schnellen Schließbewegungen

Bei der Ableitung wurde der Druckverlust infolge der Flüssigkeitsreibung vernachlässigt. Das ist in der Regel bei kurzen Rohrleitungen zulässig. Bei *Gandenberger* [69] erfolgt eine Ableitung unter Beachtung des Reibungsverlusts. Bei der Ableitung wurde außerdem angenommen, dass das Rohr aus separaten Ringen besteht, die sich frei ausdehnen können. Die Erfahrung zeigt, dass die Druckänderung mit sehr großer Geschwindigkeit erfolgt und demnach der Druckunterschied zwischen zwei Querschnitten nur klein sein wird, sodass sein Einfluss auf die Längsdehnung tatsächlich vernachlässigbar ist.

Langsames Schließen von Absperrvorrichtungen

Beim langsamen Schließen ($t_S \gg l/a_F$) fällt durch Überlagerungen der Druckwellen der Druckanstieg mit $\Delta p = -\rho\, l\, \left(\mathrm{d}\overline{c}/\mathrm{d}t\right)$ gegenüber dem bei plötzlichem Schließen wesentlich geringer aus. Bei einer linearen Geschwindigkeitsabnahme während des Schließvorgangs folgt somit:

$$\Delta p = \frac{\rho l \overline{c}_0}{t_S} \tag{2.99}$$

$\overline{c}_0$ Fluidgeschwindigkeit vor dem Schließen

Weiterführende Informationen können z. B. [9] und [19] entnommen werden.

2.6 Leckage

Undichtheiten von Ventilen, Flanschen, Pumpen und Behältern führen allein in den europäischen Werken der Chemie/Petrochemie jährlich zu 300 000 t Emissionen. Eine Leckage kann verschiedene Ursachen haben (Bild 2.23). Neben den Kosten für die ausgetretenen Rohstoffe fallen Kosten für Reparaturen und ggf. für die Beseitigung von Umwelt- oder Personenschäden an. Dennoch ist eine absolute Dichtheit nicht erreichbar und z. B. bei Abdichtungen von Wellen für Pumpen, Verdichter und Rührer auch nicht sinnvoll. Durch unterschiedliche und mehr oder weniger aufwendige Testmethoden (Blasentest, zeitlicher Druckabfall, Auffangen der entweichenden Stoffe, Halogen-Lecktest, Massenspektroskopie, s. auch [11]) gelingt der Nachweis von Massenverlusten von $10^{-5} \ldots 10^{-10}$ g/s.

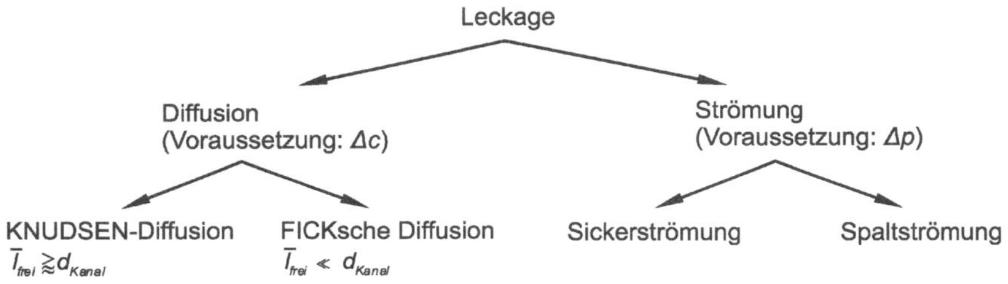

Bild 2.23 Ursachen für Leckagen

Die ***Knudsen*-Diffusion** unterscheidet sich von der ***Fick*schen Diffusion** dadurch, dass die Wandstöße dominieren. Deshalb muss statt des molekularen Diffusionskoeffizienten D_{AB} der *Knudsen*-Diffusionskoeffizient verwendet werden:

$$D_{Kn} = \frac{4}{3}\sqrt{\frac{RT}{2\pi}}\, d_{Pore} \tag{2.100}$$

Im Übergangsbereich überlagern sich beide Transportmechanismen, sodass

$$D_{eff} = \frac{1}{\frac{1}{D_{AB}} + \frac{1}{D_{Kn}}} \tag{2.101}$$

und wegen $D_{Kn} > D_{AB}$ auch $D_{eff} < D_{AB} < D_{Kn}$ gilt.

Obwohl durch Leckagen jeweils nur kleine Mengen freigesetzt werden (Tabelle 2.21), kommt durch die Vielzahl der Dichtelemente in Anlagen und Leitungssträngen eine größere Menge zusammen. Diese kann durch Alterung des Dichtmaterials und fehlende Wartung stark ansteigen.

Tabelle 2.21 Auswahl von Orientierungswerten für durchschnittliche gasförmige Emissionen nach [VDI 2440], *DW* Wellendurchmesser

Dichtsystem mit Dichtungstyp	Durchschnittliche gasförmige Emission des Fördergutes im laufenden Betrieb
Pumpen	
Einzel-Gleitringdichtung	1 g/(h Stück) bei $DW = 50$ mm, $p = 1$ MPa, $n = 3000\ \text{min}^{-1}$
Mehrfach-Gleitringdichtung mit Sperrmedium	keine Emission (technisch dicht)
Kompressoren	
Einzel-Segmentringdichtung	2 l/min/mm *DW*/bar bei 0 °C, 1,013 bar
Einzel-Gleitringdichtung, gasgeschmiert	25 l/min/10 bar/100 mm *DW* bei 0 °C, 1,013 bar und bei $n = 1000\ \text{min}^{-1}$
Mehrfach-Labyrinthdichtung mit Sperrmedium oder Absaugung	keine Emission (technisch dicht)
Absperr- und Regelorgane	
Stopfbuchse mit Packung	1,0 mg/(s m)
Stopfbuchse mit Manschette, O-Ring	0,1 mg/(s m)
metallischer Faltenbalg, abgedichtet	0,01 mg/(s m)
Flansche	
Weichstoffdichtung; Weichstoff-Metall-Dichtung; Metall-Weichstoff-Dichtung	0,01 mg/(s m)

2.7 Verweilzeitverteilung

Durch das Geschwindigkeitsprofil sowie durch molekulare und turbulente Diffusion kommt es dazu, dass gleichzeitig zum Zeitpunkt $t = 0$ eingetretenes Fluid unterschiedliche Verweilzeiten bei seinem Austritt aus dem Rohr aufweist. Diese Verteilung kann durch die Verweilzeit-Dichtefunktion $f(t)$ bzw. die Verweilzeit-Summenfunktion $F(t)$ beschrieben werden, wobei beide Funktionen durch

$$F(t) = \int_0^t f(t)\ \mathrm{d}t \tag{2.102}$$

miteinander verknüpft sind und den Mittelwert $\bar{t} = V/\dot{V}$, die mittlere Verweilzeit, besitzen. Lässt man die Vermischung infolge von molekularer Diffusion und Turbulenz außer Betracht, was z. B. für das Fließen hochzäher Substanzen eine gute Näherung sein kann, so bestimmt allein das Geschwindigkeitsprofil die Verteilungen, wobei für einfache Situationen analytische Lösungen angegeben werden können (Tabelle 2.22).

Tabelle 2.22 Zusammenstellung von Verweilzeitverteilungen [28], [29], [30]

Fall	$f(t)$	$F(t)$ ($F(t) = 0$ für $t < t_{\min}$)	$t_{\min}/\bar{t}$
$D = 0$			
Pfropfenströmung	Deltafunktion $\delta(t - \bar{t})$	Sprungfunktion $H(t - \bar{t})$	1
Ausgebildete Rohrströmung			
Newtonsch	$\frac{\bar{t}^2}{2t^3}$	$1 - \frac{\bar{t}^2}{4t^2}$	$\frac{1}{2}$
Ostwald-de-Waele	$\frac{2n}{3n+1}\frac{\bar{t}^2}{t^3}\left[1 - \frac{(n+1)\,\bar{t}}{(3n+1)\,t}\right]^{\frac{n-1}{n+1}}$	$\left[1 + \frac{2n\bar{t}}{(3n+1)\,t}\right]\left[1 - \frac{(n+1)\,\bar{t}}{(3n+1)\,t}\right]^{\frac{2n}{n+1}}$	$\frac{n+1}{3n+1}$
Bingham $m = \frac{2r_0}{d}$ $\Theta_0 = \frac{m^2 + 2m + 3}{6}$	$\frac{(1-m)\,\Theta_0\bar{t}^2}{t^3}\left[1 - m + \frac{m}{\sqrt{1 - \Theta_0\frac{\bar{t}}{t}}}\right]$	$\frac{m^2}{\Theta_0} + \frac{2\,(1-m)}{\Theta_0}\left\{\frac{m}{3}\sqrt{1 - \Theta_0\frac{\bar{t}}{t}}\left(2 + \Theta_0\frac{\bar{t}}{t}\right) + \frac{1-m}{4}\left[1 - \left(\Theta_0\frac{\bar{t}}{t}\right)^2\right]\right\}$	Θ_0
Ausgebildete Kanalströmung			
Newtonsch	$\frac{\bar{t}^2}{3t^3 \cdot \sqrt{1 - \frac{2\bar{t}}{3t}}}$	$\left(1 + \frac{\bar{t}}{3t}\right)\sqrt{1 - \frac{2\bar{t}}{3t}}$	$\frac{2}{3}$
Ostwald-de-Waele	$\frac{n}{2n+1}\frac{\bar{t}^2}{t^3}\left(1 - \frac{n+1}{2n+1}\frac{\bar{t}}{t}\right)^{\frac{-1}{n+1}}$	$\left(1 + \frac{n}{2n+1}\frac{\bar{t}}{t}\right)\left(1 - \frac{n+1}{2n+1}\frac{\bar{t}}{t}\right)^{\frac{n}{n+1}}$	$\frac{n+1}{2n+1}$
$D > 0$			
Dispersionsmodell, Rohr, $l/d \gg 1$			
laminar: $Bo = \frac{192 ReSc(l/d)}{192 + (ReSc)^2}$	$Bo \gg 100$: $\sqrt{\frac{Bo}{4\pi\bar{t}^2}}\,\mathrm{e}^{\frac{-Bo(\bar{t}-t)^2}{4\bar{t}^2}}$	$Bo \gg 100$: $\frac{1}{2}\left[1 - \mathrm{erf}\left(\sqrt{Bo}\frac{1 - \frac{t}{\bar{t}}}{2 \cdot \sqrt{\frac{t}{\bar{t}}}}\right)\right]$	0
turbulent: $Bo = \frac{l/d}{1{,}785 \cdot \sqrt{\lambda}}$	$Bo \ll 100$: $\sqrt{\frac{Bo\bar{t}}{4\pi t^3}}\,\mathrm{e}^{\frac{-Bo(\bar{t}-t)^2}{4\bar{t}t}}$	$Bo \ll 100$: numerische Integration	
Empirischer Ansatz			
$t_k = \frac{t_{\max} t_{\min}}{t_{\max} - t_{\min}}$ $t \in [t_{\min}, t_{\max}]$	$\frac{mn}{t}\left(\frac{t_k}{t}\right)^n\left(1 - \frac{t}{t_{\max}}\right)^{n-1}$ $\left[1 - \left(\frac{t_k}{t}\right)^n\left(1 - \frac{t}{t_{\max}}\right)^n\right]^{m-1}$	$\left[1 - \left(\frac{t_k}{t}\right)^n\left(1 - \frac{t}{t_{\max}}\right)^n\right]^m$	$\frac{t_{\min}}{\bar{t}}$

Die **Error-Funktion** (Fehler-Funktion) kann nach *Glück* [41] mit folgender Näherungsformel berechnet werden:

$$\operatorname{erf}(z) = \frac{2}{\sqrt{\pi}} \int_0^z e^{-t^2} \, dt \approx 1 - e^{-\left(1{,}119z + 0{,}6832z^2 + 0{,}0487z^3\right)} \qquad (2.103)$$

Für tabellierte Werte in der Form $f(u) = \frac{1}{\sqrt{2\pi}} \int_0^u e^{\frac{t^2}{2}} \, dt$ gilt $f\left(\sqrt{2u}\right) = \operatorname{erf}(u)/2$.

Für genügend lange Rohre ergibt sich durch die Wirkung von Diffusion und/oder Turbulenz eine Verteilung für $f(t)$, die sich immer mehr einer *Gauss*-Verteilung annähert, die neben der mittleren Verweilzeit $\bar{t}$ durch die *Bodenstein*-Zahl $Bo = \bar{c}l/D_{\text{ax}}$ charakterisiert wird (Tabelle 2.22).

2.8 Thermische Vorgänge

2.8.1 Wärmeausdehnung

Temperaturänderungen gehen mit Änderungen der Längen, Flächen und Volumina einher, was Konsequenzen für die Konstruktion nach sich zieht und z. B. die Verwendung beweglicher Lager und Dehnungskompensatoren notwendig macht. Während bei den formunbeständigen Fluiden die Volumenausdehnung zu beachten ist, spielen bei Feststoffen Längen-, Flächen- und Volumenausdehnungen eine Rolle:

Längenausdehnung

$$\Delta l = l_0 \left(1 + \bar{\alpha}\,\Delta T\right) - l_0 = \bar{\alpha} l_0 \,\Delta T \qquad (2.104)$$

Flächenausdehnung

$$\Delta A = A_0 \left(1 + \bar{\alpha}\,\Delta T\right)^2 - A_0 \approx 2\bar{\alpha} A_0 \,\Delta T \qquad (2.105)$$

Volumenausdehnung

$$\Delta V = V_0 \left(1 + \bar{\alpha}\,\Delta T\right)^3 - V_0 \approx 3\bar{\alpha} V_0 \,\Delta T = \bar{\gamma} V_0 \,\Delta T \qquad (2.106)$$

Die Ausdehnung wird durch stoff- und temperaturabhängige **Ausdehnungskoeffizienten** charakterisiert (s. Tabelle 2.23, Tabelle 2.24). Obige Gleichungen basieren auf der Annahme, dass die Ausdehnungskoeffizienten temperaturunabhängig sind. Dies kann eine gute Näherung sein, wenn der Temperaturunterschied gering ist oder wenn, wie in den Gleichungen geschehen, Mittelwerte verwendet werden.

Der **Volumenausdehnungskoeffizient** eines idealen Gases ergibt sich aus $\gamma = 1/T$. Bei einer Flüssigkeit kann er bei bekannter Dichtefunktion aus $\gamma = (1/v)\,\partial v/\partial T = -(1/\rho)\,\partial\rho/\partial T$ berechnet werden. Dabei wirken sich kleine Abweichungen der Ergebnisse empirischer Funktionen für die Dichtefunktion von den realen Werten relativ stark aus. Beim Wasser ist die Dichteanomalie im Bereich von 0 ... 3,982 °C zu beachten.

Bei größeren ΔT ist die Temperaturabhängigkeit des Wärmeausdehnungskoeffizienten α zu berücksichtigen (für Stähle s. Tabelle 2.25). Für praktische Zwecke sind Angaben von temperaturbereichsabhängigen Mittelwerten meist ausreichend. Bei bekannter Temperaturabhängigkeit des Stoffwerts ergeben sich die Mittelwerte durch Integration und Einsetzen der Temperaturbereichsgrenzen. So erhält man z. B. für die in Tabelle 2.25 gegebene Temperaturfunktion:

$$\overline{\alpha} = \frac{1}{\vartheta_o - \vartheta_u} \int_{\vartheta_u}^{\vartheta_o} \alpha(\vartheta)\, d\vartheta = \frac{1}{\vartheta_o - \vartheta_u} \left[a\,(\vartheta_o - \vartheta_u) + \frac{b}{2}\left(\vartheta_o^2 - \vartheta_u^2\right) + \frac{c}{3}\left(\vartheta_o^3 - \vartheta_u^3\right) \right] \quad (2.107)$$

und damit die in Tabelle 2.26 vom Temperaturintervall abhängigen Mittelwerte.

Tabelle 2.23 Mittlere Werte des Längenausdehnungskoeffizienten $\overline{\alpha}$ im Bereich 0 ... 100 °C

Stoff	$\overline{\alpha}$ (in 10^{-6}/K)
Aluminium	23,8
Beton	14
Eis	51
Eisen	81
Graphit	7,8
Gusseisen	10,5
Kupfer	17,0
Kunststoffrohre	100 ... 180
Messing 63 Cu, 37 Zn	18,5
Quarzglas	0,5
Stähle	11 ... 20

Tabelle 2.24 Werte des Volumenausdehnungskoeffizienten γ und der Kompressibilität κ für Flüssigkeiten bei 18 °C

Stoff	γ (in 10^{-3}/K)	κ (in 10^{-6}/bar)
Alkohol	1,1	114
Benzol	1,25	95,4

Stoff	γ (in 10^{-3}/K)	κ (in 10^{-6}/bar)
Glyzerin	0,5	21,7
Quecksilber	0,18	3,9
Terpentinöl	1,0	79,0
Wasser (s. Tabelle A1 im Anhang)	0,18	45,9

Tabelle 2.25 Koeffizienten für die Temperaturabhängigkeit des linearen Wärmeausdehnungskoeffizienten von Stählen $\alpha(\text{in } 10^{-6}\text{K}^{-1}) = a + b\,\vartheta + c\,\vartheta^2$ nach DIN EN 13480-3

Stahlgruppe*)	a	b	c	Gültigkeitsbereich
ferritisch				
1 bis 4, 5.1 und 5.2	10,98	$1{,}623 \cdot 10^{-2}$	$-1{,}287 \cdot 10^{-5}$	$20\,°C \le \vartheta < 600\,°C$
5.3, 5.4, 6 und 7	10,11	$1{,}062 \cdot 10^{-2}$	$-7{,}5 \cdot 10^{-6}$	$20\,°C \le \vartheta < 600\,°C$
austenitisch				
8.1 und 8.2	14,97	$1{,}599 \cdot 10^{-2}$	$-9{,}99 \cdot 10^{-6}$	$20\,°C \le \vartheta < 800\,°C$

*) Gruppeneinteilung entsprechend DIN EN 13480-2

Tabelle 2.26 Mittlere Wärmeausdehnungskoeffizienten im Bereich von 20 °C bis ϑ_o; Berechnung basierend auf Formel 2.107 und den Daten von Tabelle 2.25 unter Beachtung des Gültigkeitsbereiches

Werkstoff*)	$10^6\,\alpha$ (in K^{-1})							
	ϑ_o (in °C)							
	100	200	300	400	500	600	700	800
ferritisch								
1 bis 4, 5.1 und 5.2	11,9	12,6	13,2	13,7	14,1	14,4		
5.3, 5.4, 6 und 7	10,7	11,2	11,6	11,9	12,2	12,5		
austenitisch								
8.1 und 8.2	15,9	16,6	17,2	17,8	18,3	18,7	19,0	19,3

*) Gruppeneinteilung entsprechend DIN EN 13480-2

Bei einem mit Flüssigkeit vollständig gefüllten Behälter bzw. Rohr kommt es bei der durch die Erwärmung hervorgerufenen Ausdehnung zu einer starken Druckerhöhung. Bei Vernachlässigung der Wandungs- gegenüber der Flüssigkeitsausdehnung ($3\overline{\alpha}_{\text{Feststoff}} \ll \overline{\gamma}_{\text{Flüssigkeit}}$) gilt bei Berücksichtigung der Kompressibilität (Tabelle 2.24):

$$\Delta p = \frac{\overline{\gamma}\,\Delta T}{\overline{\kappa}} \tag{2.108}$$

Damit ergibt sich bei Erwärmung eines vollständig gefüllten, geschlossenen Raums bei $\overline{\gamma} \approx 10^{-3}\text{K}^{-1}$ und $\overline{\kappa} \approx 10^{-4}\text{bar}^{-1}$ ein Druckanstieg von $\Delta p = 10$ bar/K! Beim Vorhandensein eines Gaspolsters bewirkt die Ausdehnung der Flüssigkeit ein Komprimieren des Gases entsprechend dem (idealen) Gasgesetz, was gegenüber dem mit Flüssigkeit gefüllten Raum einen wesentlich moderateren Druckanstieg ergibt. Obwohl bei mit Gasen gefüllten Behältnissen die Druckänderung bei einer Temperaturerhöhung viel schwächer als bei vollständig mit Flüssigkeiten gefüllten Behältern ausfällt, kann es bei dünnen Wänden zu Verformungen kommen (Ein- bzw. Ausbeulen bei Druckabfall bzw. Druckanstieg). Eine sehr große Beanspruchung ruft auch gefrierendes Wasser in einem vollgefüllten Raum hervor, was die im Frühling häufig auftretenden Rohrleitungsschäden anschaulich beweisen. Die Ursache dafür ist, dass flüssiges Wasser eine deutlich höhere Dichte als Wassereis hat.

2.8.2 Wärmeleitung

Die Wärmeübertragung kann durch unterschiedliche Mechanismen (Bild 2.24) zustande kommen, von denen mehrere gleichzeitig auftreten können. Obwohl der thermische Energietransport auf der Summe der Wechselwirkungen zwischen Molekülen, Atomen, Elektronen und Photonen beruht, ist auf dieser Grundlage eine für ingenieurmäßige Fragestellungen geeignete Beschreibung bisher nicht möglich und in der Regel auch nicht sinnvoll. Es werden deshalb phänomenologische Ansätze verwendet.

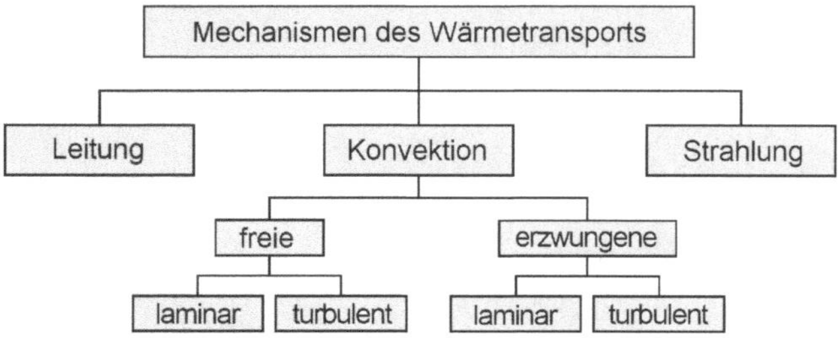

Bild 2.24 Mechanismen des Wärmetransports

In Festkörpern und ruhenden Fluiden tritt nur **Wärmeleitung** auf. Die Ursachen für die Wärmeleitung sind im Bild 2.25 dargestellt. Das 1. *Fourier*sche Gesetz stellt den Zusammenhang zwischen dem Temperaturfeld und dem Wärmestrom dar. In seiner allgemeinen Form lautet es:

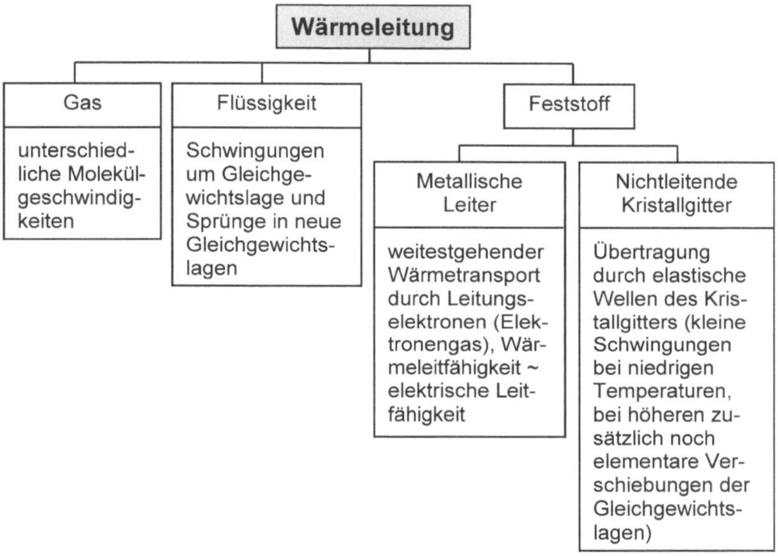

Bild 2.25 Ursachen für die Wärmeleitung

$$\vec{q} = \frac{\vec{\dot{Q}}}{A} = -\lambda \operatorname{grad} T \tag{2.109}$$

was sich bei einer eindimensionalen Betrachtung im kartesischen bzw. im zylindrischen/sphärischen System vereinfacht zu:

$$\dot{q}_x = -\lambda \frac{\mathrm{d}T}{\mathrm{d}x} \tag{2.110}$$

bzw.

$$\dot{q}_r = -\lambda \frac{\mathrm{d}T}{\mathrm{d}r} \tag{2.111}$$

Das negative Vorzeichen hängt mit der Vorzeichenkonvention zusammen: Ein entlang der positiven Koordinatenachse von hoher zu niedriger Temperatur aus dem System fließender Wärmestrom (negativer Gradient) ist positiv.

Die **Wärmeleitfähigkeit** ist von der Temperatur und der stofflichen Beschaffenheit abhängig, sie kann außerdem stark richtungsabhängig sein. Bei Letzterem spricht man von anisotropen Medien. Einige Anhaltswerte für die Wärmeleitfähigkeit enthalten Tabelle 2.27, Tabelle 2.28 und Tabelle 2.29. Dringt Feuchtigkeit in Isolierstoffe ein, erhöht sich die Wärmeleitfähigkeit deutlich. In der Tabelle 2.30 sind die sich für den eindimensionalen Fall bei konstanten Stoffwerten durch stationäre Wärmeleitung ergebenden Temperaturprofile dargestellt.

Durch unterschiedlichste Ursachen kann es an den Innen- und/oder Außenseiten von Rohren zu Ablagerungen (**Fouling**) kommen. Verantwortlich dafür sind:

- das Auskristallisieren gelöster Salze,
- das Ausfrieren,
- die Sedimentation von Feststoffpartikeln,
- die Belagbildung durch chemische Reaktionen (z. B. Polymerisation),
- die Korrosion,
- die Bildung biologischer Filme.

Tabelle 2.27 Anhaltswerte der Wärmeleitfähigkeit λ bei 20 °C

Stoff	λ (in W/(m·K))
Diamant	2000...2300
Silber	427
Kupfer	399
Aluminium (99,2 %ig)	209
Eisen	81
ferritische Stähle	35...55
austenitische Stähle	13...30
Eis (0 °C)	2,2
Steine	1,4...3
feuchtes, toniges Erdreich	1,3...2,2
Glas	1,4
Calciumcarbonat	0,9...2,9
feuchter Sand	0,9...1,5
Mauerwerk	0,5...1,3
Wasser (s. Tabelle Anhang A1)	0,6
Biofilm	0,5...0,7
LDPE	0,34

Stoff	λ (in W/(m·K))
HDPE	0,43
Wasserstoff	0,179
PVC	0,16
Organische Flüssigkeiten	0,12...0,17
Glas-, Schlackenwolle	0,047
Luft (s. Tabelle Anhang A1)	0,026
Schaumstoffplatten	0,02...0,09

Tabelle 2.28 Koeffizienten für die Temperaturabhängigkeit der Wärmeleitfähigkeit von Stählen $\lambda(\text{in W/(m}\cdot\text{K)}) = a + b\,\vartheta + c\,\vartheta^2$ nach DIN EN 13480-3

Stahlgruppe*)	a	b	c	Gültigkeitsbereich
ferritisch				
1.1	55,72	$-2{,}464\cdot10^{-2}$	$-1{,}298\cdot10^{-5}$	20 °C ≤ ϑ < 600 °C
1.2	49,83	$-1{,}613\cdot10^{-2}$	$-1{,}372\cdot10^{-5}$	
2.1	39,85	$1{,}111\cdot10^{-2}$	$-3{,}611\cdot10^{-5}$	
4	46,85	$7{,}2\cdot10^{-4}$	$-3{,}305\cdot10^{-5}$	
5.1	45,0	$-1{,}287\cdot10^{-2}$	$-1{,}075\cdot10^{-5}$	
5.2	36,97	$6{,}40\cdot10^{-3}$	$-2{,}749\cdot10^{-5}$	
5.3 und 5.4	28,05	$1{,}85\cdot10^{-3}$	$-5{,}58\cdot10^{-6}$	
6	22,97	$8{,}73\cdot10^{-3}$	$-4{,}82\cdot10^{-6}$	
austenitisch				
8.1 und 8.2	13,98	$1{,}502\cdot10^{-2}$	0	20 °C ≤ ϑ < 800 °C

*) Gruppeneinteilung entsprechend DIN EN 13480-2

Tabelle 2.29 Anhaltswerte für die obere thermische Einsatzgrenze, die Dichte und die Temperaturabhängigkeit der Wärmeleitfähigkeit von Dämmstoffen, Daten von [33] angepasst

Stoff	T_{max} (in °C)	ρ (in kg/m³)	λ (in W/(m·K))	
Glasfasermatten	300	100	$0{,}034 + 1{,}5 \cdot 10^{-4}\,\vartheta + 4 \cdot 10^{-7}\,\vartheta^2$;	$0\,°C \leq \vartheta \leq 200\,°C$
Kork	150	150	$0{,}031 + 1{,}2 \cdot 10^{-4}\,\vartheta$;	$-50\,°C \leq \vartheta \leq 50\,°C$
Mineralfaser-matten	600	120	$0{,}036 + 1{,}63 \cdot 10^{-4}\,\vartheta + 2{,}7 \cdot 10^{-7}\,\vartheta^2$;	$0\,°C \leq \vartheta \leq 300\,°C$
Polyurethan-Schaum	110	35	$0{,}030 + 2{,}2 \cdot 10^{-4}\,\vartheta$;	$0\,°C \leq \vartheta \leq 50\,°C$
Schaumpoly-styrol	70	20	$0{,}032 + 1{,}5 \cdot 10^{-4}\,\vartheta + 1 \cdot 10^{-6}\,\vartheta^2$;	$-50\,°C \leq \vartheta \leq 50\,°C$

Tabelle 2.30 Temperaturprofile bei stationärer Wärmeleitung und konstanter Wärmeleitfähigkeit bei unterschiedlichen Geometrien, eindimensionaler Fall

	Ebene Wand	Zylinderwand	Kugelschale
Ausgangs-gleichung	$\frac{d^2T}{dx^2} = 0$	$\frac{d^2T}{dr^2} + \frac{1}{r}\frac{dT}{dr} = 0$	$\frac{d^2T}{dr^2} + \frac{2}{r}\frac{dT}{dr} = 0$
Ränder	innen: T_i außen: T_a ($T_i > T_a$)		
Temperatur-profil	$T = T_i - (T_i - T_a)\,\frac{x - x_i}{x_a - x_i}$	$T = T_i - (T_i - T_a)\,\frac{\ln\left(\frac{r}{r_i}\right)}{\ln\left(\frac{r_a}{r_i}\right)}$	$T = T_i - (T_i - T_a)\,\frac{\frac{1}{r} - \frac{1}{r_i}}{\frac{1}{r_a} - \frac{1}{r_i}}$
Wärmestrom, einschichtig	$\dot{Q} = -\lambda A \frac{dT}{dx}, \quad A = b\,l$ $\dot{Q} = \lambda A \frac{T_i - T_a}{x_a - x_i}$	$\dot{Q} = -\lambda A \frac{dT}{dr}, \quad A = 2\pi r\,l$ $\dot{Q} = 2\pi\,l\,\lambda \frac{T_i - T_a}{\ln\left(\frac{d_a}{d_i}\right)}$	$\dot{Q} = -\lambda A \frac{dT}{dr}, \quad A = \pi r^2$ $\dot{Q} = 4\pi\,\lambda \frac{T_i - T_a}{\frac{1}{r_i} - \frac{1}{r_a}}$
Wärmestrom, *n* Schichten	$\dot{Q} = A \frac{T_i - T_a}{\sum_{j=1}^{n} \frac{s_j}{\lambda_j}}$	$\dot{Q} = \frac{2\pi l\,(T_i - T_a)}{\sum_{j=1}^{n} \frac{\ln\left(\frac{d_j}{d_{j-1}}\right)}{\lambda_j}}$	$\dot{Q} = \frac{4\pi\,(T_i - T_a)}{\sum_{j=1}^{n} \frac{1}{\lambda_j}\left(\frac{1}{r_{j-1}} - \frac{1}{r_j}\right)}$

Weil die Ablagerungen nur sehr geringe Wärmeleitfähigkeiten haben (Tabelle 2.31), reduziert sich der übertragene Wärmestrom sehr stark. Mit fortschreitender Zeit ist bei Ablagerungen an der Innenfläche sogar eine völlige Blockade des Rohrs möglich, da durch Ablagerungen der Druckverlust im Rohr ansteigt und dadurch der Volumenstrom immer weiter absinkt, was wiederum das Zuwachsen beschleunigt.

Tabelle 2.31 Anhaltswerte für die Wärmeleitfähigkeit von Ablagerungen nach [34]

Stoff	λ (in W/(m·K))
Asche (Kohle)	0,02 ... 1,9
Biofilm	0,5 ... 0,7
Calciumcarbonat (porös)	0,35
Calciumcarbonat	1,5 ... 2,9
Calciumphosphat	2,6
Calciumsulfat	0,6 ... 2,3
Eisensulfid-Ablagerung	1,2
Gasöl-Ablagerungen	0,3 ... 1,1
Hämatit (Dampferzeuger)	0,6
Kühlwasser-Ablagerungen	1,4 ... 3,2
Magnesiumphosphat	2,3
Milchbestandteile	0,5 ... 0,7

Durch hohe Wandtemperaturen können biologische Filme sowie durch hohe Geschwindigkeiten biologische Filme und Sedimente verhindert oder abgebaut werden. Die Wirkung dieser Maßnahmen auf andere Ablagerungsarten ist gering, beim Auskristallisieren steigt die Ablagerung bei einer Temperaturerhöhung exponentiell an.

Die Berechnung des Wärmestroms bei **mehrdimensionaler Wärmeleitung** ist mathematisch wesentlich anspruchsvoller. Näherungsweise lässt er sich jedoch mittels eines einfachen empirischen Zusammenhangs beschreiben, der einen Formfaktor S (Tabelle 2.32) verwendet:

$$\dot{Q} = \lambda\, S\; (\vartheta_1 - \vartheta_2) \tag{2.112}$$

Neben (quasi)stationären Vorgängen kann auch die **instationäre Wärmeleitung** eine große Rolle spielen. Zur Beschreibung wird das 2. *Fourier*sche Gesetz benötigt. Für konstante Stoffwerte lautet dies:

$$\frac{\partial T}{\partial t} = a\,\nabla^2 T + \dot{q} \tag{2.113}$$

$$\nabla^2 T = \begin{cases} \frac{\partial^2 T}{\partial x^2} + \frac{\partial^2 T}{\partial y^2} + \frac{\partial^2 T}{\partial z^2} & \text{kartesische Koordinaten} \\ \frac{1}{r}\frac{\partial}{\partial r}\left(r\frac{\partial T}{\partial t}\right) + \frac{1}{r^2}\frac{\partial^2 T}{\partial \varphi^2} + \frac{\partial^2 T}{\partial z^2} & \text{Zylinderkoordinaten} \\ \frac{1}{r^2}\frac{\partial}{\partial r}\left(r^2\frac{\partial T}{\partial r}\right) + \frac{1}{r^2 \sin^2\Theta}\frac{\partial^2 T}{\partial \varphi^2} + \frac{1}{r^2 \sin\Theta}\frac{\partial}{\partial \Theta}\left(\sin\Theta\,\frac{\partial T}{\partial \Theta}\right) & \text{Kugelkoordinaten} \end{cases}$$

Tabelle 2.32 Formfaktor für den mehrdimensionalen Wärmeübergang bei Rohren nach [27]

Benennung, Skizze		gültig für	Formfaktor S (in m)
horizontale Rohrleitung	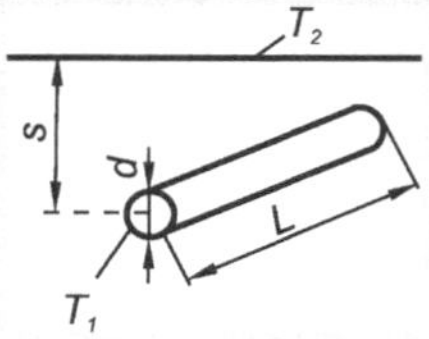	$L \gg d$ $L \gg d$ $s > \frac{3d}{2}$	$\frac{2\pi L}{\cosh^{-1}\left(\frac{2s}{d}\right)}$ $\frac{2\pi L}{\ln\left(\frac{4s}{d}\right)}$
vertikale Rohrleitung	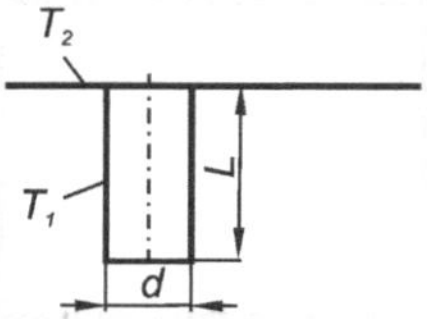	$L \gg d$	$\frac{2\pi L}{\ln\left(\frac{4L}{d}\right)}$
Wärmleitung zwischen zwei Rohren	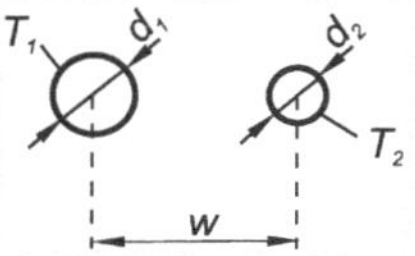	$L \gg d_1, d_2$ $L \gg w$	$\frac{2\pi L}{\cosh^{-1}\left(\frac{4w^2-d_1^2-d_2^2}{2d_1d_2}\right)}$
horizontale Rohrleitung in der Mitte einer Platte	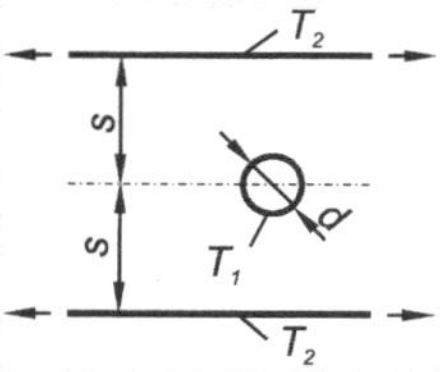	$s > \frac{d}{2}$	$\frac{2\pi L}{\ln\left(\frac{8s}{\pi d}\right)}$
Rohrleitung in einem rechteckigen Block von gleicher Länge	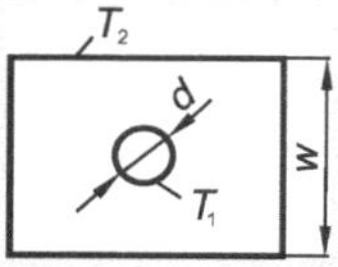	$w > d$	$\frac{2\pi L}{\ln\left(\frac{1{,}08w}{d}\right)}$

Beispiel: Es soll das Eindringen des Frosts/der Wärme in den Boden beschrieben werden.

Lösung

Ausgangspunkt ist ein halbunendlicher Körper mit gleichförmiger Temperatur T_0, dessen Oberflächentemperatur sich plötzlich für $t \geq 0$ bei $x = 0$ auf $T_W < T_0$ (Abkühlung) ändert, wobei T_W nach dem Sprung konstant bleiben soll. Für temperaturunabhängige Stoffwerte erhält man bei einer eindimensionalen Betrachtung nach Formel 2.113

$$\frac{\partial T}{\partial t} = a\frac{\partial^2 T}{\partial x^2}$$

mit der Anfangsbedingung $T(0, x) = T_0$

und den Randbedingungen $T(t > 0, x = 0) = T_W$ und $T(t \to \infty, x) = T_W$

Die Lösung kann Büchern der Wärmeübertragung (z. B. [35]) entnommen werden:

$$T = T_W + (T_0 - T_W)\,\frac{2}{\sqrt{\pi}}\int_0^u e^{-u^2}\,du$$

mit $u = \frac{x}{2\sqrt{at}}$

Mit der Näherungsformel 2.103 erhält man:

$$T = T_W + (T_0 - T_W)\left[1 - e^{-\left(1{,}119u + 0{,}6832u^2 + 0{,}0487u^3\right)}\right]$$

Der flächenbezogene Wärmestrom ergibt sich aus:

$$\frac{\dot{Q}}{A} = -\lambda\left(\frac{dT}{dx}\right)_{x=0} = \frac{\lambda\,(T_W - T_0)}{\sqrt{\pi\,at}}$$

und die von der Fläche *A* während der Zeit *t* abgegebene Wärmemenge zu

$$Q = \int_0^t \dot{Q}\,dt = \frac{2\lambda A\,(T_W - T_0)}{\sqrt{\pi\,a}}\sqrt{t}$$

Berücksichtigt man, dass die Außentemperaturen in der Regel variabel sind, erhält man die in Bild 2.26 dargestellten Verhältnisse. Neben den klimatischen Bedingungen haben auch die Bodenbeschaffenheit, die Feuchtigkeit des Bodens und Grundwasserströmungen Einfluss.

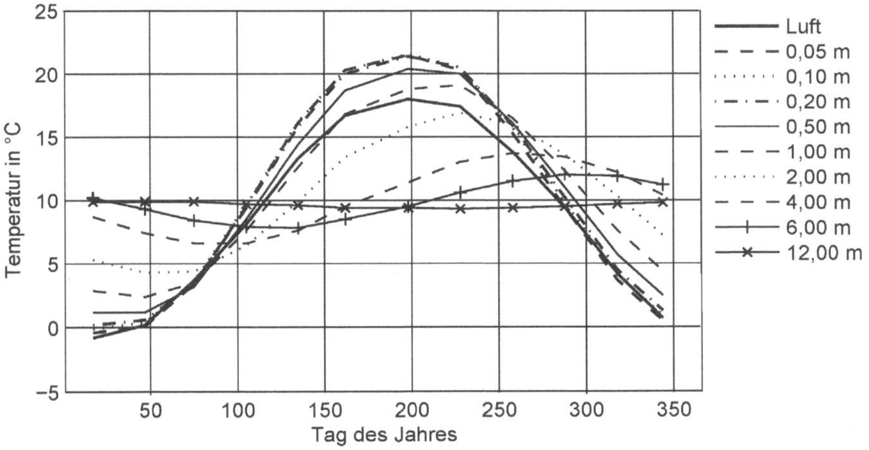

Bild 2.26 Jahreszeitliche Schwankungen der Bodentemperatur für den Standort Potsdam [36]

2.8.3 Konvektiver Wärmeübergang

Man unterscheidet zwischen dem Wärmeübergang bei erzwungener (z. B. angeblasene Oberfläche, durchströmtes Rohr) und freier (z. B. Kerzenflamme) Konvektion. Erstere kommt durch Druckunterschiede, letztere infolge des durch den Temperaturunterschied hervorgerufenen Dichteunterschieds zustande. Der Wärmeübergang kann mit dem auf *Fourier* basierendem Ansatz beschrieben werden:

$$\dot{Q}_{\mathrm{K}} = A\, \alpha_{\mathrm{W}}\, \Delta T = A\, \alpha_{W}\, \left(T_{\mathrm{Wand}} - T_{\mathrm{Fluid}}\right) \tag{2.114}$$

wobei z. T. auch andere Temperaturdifferenzen als Bezug gewählt werden, was sich dann auf den Wert von α auswirkt. Ändert sich durch den Wärmeübergang die Temperaturdifferenz mit der Lauflänge, ist das **logarithmische Mittel** zu verwenden, das durch die Werte an den beiden Bilanzpunkten bestimmt wird:

$$\dot{Q}_{\mathrm{K}} = A\, \alpha_{\mathrm{W}}\, \Delta T_{\mathrm{m}} \tag{2.115}$$

$$\Delta T_{\mathrm{m}} = \frac{\Delta T_1 - \Delta T_2}{\ln \frac{\Delta T_1}{\Delta T_2}} = \frac{\Delta T_2 - \Delta T_1}{\ln \frac{\Delta T_2}{\Delta T_1}} \tag{2.116}$$

Erzwungene Konvektion

Der **Wärmeübergangskoeffizient** ist eine empirische Größe, die von der Strömung, den thermodynamischen Verhältnissen, dem Stoff, der Geometrie u. a. abhängt. Er wird häufig in Form einer *Nusselt*-Zahl angegeben:

$$Nu = \frac{\alpha_{\mathrm{W}} l_{\mathrm{char}}}{\lambda} \tag{2.117}$$

die wiederum von der *Reynolds*-, der *Prandtl*-Zahl und weiteren Größen abhängt. Die *Prandtl*-Zahl $Pr = \nu/a = \left(\eta\, c_p\right)/\lambda$ variiert in einem sehr großen Bereich (Tabelle 2.33). Werte für spezifische Wärmen für einige Fluide enthält Tabelle Anhang A1, für Stähle Tabelle 2.34.

Tabelle 2.33 Größenordnung der *Prandtl*-Zahlen nach [70]

Stoff	*Pr*
laminar strömende Fluide	
viskose Öle	10 000
kaltes Wasser (s. auch Tabelle Anhang A1)	10
Luft (s. auch Tabelle Anhang A1)	0,7
flüssige Metalle	0,01

Stoff	*Pr*
turbulente strömende Fluide	
allgemeine Grenzschichten	0,8
Rohrströmung, Wand	0,92
Rohrströmung, Rohrmitte	0,67

Tabelle 2.34 Koeffizienten für die Temperaturabhängigkeit der spezifischen Wärmekapazität von Stählen $c_p = a + b\,\vartheta + c\,\vartheta^2 + d\,\vartheta^3 + e\,\vartheta^4$ (c_p in J/(kg K)) nach DIN EN 13480-3

Stahlgruppe	*a*	*b*	*c*	*d*	*e*	Gültigkeitsbereich
ferritisch						
1 bis 5	449,30	0,57830	$-1{,}1930 \cdot 10^{-3}$	$1{,}9017 \cdot 10^{-6}$	0	$20\,°C \le \vartheta < 600\,°C$
6	424,66	0,89672	$-2{,}2892 \cdot 10^{-3}$	$3{,}2116 \cdot 10^{-6}$	0	$20\,°C \le \vartheta < 600\,°C$
austenitisch						
8.1 und 8.2	462,69	0,52026	$-1{,}7117 \cdot 10^{-3}$	$3{,}3658 \cdot 10^{-6}$	$-2{,}1958 \cdot 10^{-9}$	$20\,°C \le \vartheta < 800\,°C$

Bei bekanntem Temperaturprofil in unmittelbarer Wandnähe kann α auch nach

$$\alpha_W = \frac{-\lambda \left.\frac{dT}{dy}\right|_{Wand}}{T_{Wand} - T_{Fluid}}$$

berechnet werden, wobei die Koordinate y rechtwinklig von der Wand in das Fluid hinein läuft.

Bei der erzwungenen Konvektion soll im Rahmen dieses Buches nur auf die **Rohrdurchströmung** näher eingegangen werden. Dabei muss zwischen dem Einlaufbereich und dem Bereich mit ausgebildeten Profilen unterschieden werden. Man spricht von einem **hydraulischen Einlauf**, wenn aus einem ausgedehnten Raum Fluid in ein Rohr oder in einen Kanal einströmt. Durch die Wandhaftung bilden sich Grenzschichten aus, die nach einer bestimmen Länge, der Einlauflänge l_E (s. Tabelle 2.35), zusammenlaufen. Somit bildet sich ein nach der Einlauflänge konstant bleibendes Geschwindigkeitsprofil heraus (Bild 2.27).

Tabelle 2.35 Richtwerte für Einlauflängen (nach Zusammenstellung in [23], λ s. Formel 2.9)

Strömung	laminar	turbulent
Rohr	$\frac{l_E}{d} = \left[0{,}619^{1{,}6} + (0{,}0567 Re)^{1{,}6}\right]^{\frac{1}{1{,}6}}$	$\frac{l_E}{d} = 4{,}88 \cdot \lambda^{-\frac{1}{2}}$
Kanal	$\frac{l_E}{2H} = \left[0{,}631^{1{,}6} + (0{,}0442 Re)^{1{,}6}\right]^{\frac{1}{1{,}6}}$	

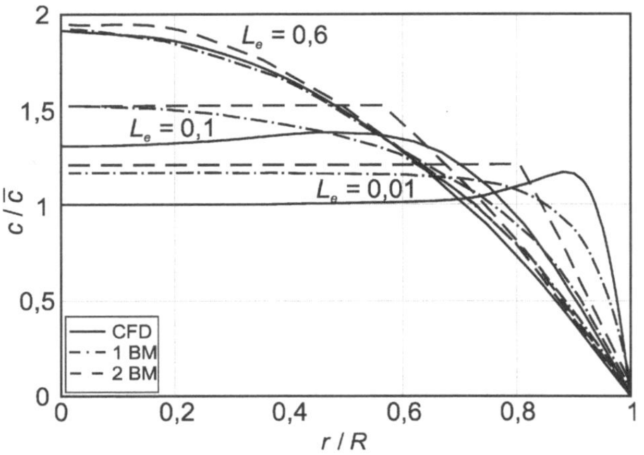

Bild 2.27 Mit ANSYS CFX numerisch berechnete Geschwindigkeiten im Rohreinlauf und Vergleich mit zwei einfachen analytischen Ansätzen (1BM, 2BM), $Re = 100$, $D_R = 0{,}1$ m, $\bar{c} = 0{,}0155\,\mathrm{m/s}$, $L_e = z/l_E$ [23]

Besitzt die Rohr- oder Kanalwandung eine andere Temperatur als das Fluid, so kommt es gleichzeitig zu einem **thermischen Einlauf** mit

$$l_{E,\,th} = l_E\,Pr \tag{2.118}$$

Mit den in Tabelle 2.33 zusammengestellten Werten für Pr wird schnell klar, dass die hydraulischen und thermischen Einlauflängen stark voneinander abweichen können. Kommt es in einer hydrodynamisch ausgebildeten Strömung zum Temperatursprung an der Wand, ergibt sich ein rein thermischer Einlauf.

Während nach dem Erreichen der Einlauflänge bei konstanten Randbedingungen und Stoffwerten die Ortsabhängigkeit des Wärmeübergangskoeffizienten entfällt, ist sie im Eintrittsbereich sehr stark ausgeprägt. Durch die Verdrängung wandnahen Fluids werden hier z. T. viel höhere Werte für den Wärmeübergang α erreicht. In der Literatur existiert eine sehr große Anzahl empirischer und theoretisch mehr oder weniger fundierter Beziehungen für den Wärmeübergangskoeffizienten, die z. T. auch stärker voneinander abweichen, was u. a. auf nicht berücksichtigte Einflussfaktoren hinweist. Tabelle Anhang A5 enthält eine Zusammenstellung von Gleichungen, weitere Angaben sind z. B. in [37] enthalten. Dabei ist es üblich, den Übergang für den laminaren und den turbulenten Bereich bzw. die Überlagerung von freier und erzwungener Konvektion mit Ansätzen der Art

$$Nu = \left(Nu_1^n + Nu_2^n\right)^{\frac{1}{n}} \tag{2.119}$$

zu beschreiben, wodurch einerseits vorab die Abfrage des Strömungscharakters entfällt, was die Programmerstellung vereinfachen kann, und andererseits der Übergangsbereich ggf. besser erfasst wird.

Wegen der Temperaturabhängigkeit der Stoffwerte ergeben sich gegenüber dem isothermen Fall Änderungen (Tabelle 2.36). Zur Berücksichtigung der Auswirkungen bei durchströmten Rohren und Kanälen wurden Korrekturterme der Art $(Pr/Pr_W)^{n_1}$, $(\eta/\eta_W)^{n_2}$ und $(T/T_W)^{n_3}$ verwendet, bei denen Größen im Kern der Strömung mit denen an der Wand ins Verhältnis gesetzt werden. Es sollte

$$Nu_{\text{variable Stoffwerte}} = Nu_{\text{konst. Stoffwerte}} \left(\frac{Pr}{Pr_W} \right)^{0,11} \tag{2.120}$$

verwendet werden, was für Gase auch sehr gut mit

$$Nu_{\text{variable Stoffwerte}} = Nu_{\text{konst. Stoffwerte}} \left(\frac{T}{T_W} \right)^{n_3} \tag{2.121}$$

mit $n_3 = 0$ für das Kühlen $(T/T_W > 1)$ und $n_3 = 0{,}45$ (aber: 0,12 für CO_2; –0,18 für überhitzten Dampf) für das Heizen $(T/T_W < 1)$ übereinstimmt.

Tabelle 2.36 Verhältnisse bei temperierter Wand verglichen mit isothermer Wand

Situation	Flüssigkeit geheizt bzw. Gas gekühlt	Flüssigkeit gekühlt bzw. Gas geheizt
Viskosität in Wandnähe	größer	größer
Geschwindigkeitsprofil in Wandnähe	steiler	flacher
Temperaturprofil in Wandnähe	steiler	flacher
Wärmeübergang an die Wand	besser	schlechter

Freie Konvektion

Freie Konvektion entsteht durch Dichtegradienten im Fluid, die wiederum durch Temperatur- oder Konzentrationsunterschiede hervorgerufen werden können. Bei der Erfassung des Wärmeübergangs tritt an die Stelle der *Reynolds*-Zahl die *Grashof*-Zahl $Gr = \beta\, g\, \Delta T\, L^3/\nu^2$. Somit gilt $Nu = f\,(Gr,\, Pr)$. Die für Rohrleitungen und Kanäle wichtigen Beziehungen sind in Tabelle Anhang A5 enthalten. Typische Größenordnungen für Wärmeübergangswerte enthält Tabelle 2.37.

Tabelle 2.37 Richtwerte für Wärmeübergangskoeffizienten nach [2]

Situation	α_W (in W/(m²·K))
freie Konvektion in Gasen	2...25
freie Konvektion in Flüssigkeiten	10...1000
erzwungene Konvektion in Gasen	25...250
erzwungene Konvektion in Flüssigkeiten	50...20 000
verdampfende und kondensierende Fluide	2500...100 000

Wärmeübergang beim Verdampfen (Sieden)

Sind der Druck in der Gasphase p oberhalb der Flüssigkeitsoberfläche größer als der Sättigungsdruck p_S des Dampfs ($p > p_S$) und der Partialdruck der Dampfkomponente in der Gasphase p_D kleiner als der Sättigungsdruck ($p_D < p_S$), kommt es solange zur Dampfentwicklung und zum Dampftransport in die Gasphase, bis $p_D = p_S$ ist. Man spricht hierbei von **Verdunstung**. Wird durch Steigerung der Flüssigkeitstemperatur T_S die Gleichheit $p_S = p$ erreicht, bezeichnet man die zugehörige Temperatur als **Siedepunkt**, es setzt **Verdampfen (Sieden)** ein. Die für die Phasenumwandlung notwendige **Verdampfungswärme (Verdampfungsenthalpie)** $\Delta h_{V,S}$ muss zugeführt werden.

Die angeführten Definitionen haben die Oberflächenspannung der Flüssigkeit σ außer Acht gelassen. Bei einer kugelförmigen Dampfblase gilt für den Druck im Inneren:

$$p_B - p_S = \frac{2\sigma}{r} \tag{2.122}$$

Damit eine **Blase** entstehen kann, muss somit die Sättigungstemperatur überschritten werden. Beobachtungen an Heizflächen liefern die Feststellung, dass sich Blasen bevorzugt an den Orten der Heizflächenoberfläche bilden, die Vertiefungen aufweisen. Nachdem die Blase eine für die Ablösung kritische Größe erreicht hat, steigt sie hoch und der Vorgang wiederholt sich. Vernachlässigt man den Wärmeverlust über den Behältermantel, so gilt:

$$\dot{m}_D \, \Delta h_{V,S} = A \, \overline{\alpha} \, (T_W - T_S) \tag{2.123}$$

Bei einer Verdampfung bei erzwungener Konvektion sind unterschiedliche, aufeinanderfolgende Strömungszustände unterscheidbar (Bild 2.28), die wiederum die Wärmeübertragung beeinflussen. Im Bild tritt die kalte Flüssigkeit unten in das Rohr ein. Durch eine Wärmezufuhr wird in Wandnähe die Siedetemperatur T_S erreicht und dann überschritten. Es bilden sich Blasen, die in den Strömungskern hineingetragen werden. Da dieser unterkühlt ist, kondensieren sie wieder (Verdampfen in unterkühlte Flüssigkeit). Ist die Temperatur der Flüssigkeit im Kern gleich oder größer als T_S, kondensieren die Blasen nicht mehr, sie wandern mit der Flüssigkeit weiter (**Blasenströmung**). Bei weiterer Wärmezufuhr wachsen die Blasen zu langen Dampfpfropfen zusammen (**Pfropfenströmung**). Wenn die Flüssigkeitsbrücken zwischen den Dampfpfropfen aufreißen, bleibt an der Rohrwand ein Flüssigkeitsring zurück, während nun der Dampf wegen $\dot{m}$ = const und $\rho_{\text{Dampf}} \ll \rho_{\text{Flüss.}}$ mit hoher Geschwindigkeit im Inneren strömt und später auch aus der Flüssigkeit Tropfen herausreißt (Ringströmung und Ring-Nebel-Strömung). Der Flüssigkeitsfilm wird dünner, reißt auf und verschwindet, die noch nicht verdampfte Flüssigkeit ist im Dampf in Nebelform enthalten (**Nebelströmung**).

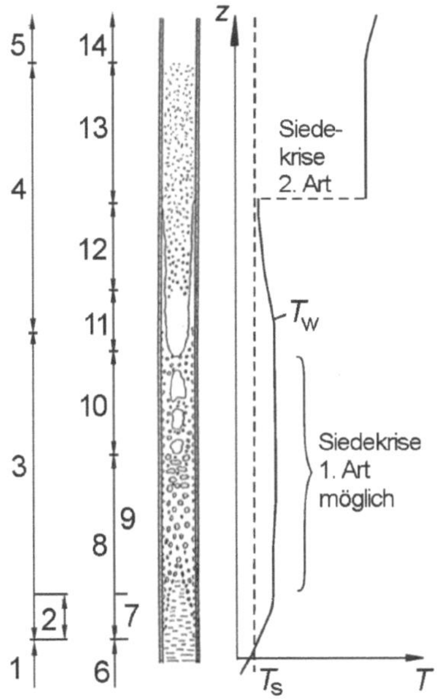

Bild 2.28
Strömungsformen, Wärmeübergangsbereiche und Verlauf der Wandtemperatur bei der Verdampfung im senkrechten Rohr
1 Erwärmung Wasser, 2 unterkühltes Sieden, 3 Blasenverdampfung, 4 Verdampfung aus der Flüssigkeitsoberfläche, 5 Überhitzung, 6 100 % Flüssigkeit, 7 Beginn der Blasenbildung, 8 ausgebildete Blasenströmung, 9 über dem Querschnitt ausgebildete Blasenströmung, 10 Pfropfenströmung, 11 Ringströmung, 12 Ring-Nebel-Strömung, 13 Nebelströmung, 14 100 % Dampf

Im Bereich der Blasenverdampfung kann die **Siedekrise 1. Art** auftreten (Dampfpolsterbildung mit einhergehender Überhitzung der Wand). Die **Siedekrise 2. Art** (ausgetrocknete Wand) tritt nach Verschwinden des Flüssigkeitsfilms auf, die Wandtemperatur steigt bei aufgeprägter Wärmestromdichte stark an ($T_W \gg T_S$). Empirische Beziehungen für $\overline{\alpha}$ existieren in großer Zahl. Hier muss auf die Literatur verwiesen werden (z. B. [2]). Dabei ist zu beachten, dass sich Gemische anders als reine Stoffe verhalten.

Wärmeübergang bei Kondensation

Kondensation ist der Übergang vom gas-(dampf-)förmigen Zustand in den flüssigen, wobei die Verdampfungsenthalpie $\Delta h_V\ (T_S)$ wieder frei wird. Physikalisch ist der Prozess der Kondensation zu unterteilen in:

- Kondensation an gekühlten Oberflächen,
- Kondensation in unterkühlten Flüssigkeiten,
- spontane Kondensation im unbegrenzten Raum.

Hier soll nur die Kondensation eines reinen Dampfs (T_S) betrachtet werden, sodass an den gekühlten Oberflächen (T_W) keine nichtkondensierbaren Gase vorbeistreichen. Die Dampfteilchen wandern mit dem Stoffstrom $\dot{m}_D$ zur Wand hin und geben die Verdampfungsenthalpie sowie die Unterkühlungswärme ab, wobei $\overline{T}$ die mittlere Temperatur im Film ist:

$$\dot{Q} = \dot{m}_D \left[\Delta h_{V,S} + c_p \left(T_S - \overline{T}\right)\right] \tag{2.124}$$

Hierbei bildet sich meist ein Kondensatfilm (**Filmkondensation**) der Dicke s aus, der entlang der Wand nach unten fließt. Bei schlecht benetzender Wand entstehen einzelne Tropfen (**Tropfenkondensation**), die nach unten fallen. Infolge von Verschmutzung und der deshalb immer besser werdenden Benetzbarkeit der Kühlfläche tritt bei in Betrieb befindlichen Anlagen die Tropfenkondensation nur selten auf, obwohl sie wegen der stets wieder freiwerdenden Kühlfläche wünschenswert ist.

Experimente zeigen, dass ein dicker Kondensatfilm wellig und turbulent werden kann. Der Übergang laminar–wellig findet bei $Re_s = \overline{c}s/\nu \approx 8$, der Umschlag zur turbulenten Strömung bei $Re_s \approx 400$ statt. Untersuchungen zeigen jedoch, dass die Welligkeit bei der Modellierung des Wärmeübergangs ohne großen Fehler unberücksichtigt bleiben kann. Ein laminarer Film der Dicke s hat die mittlere Geschwindigkeit:

$$\overline{c} = \frac{g s^2}{3\nu} = \frac{2}{3} c_{max} \tag{2.125}$$

wobei sich das Geschwindigkeitsprofil bei von der Wand senkrecht weglaufender Koordinate y aus der Impulsbilanz zu

$$c = \frac{g}{\nu} y \left(s - \frac{y}{2}\right) \tag{2.126}$$

ermitteln lässt. Aus der Energiebilanz folgt der lineare Temperaturverlauf:

$$T = T_W + \frac{T_S - T_W}{s} y \tag{2.127}$$

sodass sich für den Film $\overline{T}$ mit dem Wärmestrom bestimmen lässt:

$$\rho \overline{c} s\, c_p \left(\overline{T} - T_W\right) = \rho\, c_p \int_0^s \frac{g}{\nu} y \left(s - \frac{y}{2}\right) (T - T_W)\, \mathrm{d}y$$

$$\overline{T} = T_W + 3 \frac{T_S - T_W}{s^4} \int_0^s \left(s\, y^2 - \frac{y^3}{2}\right) \mathrm{d}y = \frac{3T_W}{8} + \frac{5T_S}{8} \tag{2.128}$$

Daraus folgt:

$$\dot{m}_\mathrm{D} = \frac{\dot{Q}}{\Delta h_{\mathrm{V,S}} + \frac{3}{8} c_p \left(T_\mathrm{S} - T_\mathrm{W}\right)} \tag{2.129}$$

Die Dampfstromdichte bewirkt auf der lotrechten Wand eine Zunahme des Kondensatstroms:

$$s = \sqrt[4]{\frac{4\nu\lambda \left(T_\mathrm{S} - T_\mathrm{W}\right) x}{\rho g \left[\Delta h_{\mathrm{V,S}} + \frac{3}{8} c_p \left(T_\mathrm{S} - T_\mathrm{W}\right)\right]}}$$

Der Wärmeübergangskoeffizient $\alpha = \dot{q}/(T_\mathrm{S} - T_\mathrm{W})$ ergibt sich damit zu:

$$\alpha_\mathrm{W} = \sqrt[4]{\frac{\rho g \lambda^3 \, \Delta h_{\mathrm{V,S}} \left(1 + \frac{3}{8} c_p \frac{T_\mathrm{S} - T_\mathrm{W}}{\Delta h_{\mathrm{V,S}}}\right)}{4\nu \left(T_\mathrm{S} - T_\mathrm{W}\right) x}} \tag{2.130}$$

und der Mittelwert zu:

$$\overline{\alpha}_\mathrm{W} = \frac{1}{l} \int_0^l \alpha_\mathrm{W} \, \mathrm{d}x = \frac{\dot{Q}}{\left(T_\mathrm{S} - T_\mathrm{W}\right) b l} \tag{2.131}$$

Da $T_\mathrm{S} - T_\mathrm{W}$ konstant ist, gilt:

$$\overline{\alpha}_\mathrm{W} = \frac{4}{3} \sqrt[4]{\frac{\rho g \lambda^3 \, \Delta h_{\mathrm{V,S}}}{4\nu \left(T_\mathrm{S} - T_\mathrm{W}\right) l}} \left(1 + \frac{3}{8} c_p \frac{T_\mathrm{S} - T_\mathrm{W}}{\Delta h_{\mathrm{V,S}}}\right) \tag{2.132}$$

Für den turbulenten Kondensatfilm sowie für die Kondensation an Rohrbündeln, geneigten Flächen, in waagerechten Rohren u. a. existieren auf Experimenten basierende empirische Gleichungen (s. z. B. [2]), wobei auch der Einfluss der Dampfgeschwindigkeit zu berücksichtigen ist. Ist die Dampfgeschwindigkeit entlang der Filmoberfläche > 5 m/s, wirkt sich die Phasengrenzschubspannung auf die Wärmeübertragung bei Abwärtsströmung positiv aus. Sehr negativ auf den Wärmeübergang ist der Einfluss eines im Dampf enthaltenen nicht kondensierbaren Gases.

Bei einer sehr kalten Wand kommt es nach dem Kondensatausfall zu einer **Eisbildung**. Diese kann je nach den vorliegenden Bedingungen sowohl an der Rohrinnen- als auch an der Rohraußenwand stattfinden. Die Zeit für die Herausbildung einer Schichtdicke δ beträgt bei der Wandstärke s nach [38]:

Eisbildung Rohraußenwand

$$t = \frac{\Delta h_\mathrm{E} \rho \left[\left(\delta + \frac{d_\mathrm{a}}{2}\right)^2 \ln\left(1 + \frac{2\delta}{d_\mathrm{a}}\right) - \delta(\delta + d)\left(\frac{1}{2} - \frac{\lambda}{\lambda_\mathrm{Wand}} \ln \frac{d_\mathrm{a}}{d_\mathrm{a} - 2s} - \frac{2\lambda}{\alpha(d_\mathrm{a} - 2s)}\right)\right]}{2\lambda\left(T_\mathrm{Erstarr} - T_\mathrm{Kühl}\right)} \tag{2.133}$$

Eisbildung Rohrinnenwand

$$t = \frac{\Delta h_\mathrm{E} \rho \left[\left(\delta - \frac{d}{2}\right)^2 \ln\left(1 - \frac{2\delta}{d}\right) - \delta(\delta - d)\left(\frac{1}{2} + \frac{\lambda}{\lambda_\mathrm{Wand}} \ln \frac{d + 2s}{d} + \frac{2\lambda}{\alpha(d + 2s)}\right)\right]}{2\lambda\left(T_\mathrm{Erstarr} - T_\mathrm{Kühl}\right)} \tag{2.134}$$

2.8.4 Wärmedurchgang

2.8.4.1 Wärmedurchgangskoeffizient

Der Wärmedurchgangskoeffizient hängt von der Wärmeleitung in den Schichten und von den Wärmeübergangskoeffizienten ab:

$$\dot{Q} = k\,A\;(T_\mathrm{i} - T_\mathrm{a}) \tag{2.135}$$

In Tabelle 2.38 sind die sich für mehrschichtige Wände mit beidseitiger Konvektion bei stationären Verhältnissen und konstanten Stoffwerten ergebenden Beziehungen für den Wärmedurchgangskoeffizienten aufgeführt, Tabelle 2.39 enthält einige Anhaltswerte, die als Startwerte für erste Durchrechnungen verwendet werden können. In der Regel ist die Temperaturdifferenz ortsabhängig. Rechnungen zeigen, dass dann in Formel 2.135 statt $\Delta T = T_\mathrm{i} - T_\mathrm{a}$ die logarithmische Triebkraft nach Formel 2.116 zu verwenden ist. Unterscheiden sich ΔT_1 und ΔT_2 nur wenig, geht das logarithmische in das arithmetische Mittel über:

$$\lim_{\Delta T_1 \to \Delta T_2} \Delta T_\mathrm{m} = \frac{\Delta T_1 + \Delta T_2}{2} \tag{2.136}$$

Tabelle 2.38 Gleichungen für den stationären Wärmedurchgang *kA* bei mehrschichtigen Wänden und konstanten Stoffwerten, eindimensionaler Fall

Ebene Wand	Zylinderwand	Kugelschale
$\dfrac{bl}{\frac{1}{\alpha_{\mathrm{W_i}}} + \sum\limits_{j=1}^{n} \frac{s_j}{\lambda_j} + \frac{1}{\alpha_{\mathrm{W_a}}}}$	$\dfrac{\pi l}{\frac{1}{\alpha_{\mathrm{W_i}} d_\mathrm{i}} + \sum\limits_{j=1}^{n} \frac{1}{2\lambda_j} \ln \frac{d_j}{d_{j-1}} + \frac{1}{\alpha_{\mathrm{W_a}} d_\mathrm{a}}}$	$\dfrac{\pi}{\frac{1}{\alpha_{\mathrm{W_i}} d_\mathrm{i}^2} + \sum\limits_{j=1}^{n} \frac{1}{2\lambda_j} \left(\frac{1}{d_{j-1}} - \frac{1}{d_j}\right) + \frac{1}{\alpha_{\mathrm{W_a}} d_\mathrm{a}^2}}$

Tabelle 2.39 Größenordnung für Wärmedurchgangskoeffizienten bei turbulenten Strömungen

Konstellation (Fluid außen/Fluid innen)	k_D (in W/(m²·K))
Rohr (Gas/Gas)	20
Rohr (Gas/Flüssigkeit)	50
Rippenrohr (Gas/Flüssigkeit)	200
Rohr (Flüssigkeit/Gas 200 bar)	300
Rohr (Wasser/Wasser)	1200
Rohr (Wasser/Öl)	200
Rohr (Flüssigkeit/kondensierender Dampf)	1000

Der über die Wände übertragene Wärmestrom führt zu einer Enthalpieänderung auf der Innen- und der Außenseite:

$$\dot{Q} = \dot{m}\,\Delta h \tag{2.137}$$

was mit einer Temperaturänderung der Mengenströme und/oder mit einem Phasenübergang verbunden ist. Ohne Phasenübergang und bei konstanter spezifischer Wärmekapazität geht Formel 2.137 über in:

$$\dot{Q} = \dot{m}\bar{c}_p\,(T_{\text{Aus}} - T_{\text{Ein}}) \tag{2.138}$$

2.8.4.2 Rohre mit Rippen oder Nadeln

Analysiert man die Wärmedurchgangskoeffizienten für eine Abkühlung oder Erwärmung einer durch ein Rohr oder einen Kanal strömenden Flüssigkeit mittels eines umströmenden Gases, so stellt man fest, dass der Wärmeübergang auf der Gasseite limitierend ist. Das Erreichen eines großen Wärmestroms erfordert somit sehr große Gasgeschwindigkeiten, was die Wärmeübertragung unökonomisch macht. Ein Ausweg ist das Anbringen von **Rippen** (s. Tabelle Anhang A6) aus einem gut wärmeleitenden Material auf der Gasseite. Durch die Rippen werden das Strömungsfeld auf der Außenseite und das Temperaturfeld in der Rohr- bzw. Kanalwand beeinflusst, sodass eine Veränderung des α-Wertes sowohl der Grundfläche als auch an den Rippenflächen auftritt. Bei der näherungsweisen Berechnung der Wärmeübertragung durch berippte Oberflächen besteht aber eine übliche und nur mit einem relativ kleinen Fehler behaftete Methode darin, den α-Wert für die Gesamtoberfläche vom unberippten Bauteil zu übernehmen, aber den Term αA durch $\alpha\,(A - A_{\text{R}} + \eta_{\text{R}}\,A_{\text{R}})$ bei berippten Rohren zu ersetzen. Der Rippenwirkungsgrad η_{R} bezieht den Wärmeübergang über die Rippe auf den Wärmestrom, der sich ergeben würde, wenn an der gesamten Rippenoberfläche die Temperatur des Rippenfußes (die wiederum vereinfacht der Temperatur der unberippten Grundfläche gesetzt wird) vorliegen würde. η_{R} ist stets < 1 und wird durch die Form sowie die Abmessungen der Rippen bestimmt. Ausgangspunkt für die Berechnung von η_{R} ist die Bilanz des konvektiv übertragenen und des durch die Rippe fließenden Wärmestroms, wobei nachfolgend das Material der Rippe und das der Grundfläche identisch sein soll. Bei Berücksichtigung einer variablen Querschnitts- $A\,(x)$ und Mantelfläche $M\,(x)$ gilt somit:

$$\frac{\mathrm{d}}{\mathrm{d}x}\left[A\,(x)\,\frac{\mathrm{d}T\,(x)}{\mathrm{d}x}\right] = \frac{\alpha_{\text{W}}}{\lambda}\,\frac{\mathrm{d}M\,(x)}{\mathrm{d}x}\,[T\,(x) - T_\infty] \tag{2.139}$$

Mit den sich daraus ergebenden Lösungen für $T\,(x)$ (s. z. B. [35]) lässt sich wiederum der an der Stelle x übergehende Wärmestrom und nach Integration dieser Verteilung der insgesamt über die Rippenoberfläche übertragene Wärmestrom ermitteln. Dadurch kann η_{R} berechnet werden. Einige Gleichungen für unterschiedliche Konfigurationen enthält Tabelle Anhang A6. Der Rippenparameter $\mu = \sqrt{\frac{U\alpha_W}{A\lambda}}$ wird häufig durch die mögliche Vernachlässigung der Wärmeübergabe durch die Stirnflächen weiter vereinfacht (s. ebenfalls Tabelle Anhang A6). Da einige Lösungen modifizierte *Bessel*-Funktionen (Näherungsgleichungen für *Bessel*-Funktionen s. Tabelle Anhang A7) enthalten, wurden auch modifizierte Gleichungen der Art

$$\eta_R = \frac{\tanh\left[(\mu h)_{\text{eff}}\right]}{(\mu h)_{\text{eff}}} \tag{2.140}$$

entwickelt. Einige davon sind ebenfalls in Tabelle Anhang A6 enthalten.

Bei der Wärmeübertragung von einem Gasstrom auf einen anderen Gasstrom kann es sinnvoll sein, auf beiden Seiten des Rohres Rippen anzubringen. Mit steigender Rippenlänge wird der zur Rippenspitze fließende Wärmestrom immer kleiner, sodass bei Berücksichtigung der Materialkosten eine optimale Rippenlänge existiert. Für das Erreichen eines bestimmten Wärmestroms schneiden parabelförmig konkave Rippen (s. Tabelle Anhang A6) bezüglich des Materialeinsatzes am besten ab. Detailliertere Informationen können z. B. [35] entnommen werden.

2.8.4.3 Rohrdämmung

Da in der Regel die Temperatur des in der Leitung fließenden Mediums nicht gleich der Umgebungstemperatur ist, erweist es sich häufig als sinnvoll, Leitungen mit einer **Isolierung** zu versehen. Damit ist es möglich,

- ein zu starkes Auskühlen heißer Medien,
- eine zu große Temperaturzunahme kalter Fluide und
- ein Einfrieren bzw. starkes Verdicken bei kalter Umgebung

zu verhindern.

Die Isolierung besteht aus dem **Dämmstoff**, einer Trag- und Stützkonstruktion und der Ummantelung. Die Trag- und Stützkonstruktion hält die Ummantelung in gleichmäßigem Abstand von der Rohr-Oberfläche. Sie ist erforderlich bei Verwendung von wolligen Dämmstoffen. Sie besteht aus Abstandshalter, Ringen oder Schienen. Bei senkrechten Rohrleitungen muss das Eigengewicht der Dämmung abgefangen werden. Dafür schweißt man Blech-Nocken an die Rohrwand.

Dämmstoffe sollten einen möglichst geringen Wärmeleitkoeffizienten haben, leicht sein, sich gut anbringen lassen, langzeitbeständig und ungiftig sein. Tabelle 2.29 enthält einige Werte. Bei der Anbringung der Isolierung ist darauf zu achten, dass Wärmebrücken durch nichtisolierte Flansche, Ventile, Aufhängungen u. a. vermieden werden, da diese bedeutenden Beiträge zum Wärmedurchgang liefern. Weil mit steigender Isolierstoffdicke die Einsparung der Wärmeverluste immer weniger ansteigt, die Kosten für das Isoliermaterial aber weiter anwachsen und die Montage komplizierter wird, gibt es ein Kostenoptimum. Richtwerte für Isolierdicken von Kaltwasserleitungen enthält Tabelle 2.40.

Tabelle 2.40 Richtwerte für Mindestdämmschichtdicken bei $\lambda = 0{,}04\ \mathrm{W/(m \cdot K)}$ zur Dämmung von Trinkwasserleitungen (kalt) nach DIN 1988-2

Einbausituation	Dämmschichtdicke (in mm)
Leitung frei in nicht beheiztem Raum verlegt	4
Leitung in beheiztem Raum frei verlegt	9
Leitung im Kanal ohne warmgehende Leitungen	4
Leitung im Kanal neben warmgehenden Leitungen	13
Leitung im Mauerschlitz, Steigleitung	4
Leitung in Wandaussparung neben warmgehenden Leitungen	13
Leitung auf Betondecke	4

Beispiel: Bestimmung der optimalen Dämmschichtdicke des in Bild 2.29 dargestellten Rohrs

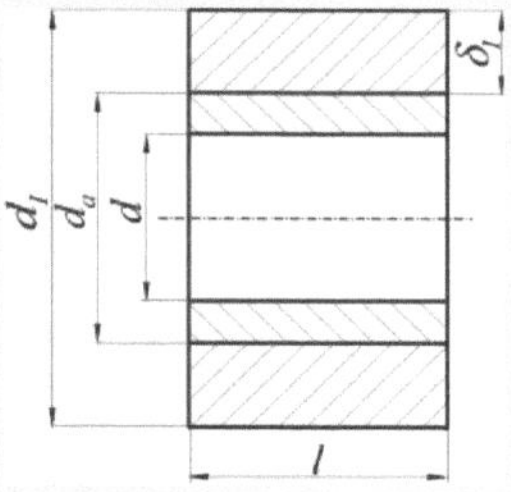

Bild 2.29
Aufbau des gedämmten Rohrs

Lösung

Mit der Geometrie nach Bild 2.29 und der Annahme, dass die Montagekosten unabhängig von der Dicke der Isolierung sind, folgt mit K_f als Festkosten und K_v als variablen Kosten sowie t_B als Betriebszeit

$$K_{ges} = K_f + K_v = K_{Rohr} + K_{Isolierung} + K_v$$

$$K_{Rohr} = m_R\, k_R = \frac{\pi}{4}\left(d_a^2 - d^2\right) l\, \rho_R\, k_R$$

$$K_{Isol} = m_I\, k_I = \frac{\pi}{4}\left(d_I^2 - d_a^2\right) l\, \rho_I\, k_I$$

$$K_v \approx K_{Wärmeverlust} = k_Q\, \dot{Q} t_B = k_Q\, k\, A\, (T_i - T_u)\, t_B$$

Der Wärmedurchgangskoeffizient kann mit guter Näherung vereinfacht werden, da in der Regel wegen ihrer Größe die Terme mit dem Wärmeübergangskoeffizienten im Rohr und mit der Wärmeleitfähigkeit des Rohrmaterials vernachlässigbar sind. Obwohl der Wärmeübergang auf der Außenseite z. B. bei frei verlegter Rohrleitung und Windstille recht klein sein kann, ist es sinnvoll, für die Auslegung der Isolierung von größeren Wärmeübergangskoeffizienten auf der Außenseite auszugehen. Damit fällt auch dieser Term, in den der Durchmesser d_I eingeht, weg, was die nachfolgenden Rechnungen vereinfacht.

$$\frac{1}{kA} = \frac{1}{A_i \alpha_{W_i}} + \frac{\delta_R}{\overline{A}_R \lambda_R} + \frac{\delta_I}{\overline{A}_I \lambda_I} + \frac{1}{A_a \alpha_{W_a}} \approx \frac{\delta_I}{\overline{A}_I \lambda_I} = \frac{\frac{d_I - d_a}{2}}{\frac{d_I - d_a}{\ln \frac{d_I}{d_a}} \pi\, l \lambda_I} = \frac{\ln \frac{d_I}{d_a}}{2\pi\, l \lambda_I}$$

Somit folgt für die Gesamtkosten

$$K_{ges} = \frac{\pi}{4} l\, \rho_R\, k_R \left(d_a^2 - d^2\right) + \frac{\pi}{4}\left(d_I^2 - d_a^2\right) l\, \rho_I\, k_I + k_Q\, t_B \frac{2\pi\, l \lambda_I \left(T_i - T_u\right)}{\ln \frac{d_I}{d_a}}$$

womit das Kostenminimum ermittelt werden kann:

$$\frac{\partial K_{ges}}{\partial d_I} = 0 = \frac{\pi}{4} 2 d_I\, l\, \rho_I\, k_I - \frac{2\pi\, l \lambda_I k_Q t_B \left(T_i - T_u\right) \frac{1}{d_a}}{\left[\ln\left(\frac{d_I}{d_a}\right)\right]^2 \frac{d_I}{d_a}}$$

Mit $\frac{d_I}{d_a} = D$, wobei nur Werte $D > 1$ physikalisch sinnvoll sind, folgt

$$\frac{d_a \rho_I k_I D}{2} = \frac{2\lambda_I k_Q t_B \left(T_i - T_u\right)}{\left(\ln D\right)^2 D d_a}$$

bzw.

$$D^2 \left(\ln D\right)^2 = \frac{4\lambda_I k_Q t_B \left(T_i - T_u\right)}{d_a^2 \rho_I k_I} = \text{const} = C$$

Einige Werte enthält die nachfolgende Tabelle. Da die Rohrleitung in der Regel mehrere Jahre in Betrieb sein wird, ist die Preisentwicklung für die Energiekosten k_Q mit zu beachten.

$D = d_I/d_a$	1	1,1	1,2	1,3	1,4	1,5	1,6	1,7	1,8	1,9	2,0
C	0	0,011	0,048	0,116	0,222	0,370	0,566	0,814	1,119	1,487	1,922

2.8.4.4 Temperaturänderungen in Rohrleitungen

Durch Heizen, Kühlen oder Wärmeverluste bzw. Wärmeeinträge aus der Umgebung ändert sich in der Rohrleitung die Temperatur des Fluids. Geht man davon aus, dass bei nicht zu zähen Medien die dissipierte Leistung $\Delta p_V \dot{V}$ meist vernachlässigbar ist, dann liefert die Bilanzgleichung für ein Volumenelement der Rohrleitung abhängig von der Richtung des Wärmestroms (+ Heizen, – Kühlen):

$$d\dot{H} = \pm d\dot{Q}_D \tag{2.141}$$

Es gilt $\dot{H} = \dot{m} h$ und

$$h = \overline{h}^{\ominus} + \int_{T^{\ominus}}^{T} c_p\, dT$$

Bei einer Außentemperatur T_a ergibt sich für das Heizen bei konstantem Massenstrom und temperaturunabhängigem $\overline{c}_p$:

$$\dot{m} \overline{c}_p\, dT = k\, \left(T_a - T\right)\, dA \tag{2.142}$$

Nach Trennung der Variablen und Integration folgt

$$\int_{T_R^0}^{T_R} \frac{dT}{T_a - T} = \frac{k}{\dot{m}\overline{c}_p} \int_0^{A_R} dA \rightarrow \ln \frac{T_a - T_R}{T_a - T_R^0} = \frac{-kA_R}{\dot{m}\overline{c}_p}$$

und somit

$$T_R = T_a - \left(T_a - T_R^0\right) e^{\frac{-kA_R}{\dot{m}\overline{c}_p}} \tag{2.143}$$

Bei schnell strömenden Gasen sind die Gesetze der Gasdynamik (s. Abschnitt 2.3) heranzuziehen, mit denen die sich selbst bei adiabater Wand einstellenden Temperaturänderungen berechnet werden können.

Analog erhält man für die Temperaturänderung einer plötzlich abgesperrten, mit einem isothermen Fluid gefüllter Rohrleitung im Fall des Heizens

$$\frac{dH}{dt} = \dot{Q}_D \tag{2.144}$$

was wegen $\frac{dh}{dt} = \frac{dh}{dT}\frac{dT}{dt}$ in $m\,\overline{c}_p \frac{dT}{dt} = k\,A\;(T_a - T)$ übergeht. Mit $\int_{T_R^0}^{T_R} \frac{dT}{T_a - T} = \frac{kA}{m\overline{c}_p} \int_0^t dt$ folgt

$$T_R = T_a - \left(T_a - T_R^0\right) e^{\frac{-kA}{m\overline{c}_p} t} \tag{2.145}$$

Dabei ist zu beachten, dass bei einer Abkühlung von einem in der Rohrleitung eingeschlossenen Dampf Kondensation auftreten kann. Bei einem einphasigem Fluid (z. B. Wasserdampf) bleibt während des Phasenwechsels die Temperatur konstant. Erst danach gilt Formel 2.145 wieder.

2.8.5 Wärmeübertragung durch Strahlung

Die Energieübertragung durch Strahlung ist dem schon diskutierten Wärmeübergang überlagert. Bei hohen Temperaturunterschieden zwischen Wand und Umgebung erbringt sie den Hauptanteil.

Die **Wärmestrahlung** unterscheidet sich grundsätzlich von der Wärmeleitung oder der Konvektion dadurch, dass die Wärmeübertragung ohne direkten Kontakt erfolgt und dass der Transport vom Strahler zum Empfänger auch im Vakuum und dort noch besonders gut stattfindet. Die Wechselwirkung zwischen Strahler und Empfänger wird durch Reflexion, Transmission und Absorption geprägt. So absorbiert ein schwarzer Körper die gesamte Wärmestrahlung (aber selbst Ruß reflektiert noch ca. 1 %), ein diathermes Medium lässt die Strahlung vollständig durch und ein idealer Reflektor wirft sie vollständig zurück. In dimensionsloser Darstellung (Bezug auf den gesamten Strahlungswärmestrom) gilt

Reflexionsgrad + Transmissionsgrad + Absorptionsgrad = 1

wobei die Werte stark vom Stoff und auch von der Wellenlänge abhängen. Basierend auf der Strahlung eines schwarzen Körpers wurden schon vor längerer Zeit wichtige Gesetzmäßigkeiten von *Planck*, *Boltzmann*, *Stefan* u. a. gefunden. Die Betrachtung von Strahlungsvorgängen, an denen Rohrleitungen beteiligt sind, benötigt die Theorie eines grauen Strahlers. Dieser Strahler weist die gleiche Intensitätsverteilung wie ein schwarzer Körper auf, jedoch ist seine Strahlungsintensität im konstanten Verhältnis zum schwarzen Strahler verringert, was durch den Emissionsgrad ε ausgedrückt wird, der wiederum dem Absorptionsgrad gleich ist. ε ist eine Funktion der Temperatur und abhängig vom Einstrahlwinkel, vom Material, von der Oberflächengestalt und Oberflächenbeschaffenheit sowie bei strahlungsdurchlässigen Nichtmetallen auch von der Wellenlänge. Somit sind die bei technischen Rechnungen verwendeten Zahlenwerte für ε in der Regel Mittelwerte (Tabelle 2.41). Staubablagerungen können sich auf ε z. T. stark auswirken.

Tabelle 2.41 Anhaltswerte für den Emissionsgrad in Richtung der Flächennormalen, Auswahl aus [2]

Oberflächenmaterial	T (in K)	ε
Aluminium, poliert	373	0,095
Aluminium, stark oxidiert	366/777	0,2/0,31
Anstriche	293	ca. 0,93
Beton, rau	273...366	0,9
Bronze, poliert	422	0,03
Gips	293	0,8...0,9
Gusseisen, poliert	473	0,21
Gusseisen, oxidiert	472/872	0,64/0,78
Gusseisen, rau, stark oxidiert	311...522	0,95
Eis, Reif	273	ca. 0,97
Eisen und Stahl, poliert	700/1300	0,144/0,377
Eisen und Stahl, geschmirgelt	293	0,242
Kunststoffummantelung	293	ca. 0,9
Kupfer, poliert	293	0,03
Kupfer, schwarz oxidiert	293	0,78
Putz	293	0,925

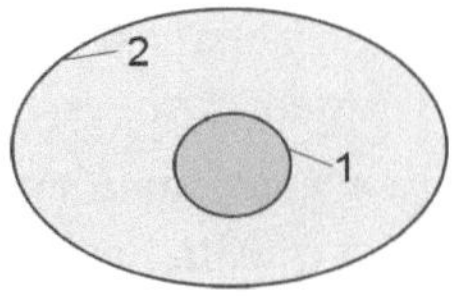

Bild 2.30
Wärmestrahlung, bei der eine kleinere Fläche von einer größeren umschlossen wird

Von besonderem Interesse ist bei Rohrleitungen der Fall, wenn bei der Wärmestrahlung ein größerer Körper einen kleineren und im hier näher betrachteten Fall heißeren umschließt (Bild 2.30). Die Geometrie ist beliebig, jedoch muss von jedem Punkt der umhüllenden Fläche der eingeschlossenen Körper zu sehen sein. Für diese Anordnung gilt:

$$\dot{Q}_{12} = \frac{C_s A_2 \left(T_1^4 - T_2^4\right)}{\frac{1}{\varepsilon_2} + \frac{1}{\varepsilon_1}\frac{A_2}{A_1} - 1} = \frac{C_s A_1 \left(T_1^4 - T_2^4\right)}{\frac{1}{\varepsilon_1} + \frac{A_1}{A_2}\left(\frac{1}{\varepsilon_2} - 1\right)} \qquad (2.146)$$

$C_S = 5{,}67 \cdot 10^{-8}\,\mathrm{W/(m^2 \cdot K^4)}$ Strahlungskonstante (*Stefan-Boltzmann*-Konstante)

Wenn der Körper 1 ein durch einen Raum verlaufendes Rohr darstellt, kann oft in guter Näherung $A_1 \ll A_2$ gesetzt werden. Da bei Nichtmetallen (z. B. verputze Wand) auch $e_2 \approx 1$ ist, kann der Summand mit der Klammer im Nenner vernachlässigt werden. Setzt man weiterhin $T_2 = T_U$, so folgt:

$$\dot{Q}_{12} = A_1 C_s\, \varepsilon_1 \left(T_1^4 - T_U^4\right) = A_1 C_s\, \varepsilon_1 T_U^4 \left(\frac{T_1^4}{T_U^4} - 1\right) \qquad (2.147)$$

Vergleicht man dies mit dem konvektiven Wärmeübergang an der Rohraußenwand

$$\dot{Q}_K = \alpha_{W_1} A_1 \left(T_1 - T_U\right) = \alpha_{W_1} A_1 T_U \left(\frac{T_1}{T_U} - 1\right) \qquad (2.148)$$

ergibt sich das Verhältnis der durch Strahlung und Konvektion übertragenen Wärmeströme zu

$$\frac{\dot{Q}_{12}}{\dot{Q}_K} = \frac{C_s \varepsilon_1 T_U^4 \left(\frac{T_1^4}{T_U^4} - 1\right)}{\alpha_{W_1} T_U \left(\frac{T_1}{T_U} - 1\right)} = \frac{C_s \varepsilon_1 T_U^3}{\alpha_{W_1}} \left(\frac{T_1^3}{T_U^3} + \frac{T_1^2}{T_U^2} + \frac{T_1}{T_U} + 1\right) \qquad (2.149)$$

$$\lim_{T_1 \to T_U} \frac{\dot{Q}_{12}}{\dot{Q}_K} = \frac{4 C_s \varepsilon_1 T_U^3}{\alpha_{W_1}} \qquad (2.150)$$

Für $T_U = 300\,\mathrm{K}$ folgt:

$$\lim_{T_1 \to T_U} \frac{\dot{Q}_{12}}{\dot{Q}_K} = \frac{6{,}124 \varepsilon_1}{\alpha_{W_1}} \qquad (2.151)$$

Bei kleinen Werten für a_{W1}, die besonders bei freier oder sehr schwacher erzwungener Konvektion auftreten, dominiert schon bei sehr kleinen Temperaturunterschieden der Strahlungsanteil, bei stärker ausgeprägter Strömung dagegen zunächst der konvektive Anteil, sodass der Strahlungsanteil ggf. vernachlässigt werden kann.

Im Allgemeinen ist die Umgebungsluft auch in Innenräumen nicht vollkommen ruhig. Es ist daher zweckmäßig, auch bei Rohrleitungen in Innenräumen (z. B. in Kesselhäusern) eine geringfügige Luftbewegung ($\overline{c} \approx 0,5\,\mathrm{m/s}$) vorauszusetzen und den Konvektionsanteil damit zu berechnen.

Es existiert in der Literatur der Vorschlag, mit einer äußeren Wärmeübergangszahl vereinfachend den Konvektions- und den Strahlungsanteil zusammenzufassen. Für ein Rohr in einem sehr großen Raum mit der Temperatur T_U gilt:

$$\alpha_{W_{res}} = \alpha_{W_K} + \alpha_{W_s} = \alpha_{W_K} + \frac{\dot{Q}_{12}}{A_1\,(T_1 - T_U)} = \alpha_{W_K} + \frac{C_s\varepsilon_1\left(T_1^4 - T_U^4\right)}{T_1 - T_U} \tag{2.152}$$

Beispiel: In einem in der Regel verschlossenen Raum mit den Abmessungen $L \times B \times H = 10\,\mathrm{m} \times 2\,\mathrm{m} \times 2,5\,\mathrm{m}$ und mit einer Temperatur von 20 °C verläuft über die Raumlänge eine schlecht isolierte Rohrleitung, sodass an der Außenwand der Kunststoffummantelung des Rohrs ($d_a = 0,1\,\mathrm{m}$) die Temperatur noch 40 °C beträgt.

a) Wie groß ist der Wärmeübergang durch freie Konvektion und Strahlung?

b) Wie ändert sich der konvektive Anteil, wenn durch Zugluft im Raum quer zum Rohr eine stetige Luftbewegung von 0,5 m/s herrscht?

c) Um die Verluste zu senken, wurde die Dämmung verbessert, sodass der neue Außendurchmesser 0,12 m und die Oberflächentemperatur nur noch 25 °C beträgt. Wie groß sind die Auswirkungen auf den Wärmeverlust im Raum ohne/mit Zugluft und wie ändern sich die einzelnen Anteile?

Lösung

a) Nach Tabelle 2.41 hat der Emissionsgrad der Kunststoffummantelung den Wert 0,9. Somit liefert Formel 2.147 mit $A_1 = \pi\, d_a\, L = \pi \cdot 0,1 \cdot 10\mathrm{m}^2 = 3,142\mathrm{m}^2$

$$\dot{Q}_{12} = A_1 C_s\, \varepsilon_1 \left(T_1^4 - T_U^4\right) = 3,142 \cdot 5,67 \cdot 10^{-8} \cdot 0,9 \left(313,15^4 - 293,15^4\right)\,\mathrm{W} = 357,7\,\mathrm{W}$$

Für freie Konvektion gilt nach Tabelle Anhang A5 wegen
$d_a^3 \Delta T = 0,1^3 \cdot 20\mathrm{m}^3\,\mathrm{K} = 0,02\mathrm{m}^3\,\mathrm{K} < 1\mathrm{m}^3\,\mathrm{K}$

$$\alpha_{W_k}\left(\text{in W}/\left(\mathrm{m}^2 \cdot \mathrm{K}\right)\right) = 1,22\left(\frac{\Delta T\ (\text{in K})}{d_a\ (\text{in m})}\right)^{1/4} = 1,22\left(\frac{20}{0,1}\right)^{1/4}\,\mathrm{W}/\left(\mathrm{m}^2 \cdot \mathrm{K}\right) = 4,588\,\mathrm{W}/\left(\mathrm{m}^2 \cdot \mathrm{K}\right)$$

und somit

$$\dot{Q}_{fK} = \alpha_{W_1} A_1\,(T_1 - T_U) = 4,588 \cdot 3,142 \cdot 20\,\mathrm{W} = 288,3\,\mathrm{W}$$

$$\dot{Q}_{ges} = \dot{Q}_{fK} + \dot{Q}_{12} = (357,7 + 288,3)\ \mathrm{W} = 646,0\,\mathrm{W}$$

b) Während $\dot{Q}_{12}$ unverändert bleibt, kommt es nun zu einer Überlagerung von freier und erzwungener Konvektion. Nach Tabelle Anhang A5 folgt:
$d_a\,\overline{c}_a = 0,1 \cdot 0,5\mathrm{m}^2/\mathrm{s} = 0,05\mathrm{m}^2/\mathrm{s} > 8,55 \cdot 10^{-3}\mathrm{m}^2/\mathrm{s}$

$$\rightarrow \alpha_{\mathrm{W_{eK}}}\left(\mathrm{in\,W/\left(m^2\cdot K\right)}\right) = 2\bar{c}_{\mathrm{a}}\ (\mathrm{in\,m/s}) + 3\cdot\sqrt{\frac{\bar{c}_{\mathrm{a}}\,(\mathrm{in\,m/s})}{d_{\mathrm{a}}\,(\mathrm{in\,m})}}$$

$$= 2\cdot 0,5 + 3\cdot\sqrt{\frac{0,5}{0,1}}\,\mathrm{W/\left(m^2\cdot K\right)} = 7,708\,\mathrm{W/\left(m^2\cdot K\right)}$$

$$\alpha_{\mathrm{W_{rK}}} \approx \sqrt[4]{\alpha^4_{\mathrm{W_{fK}}} + \alpha^4_{\mathrm{W_{eK}}}} = \sqrt[4]{4,588^4 + 7,708^4}\,\frac{\mathrm{W}}{\mathrm{m^2\cdot K}} = 7,939\,\frac{\mathrm{W}}{\mathrm{m^2\cdot K}}$$

$$\dot{Q}_{\mathrm{rK}} = \alpha_{\mathrm{W_{rK}}}\,A_1\,(T_1 - T_{\mathrm{U}}) = 7,939\cdot 3,142\cdot 20\,\mathrm{W} = 498,9\,\mathrm{W}$$

$$\Delta\dot{Q}_{\mathrm{K}} = \dot{Q}_{\mathrm{rK}} - \dot{Q}_{\mathrm{fK}} = (498,9 - 288,3)\ \mathrm{W} = 210,6\,\mathrm{W}$$

Dies entspricht einer Erhöhung des konvektiven Wärmeübergangs auf $498,9/288,3 = 173\%$.

c) $A_{1,n} = \pi\,d_{\mathrm{a},n}\,L = \pi\cdot 0,12\cdot 10\mathrm{m}^2 = 3,77\mathrm{m}^2$

$$\dot{Q}_{12,n} = A_{1,n}\,C_{\mathrm{s}}\,\varepsilon_1\left(T^4_{1,n} - T^4_{\mathrm{U}}\right)$$

$$= 3,77\cdot 5,67\cdot 10^{-8}\cdot 0,9\left(298,15^4 - 293,15^4\right)\ \mathrm{W} = 99,4\,\mathrm{W}$$

$$\rightarrow \frac{99,4}{357,7} = 27,8\%$$

ohne Zugluft:

$d^3_{\mathrm{a},n}\,\Delta T = 0,12^3\cdot 5\mathrm{m}^3\,\mathrm{K} = 0,00864\mathrm{m}^3\,\mathrm{K} < 1\mathrm{m}^3\,\mathrm{K}$

$$\rightarrow \alpha_{\mathrm{W_{fK},n}}\left(\mathrm{in\,W/\left(m^2\cdot K\right)}\right) = 1,22\left(\frac{\Delta T_n\,(\mathrm{in\,K})}{d_{\mathrm{a},n}\,(\mathrm{in\,m})}\right)^{1/4} = 1,22\left(\frac{5}{0,12}\right)^{1/4}\ \mathrm{W/\left(m^2\cdot K\right)} = 3,1\,\mathrm{W/\left(m^2\cdot K\right)}$$

$$\dot{Q}_{\mathrm{fK},n} = \alpha_{\mathrm{W_1},n}\,A_{1,n}\ (T_{1,n} - T_{\mathrm{U}}) = 3,1\cdot 3,77\cdot 5\,\mathrm{W} = 58,4\,\mathrm{W} \quad\rightarrow \frac{58,4}{288,3} = 20,3\%$$

$$\dot{Q}_{\mathrm{ges},n} = \dot{Q}_{\mathrm{fK},n} + \dot{Q}_{12,n} = (58,4 + 99,4)\ \mathrm{W} = 157,8\,\mathrm{W} \quad\rightarrow \frac{157,8}{856,6} = 18,4\%$$

mit Zugluft:

$d_{\mathrm{a},n}\,\bar{c}_{\mathrm{a}} = 0,12\cdot 0,5\mathrm{m}^2/\mathrm{s} = 0,06\mathrm{m}^2/\mathrm{s} > 8,55\cdot 10^{-3}\mathrm{m}^2/\mathrm{s}$

$$\rightarrow \alpha_{\mathrm{W_{eK},n}}\left(\mathrm{in\,W/(m^2\cdot K)}\right) = 2\bar{c}_{\mathrm{a}}\ (\mathrm{in\,m/s}) + 3\cdot\sqrt{\frac{\bar{c}_{\mathrm{a}}\,(\mathrm{in\,m/s})}{d_{\mathrm{a},n}\,(\mathrm{in\,m})}}$$

$$= 2\cdot 0,5 + 3\cdot\sqrt{\frac{0,5}{0,12}}\ \mathrm{W/\left(m^2\cdot K\right)} = 7,124\,\mathrm{W/\left(m^2\cdot K\right)}$$

$$\alpha_{\mathrm{W_{rK},n}} \approx \sqrt[4]{\alpha^4_{\mathrm{W_{fK},n}} + \alpha^4_{\mathrm{W_{eK},n}}} = \sqrt[4]{3,1^4 + 7,124^4}\,\frac{\mathrm{W}}{\mathrm{m^2\cdot K}} = 7,187\,\frac{\mathrm{W}}{\mathrm{m^2\cdot K}}$$

$$\dot{Q}_{\mathrm{rK},n} = \alpha_{\mathrm{W_{rK},n}}\,A_{1,n}\ (T_{1,n} - T_{\mathrm{U}}) = 7,187\cdot 3,77\cdot 5\,\mathrm{W} = 135,5\,\mathrm{W} \quad\rightarrow \frac{135,5}{498,9} = 27,2\%$$

$$\dot{Q}_{\mathrm{ges},n} = \dot{Q}_{\mathrm{rK},n} + \dot{Q}_{12,n} = (135,5 + 99,4)\ \mathrm{W} = 234,9\,\mathrm{W} \quad\rightarrow \frac{234,9}{856,6} = 27,4\%$$

Wenn nicht ausdrücklich anderes vermerkt ist, handelt es sich in den nachfolgenden Abschnitten bei den Stoffwerten, Betriebsparametern und Geschwindigkeiten um Mittelwerte.

3 Konstruktive Dimensionierung von Rohrleitungselementen

Die Auswahl des Stoffes erfolgte im Hinblick auf den mehr grundlagenorientierten Charakter dieses Lehrbuches, d. h., eine umfassende Darstellung wird nicht angestrebt. Die bleibt der speziellen Fachliteratur vorbehalten. Neben verschiedenen Regeln ist hier insbesondere auf die DIN EN 13480 zu verweisen. Dehnungsausgleicher werden im Kapitel 4 betrachtet.

3.1 Berechnung der Rohrwanddicke bei Innendruck

3.1.1 Grundlagen

In der Schnittebene eines Rohrs der Länge L und der Wanddicke s wirken die Radialspannung σ_r, die Umfangsspannung σ_u und in Achsrichtung die Längsspannung σ_l (Bild 3.1).

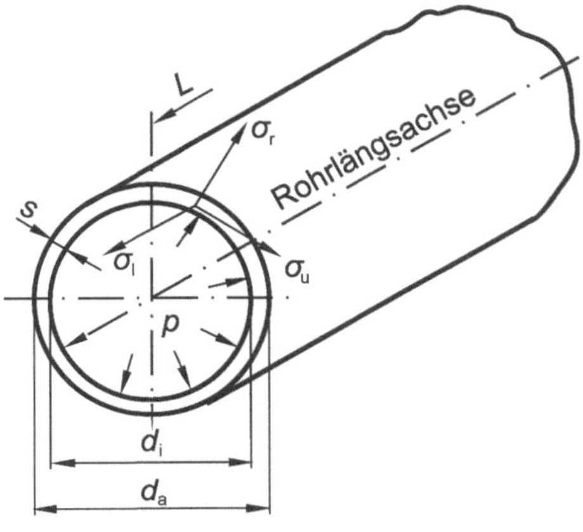

Bild 3.1
Rohr unter einem Innendruck p

Zur näheren Untersuchung wird aus der Wandung des Rohrs ein differenzielles Ringelement herausgeschnitten und betrachtet. Die nachfolgenden Überlegungen gehen auf *Lamé* u. a. zurück.

a) Gleichgewichtsbetrachtung am Ringelement in *y*-Richtung (Bild 3.2)

$$_{+}\uparrow \sum F_y = 0$$

Zerlegt man den Querschnitt in Kreisringe der Dicke dr, dann kann σ_r als Druckspannung von einem Ring auf den anderen angesehen werden. Das Ringelement trägt innenseitig im Bild 3.2 am Radius r die Radialspannung σ_r. Außen, also an der Stelle $r + \mathrm{d}r$, hat sich die Spannung auf $\sigma_\mathrm{r} + \mathrm{d}\sigma_\mathrm{r}$ geändert. Aus den Spannungen σ_r und σ_u ergeben sich nach Multiplikation mit den Flächen, an denen sie wirken, die Kräfte am differenziellen Ringelement. Im Hinblick auf die zu formulierende Kräftegleichgewichtsbedingung in y-Richtung werden die Kraftkomponenten in dieser Richtung benötigt. Für die Radialkraft ergibt sich die y-Komponente generell gemäß Bild 3.3.

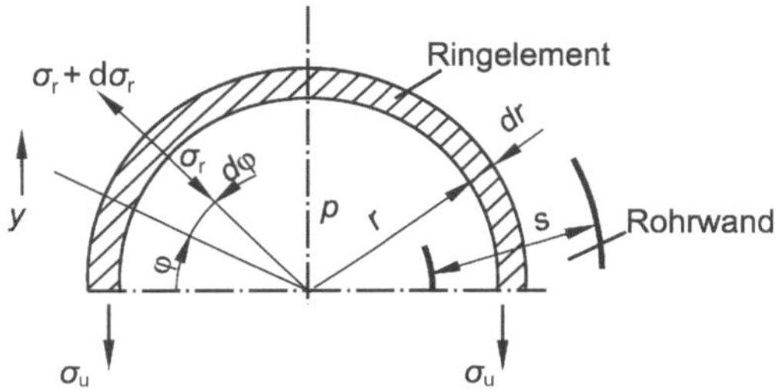

Bild 3.2
Spannungen am Ringelement

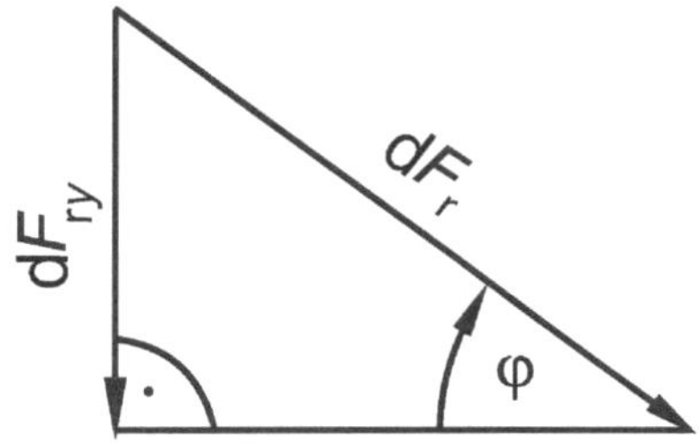

Bild 3.3
Zerlegung der Radialkraft

Die differenzielle Radialkraft aus der Radialspannung ist für die Innenseite des Ringelements $\mathrm{d}F_\mathrm{r} = \sigma_\mathrm{r}\, L\, r\, \mathrm{d}\varphi$. Ihre Komponente in y-Richtung findet man zu $\mathrm{d}F_{\mathrm{r}\,y} = \sin\, \varphi\, \mathrm{d}F_\mathrm{r}$. Analog ergeben sich die Kraft und ihre y-Komponente an der Außenseite des Ringes, nur dass hier die differenziellen Zuwächse des Radius und der Radialspannung mit berücksichtigt werden müssen. Die Umfangsspannung ist an jedem Schnittufer schon in y-Richtung orientiert, sodass hier aus der Multiplikation mit der senkrecht zur Spannungsrichtung stehenden Schnittfläche unmittelbar die interessierende Kraft folgt. Insgesamt erhält man unter Beachtung der als positiv definierten Richtung und nach Division durch L:

$$-2\sigma_u \, dr - \sigma_r \, r \int_0^\pi \sin\varphi \, d\varphi + (\sigma_r + d\sigma_r)\,(r + dr) \int_0^\pi \sin\varphi \, d\varphi = 0 \tag{3.1}$$

Wegen $\int_0^\pi \sin\,\varphi \, d\varphi = -\cos\,\varphi \,|_0^\pi = 2$ folgt $-2\sigma_u \, dr - 2\sigma_r \, r + 2\,(\sigma_r + d\sigma_r)\,(r + dr) = 0$

und bei Vernachlässigung von $d\sigma_r \, dr$ sowie Umstellen der Gleichung ergibt sich:

$$-\sigma_u + \sigma_r + r\frac{d\sigma_r}{dr} = 0 \tag{3.2}$$

Das ist eine Differenzialgleichung für die beiden Unbekannten σ_u und σ_r. Zur Lösung wird jedoch noch eine zweite Gleichung benötigt. Diese findet man durch Betrachtung der Dehnungen, die sich bei der Druckbelastung einstellen.

b) Bestimmung der Dehnungen

- Dehnung in Umfangsrichtung

  Aus Symmetriegründen kann eine Verschiebung des Ringelements nur radial um den Betrag x erfolgen. Damit tritt eine Dehnung des Umfangs ein:

$$\varepsilon_u = \frac{\Delta l_u}{l_u} = \frac{\text{Änderung des Umfangs}}{\text{Umfang}} = \frac{2\,\pi\,(r + x) - 2\,\pi\,r}{2\,\pi\,r} = \frac{x}{r} \tag{3.3}$$

- Dehnung des Ringelements in radialer Richtung (Bild 3.4 und Bild 3.5)

  Der Abstand der äußeren Faser vom Mittelpunkt nach der Dehnung wird $r + dr + x + dx$, während er vor der Dehnung $r + dr$ war. Die radiale Dicke des Elements ist demnach nach der Aufweitung $r + dr + x + dx - r - x$. Die Änderung der Dicke infolge p ist dann $dr + dx - dr = dx$.

$$\varepsilon_r = \frac{\Delta l_r}{l_r} = \frac{\text{Dickenänderung}}{\text{Dicke}} = \frac{dx}{dr} \tag{3.4}$$

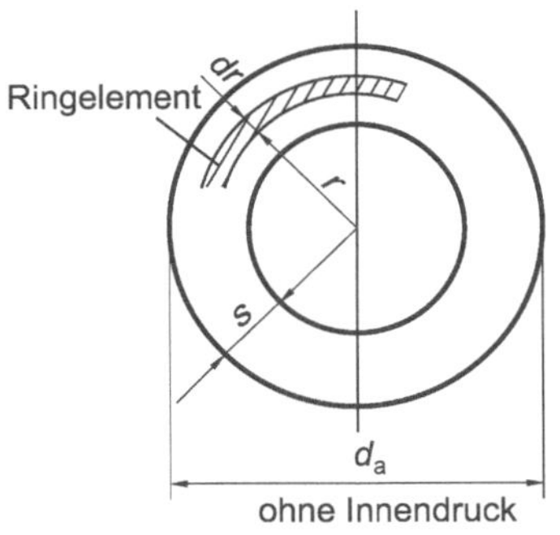

Bild 3.4
Ringelement vor der Belastung

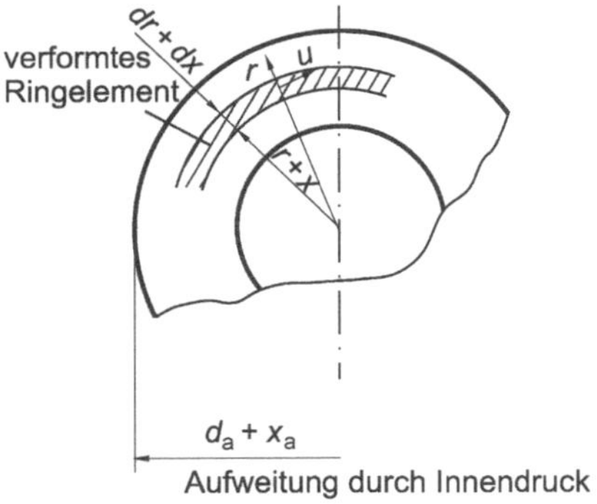

Bild 3.5 Ringelement nach der Belastung

c) Zusammenhang zwischen Spannungen und Dehnungen

Unterliegt ein Stab bzw. Rohr der Längsbelastung, dann ist seine Längsdehnung bei linearem Spannungszustand

$$\varepsilon_\mathrm{L} = \frac{\Delta L}{L} = \frac{\sigma_\mathrm{L}}{E} \tag{3.5}$$

und seine Querkontraktion ergibt sich zu

$$\varepsilon_\mathrm{q} = -\nu\,\varepsilon_\mathrm{L} = -\nu\frac{\sigma_\mathrm{L}}{E} \tag{3.6}$$

wobei die Querkontraktionszahl (*Poissonsche* Konstante) für alle Stähle $\nu = 0{,}3$ ist. Für den ebenen Spannungszustand gilt das verallgemeinerte *Hooke*sche Gesetz:

$$\sigma_x = \frac{E}{1-\nu^2}\left(\varepsilon_x + \nu\,\varepsilon_y\right) \tag{3.7}$$

$$\sigma_y = \frac{E}{1-\nu^2}\left(\nu\,\varepsilon_x + \varepsilon_y\right) \tag{3.8}$$

Orientiert man das Koordinatensystem in Umfangs- und Radialrichtung mit $y = u$ und $x = r$, dann folgen die Spannungen:

$$\sigma_\mathrm{r} = \frac{E}{1-\nu^2}\left(\varepsilon_\mathrm{r} + \nu\,\varepsilon_\mathrm{u}\right) \tag{3.9}$$

$$\sigma_\mathrm{u} = \frac{E}{1-\nu^2}\left(\varepsilon_\mathrm{r}\,\nu + \varepsilon_\mathrm{u}\right) \tag{3.10}$$

Hier sind Formel 3.3 und Formel 3.4 für die Dehnungen einzusetzen:

$$\sigma_\mathrm{u} = \frac{E}{1-\nu^2}\left(\frac{x}{r} + \nu\frac{\mathrm{d}x}{\mathrm{d}r}\right) \tag{3.11}$$

$$\sigma_\mathrm{r} = \frac{E}{1-\nu^2}\left(\frac{x\nu}{r} + \frac{\mathrm{d}x}{\mathrm{d}r}\right) \tag{3.12}$$

Die Spannungen sind berechenbar, wenn die radiale Verschiebung x bekannt ist. Dazu ist Formel 3.12 noch nach r zu differenzieren, da diese Ableitung in der Formel 3.2 gebraucht wird:

$$\frac{\mathrm{d}\sigma_\mathrm{r}}{\mathrm{d}r} = \frac{E}{1-\nu^2}\left(\frac{\mathrm{d}^2x}{\mathrm{d}r^2} + \nu\frac{\frac{\mathrm{d}x}{\mathrm{d}r}r - x}{r^2}\right) \quad (3.13)$$

Durch Einsetzen in Formel 3.2 folgt:

$$\frac{-E}{1-\nu^2}\left(\frac{x}{r} + \nu\frac{\mathrm{d}x}{\mathrm{d}r}\right) + \frac{E}{1-\nu^2}\left(\frac{x\nu}{r} + \frac{\mathrm{d}x}{\mathrm{d}r}\right) + \frac{Er}{1-\nu^2}\left(\frac{\mathrm{d}x^2}{\mathrm{d}r^2} + \nu\frac{\frac{\mathrm{d}x}{\mathrm{d}r}r - x}{r^2}\right) = 0 \quad (3.14)$$

$$\rightarrow \frac{\mathrm{d}^2x}{\mathrm{d}r^2}r + (1-\nu)\frac{\mathrm{d}x}{\mathrm{d}r} + \nu\frac{\mathrm{d}x}{\mathrm{d}r} - (1-\nu+\nu)\frac{x}{r} = 0$$

$$\rightarrow \frac{\mathrm{d}^2x}{\mathrm{d}r^2} + \frac{1}{r}\frac{\mathrm{d}x}{\mathrm{d}r} - \frac{x}{r^2} = 0 \quad (3.15)$$

Das ist eine gewöhnliche homogene lineare Differenzialgleichung zweiter Ordnung für die radiale Verschiebung x. Die allgemeine Lösung der Differenzialgleichung ergibt sich als Summe von zwei linear unabhängigen speziellen Lösungen zu $x(r) = C_1x_1(r) + C_2x_2(r)$. Eine spezielle Lösung ist $x_1(r) = r$, die andere $x_2(r) = -1/(2r)$. Jetzt sind noch die Konstanten C_1 und C_2 zu bestimmen. Das gelingt mittels der Randbedingungen $\sigma_\mathrm{r} = 0$ für $r = r_\mathrm{a}$ und $\sigma_\mathrm{r} = -p$ für $r = r_\mathrm{i}$. Als Lösung findet man schließlich für die Radialspannung:

$$\sigma_r = -p\frac{\left(\frac{r_\mathrm{a}}{r}\right)^2 - 1}{\left(\frac{r_\mathrm{a}}{r_\mathrm{i}}\right)^2 - 1} \quad (3.16)$$

Für die Differenz der extremen Radialspannungen ergibt sich $\sigma_\mathrm{ri} - \sigma_\mathrm{ra} = -p - 0 = -p$. Das ist eine Druckspannung. Mit $u = d_\mathrm{a}/d_\mathrm{i}$ folgt:

$$\sigma_\mathrm{r} = -p\frac{\left(\frac{d_\mathrm{a}}{d}\right)^2 - 1}{u^2 - 1} \quad (3.17)$$

Für die Umfangsspannung erhält man analog für jeden Wert $d_\mathrm{i} \leq d \leq d_\mathrm{a}$:

$$\sigma_\mathrm{u} = p\frac{\left(\frac{r_\mathrm{a}}{r}\right)^2 + 1}{\left(\frac{r_\mathrm{a}}{r_\mathrm{i}}\right)^2 - 1} = p\frac{\left(\frac{d_\mathrm{a}}{d}\right)^2 + 1}{u^2 - 1} \quad (3.18)$$

Für $d = d_\mathrm{a}$ ergibt sich die kleinste Umfangsspannung:

$$\sigma_\mathrm{u\ min} = p\frac{2}{u^2 - 1} \quad (3.19)$$

Analog erhält man für $d = d_\mathrm{i}$ die größte Umfangsspannung:

$$\sigma_\mathrm{u\ max} = p\frac{u^2 + 1}{u^2 - 1} \quad (3.20)$$

Formel 3.18 besagt, dass bei entsprechend hohem Innendruck p zuerst an der Rohrinnenwand die Fließspannung erreicht wird, also plastische Verformung eintritt, während in Richtung zur Außenwand noch elastische Spannungsverhältnisse vorliegen. Bildet man jetzt die Differenz zwischen der Umfangsspannung an der inneren und an der äußeren Rohrwandung, dann ergibt sich:

$$\sigma_{u\,i} - \sigma_{u\,a} = \frac{p}{u^2 - 1}\left[\left(\frac{d_a}{d_i}\right)^2 - 1\right] = \frac{p}{u^2 - 1}\left(u^2 - 1\right) = p \tag{3.21}$$

Der Unterschied zwischen den beiden Extremwerten der Umfangsspannungen ist also genau der Rohrleitungsinnendruck. Die ungleiche Spannungsverteilung über der Wanddicke ist vor allem hinsichtlich der Ausnutzung des Werkstoffs ungünstig. Näheres dazu s. [49]. Man kann jetzt mittels $\sigma_u(r)$ die mittlere Spannung berechnen, die im Längsschnitt am Rohrumfang wirkt. Dazu wird eine Hälfte der Rohrlängsschnittfläche in Umfangsrichtung betrachtet (s. Bild 3.1 und Bild 3.2). Die die Zugspannung tragende Fläche ist $dA = L\,dr$. Damit ergibt sich das Kräftegleichgewicht an der betrachteten Schnittfläche zu:

$$\int_{r_i}^{r_a} \sigma_u\, L\, dr = \overline{\sigma}_u\, L\, (r_a - r_i) \tag{3.22}$$

und mit Formel 3.18 erhält man

$$\overline{\sigma}_u = \frac{1}{r_a - r_i}\int_{r_i}^{r_a} p\,\frac{\left(\frac{r_a}{r}\right)^2 + 1}{\left(\frac{r_a}{r_i}\right)^2 - 1}\, dr = \frac{p}{(r_a - r_i)\,(u^2 - 1)}\int_{r_i}^{r_a}\left[\left(\frac{r_a}{r}\right)^2 + 1\right] dr$$

Mit

$$\int_{r_i}^{r_a}\left[\left(\frac{r_a}{r}\right)^2 + 1\right] dr = r_a^2\int_{r_i}^{r_a}\frac{dr}{r^2} + \int_{r_i}^{r_a} dr = -r_a^2\left(\frac{1}{r_a} - \frac{1}{r_i}\right) + r_a - r_i = \frac{r_a^2 - r_i^2}{r_i}$$

folgt

$$\overline{\sigma}_u = \frac{p\,(r_a^2 - r_i^2)}{(r_a - r_i)\,(u^2 - 1)\,r_i} = \frac{p\,(r_a + r_i)}{(u^2 - 1)\,r_i} = p\,\frac{u + 1}{u^2 - 1} = \frac{p}{u - 1}$$

Ersetzt man die Hilfsgröße u wieder, dann folgt:

$$\overline{\sigma}_u = \frac{p d_i}{2s} \tag{3.23}$$

Dies ist die als „**Kesselformel**“ bekannte Beziehung für die mittlere Umfangspannung, die wegen der angenommenen gleichmäßigen Spannungsverteilung über der Wanddicke für dünnwandige Rohre geeignet ist. Jetzt ist noch die Längsspannung (s. Bild 3.6) zu betrachten. Die Gleichgewichtsbedingung, nach der die Summe der Kräfte aus den Spannungen σ_l in der Rohrwand und in Längsrichtung aus dem Innendruck null ergeben, liefert:

$$\overset{\rightarrow}{\underset{+}{\sum}} F_l = 0: \; -p\frac{d_i^2\pi}{4} + (d_i + s)\,\pi\, s\,\sigma_l = 0 \tag{3.24}$$

und damit

$$\sigma_l = \frac{pd_i^2}{4s\,(d_i + s)} \tag{3.25}$$

Die Gleichung zeigt, dass die Längsspannung nur von d_i und s abhängig und daher über der Wanddicke konstant ist. Für $s \ll d_i$ folgt $\sigma_l = \frac{pd_i^2}{4sd_i} = \frac{pd_i}{4s}$. Der Vergleich mit der mittleren Umfangsspannung im Längsschnitt Formel 3.23 liefert $\sigma_u = 2\,\sigma_l$. Die Umfangsspannung ist somit doppelt so groß wie die Längsspannung, d. h., σ_u erreicht bei wachsendem Innendruck schneller die Bruchspannung: Das Rohr reißt also in Längsrichtung.

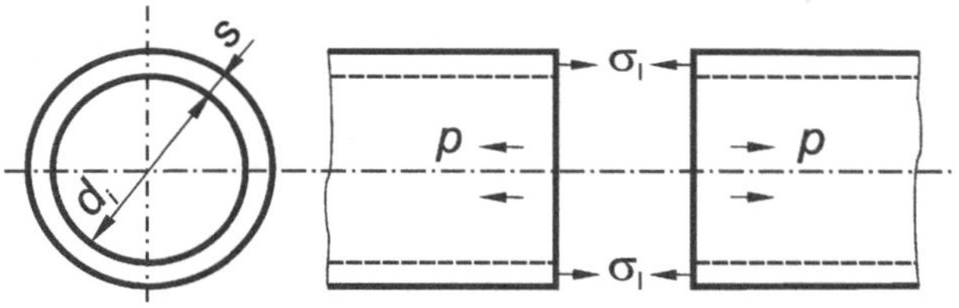

Bild 3.6 Spannung in Längsrichtung

Beispiel: Ein Rohr mit einem Innendurchmesser von 206,5 mm und einer tragenden Wanddicke von 6,3 mm wird mit $p = 20$ bar beaufschlagt. Man finde die einzelnen Spannungen.

Lösung

$$u = \frac{d_i + 2s}{d_i} = \frac{206,5 + 2 \cdot 6,3}{206,5} = 1,061$$

$$\sigma_{u\,a} = p\frac{2}{u^2 - 1} = \frac{2 \cdot 2}{1,061^2 - 1}\frac{\text{N}}{\text{mm}^2} = 31,81\frac{\text{N}}{\text{mm}^2}$$

$$\sigma_{u\,i} = p\frac{u^2 + 1}{u^2 - 1} = 2 \cdot \frac{1,061^2 + 1}{1,061^2 - 1}\frac{\text{N}}{\text{mm}^2} = 33,81\frac{\text{N}}{\text{mm}^2}$$

$$\bar{\sigma}_u = \frac{pd_i}{2s} = \frac{2 \cdot 206,5}{2 \cdot 6,3}\frac{\text{N}}{\text{mm}^2} = 32,78\frac{\text{N}}{\text{mm}^2}$$

$$\sigma_l = \frac{pd_i^2}{4s\,(d_i + s)} = \frac{2 \cdot 206,5^2}{4 \cdot 6,3 \cdot 212,8}\frac{\text{N}}{\text{mm}^2} = 15,90\frac{\text{N}}{\text{mm}^2}$$

$$\bar{\sigma}_r = \frac{-p}{2} = -1\frac{\text{N}}{\text{mm}^2}$$

Die auf den Innendruck p bezogenen Spannungen können nun mit den oben gefundenen Gleichungen in ihrem Verlauf über der Wanddicke dargestellt werden (s. Bild 3.7). Die größte Spannung, die Umfangsspannung, nimmt von innen nach außen ab, die Längsspannung ist konstant über der Wanddicke, und die Radialspannung steigt von $-p$ an der Innenseite auf 0 an der Außenseite an. In jedem Punkt der Rohrwand wirken also drei zueinander senkrecht stehende Spannungen von unterschiedlicher Größe. Es liegt folglich ein dreiachsiger Spannungszustand vor.

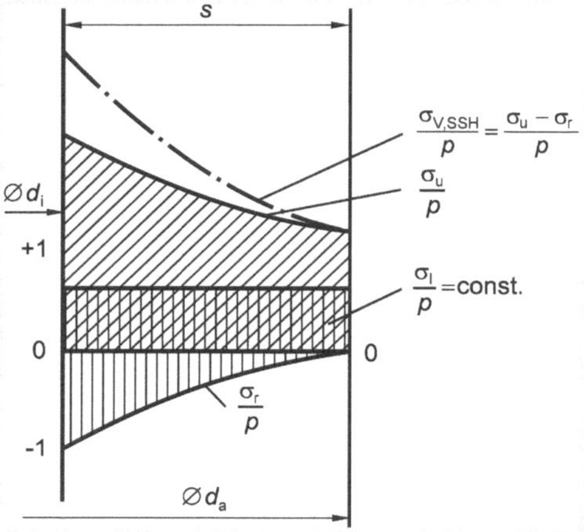

Bild 3.7
Spannungsverlauf in der Rohrwand

Zunächst ist es angebracht, die Wirkung des Innendrucks auf das elastische Verhalten des Rohrwerkstoffs zu betrachten. Steigert man den Druck, dann wird bei einem bestimmten Druck die Streckgrenze des Werkstoffs gerade erreicht. Das wird dort sein, wo die größte Spannung herrscht: Die größte Spannung σ_u bildet sich an der Innenseite der Wand aus. Hier wird also das Material gerade zu fließen beginnen, der rein plastische Zustand liegt vor. In dem Bereich zwischen der Innen- und der Außenseite verhält sich das Material wegen der hier vorhandenen geringeren Spannung rein elastisch. Bei weiterer Erhöhung des Innendrucks breitet sich die Fließzone konzentrisch aus, bis auch an der Außenseite das Material zu fließen beginnt. Der vollplastische Zustand und damit die höchste Tragfähigkeit der Rohrwand stellen sich ein, allerdings mit unzulässigen und unkontrollierbaren Formänderungen an der Innenseite. Die Berechnung der Wanddicke könnte nun im Hinblick auf eine geringe Wanddicke so durchgeführt werden, dass die Belastung nur in einer solchen Höhe zugelassen wird, die noch eine hinreichende Sicherheit gegen das Erreichen des vollplastischen Zustandes garantiert. Dieses Verfahren wäre aber zu unsicher. Sicherer lässt sich die Dimensionierung der Wanddicke ausführen, wenn der Rechnung die Grenzdehnung an der höchstbeanspruchten Stelle zugrunde gelegt wird. Diese Grenzdehnung ist abhängig von der Verformbarkeit des Werkstoffs und von der Belastung. Bei üblichen Werkstoffen wird sie an der Innenseite der Rohrwand zu 0,2 % festgelegt.

Für die Festigkeitsberechnung ist es nun notwendig, diese drei Spannungen zu einer einzigen, der sog. **Vergleichsspannung**, zusammenzufassen. Damit ist dann die Möglichkeit gegeben, diese Spannung mit der im einachsigen Zugversuch ermittelten Spannung zu vergleichen. Von der Vergleichsspannung wird also erwartet, dass sie die mechanische Beanspruchung in der Rohrwand so widerspiegelt, dass der Vergleich mit der im Zugversuch ermittelten Spannung befriedigende Auskunft über die Verformungsbeanspruchung der Rohrwand gibt.

Man kann die Vergleichsspannung auf verschiedene Art bilden. Dafür wurden verschiedene Hypothesen formuliert. Für den Rohrleitungsbau sind von Bedeutung:

- die Gestaltänderungs-Energie-Hypothese (GEH),
- die Schubspannungs-Hypothese (SSH),
- die Normalspannungs-Hypothese (NSH).

Die GEH beschreibt das Versagen des Werkstoffs infolge von plastischem Verformen und von Dauerbruch gut. Die SSH ist formelmäßig einfacher aufgebaut und zweckmäßig, wenn das Versagen des Werkstoffs infolge von plastischer Verformung und von Gleitbruch zu erwarten ist. Die NSH findet Anwendung bei wenig verformbaren Werkstoffen. Sie ist aber auch dann anwendbar, wenn verformungsfähige Werkstoffe gegeben sind und bei dreiachsigem Spannungszustand der Bruch eintritt, weil die größte Zugspannung eher als die größte Hauptspannungsdifferenz nach der SSH die Trennfestigkeit überschreitet.

Die SSH wird bevorzugt angewendet und sagt aus: Zwei verschiedene Spannungszustände sind gleichwertig, wenn ihre größten Hauptschubspannungen gleich sind:

$$\sigma_{\mathrm{V,\,SSH}} = \sigma_{\max} - \sigma_{\min} = 2\tau_{\max} \tag{3.26}$$

Die Vergleichsspannung für jeden beliebigen Punkt der Rohrwanddicke, dessen Lage gegenüber der Rohrmitte durch d (bzw. auch r) bezeichnet wird, ergibt sich durch Einsetzen der maximalen Spannung, das ist σ_{u}, und der minimalen Spannung, das ist infolge des negativen Vorzeichens σ_{r}, in obige Gleichung zu:

$$\sigma_{\mathrm{V,\,SSH}} = \sigma_{\mathrm{u}} - \sigma_{\mathrm{r}} = p\frac{\left(\frac{d_{\mathrm{a}}}{d}\right)^2 + 1}{u^2 - 1} + p\frac{\left(\frac{d_{\mathrm{a}}}{d}\right)^2 - 1}{u^2 - 1}$$

$$\rightarrow \sigma_{\mathrm{V,\,SSH}} = p\frac{2\left(\frac{d_{\mathrm{a}}}{d}\right)^2}{u^2 - 1} \tag{3.27}$$

Dabei folgt für $d = d_{\mathrm{i}}$ die maximale Vergleichsspannung an der Rohrinnenseite

$$\sigma_{\mathrm{V,\,SSH,\,max}} = p\frac{2u^2}{u^2 - 1} \tag{3.28}$$

Der Verlauf über der Wanddicke ist in Bild 3.7 eingetragen. Plastische Verformung tritt also ein, wenn die Vergleichsspannung die im einachsigen Zugversuch gewonnene Werkstoffkennziffer R_{eH} erreicht. Im Unterschied zur SSH liefert das Spannungsmodell nach der GEH folgende Vergleichsspannung:

$$\sigma_{\mathrm{V,GEH}} = \frac{1}{\sqrt{2}}\sqrt{(\sigma_\mathrm{u} - \sigma_\mathrm{r})^2 + (\sigma_\mathrm{r} - \sigma_\mathrm{l})^2 + (\sigma_\mathrm{u} - \sigma_\mathrm{l})^2} \tag{3.29}$$

Hinweis: Setzt man hier $\sigma_l = \sigma_r$, dann geht diese Beziehung in die Gleichung der SSH über. Gleiches geschieht, wenn $\sigma_l = \sigma_u$ gesetzt wird. Die Längsspannung darf demnach zwischen der größten und der kleinsten Spannung in der Rohrwand schwanken, ohne dass das Ergebnis der SSH beeinflusst wird, während nach der GEH jede Änderung der Längsspannung sofort eine Änderung der Vergleichsspannung bedingt. Ersetzt man in Formel 3.29 die Spannungen durch die abgeleiteten Beziehungen, dann erhält man mit dem Durchmesserverhältnis u die Vergleichsspannung:

$$\sigma_{\mathrm{V,GEH}} = \sqrt{3}\frac{u^2}{u^2 - 1}p \tag{3.30}$$

Die NSH definiert das Versagen des Werkstoffs durch Trennbruch. Sie beurteilt das Werkstoffverhalten nur nach der größten auftretenden Hauptspannung und liefert davon ausgehend als Vergleichsspannung:

$$\sigma_{\mathrm{V,NSH}} = \sigma_{\mathrm{max}} \tag{3.31}$$

Zur Bestimmung der Wanddicke muss nunmehr die Vergleichsspannung mit einer im einachsigen Festigkeitsversuch ermittelten zulässigen Spannung gleichgesetzt werden, d. h., die Vergleichsspannung darf keinen höheren Wert annehmen:

$$\sigma_\mathrm{V} = \sigma_{\mathrm{zul}} \tag{3.32}$$

Beispiel: Es seien für ein nahtloses Rohr $p = 8\,\mathrm{N/mm^2}$, $d_i = 206{,}5\,\mathrm{mm}$ und $d_a = 219{,}1\,\mathrm{mm}$ gegeben. Wie groß sind die Vergleichsspannungen?

Lösung

Formel 3.28 ergibt mit $u = \frac{219{,}1}{206{,}5} = 1{,}061$; $\sigma_{\mathrm{V,SSH}} = \frac{2\cdot 1{,}061^2}{1{,}061^2-1}\frac{\mathrm{N}}{\mathrm{mm}^2} = 143{,}27\frac{\mathrm{N}}{\mathrm{mm}^2}$.

Formel 3.30 liefert $\sigma_{\mathrm{V,GEH}} = \sqrt{3}\frac{1{,}061^2}{1{,}061^2-1}\cdot 8\frac{\mathrm{N}}{\mathrm{mm}^2} = 124{,}04\frac{\mathrm{N}}{\mathrm{mm}^2}$ und Formel 3.31 mit Formel 3.20 $\sigma_{\mathrm{V,NSH}} = 8\frac{1{,}061^2+1}{1{,}061^2-1}\frac{\mathrm{N}}{\mathrm{mm}^2} = 135{,}27\frac{\mathrm{N}}{\mathrm{mm}^2}$.

3.1.2 Werkstoffprüfung und zulässige Spannung

Werkstoffkennwerte und die technologischen Eigenschaften der Werkstoffe werden durch Prüfungen belegt, über die nachfolgend ein Überblick vermittelt wird (Bild 3.8).

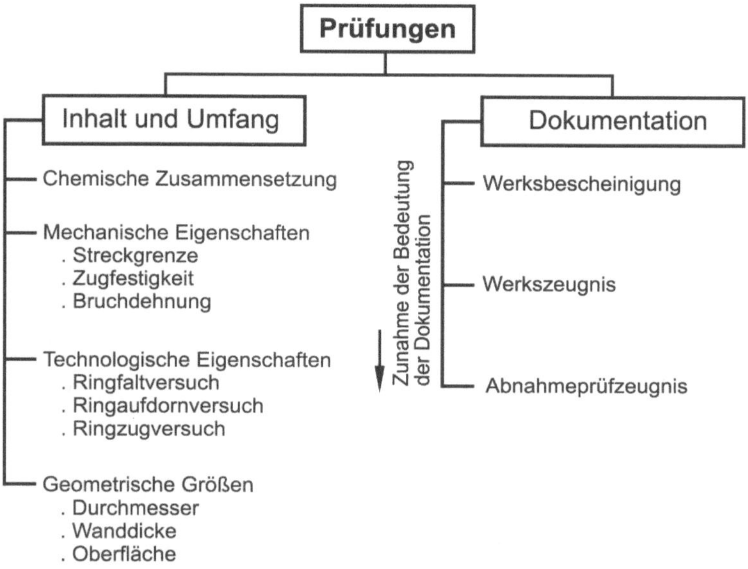

Bild 3.8 Inhalt und Dokumentation von Werkstoffprüfungen

a) Inhalt und Umfang der Prüfungen an Rohren

Die dafür geltenden Normwerte sind für nahtlose druckbeanspruchte Rohre in DIN EN 10216, für geschweißte Rohre in DIN EN 10217, für Rohre für Gase und brennbare Flüssigkeiten in DIN EN 10208 zusammengestellt. Im Einzelnen umfasst die Prüfung:

- **chemische Zusammensetzung**

  In der Regel muss die Schmelzanalyse nachweisen, dass die chemische Zusammensetzung der Stähle normgerecht ist.

- **mechanische Eigenschaften**

  Streckgrenze, Zugfestigkeit und Bruchdehnung müssen der Norm entsprechen. Sie sind im Zugversuch nachzuweisen. Der Innendruckversuch prüft die Dichtheit der Rohre. Er wird normal mit 50 bar durchgeführt und kann maximal bis 200 bar vereinbart werden.

- **technologische Eigenschaften**

  Sie werden durch Ringfaltversuch, Ringaufdornversuch und Ringzugversuch festgestellt. Es dürfen keine Risse, Schalen, Überlappungen und Doppelungen auftreten.

Geometrische Prüfungen

- Sichtprüfung der Oberfläche

  Die Rohre müssen eine dem Herstellverfahren entsprechende glatte äußere und innere Oberfläche haben. Herstellungsbedingte Unregelmäßigkeiten der Oberfläche sind zulässig, sofern sie nicht die festgelegte Wanddicke beeinträchtigen.

- Wanddickenprüfung
- Durchmesserprüfung

Die Prüfungen müssen nach DIN EN 10204 dokumentiert werden. Im Einzelnen gibt es:

Werksbescheinigung 2.1 (Die Nummern verweisen auf den Abschnitt in der Norm)

Die einfachste Form der Dokumentation von Werkstoffprüfungen ist die Werksbescheinigung. Sie bestätigt in Textform die Einhaltung von Bestellvorschriften; Zahlenergebnisse enthält der Text nicht. Werksbescheinigungen werden vom Hersteller ausgefertigt. Ihr Inhalt ist Ergebnis einer vom Hersteller durchgeführten nichtspezifischen Prüfung. Nichtspezifisch bedeutet, dass die Prüfung nicht unbedingt an der betreffenden Lieferung durchgeführt wurde.

Werkszeugnis 2.2

Eine höherrangige Dokumentation stellt das Werkszeugnis dar. Es wird in Fällen erteilt, in denen die technischen Lieferbedingungen für Rohre die Einhaltung bestimmter Prüfwerte vorschreiben, eine besondere Ablieferungsprüfung zum Nachweis dieser Werte an der Lieferung selbst aber nicht vereinbart wurde. In diesen Fällen ist es den Herstellern gestattet, die Einhaltung der vereinbarten oder genormten Werte und die Erfüllung der sonstigen an die Rohre gestellten Anforderungen aufgrund laufender Betriebsaufzeichnungen nichtspezifisch nachzuweisen.

Abnahmeprüfzeugnis

Abnahmeprüfzeugnisse sind stets ein Nachweis dafür, dass Prüfungen an dem gelieferten Material selbst stattgefunden haben. Es handelt sich um spezifische Prüfungen. Die Einzelheiten dieser Prüfung sind in den jeweiligen technischen Lieferbedingungen aufgeführt. Üblicherweise werden die Rohre nach Losen geprüft, wobei die Losgrößen (i. d. R. > 50 Rohre) vorgeschrieben sind. Bei Prüfungen, die von Sachverständigen des Herstellers selbst durchgeführt wurden, wird das Abnahmeprüfzeugnis 3.1 erteilt. Wird die Prüfung von einem Sachverständigen des Herstellers und von einem vom Besteller beauftragten Sachverständigen durchgeführt, wird das Abnahmeprüfzeugnis 3.2 ausgestellt.

b) Festigkeitskennwerte

Die zulässige Spannung ist von den chemischen und physikalischen Eigenschaften des Rohrwerkstoffs und von der Beanspruchung abhängig. Diese normierten Eigenschaften müssen vom Hersteller der Rohre gegenüber dem Anwender nachgewiesen und dokumentarisch belegt werden. Ganz allgemein ist die zulässige Spannung der Quotient aus einem definierten Werkstoff- bzw. Festigkeitskennwert K und einem Sicherheitsbeiwert S: $\sigma_{zul} = K/S$.

Die interessierenden Festigkeitskennwerte sind nachfolgend angegeben. Im Rahmen der Normung haben sich die Symbole dafür geändert. Zum besseren Verständnis älterer Literatur werden sie in Tabelle 3.1 einander zugeordnet.

Tabelle 3.1 Gegenüberstellung alter und neuer Festigkeitskenngrößen

Kenngröße	alt	neu	Einheit
Fließ-, Streckgrenze	σ_S	R_e	N/mm²
obere Streckgrenze	σ_{SO}	R_{eH}	N/mm²
0,2-%-Dehngrenze	$\sigma_{0,2}$	$R_{p\,0,2}$	N/mm²
Warmstreckgrenze	$\sigma_{S/\vartheta}$	$R_{p\,0,2/\vartheta}$	N/mm²
Zugfestigkeit	σ_B	R_m	N/mm²
Bruchdehnung	δ	A	%
Zeitdehngrenze	$\sigma_{1/10^5}$	$R_{p/\varepsilon_p/t/\vartheta}$	N/mm²
Zeitstandfestigkeit	$\sigma_{B/10^5}$	$R_{m/t/\vartheta}$	N/mm²

Die einzelnen Kenngrößen haben folgende Bedeutung:

Streckgrenze R_e

Als Streckgrenze bezeichnet man die Spannung, bei der mit zunehmender Verlängerung des Probestabes die Zugkraft erstmalig gleichbleibt oder abfällt. Bei merklichem Kraftabfall unterscheidet man zwischen oberer Streckgrenze R_{eH} und unterer Streckgrenze R_{eL}. Die obere Streckgrenze R_{eH} ist der bei Raumtemperatur anzuwendende Werkstoffkennwert.

Dehngrenze R_p

Bei Stählen, bei denen keine ausgeprägte natürliche Streckgrenze auftritt, wird vereinbarungsgemäß die 0,2-%-Dehngrenze (Proportionalitätsgrenze) bestimmt. Das ist die Spannung, bei der die Ausgangsmesslänge des Probestabes um 0,2 % bleibend gedehnt ist. Außer der 0,2-%-Dehngrenze wird häufig noch die 1-%-Dehngrenze bestimmt, z. B. bei austenitischen Stählen. Durch Erweiterung des Index um das Symbol ϑ wird auf die Warmstreckgrenze verwiesen.

Zeitdehngrenze $R_{p/\varepsilon_p/t/\vartheta}$

Als Zeitdehngrenze bezeichnet man die bei einer bestimmten Temperatur ϑ, z. B. 200 °C, auf den ursprünglichen Querschnitt der Probe bei Raumtemperatur bezogene konstante Spannung, die nach Ablauf der Versuchszeit t, z. B. nach 10 000 Stunden, eine bestimmte bleibende Dehnung ε_p, z. B. von 1 %, hervorruft ($R_{p\,1/10.000/200}$).

Zeitstandfestigkeit $R_{m/t/\vartheta}$

Als Zeitstandfestigkeit bezeichnet man die bei einer bestimmten Temperatur ϑ auf den ursprünglichen Querschnitt der Probe bei Raumtemperatur bezogene Spannung, die nach Ablauf der Versuchszeit t, z. B. nach 10 000 Stunden, den Bruch herbeiführt ($R_{m/10^4/\vartheta}$).

Man unterscheidet je nach Verwendungstemperatur Kurz- und Langzeitwerte.

Kurzzeitwerte

- Mindestwert der 0,2-%- bzw. der 1-%-Dehngrenze ($R_{p0,2}$ bzw. R_{p1}) bei Raumtemperatur
- Mindestwert der Zugfestigkeit R_m bei Raumtemperatur
- Mindestwert der Warmdehngrenze $R_{p\,0,2/t/\vartheta}$
- Mindestwert der Warmzugfestigkeit $R_{m/t/\vartheta}$

Langzeitwerte

- Mindestwert der 1-%-Zeitdehngrenze, z. B. $R_{p\,1/10^4}$; $R_{p\,1/30.000}$; $R_{p\,1/50.000}$ und $R_{p\,1/10^5}$
- Mittelwert der Zeitstandfestigkeit, z. B. $R_{m/10^4/\vartheta}$; $R_{m/50.000/\vartheta}$; $R_{m/10^5/\vartheta}$
- Biege- und Wechselfestigkeit sind von den Lastwechselzahlen abhängig, d. h. von der Dauer der Beanspruchung

Zum besseren Verständnis der Bezeichnung der Rohrstähle werden nachfolgend die Werkstoffkurzzeichen erläutert (Tabelle 3.2):

- Kurzzeichen von unlegierten und legierten Stählen, angegeben **vor** dem Zahlenwert der Streckgrenze
  - P Druckgerätestahl (pressure)
  - L Leitungsrohr (line pipe)
  - E Maschinenbaustahl (engineering steel)
  - S Stahlbaustähle (structural steel)
- Kurzzeichen von legierten und unlegierten Stählen, angegeben **nach** dem Zahlenwert der Streckgrenze
  - TR1 Rohr (tube) für Raumtemperatur (room); 1: nicht- oder halbberuhigt, d. h. Al-Anteil nicht begrenzt
  - TR2 wie oben; 2: beruhigt vergossen
  - N Wärmebehandlung: Normalglühen
  - M Wärmebehandlung: thermomechanisches Umformen

  - Q Wärmebehandlung: Vergüten
  - H Verwendung für hohe (high) Temperaturen, z. B. GH, NH
  - L Verwendung für tiefe (low) Temperaturen, z. B. NL, QL
  - X Verwendung für hohe und für tiefe Temperaturen
- weitere nachgesetzte Kurzzeichen nach Liefernorm
  - –TC Prüfkategorie (test category)
  - +N Normalglühen
  - +NT Normalglühen und Anlassen
  - +QT Vergüten
- Kurzzeichen des Herstellverfahrens in den Liefernormen
  - S nahtlos (seamless)
  - W geschweißt (welded)
  - EW elektrisch geschweißt

Beispiel: Was bedeutet P265GH?
Rohrstahl mit einer Streckgrenze $R_{eH} = 265\ N/mm^2$, wärmebehandelt, für hohe Temperaturen einsetzbar und durch Druck beanspruchbar

Tabelle 3.2 Anwendungsgrenzen für nahtlose Rohre (Auszug aus [112])

Norm DIN EN	Werkstoff		Anwendungsgrenzen		Güte nach DIN EN 10204
	Name	Eigenschaft	Druck (in bar)	Temperatur (in °C)	
10216-1	P235TR2 P265TR2	unlegiert	unbegrenzt	≤ 300	3.1
10216-2	P235GH P265GH	unlegiert, legiert (Ausnahmen s. Norm)	≤ 160	s. Norm	3.1
10216-3	P355N P460N	legierte Feinkornstähle	≤ 160	≤ 300	3.2
	P355NH P460NH	legierte Feinkornstähle	≤ 160	≤ 400	3.2

3.1.3 Praktische Berechnung der Wanddicke

Nachfolgend werden die Gleichungen zur Berechnung der Wanddicke hergeleitet. Die zur numerischen Auswertung der Gleichungen erforderliche zulässige Spannung wird ebenfalls bereitgestellt. Die Orientierung erfolgt an der seit 2002 gültigen Norm DIN EN 13480-3. Für die Arbeit in der Praxis sind die Details unbedingt den gültigen Normen zu entnehmen.

Rohre unterliegen unterschiedlichsten Beanspruchungen. Aber im Hinblick auf für die Praxis angemessene Berechnungsvorschriften sind zwei wesentliche Beanspruchungsbereiche zu unterscheiden:

- Bereich I: vorwiegend ruhende Innendruckbeanspruchung bei einem Durchmesserverhältnis von a) $u \leq 1{,}7$ und b) $u > 1{,}7$ sowie
- Bereich II: wechselnde Beanspruchung.

Die Temperatur wird über die Werkstoffkenn- und Sicherheitsbeiwerte berücksichtigt. Praktisch werden Rohre verschweißt. Das kann einerseits im Verlauf ihrer Herstellung aus Blech (längsnahtgeschweißte Rohre, Spiralnahtrohre) erfolgen. Hierfür ist der Fertigungsbetrieb verantwortlich. Die entsprechende Schweißnahtausführung ist in den Technischen Lieferbedingungen geregelt. Andererseits kann es erst bei ihrer Montage (Rundnähte) dazu kommen. Die Schweißnahtausführung obliegt dann der Verantwortung des Montagebetriebs. Im Allgemeinen verringern Schweißnähte die zulässige Spannung. Diese Tatsache wird durch Einführung der Schweißnahtwertigkeit v_N berücksichtigt. Sie wird definiert als Quotient aus der Festigkeit der Schweißnaht und der Festigkeit des Rohrmaterials $v_N = R_{m\,Schw}/R_m$. Nimmt man den gleichen Sicherheitsfaktor für die Schweißnaht und das Grundmaterial an, ergibt sich $\sigma_{zul\,Schw} = v_N\,\sigma_{zul}$.

Die Schweißnaht vermindert also die zulässige Belastung des Grundmaterials und ist bestimmend für die Festigkeit der Rohrleitung. Es gibt auch Ansätze, mittels der Schweißnahtwertigkeit die tragende Wanddicke des Rohrs zu verringern. Folgt man diesem Konzept, ergeben sich natürlich andere Ergebnisse.

Nahtlose Rohre haben die Schweißnahtwertigkeit $v_N = 1$. Die Qualität der Schweißnaht wird durch Prüfungen festgestellt, s. Tabelle 3.3. Für das Festigkeitsverhalten der Schweißnaht ist die senkrecht zur Naht stehende Spannungskomponente maßgebend, für die Längsnaht also die Umfangs- und für die Rundnaht die Längsspannung. Da $\sigma_l < \sigma_u$ ist, genügt die Vorgabe der Schweißnahtwertigkeit für die Längsnaht.

Tabelle 3.3 Schweißnahtwertigkeit v_N

Umfang und Art der Prüfung	v_N
a) vollständige Prüfung, Nachweis durch zerstörende oder zerstörungsfreie Verfahren, Gesamtheit der Nähte hat keine signifikanten Fehler	1
b) Stichprobe, zerstörungsfrei	0,85
c) lediglich Sichtprüfung	0,7

Betrachtung des Bereichs I a: Ruhende Belastung mit $u \leq 1{,}7$

Als maximale Spannung wird in diesem Bereich die mittlere Umfangsspannung $\overline{\sigma}_u$ und als minimale Spannung die mittlere Radialspannung $\overline{\sigma}_r$ gesetzt. Damit ergibt sich:

$$\sigma_{min} = \overline{\sigma}_r = \frac{-p}{2} \qquad (3.33)$$

Mit Verwendung der SSH ergibt sich die mittlere Vergleichsspannung:

$$\sigma_{V,SSH} = \sigma_{max} - \sigma_{min} = \overline{\sigma}_u - \overline{\sigma}_r = \frac{pd_i}{2s} + \frac{p}{2}$$

$$\sigma_{V,SSH} = \frac{p}{2}\left(\frac{d_i}{s} + 1\right) \qquad (3.34)$$

Dieses Konzept geht davon aus, dass im Hinblick auf das Fließen des Werkstoffs an der Rohrinnenwandung keine extremen Spannungen auftreten dürfen. Die Fließspannung wird aber bei höherer Temperatur niedriger. Diesem Sachverhalt wird durch die Annahme $\overline{\sigma}_r = -p/2$ Rechnung getragen. Damit wird $\sigma_{V,SSH}$ (= σ_{zul}) geringer. Durch Umstellung findet man:

$$s = \frac{d_i}{\frac{2\sigma_{V,SSH}}{p} - 1} \qquad (3.35)$$

Durch Einführung der Formel 3.32 und der Schweißnahtwertigkeit v_N ergibt sich:

$$s_{erf} = \frac{d_i}{\frac{2\sigma_{zul} v_N}{p} - 1} \qquad (3.36)$$

Auch hier gilt wieder bezüglich der Längsspannung, dass sie sich in den Bereich zwischen $\overline{\sigma}_r$ und $\overline{\sigma}_u$ einordnet: $-p/2 \leq \sigma_l \leq p\,d_i/(2s)$. Die Verwendung des Innendurchmessers ist logisch, wenn man die Reihenfolge der Auslegung einer Rohrleitung berücksichtigt: Es wird $\dot{V}$ gegeben sein, sodass auf dieser Basis d_i zu berechnen ist. Diesem d_i ist dann eine dem Innendruck entsprechende Wanddicke zuzuordnen. Allerdings sind die Rohre nach dem Außendurchmesser genormt, d. h., diesem Sachverhalt ist dann noch zu genügen. Dieser berechneten Wanddicke werden zur Berücksichtigung praktischer Anforderungen noch Zuschläge zugeordnet, s. Abschnitt 3.1.4. Man kann aber auch schon hier den Außendurchmesser in obige Gleichungen mittels $d_i = d_a - 2\,s_{erf}$ einführen. Dazu wird Formel 3.36 umgeformt:

$$s_{\mathrm{erf}} \left(\frac{2\sigma_{\mathrm{zul}} v_{\mathrm{N}}}{p} - 1 \right) = d_{\mathrm{i}} = d_{\mathrm{a}} - 2 s_{\mathrm{erf}}$$

Umgestellt nach der erforderlichen Wanddicke ergibt sich:

$$s_{\mathrm{erf}} = \frac{p d_{\mathrm{a}}}{2\sigma_{\mathrm{zul}} v_{\mathrm{N}} + p} \tag{3.37}$$

Hier ist also d_a der genormte Außendurchmesser und s_{erf} die rechnerisch erforderliche Wanddicke. Nach Berücksichtigung der Zuschläge zur Wanddicke (s. Abschnitt 3.1.4) ist dann zu prüfen, ob die sich somit einstellende Strömungsgeschwindigkeit akzeptiert werden kann.

Vergleichsweise wird die Berechnung der Wanddicke mit der GEH ausgeführt. Führt man in Formel 3.30 die Durchmesser ein, dann ergibt sich damit die rechnerisch erforderliche Wanddicke, wenn auch $\sigma_{V,GEH} = \sigma_{zul} v_N$ gesetzt wird, zu:

$$s_{\mathrm{erf,\,GEH}} = \frac{d_{\mathrm{i}}}{2} \left(-1 + \sqrt{1 + \frac{1}{\frac{\sigma_{\mathrm{zul}} v_{\mathrm{N}}}{\sqrt{3} p} - 1}} \right) \tag{3.38}$$

Betrachtung des Bereichs I b: Ruhende Belastung mit $u > 1{,}7$

Hier ist bereits ein starkwandiges Rohr gegeben. Das kann anhand der Wandstärke veranschaulicht werden. Es lässt sich zeigen, dass hier für die Wanddicke $s > 0{,}35\,d_i$ gilt. Mit einem beispielhaft angenommenen Innendurchmesser von 206,5 mm ergibt sich $s = 72{,}27$ mm. Nach den Ausführungen im Abschnitt 3.1.1 könnte in einem solchen Falle die maximale Spannung die Trennfestigkeit zuerst überschreiten, sodass die Anwendung der NSH geboten erscheint. Es gilt demnach die *Lamé*-Beziehung Formel 3.31. Setzt man hier die Formel 3.20 ein, dann wird mit Formel 3.32:

$$\sigma_{\mathrm{zul}}\, v_{\mathrm{N}} = \frac{\left(\frac{d_{\mathrm{a}}}{d_{\mathrm{i}}}\right)^2 + 1}{\left(\frac{d_{\mathrm{a}}}{d_{\mathrm{i}}}\right)^2 - 1}$$

Wird hier der Außendurchmesser ersetzt durch $d_a = d_i + 2\,s$, dann ergibt sich durch Umstellen die Bestimmungsgleichung für die rechnerisch erforderliche Wanddicke:

$$s_{\mathrm{erf}} = \frac{d_{\mathrm{i}}}{2} \left(\sqrt{\frac{\sigma_{\mathrm{zul}} v_{\mathrm{N}} + p}{\sigma_{\mathrm{zul}} v_{\mathrm{N}} - p}} - 1 \right) \tag{3.39}$$

Bei Verwendung des Außendurchmessers findet man mit obiger Gleichung:

$$s_{\mathrm{erf}} = \frac{d_{\mathrm{a}}}{2} \left(1 - \sqrt{\frac{\sigma_{\mathrm{zul}} v_{\mathrm{N}} - p}{\sigma_{\mathrm{zul}} v_{\mathrm{N}} + p}} \right) \tag{3.40}$$

Betrachtung des Bereiches II: Wechselnde Beanspruchung

Rohrleitungen unterliegen meist einer statischen Belastung. Sie können aber auch dynamisch beansprucht werden (z. B. durch veränderliche Innendrücke infolge Betätigung eines Ventils, durch häufige Temperaturänderungen und damit verbundene Spannungsänderungen, durch von außen eingetragene Schwingungen). In diesem Falle spricht man von wechselnder Beanspruchung, d. h., die Belastung ändert sich mit der Zeit, wobei die Größe und das Vorzeichen des Mittelwertes der Belastung unerheblich sind.

Nachfolgend wird nur die Wechselbeanspruchung infolge einer Druckänderung $\hat{p} - \check{p}$ betrachtet (Bild 3.9). Eine wechselnde Beanspruchung führt dazu, dass die Spannung in der Rohrwand zwischen einer Oberspannung $\hat{\sigma}$ und einer Unterspannung $\check{\sigma}$ pendelt. Es wird weiterhin gefordert, dass die den normalen Betriebsdruck p überlagernden Schwankungen $\geq 0{,}1 \cdot p$ sind. Liegen sie darunter, dann ist die dynamische Berechnung nicht erforderlich, die statische Rechnung ist ausreichend. Die Festigkeitsmerkmale sind für die nachfolgende Berechnung nicht zeitabhängig.

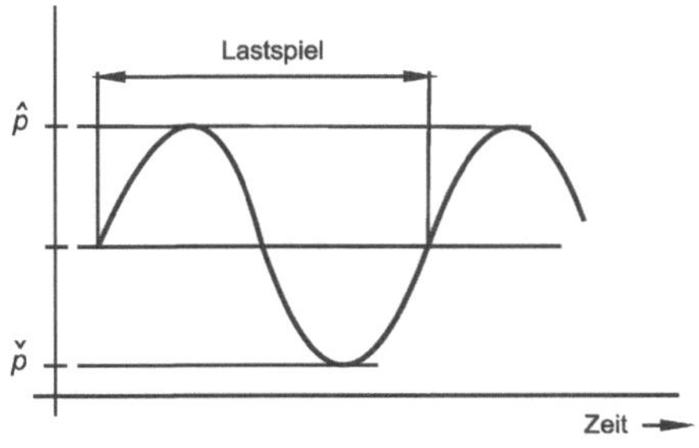

Bild 3.9
Druckverlauf bei wechselnder Beanspruchung (Zug)

Ab einer bestimmten Lastspielzahl n beginnt sich das mechanische Verhalten des Werkstoffs, d. h. seine Festigkeit, zu ändern. Der Werkstoff ermüdet. Diese Abhängigkeit der Festigkeit von der Lastspielzahl ist im *Wöhler*-Diagramm dargestellt.

Im Bereich kleiner Lastspielzahlen, im Bild 3.10 etwa für $n < 4 \cdot 10^3$, ist die Belastbarkeit in Übereinstimmung mit der bei statischer Beanspruchung. Hier ist also die Berechnung nach den Regeln im Bereich I vorzunehmen. Danach, im Bereich der Zeitfestigkeit, fällt die ertragbare Spannung mit zunehmender Lastspielzahl deutlich ab. Der Grenzwert der Zeitfestigkeit ist die Dauerfestigkeit. Sie kann theoretisch bei unendlich vielen Lastspielen ertragen werden, liegt aber in ihrer Größe deutlich unter der statischen Festigkeit des Werkstoffs. Im Bild 3.11 sind beispielhaft die *Wöhler*-Kurven für Stahlrohre dargestellt. In Diagrammen dieser Art sind Einflüsse der Oberfläche, der Form und des Schweißverfahrens bereits durch die Kerbwirkungsklasse mit enthalten (s. dazu Tabelle 3.6). Aus diesem Grund muss bei der Berechnung auch die Schweißnahtwertigkeit v_N nicht mehr separat beachtet werden, sondern es sind lediglich die zulässigen Spannungen laut Diagramm zu verwenden. Es ist besonders zu beachten, dass die Schwellfestigkeit (DIN EN 13480-3 spricht von Wechselbeanspruchung, diese ist unabhängig von Größe und Vorzeichen ihres Mittelwertes) von der Struktur der Oberfläche des beanspruchten Teils abhängig ist. Bei Rohren ist demnach der Einfluss der Korrosion wegen der dann auftretenden Kerbwirkung auf die Schwellfestigkeit von Bedeutung.

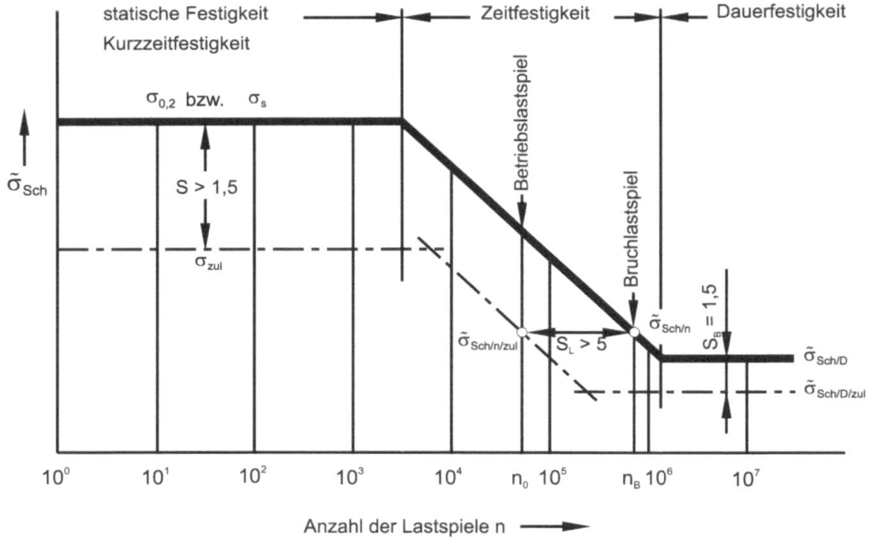

Bild 3.10 *Wöhler*-Linien bei Schwellbeanspruchung einschließlich der zulässigen Beanspruchung, nach [88]

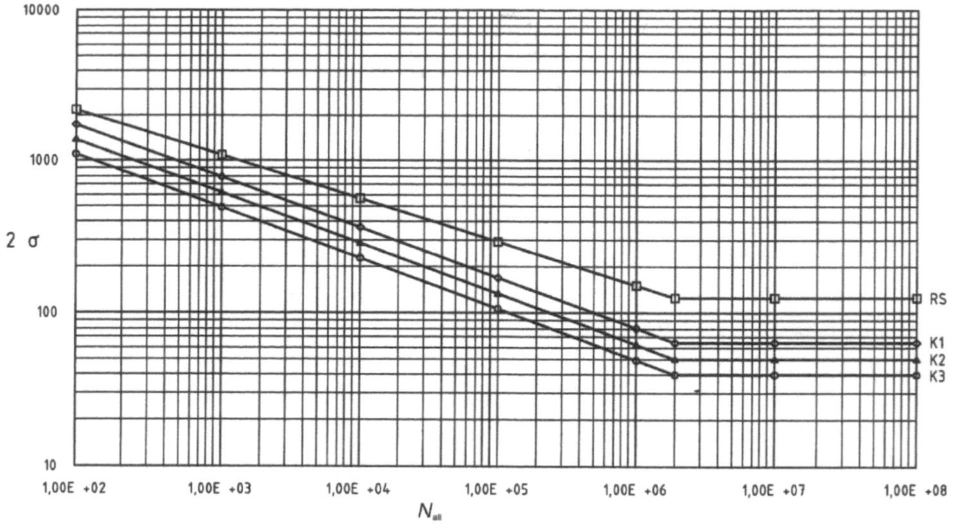

Bild 3.11 Zulässige Lastspielzahl N_{all} für Temperaturen < 100 °C und Wanddicken < 25 mm (DIN EN 13480-3), RS, K1, K2, K3 s. Tabelle 3.6

Bezüglich der Berechnung der Wanddicke sind, bedingt durch das zeitabhängige Verhalten des Werkstoffs, zwei Vorgehensweisen möglich. Erstens wäre es machbar, die zulässige Spannung als prägende Größe zu verwenden. Zweitens bietet sich eine andere Variante an. Sie geht davon aus, dass im Nutzungsintervall der Rohrleitung eine bestimmte Anzahl von Lastspielen von der Leitung sicher ertragen werden muss. Damit ist unmittelbar die Möglichkeit gegeben, zu einem bestimmten Zeitpunkt die noch zur Verfügung stehende Lebensdauer abzuschätzen. Diese Variante ist in die Norm eingegangen. Beide Herangehensweisen werden nachfolgend betrachtet. Im Bedarfsfall ist die Nutzung von Normen und anderen Empfehlungen unverzichtbar.

Berechnung der Wanddicke mit Verwendung der zulässigen Spannung

Treten wechselnde Belastungen auf, ist generell mit Werkstoffermüdung zu rechnen. Diese führt zu einem Dauerbruch und daher wäre hier die GEH als Modell zu akzeptieren. Das wurde auch vorgeschlagen, fand jedoch keine Berücksichtigung [117]. Es wird folglich auch in diesem Fall mit dem Modell der SSH gearbeitet. Die Druckschwankungen werden so berücksichtigt, dass anstelle des konstanten Drucks p in den entsprechenden Gleichungen die Druckdifferenz $\hat{p} - \check{p}$ verwendet wird:

$$\sigma_{\mathrm{V,SSH}} = \hat{\sigma} - \check{\sigma} = \sigma_{\mathrm{zul}} = \hat{\sigma}_{\mathrm{u}} - \check{\sigma}_r \tag{3.41}$$
$$\text{mit}\,\check{\sigma}_r = -p = -\left(\hat{p} - \check{p}\right)$$

Der Unterschied des Bereichs II gegenüber dem einer statischen Beanspruchung entsprechenden Bereich I liegt somit in der Verwendung von lastwechselabhängigen Festigkeitskennwerten und in der Verwendung einer Druckdifferenz statt des konstanten Innendrucks: $p = \hat{p} - \check{p}$. Weiterhin werden wegen der Gefahr auf Dauerbruch für $\hat{\sigma}$ und $\check{\sigma}$ Extremalspannungen für σ_{u} und σ_{r} eingesetzt. In Formel 3.18 wird der Verlauf der Umfangsspannung angegeben. Damit wird für $d = d_{\mathrm{i}}$ der obere Wert der Umfangsspannung erreicht:

$$\hat{\sigma}_{\mathrm{u}} = p\frac{u^2+1}{u^2-1} = \left(\hat{p} - \check{p}\right)\frac{u^2+1}{u^2-1} \tag{3.42}$$

Folglich ergibt sich die Vergleichsspannung bzw. die zulässige Spannung zu.

$$\tilde{\sigma}_{\mathrm{zul}} = \left(\hat{p} - \check{p}\right)\frac{u^2+1}{u^2-1} + \hat{p} - \check{p} = \left(\hat{p} - \check{p}\right)\frac{2u^2}{u^2-1}$$

Die Wanddicke ist gesucht. Sie ist in dem Durchmesserverhältnis $u = \frac{d_{\mathrm{a}}}{d_{\mathrm{i}}} = \frac{d_{\mathrm{i}}+2s}{d_{\mathrm{i}}}$ enthalten, sodass man durch Umformen erhält:

$$\frac{\tilde{\sigma}_{\mathrm{zul}}}{2\left(\hat{p} - \check{p}\right)} = \frac{u^2}{u^2-1} = \frac{\left(d_{\mathrm{i}}+2s\right)^2}{\left(d_{\mathrm{i}}+2s\right)^2 - d_{\mathrm{i}}^2} = \frac{d_{\mathrm{i}}^2 + 4d_{\mathrm{i}}s + 4s^2}{4d_{\mathrm{i}}s + 4s^2}$$

$$\rightarrow s^2\left(\frac{2\tilde{\sigma}_{\mathrm{zul}}}{\hat{p} - \check{p}} - 4\right) + d_{\mathrm{i}}\left(\frac{2\tilde{\sigma}_{\mathrm{zul}}}{\hat{p} - \check{p}} - 4\right)s - d_{\mathrm{i}}^2 = s^2 + d_{\mathrm{i}}\,s - \frac{d_{\mathrm{i}}^2}{\frac{2\tilde{\sigma}_{\mathrm{zul}}}{\hat{p}-\check{p}} - 4} = 0$$

$$\rightarrow s_{1,2} = \frac{-d_\mathrm{i}}{2} \pm \sqrt{\frac{d_\mathrm{i}^2}{4} + \frac{d_\mathrm{i}^2}{\frac{2\tilde{\sigma}_\mathrm{zul}}{\hat{p}-\check{p}} - 4}}$$

Die Wanddicke muss positiv sein, daher gilt vor der Wurzel das + und somit (s. a. [95], S. 306):

$$s_\mathrm{erf} = \frac{d_i}{2}\left[-1 + \sqrt{1 + \frac{1}{\frac{\tilde{\sigma}_\mathrm{zul}}{2(\hat{p}-\check{p})} - 1}}\right] = \frac{d_\mathrm{i}}{2}\left[\frac{1}{\sqrt{1 - \frac{2(\hat{p}-\check{p})}{\tilde{\sigma}_\mathrm{zul}}}} - 1\right] \quad (3.43)$$

Um die Unterschiede der beiden Berechnungsansätze zu erkennen, werden in Tabelle 3.4 die Wanddicken nach der SSH und nach der GEH gegenübergestellt.

Es ist deutlich erkennbar, dass mit der GEH geringere Wanddicken erhalten werden und – das ist das Wichtigste – die GEH die mechanischen Verhältnisse für Dauerbruch richtiger beschreibt als die Schubspannungshypothese.

Tabelle 3.4 Vergleich der rechnerischen Wanddicken

	$\frac{\hat{p}-\check{p}}{\tilde{\sigma}_\mathrm{zul}}$	s_erf (in mm) bei d_i (in mm)							
		50	100	200	300	400	600	800	1000
Formel 3.43, SSH	0,05	1,35	2,7	5,4	8,1	10,8	16,2	21,6	27,0
	0,1	2,9	5,9	11,8	17,7	23,6	35,4	47,2	59
	0,2	7,3	14,5	29,1	43,6	58,2	87,3	116,4	145,5
Formel 3.38, GEH	0,05	1,16	2,32	4,63	6,95	9,27	13,9	18,53	23,17
	0,1	2,49	4,99	9,98	14,97	19,95	29,93	39,9	49,88
	0,2	5,92	11,85	23,69	35,54	47,39	71,08	94,77	118,47

Außer auf Schwellspannung muss das Rohr auch auf Verformung nach den für den Bereich I angegebenen Regeln berechnet werden. Zunächst ist also die Bestimmung der Wanddicke unter Zugrundelegung des maximalen Innendrucks vorzunehmen. Als nächstes ist die Wanddicke unter Beachtung der schwellenden Beanspruchung und der Lastspielzahlen zu untersuchen (Bild 3.9). Danach ist die größere der beiden Wanddicken auszuführen.

Mit dieser Vorgehensweise wird die Rohrwanddicke berechnet, wenn nur die Druckschwankung und die zulässige Spannung bekannt sind. Nachfolgend wird die in der Norm fixierte Berechnung als Überblick angegeben. Sie setzt voraus, dass das Rohr vollständig definiert ist. Für diesen Fall kann dann die zulässige Anzahl von Lastwechseln ermittelt werden.

Bestimmung der Anzahl der zulässigen Lastwechsel nach DIN EN 13480-3

Wie bereits dargelegt, muss das Rohr zunächst nach den für statische Belastung geltenden Kriterien dimensioniert werden. Die Festigkeitskennwerte sollen zeitunabhängig sein. Für dieses Rohr wird dann die zulässige Anzahl von Lastwechseln berechnet und mit der Anzahl der im Nutzungszeitraum der Leitung zu erwartenden Lastwechsel verglichen. Ist die vorhandene Lastwechselzahl kleiner bzw. gleich der zulässigen Anzahl, dann kann das dimensionierte Rohr ausgeführt werden. Gilt diese Beziehung nicht, dann muss entweder die Wanddicke geändert werden oder, falls das nicht machbar ist, muss eine Untersuchung des Problems unter Beachtung der Schadensakkumulation erfolgen.

Die vom Bauteil ertragbare Anzahl von Lastspielen ist der druckbedingten Spannungsschwankung in der Wand umgekehrt proportional: Je geringer die Spannungsschwankung ist, umso mehr Lastspiele erträgt das Rohr. Als Kenngröße der Spannungsschwankung wird die pseudoelastische Spannungsamplitude $2\sigma_a^*$ eingeführt:

$$2\sigma_a^* = \frac{\eta}{F_d F_{\vartheta^*}} \frac{\hat{p} - \check{p}}{p_r} \sigma_{zul} \tag{3.44}$$

Hierin ist η der Spannungsfaktor. Er berücksichtigt ermüdungsrelevante Spannungsspitzen und ist abhängig von der Geometrie des Bauteiles, d. h. von seiner Konstruktionsform. Hierzu zählen die Wanddicken der zu verschweißenden Rohre, die Art der Schweißnaht (Längs-, Rundnaht), die Schweißnahtausführung (z. B. einseitige oder beidseitige Verschweißung). Beispielhaft wurden in der Tabelle 3.5 Spannungsfaktoren verschiedenen Konstruktionsformen zugeordnet. In der Tabelle ist die Kerbwirkung der jeweiligen Konstruktionsform einer Klasse K_i zugewiesen.

p_r ist der Ersatzdruck, also der zulässige Druck, der bei voller Auslastung der zulässigen Spannung bei 20 °C im Rohr vorliegen darf. Dieser Ersatzdruck wird berechnet, indem man z. B. die Formel 3.36 nach dem Druck $p = p_r$ umstellt. Zu beachten ist, dass statt der rechnerisch erforderlichen die tatsächlich vorhandene tragende Wanddicke s_{act} (rechnerische Wanddicke plus einem Zuschlag, s. hierzu Abschnitt 3.1.4) eingesetzt wird. Mit Formel 3.36 findet man:

$$p_r = \frac{2 s_{act} \sigma_{zul} v_N}{d_i + s_{act}} \tag{3.45}$$

Der Korrekturfaktor F_d berücksichtigt den Einfluss der Wanddicke. Man bestimmt ihn ausgehend von der Bestell-Wanddicke s_{ord}, wobei gilt:

- $s_{ord} \leq 25$ mm: $F_d = 1$,
- 25 mm < s_{ord} < 149 mm: $F_d = \left(\frac{25}{s_{ord}}\right)^{0,25} \geq 0,64$.

Näheres zur Bestell-Wanddicke s. Abschnitt 3.1.4.

Tabelle 3.5 Spannungsfaktoren (nach DIN EN 13480-3), K_1, K_2 s. Tabelle 3.6

	Inhalt	Schweißnaht	Klasse	η
	Rundnaht mit gleichen Wanddicken	beidseitig geschweißt	K_1	1,3
	Rundnaht mit gleichen Wanddicken	einseitig mit Gegennaht	K_1	1,3
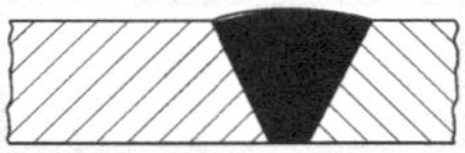	Rundnaht mit gleichen Wanddicken	einseitig ohne Gegennaht	K_2	1,3
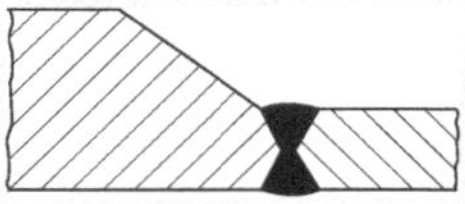	Rundnaht mit unglei-chen Wanddicken	beidseitig geschweißt	K_1	1,5
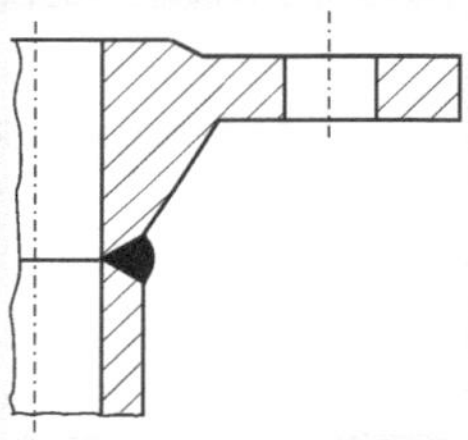	Vorschweißflansch	einseitig ohne Gegennaht	K_2	2,0
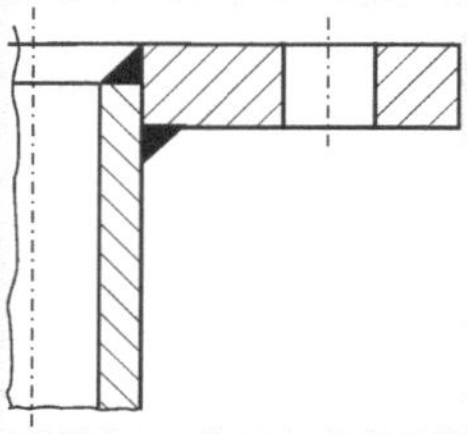	Aufschweißflansch	Kehlnaht, Naht-dicke ≥ 5 mm	K_2	3,0

Tabelle 3.6 Grenzwerte der Wechselfestigkeit $2\,\sigma_{aD}$ und Berechnungskonstante B in Abhängigkeit von der Kerbwirkungsklasse

Kerbwirkungsklasse	$2\,\sigma_{aD}$ (in N/mm²)	B (in N/mm²)
RS	125	7890
K_1	63	7940
K_2	50	6300
K_3	40	5040

Der Temperatur-Einflussfaktor F_{ϑ^*} ist abhängig von der Struktur des Werkstoffgefüges:

- ferritisches Gefüge, $\vartheta^* > 100\,°C$: $F_{\vartheta^*} = 1,03 - 1,5 \cdot 10^{-4}\vartheta^* - 1,5 \cdot 10^{-6}\vartheta^{*2}$,
- austenitisches Gefüge, $\vartheta^* > 100\,°C$: $F_{\vartheta^*} = 1,043 - 4,3 \cdot 10^{-4}\vartheta^*$

mit ϑ^* (in °C) = $0,75\hat{t} - 0,25\check{t}$. Für $\vartheta^* \leq 100\,°C$ gilt $F_{\vartheta^*} = 1$.

σ_{zul} ist die zeitunabhängige Auslegungsspannung bei 20 °C. In der Norm sind für die maßgebende Wechselfestigkeit 2 σ_{aD} Grenzwerte gegeben (s. Tabelle 3.6).

Die Klasse RS betrifft ungeschweißte Bereiche und gewalzte Oberflächen. Die Klasse K_3 beinhaltet in das Rohr eingeschweißte Stutzen, scheibenförmige Verstärkungen von Ausschnitten aus der Wand u. a. m. Details für die praktische Arbeit sind der Norm zu entnehmen. Berechnet man für die pseudoelastische Spannungsamplitude einen Wert, der geringer als der o. g. Grenzwert ist, dann kann die zulässige Anzahl der Lastspiele zu $2 \cdot 10^6$ angenommen werden. Mit dieser pseudoelastischen Spannungsamplitude ist jetzt die Berechnung der zulässigen Lastspielzahl möglich. Sie gilt für den Bereich $10^3 \leq n_{zul} \leq 2 \cdot 10^6$. Unterhalb von 10^3 Lastspielen wird die Wanddicke nach den statischen Kriterien bestimmt. Die zulässige Lastspielzahl wird:

$$n_{zul} = \left(\frac{B}{2\sigma_a^*}\right)^m \tag{3.46}$$

Der Exponent hat für eine Schweißnaht die Größe $m = 3$, für ungeschweißte Bereiche mit gewalzter oder bearbeiteter Oberfläche gilt $m = 3{,}5$. B ist eine Berechnungskonstante. Sie ist abhängig von den verschiedenen Konstruktionsformen und von den Schweißnahtausführungen, s. Tabelle 3.5 und Tabelle 3.6.

Zulässige Spannung

Entsprechend den Einsatzbedingungen ergeben sich die Anforderungen an die Leitung, die sich letztlich in der Größe der zulässigen Spannung ausdrücken. Die Festigkeitseigenschaften ändern sich mit der Zeit. Das wird deutlich insbesondere bei Beanspruchung im Bereich höherer Temperaturen. Hier liegen die Kennwerte deutlich unter denen bei Raumtemperatur. Davon ausgehend sind zur Bestimmung der zulässigen Spannung sowohl die Zeitunabhängigkeit der Spannungen als auch ihre Zeitabhängigkeit zu beachten. Für jeden Fall sind unterschiedliche Berechnungsansätze gegeben. Es ist normgemäß nach beiden Verhältnissen zu rechnen, und letztlich ist als zulässige Spannung die kleinere von beiden zu verwenden.

a) Zeitunabhängige zulässige Spannung

Es wird eine Differenzierung nach dem Korngefüge des Werkstoffs Stahl vorgenommen.

Nichtaustenitische Stähle

Hierzu gehören nicht- und niedriglegierte Stähle (s. Tabelle 3.7) mit überwiegend ferritischem Gefüge, das sich durch eine kubisch-raumzentrierte Anordnung auszeichnet.

Tabelle 3.7 Beispiel für nichtaustenitische Stähle, nahtlose Rohre

Werkstoff-Nr.	Werkstoff (alte Bezeichnung)	DIN EN
1.0254	P235TR1 (St37.0)	10216-1
1.0255	P235TR2	
1.0256	P275T1 (St44.0)	10216-1
1.0425	P265GHTC2	
1.0345	P235GHTC1 (St35.8)	10216-2
1.5415	16Mo3 (15Mo3)	10216-2
1.7380	10CrMo9-10 (10CrMo9-10)	10216-2
1.7335	13CrMo4-5 (13CrMo4-4)	10216-2
1.0405	P265GHTC1 (St45.8)	10216-2

Für diese Stähle ergibt sich die zulässige Spannung aus folgender Beziehung:

$$\sigma_{\text{zul}} = \min\left\{\frac{R_{\text{eH}\,\vartheta}}{1,5} \text{ oder } \frac{R_{\text{p}\,0,2\,\vartheta}}{1,5};\ \frac{R_{\text{m}}}{2,4}\right\} \tag{3.47}$$

Es ist die minimale zulässige Spannung nach den angegebenen Vorschriften zu bestimmen. Die infrage kommenden Festigkeitskennwerte sind für einige Stähle in den Tabelle 3.8 bis Tabelle 3.11 zusammengestellt. Für Stähle ohne besonderen Qualitätsnachweis, d. h. mit Werkszeugnis 2.1 oder 2.2, ist die zulässige Spannung noch durch einen zusätzlichen Sicherheitsbeiwert ≥ 1,2 zu dividieren.

Tabelle 3.8 Festigkeitskennwerte bei Raumtemperatur (nach [112])

Werkstoff-Nr.	Name	R_{eH} (in N/mm²) Wanddicke (in mm)			R_m (in N/mm²)	A (in %)	
		≤ 16	> 16 ... 40	> 40 ... 60		längs	quer
1.0254	P235TR1	235	225	215	360 ... 500	25	23
1.0255	P235TR2	235	225	215	360 ... 500	25	23
1.0258	P265TR1	265	255	245	410 ... 570	21	19
1.0259	P265TR2	265	255	245	410 ... 570	21	19

Werkstoff-Nr.	Name	R_{eH} (in N/mm²) Wanddicke (in mm)			R_m (in N/mm²)	A (in %)	
		≤ 16	> 16 ... 40	> 40 ... 60		längs	quer
1.0345	P235GHTC1	235	225	215	360 ... 500	25	23
1.0405	P265GHTC1	265	255	245	410 ... 570	21	19
1.5415	16Mo3	280	270	260	450 ... 600	22	20
1.7380	10CrMo9-10	280	280	270	480 ... 630	22	20
1.7335	13CrMo4-5	290	290	280	440 ... 590	22	20
1.0425	P265GHTC2	265	255	245	410 ... 570	21	19

Tabelle 3.9 Mindestwerte $\check{R}_{p\,0,2\,\vartheta}$ bei erhöhten Temperaturen, Wanddicke ≤ 60 mm

Stahl		$\check{R}_{p\,0,2\,\vartheta}$ (in N/mm²) bei einer Temperatur in °C				
1.0345	P235GH	198	170	132	112	–
1.0425	P265GH	226	192	154	134	–
1.0421	P355NH	312	264	219	186	–
1.5415	16Mo3	243	224	173	156	146
1.7380	10CrMo9-10	249	234	219	207	180
1.7335	13CrMo4-5	264	245	192	174	166

Tabelle 3.10 Festigkeitskennwerte für Temperaturen bis 300 °C (nach [112])

Werkstoff-Nr./ Name	Wanddicke (in mm)	$\check{R}_{p\,0,2\,\vartheta}$ (in N/mm²) bei einer Temperatur in °C					
		20	100	150	200	250	300
1.0255/P235TR2	≤ 16	235	185	175	161	145	130
	> 16 ... ≤ 40	225	175	165	151	135	120
	> 40 ... ≤ 60	215	165	155	141	125	110
1.0259/P265TR2	≤ 16	265	208	197	180	162	148
	> 16 ... ≤ 40	255	198	187	170	152	138
	> 40 ... ≤ 60	245	188	177	160	142	128

Tabelle 3.11 Festigkeitskennwerte für höhere Temperaturen (nach [112])

Werkstoff-Nr./Name	Wanddicke in mm	Kennwerte $\check{R}_{p\,0,2\,\vartheta}$ (in N/mm²) bei Berechnungstemperatur in °C									
		20	100	150	200	250	300	350	400	450[2)]	500[2)]
1.0345/ P235GH	$s_{ord} \leq 16$	235	212	198	185	165	140	120	112	108	-
	$16 < s_{ord} \leq 40$[1)]	225	205	192	180	160	135	120	112	108	-
	$40 < s_{ord} \leq 60$[2)]	215	198	187	170	150	132	120	112	108	-
1.0425/ P265GH	$s_{ord} \leq 16$	265	238	221	205	185	160	141	134	128	-
	$16 < s_{ord} \leq 40$[1)]	255	228	211	195	175	155	141	134	128	-
	$40 < s_{ord} \leq 60$[2)]	245	226	213	192	171	154	141	134	128	-
1.5415/ 16Mo3	$s_{ord} \leq 10$	285[3)]	265	252	240	220	195	185	175	170	165
	$10 < s_{ord} \leq 16$	280	255	240	225	205	180	170	160	155	150
	$16 < s_{ord} \leq 40$[1)]	270	250	237	224	205	173	159	156	150	146
	$40 < s_{ord} \leq 60$[2)]	260	243	237	224	205	173	159	156	150	146
1.7335/ 13CrMo4-5[2)]	$s_{ord} \leq 10$	305[4)]	282	268	255	245	230	215	205	195	190
	$10 < s_{ord} \leq 40$	290	267	253	245	236	215	200	190	180	175
	$40 < s_{ord} \leq 60$	280	264	253	245	236	192	182	174	168	166

1) Nur für Rohre nach DIN EN 10216-2 und DIN EN 10217-5
2) Nur für Rohre nach DIN EN 10216-2
3) Entsprechend DIN 17175 und DIN 17177
4) Entsprechend DIN 17175, DIN 17176 und DIN 17177

Austenitische Stähle

Diese Stähle sind dadurch charakterisiert, dass das in der Schmelze vorliegende γ-Eisen, das Austenit, beim Abkühlen die Struktur seines Raumgitters beibehält. Das Raumgitter ist hier kubisch-flächenzentriert. Hauptsächlich gehören hierzu die CrNi- und auch die CrNiMo-Stähle. Beispielhaft sind einige davon in Tabelle 3.12 aufgeführt.

Maßgebend ist hier zur Festlegung der zulässigen Spannung die im Zugversuch gemessene Brucheinschnürung A:

- $A > 35\,\%$:

$$\sigma_{zul} = \frac{R_{p\,1,0\,\vartheta}}{1,5}$$

oder

$$\sigma_{zul} = \min\left\{\frac{R_{m\,\vartheta}}{3};\ \frac{R_{p\,1,0\,\vartheta}}{1,2}\right\} \qquad (3.48)$$

- 30 % ≤ A ≤ 35 %:

$$\sigma_{\text{zul}} = \min\left\{\frac{R_{\text{p}\,1,0\,\vartheta}}{1,5};\ \frac{R_{\text{m}}}{2,4}\right\} \tag{3.49}$$

- A < 30 %:

  Anwendung von Formel 3.47

Tabelle 3.12 Festigkeitskennwerte für Stähle, Wanddicke ≤ 60 mm; Brucheinschnürung A 35 % längs, 30 % quer

Stahl		R_m (in N/mm²)	$R_{p1,0}$ (in N/mm²)	$R_{p1,0\vartheta}$ (in N/mm²) bei Temperatur in °C				
Werkstoff-Nr.	Name			100	200	300	400	500
1.4541	X6CrNiTi18-10	500...730	235	208	185	167	156	149
1.4550	X6CrNiNb18-10	510...740	240	210	185	167	156	149
1.4941	X6CrNiTiB18-10	490...680	235	201	181	172	162	152

Stahl		$R_{p0,2}$ (in N/mm²)	$R_{p0,2\vartheta}$ bei Temperatur in °C				
Werkstoff-Nr.	Name		100	200	300	400	500
1.4541	X6CrNiTi18-10	200	176	157	136	125	119
1.4550	X6CrNiNb18-10	205	175	155	136	125	119
1.4941	X6CrNiTiB18-10	195	162	142	132	123	113

b) Zeitabhängige zulässige Spannung

Die Zeitabhängigkeit der Festigkeitseigenschaften findet Ausdruck darin, dass sich mit zunehmender Belastungsdauer, insbesondere bei warmgehenden Leitungen, Festigkeit und Dehngrenze deutlich ändern. Man spricht hier von der Zeitstandfestigkeit und von der Zeitdehngrenze. Als relevante Betriebsdauern wurden Zeiten zwischen 10 000 h und 250 000 h festgelegt. Dampfleitungen legt man im Allgemeinen für eine Betriebsdauer (Lebensdauer) von bis zu 25 Jahren aus. Für Rohre mit Schweißnähten, die nicht in Umfangsrichtung verlaufen, also für längs- und spiralgeschweißte Rohre, sind die Zeitstandfestigkeitswerte des Grundwerkstoffs um 20 % zu verringern. Die zulässige Spannung bestimmt man aus:

$$\sigma_{\text{zul}} = \frac{R_{\text{m}\,\vartheta t}}{S} \tag{3.50}$$

$R_{\text{m}\vartheta t}$ Mittelwert der Zeitstandfestigkeit bei der Betriebstemperatur ϑ sowie der Betriebsdauer t nach Tabelle 3.13

S Sicherheitsbeiwert nach Tabelle 3.14.

Tabelle 3.13 Werte der Zeitstandfestigkeit $R_{m\vartheta t}$

Stahl		Temperatur (in °C)	$R_{m\vartheta t}$ (in N/mm²) bei		
Werkstoff-Nr.	Name		10 000 h	100 000 h	200 000 h
1.0345 1.0425	P235GH P265GH	400	182	141	128
		420	151	114	102
		450	112	77	66
		480	77	47	33
		500	58	32	24
1.5415	16Mo3	450	298	236	218
		480	221	149	129
		500	171	102	84
		520	125	65	53
		550	64	32	25
1.7380	10CrMo9-10	450	308	229	204
		480	238	177	156
		500	195	141	124
		520	158	105	94
		550	111	70	57
		600	60	35	28
1.7335	13CrMo4-5	450	377	290	264
		480	292	198	175
		500	238	145	123
		520	181	100	82
		550	109	53	41
		600	41	20	–
1.4941	X6CrNiTiB18-10	550	230	170	150
		600	160	100	90
		650	100	62	54
		700	60	35	29

Tabelle 3.14 Sicherheitsbeiwert, bezogen auf mittlere Zeitstandfestigkeit

Betriebsdauer (in h)	Sicherheitsbeiwert S
200 000	1,25
150 000	1,35
100 000	1,5

Sind in der Werkstoffnorm keine Werte für $t = 200\,000$ h enthalten, sind die Festigkeitswerte für die geringeren Betriebsdauern zu verwenden. Ist eine Betriebsdauer $t < 100\,000$ h gefordert, dann sind für Leitungen ohne/mit Lebensdauerüberwachung $S = 1{,}5\,/\,S = 1{,}25$ auf die mittlere Zeitstandfestigkeit bei einer Betriebsdauer von $\geq 10\,000$ h anzuwenden. Der Mittelwert der 1-%-Zeitdehngrenze darf allerdings nicht überschritten werden.

Beispiel: Eine Heißdampfleitung hat die Berechnungstemperatur $\vartheta = 500$ °C und den Berechnungsdruck $p = 70$ bar. Der Innendurchmesser wurde über die Druckverlustberechnung zu 300 mm festgelegt und sollte etwa eingehalten werden. Es ist die Wandstärke der Rohrleitung zu bestimmen.

Lösung

Die Wahl des konkreten Werkstoffs erfordert eine vorgeschaltete Betrachtung der Kosten. Ausgeführt werden hier nahtlose Rohre mit $v_N = 1$ und dem Werkstoff 10CrMo9-10. Geschätzt wird $d_a/d_i \leq 1,7$.

- Die Berechnung der zulässigen Spannung erfolgt zeitunabhängig nach Formel 3.47:
  Die Warmstreckgrenze für 0,2-%-Dehnung bei $\vartheta = 500$ °C:
  $R_{p\,0,2/500} = 180\text{N/mm}^2$ (s. Tabelle 3.9, $s < 60$ mm).
  Mit $S = 1{,}5$ folgt $180/1,5\ \text{N/mm}^2 = 120\ \text{N/mm}^2$. Die Festigkeit $R_m = 480\text{N/mm}^2$ wird nach Tabelle 3.8 gefordert. Mit $S = 2{,}4$ ergibt sich
  $480/2,4\text{N/mm}^2 = 200\text{N/mm}^2$.
  Zulässige Spannung: Minimum beider Spannungen $\rightarrow \sigma_{zul} = 120\text{N/mm}^2$.
- Berechnung der zulässigen Spannung, zeitabhängig, nach Formel 3.50:
  Tabelle 3.13 ergibt $R_{m\,500200.000} = 124\text{N/mm}^2$ für 500 °C und ca. 25 Jahre Betriebsdauer.
  Aus Tabelle 3.14 folgt $S = 1{,}25$ und damit $\sigma_{zul} = 124/1,25\text{N/mm}^2 = 99,2\text{N/mm}^2$, weil sie die kleinere Spannung ist. Die Wanddicke folgt aus Formel 3.36:

$$s_{erf} = \frac{pd_i}{2\sigma_{zul}v_N - p} = \frac{7 \cdot 300}{2 \cdot 99,2 \cdot 1 - 7}\ \text{mm} = 10,97\ \text{mm}$$

Die endgültige Wanddicke des Rohrs ist die Bestell-Wanddicke s_{ord}. Sie wird in Abschnitt 3.1.4 berechnet.

3.1.4 Bestell-Wanddicke

Mit der Festigkeitsberechnung wird lediglich die aus der Sicht der Tragfähigkeit unbedingt erforderliche Wanddicke bestimmt. Diese ist aber im Regelfalle nicht als Bestellgröße geeignet. Zu Festlegung der Bestell-Wanddicke s_{ord} müssen noch Zuschläge berücksichtigt werden, die der Herstellung des Rohrs und seinem praktischen Einsatz gerecht werden. In Abhängigkeit vom Walzprozess ist mit Fertigungstoleranzen der Wanddicke und des Durchmessers zu rechnen. Insbesondere können die Rohrwanddicken mit einer zulässigen negativen Fertigungstoleranz hergestellt werden. Um diese muss die rechnerische Wanddicke erhöht werden. Das wird durch einen Zuschlag c_1 berücksichtigt. Er kann als absolute Größe oder auch als relative Größe, bezogen auf die Bestell-Wanddicke, angegeben werden. Für nahtlose Rohre sind die Toleranzen in DIN EN 10216-2 als prozentuale Größe enthalten (Tabelle 3.15).

Tabelle 3.15 Grenzabmaße x für Außendurchmesser d_a und Wanddicke s_{ord}

d_a (in mm)	Grenzmaß für d_a	Grenzmaße für Wanddicke bei s_{ord}/d_a			
		≤ 0,025	0,025 … 0,05	0,05 … 0,1	> 0,1
$d_a \le 219{,}1$	±1 % oder ±0,5 mm, es gilt der größere Wert	±12,5 % oder ±0,4 mm, größerer Wert gilt			
$d_a > 219{,}1$		±20 %	±15 %	±12,5 %	±10 %

Weiterhin unterliegen die innere und die äußere Rohrwandung der Abnutzung und Korrosion. Der Zuschlag c_0 berücksichtigt das. Er ist bei Rohren aus rostfreiem Stahl gleich null, bei nicht- oder niedriglegiertem Stahl ist er einsatzbedingt zu vereinbaren. Oft ist $c_0 = 1$ mm ausreichend. Manchmal ist es auch notwendig, in die Rohrwand ein Gewinde einzuschneiden. Dafür muss natürlich auch ein Zuschlag zur Wanddicke vorgesehen werden. Dieser und ähnliche Zuschläge sind in dem Beiwert c_2 enthalten (Bild 3.12).

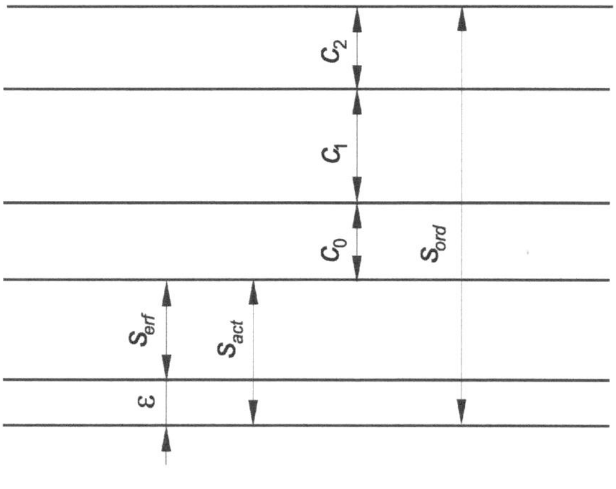

Bild 3.12 Schematische Darstellung der Wanddickenzuschläge und der rechnerischen Dicke

Die Bestell-Wanddicke ist genormt. Nach den bisherigen Ausführungen gilt:

$$s_{\text{ord}} \geq s_{\text{erf}} + c_0 + c_1 + c_2 \tag{3.51}$$

$$c_1 = \frac{x\,(\text{in}\,\%)}{100} s_{\text{ord}} \tag{3.52}$$

Von diesen Bestandteilen der Wanddicke ist c_1 nach Tabelle 3.15 als Prozentsatz x (in %) vorgegeben. Führt man diesen Ausdruck in die obige Gleichung ein, dann erhält man zur Bestimmung der Bestell-Wanddicke:

$$s_{\text{ord}} \geq (s_{\text{erf}} + c_0 + c_2)\,\frac{100}{100 - x\,(\text{in}\,\%)} \tag{3.53}$$

Um die genormte Wanddicke s_{ord} zu erreichen, ist dieser Summe noch ein Zuschlag ε zuzufügen:

$$s_{\text{ord}} = s_{\text{erf}} + c_0 + c_1 + c_2 + \varepsilon \tag{3.54}$$

Für die Spannungsübertragung steht damit die Wanddicke:

$$s_{\text{act}} = s_{\text{erf}} + \varepsilon \tag{3.55}$$

zur Verfügung (act: für actual, engl., i. S. von effektiv). Tabelle 3.16 fasst die Berechnungsabläufe noch einmal zusammen.

Tabelle 3.16 Ablauf der Berechnung von Rohrdurchmesser und Rohrwanddicke

zu ermitteln	Festlegungen	zu berücksichtigen
	Ausgangsdaten: Medium, Druck, Temperatur, Durchsatz	
I. Rohrinnendurchmesser d_i		▪ inkompressible Medien: Abschnitt 2.2 ▪ kompressible Medien: Abschnitt 2.3
II. Bestellangaben Wanddicke, Außendurchmesser *Teilschritte:*		
1. Festlegung der Rohrausführung	nahtlos, geschweißt	
2. Wahl des Rohrwerkstoffs	unlegiert, niedrig- oder hochlegiert	z. B. Tabelle 3.2 und Normen
3. Charakterisierung der Innendruckbeanspruchung	ruhend oder wechselnd	$u \leq 1{,}7$ oder $u > 1{,}7$

Tabelle 3.16 Ablauf der Berechnung von Rohrdurchmesser und Rohrwanddicke *(Fortsetzung)*

zu ermitteln	Festlegungen	zu berücksichtigen
4. Bestimmung der zulässigen Spannung des gewählten Werkstoffs	zeitunabhängig oder zeitabhängig	▪ nicht austenitisch Formel 3.47 ▪ austenitisch Formel 3.48 bzw. Formel 3.49, Formel 3.50
5. Berechnung der erforderlichen Wanddicke nach der SSH gemäß der Art der Innendruckbelastung		▪ ruhende Belastung, $u \leq 1{,}7$: Formel 3.36 ▪ ruhende Belastung, $u > 1{,}7$: Formel 3.39 ▪ wechselnde Beanspruchung: Formel 3.43
6. Festlegung der Bestellwanddicke	Annahme der Wanddickenzuschläge	
7. Schätzung des Rohr-Außendurchmessers	$d_a = d_i + 2s_{ord}$	Formel 3.53, Auswahl nahen Wertes nach DIN EN 10220
8. Berechnung der tragenden Wanddicke	$s_{act} = s_{ord} - c_0 - c_1 - c_2$	Auswahl nahen Wertes nach DIN EN 10220, Tabelle 3.15
9. Mit dem normgerechten Außendurchmesser Bestimmung des aktuellen Innendurchmessers.	$d_i = d_a - 2s_{ord}$	Damit $s_{erf\,neu}$ berechnen. Die Festigkeit der Rohrwand ist gewährleistet, wenn $s_{erf\,neu} \leq s_{act}$ ist.
10. Kontrolle der Annahmen für x (in %)		$\frac{s_{ord}}{d_a}$ (Tabelle 3.15) und $u = \frac{d_a}{d_i}$
11. Nachrechnung der Strömungsgeschwindigkeit entsprechend dem ausgeführten Durchmesser		▪ inkompressible Medien: Abschnitt 2.2 ▪ kompressible Medien: Abschnitt 2.3

Beispiel: In Abschnitt 3.1.3 wurde die rechnerisch erforderliche Wanddicke berechnet. Diese soll nun zur jeweiligen Bestellwanddicke s_{ord} ergänzt werden.

$d_i \approx 300$ mm; $s_{erf} = 10{,}97$ mm; Zuschläge: Korrosion $c_0 = 1$ mm, sonstige Zuschläge $c_2 = 0$

Lösung

Schätzung des Bereiches für die Wanddicke: $s_{ord}/d_a \geq 0{,}025 \ldots 0{,}05$

x nach Tabelle 3.15 für $d_a > 219{,}1$ mm: $x = 15\,\%$

Formel 3.53 $\rightarrow s_{ord} \geq (10{,}97 + 1)\frac{100}{100-15}\,\text{mm} = 14{,}08\,\text{mm}$

Wahl der nächstgrößeren Wanddicke nach DIN EN 10216-2 $s_{ord} = 14{,}2$ mm.

Die spannungstragende Wanddicke ist dann

$$s_{act} = s_{ord} - c_0 - c_1 - c_2 = (14,2 - 1 - 2,13 - 0)\ \text{mm} = 11,07\ \text{mm}$$

Bestimmung des Außendurchmessers:

$$d_a = d_i + 2s_{ord} = (300 + 2 \cdot 14,2)\ \text{mm} = 328,4\ \text{mm}.$$

Der nächstliegende genormte Außendurchmesser ist dabei mit 323,9 mm angegeben. Damit wird der vorhandene Innendurchmesser $d_i = (323,9 - 2 \cdot 14,2)\ \text{mm} = 295,5\ \text{mm}$. Mit Formel 3.36 ist jetzt für diesen Innendurchmesser die dafür erforderliche Wanddicke (neu) zu bestimmen.

$s_{erf\,neu} = \frac{295,5}{\frac{2 \cdot 99,2}{7} - 1} = 10,81\ \text{mm} < s_{act} = 11,07\ \text{mm}$, d. h., zur Kraftübertragung steht eine etwas größere Wanddicke als erforderlich zur Verfügung. Damit ist (indirekt) auch der Spannungsnachweis erbracht. Somit ergibt sich die Bestellbezeichnung des Rohrs:

Rohr 323,9×14,2 - EN 10216-2 - 10CrMo9–10 - Option 13: 3.2

Die Option 13 beinhaltet Aussagen zur Qualität des Rohrs, z. B. die Ergebnisse des Zugversuches, der R_m, R_{eH} bzw. $R_{p0,2}$, $R_{p0,2\vartheta}$ umfasst. Es wird das Abnahmeprüfzeugnis 3.2 gefordert. Die Schweißnaht wird als V-Naht ausgeführt, deren Wurzel durch E-Schweißen und die Füll- und Decklagen durch MIG/MAG-Schweißen hergestellt wird. Da der realisierte Innendurchmesser geringer ist als der ursprünglich vorgegebene, ist mit einer geringfügigen Erhöhung der Strömungsgeschwindigkeit des Mediums zu rechnen. Es bleibt zu prüfen, ob das akzeptiert werden kann.

3.2 Flanschverbindungen

Flanschverbindungen dienen der lösbaren Verbindung von Rohrleitungabschnitten im Rohrstrang. Sie bestehen aus zwei Flanschen, zwischen die eine Dichtung gelegt ist (Bild 3.13).

Aufgabe des Flansch-Dichtungs-Systems ist es, den Austritt des Mediums aus der Rohrleitung in die Umgebung zu verhindern. Dabei wird die noch zulässige Austrittsmenge durch die **Leckagerate** gekennzeichnet. Diese ist von den chemischen und physikalischen Eigenschaften des Mediums und von den Umweltbedingungen abhängig, was letztlich auch den Werkstoff und die Art der Dichtung bestimmt. Die Dichtwirkung wird dadurch erzielt, dass die Flansche durch Schraubenkraft auf die Dichtung gepresst werden. Unter einer Flächenpressung, welche die Fließgrenze des Werkstoffs übersteigt, deformiert sich die Dichtung plastisch und passt sich der Oberflächenstruktur der Berührungsfläche der Flansche an, d. h., sie dringt in vorhandene bearbeitungsbedingte Unebenheiten ein. Außerdem wird die Dichtung komprimiert, in ihr enthaltene Mikro-Hohlräume werden verschlossen.

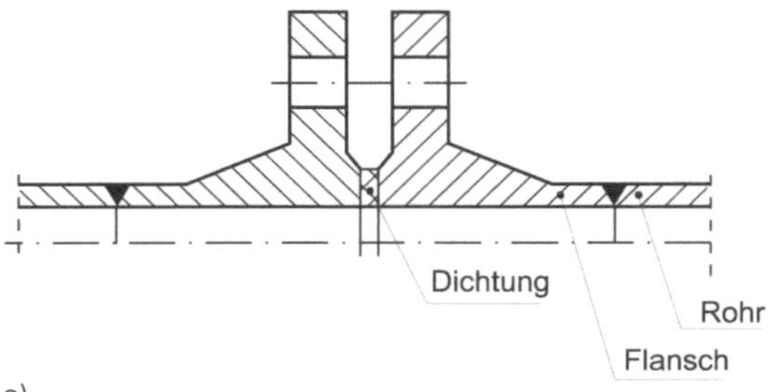

a)

b)

Bild 3.13 a) Flanschverbindung, b) eingeflanschte Armaturen [115]

Die Flanschverbindung wird im drucklosen Einbauzustand hergestellt. Im Betriebszustand, wenn also die Rohrleitung mit dem Innendruck p beaufschlagt ist, verringert sich die Flächenpressung der Dichtung. Die Schraubenkraft, die im Einbauzustand aufgebracht wird, muss folglich so groß sein, dass auch bei Aufgabe des Innendrucks und der damit verbundenen Entlastung der Dichtung im Betriebszustand die geforderte Dichtheit gewährleistet ist. Die Dichtungen müssen demzufolge neben Beständigkeit gegenüber dem Medium über eine gute Verformbarkeit und entsprechende Festigkeit gegenüber dem Innendruck des Mediums und der Flächenpressung, der sie durch die Flansche unterworfen sind, verfügen. Die erforderliche plastische Verformung wird bei geringerer Presskraft erreicht, wenn die Abmessungen der Dichtung, d. h. ihre Breite und Dicke, gering sind.

Die Dichtung kann nicht separat, sondern nur gemeinsam mit der Dehnung der Schrauben und der Verformung der Flansche unter der Wirkung der Schraubenkraft gesehen werden. Genormte Flansche und Schrauben erfordern im Regelfall keine besondere Nachrechnung, daher soll hier der Schwerpunkt auf die erforderliche Belastung der Dichtung im Hinblick auf die gewünschte Dichtheit gelegt werden.

Wichtige Dichtungswerkstoffe, -arten und -formen [52]

Die Dichtungswerkstoffe und deren Kombinationen unterteilt man in Weichstoff-, Metall-Weichstoff- und Metalldichtungen, s. a. DIN EN 1514. Entsprechend der Ausführung der Dichtfläche der Flansche gibt es unterschiedliche Formen der Dichtungen. Man unterscheidet **Flachdichtungen** und **Profildichtungen**, letztere wiederum gliedern sich in Profil-Schmiegedichtungen und Profil-Schneidedichtungen. Flachdichtungen können aus Weichstoffen, Metall oder Kombinationen davon hergestellt sein, z. B. PTFE-ummantelte Varianten, Spiraldichtungen, kammprofilierte Dichtungen mit Auflage aus Weichstoff usw. (Bild 3.14).

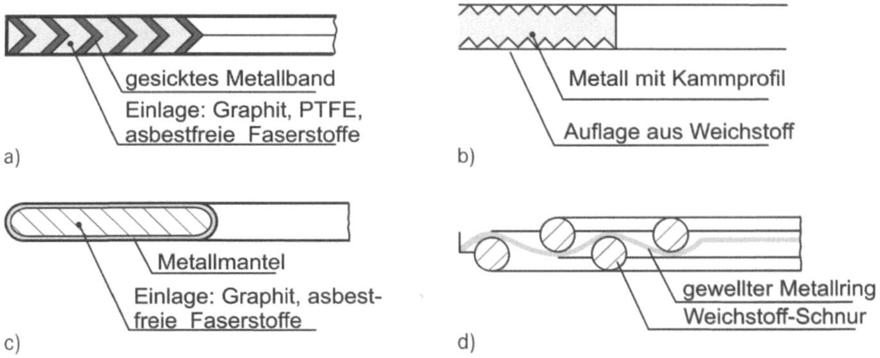

Bild 3.14 Metall-Weichstoff-Flachdichtungen

Zum Dichtverhalten tragen Härte und Struktur der Dichtung bei. Die Weichstoff-Flachdichtungen schmiegen sich sehr gut an die Flanschoberfläche an, ohne dass dazu besonders hohe Schraubenkräfte erforderlich sind. Für Flachdichtungen kommen unterschiedliche Materialien zum Einsatz:

- **Asbestfreie Faserstoffe (FA)** ersetzen die It-Werkstoffe (Abk. für Gummi-Asbest), die seit dem 01. 01. 1995 nicht mehr verwendet werden dürfen. Aufgebaut sind diese Werkstoffe aus Fasern und Füllstoffen, die in eine Kautschukmatrix eingebettet sind. Im Einzelnen gehören dazu Aramidfasern (häufig verwendet), Glasfasern, Mineralfasern und Kohlenstoff-Fasern. Die Dicke der Dichtung liegt im Bereich 0,8 ... 1,5 mm.

  Vorteile: Die Dichtheit wird mit relativ geringen Flächenpressungen erreicht, mit steigender Temperatur (> 50 °C) nimmt die Dichtheit nochmals zu.

  Nachteile: Für Temperaturen > 150 °C erfordern FA-Dichtungen bei der Montage besondere Sorgfalt. In Leitungen mit wechselnder Beanspruchung nimmt die Lebensdauer stark ab.

- **Expandierter Graphit (GR)** ist allein sehr bruchempfindlich und kommt daher meist nur verstärkt zum Einsatz, z. B. wird eine Metallfolie beidseitig mit Graphitfolie beschichtet. Die Dicken der Dichtung betragen 3 ... 5 mm.

Vorteile: Günstig sind die gute Anpassung an die Dichtungsfläche der Flansche; die gute thermische Beständigkeit (z. B. bei Dampf bis 550 °C und bei inerten Medien noch höher), die Beständigkeit gegen Chemikalien und die hohe Druckstandfestigkeit.

Nachteile: Die Handhabung der Folien bei Montage- und Demontagearbeiten ist infolge ihrer nur geringen Festigkeit problematisch. Die Porosität des Graphits erfordert den Einbau trockener Dichtungen, die Poren müssen frei von Flüssigkeit sein, um eine vorzeitige Zerstörung der Dichtung zu vermeiden.

- **PTFE (TF)** kommt auch als Einlage oder ummantelt mit Gummi zum Einsatz. Die Dicken der Dichtung betragen bis 0,5 mm bei Verwendung als Ummantelung. Die Dicke wird auch von der geforderten Diffusionsdichtheit bestimmt und kann dann bis 4 mm betragen.

  Vorteile: Chemisch sehr beständig, auch gegen aggressive Medien; gutes Dichtverhalten; einsetzbar von –190 ... +250 °C.

  Nachteile: Die Druckstandfestigkeit ist gering, meist muss die Flanschverbindung im Betriebszustand nachgezogen werden. PTFE ist thermisch nicht sehr hoch belastbar.

- **Metalle** als Dichtungsmaterial werden im Allgemeinen aus Aluminium (z. B. für H_2), Kupfer (z. B. für O_2), Nickel, Chrom-Molybdän-Stahl, Chrom-Nickel-Stahl u. a. hergestellt. Die Dicken der Dichtung sind abhängig vom Werkstoff. Dabei beeinflusst die Härte des Werkstoffs die Größe der aufzubringenden Flächenpressung. Um diese in vertretbaren Grenzen zu halten, wird die Breite der Dichtung mit zunehmender Härte verringert.

  Vorteile: Geeignet für Temperaturen von –200 ... +600 °C und für viele Medien.

  Nachteile: Die werkstoffbedingten Grenzen sind zu beachten.

- **Gummi** ist verwendbar im Bereich –50 ... +130 °C. Die Dichtungen sind bis 5 mm dick.

  Vorteile: Geeignet für Trinkwasser, Lebensmittel, Betriebswasser, neutrale wässrige Salzlösungen, neutrale nichtbrennbare Gase außer O_2.

  Nachteile: Empfindlich gegen Zugbeanspruchung, Zerstörung bei großer Flächenpressung.

Profildichtungen sind meist metallisch. Die Profil-Schmiegedichtungen haben eine konvexe Dichtfläche, die sich in konkav ausgearbeitete Dichtungsflächen der Flansche einfügt, z. B. Ring-Joint-Dichtung (Bild 3.15a), Linsendichtung (Bild 3.15d), Runddrahtdichtung (Bild 3.15b) usw. Die Linsendichtung hat sich im Chemieanlagenbau bewährt. Die höheren Kosten werden durch die höhere Sicherheit ausgeglichen. Profildichtungen werden meist im Hochdruckbereich und bis 650 °C eingesetzt. Sie erhalten ihre Form durch mechanische Bearbeitung.

Profil-Schneidedichtungen haben schneidenförmige Spitzen auf ihrer Dichtfläche. Beim Einbau werden dadurch bei relativ geringen Dichtkräften hohe Flächenpressungen erzielt, z. B. Spießkantdichtung (Bild 3.15e), kammprofilierte Dichtung (Bild 3.15c) ohne Auflage.

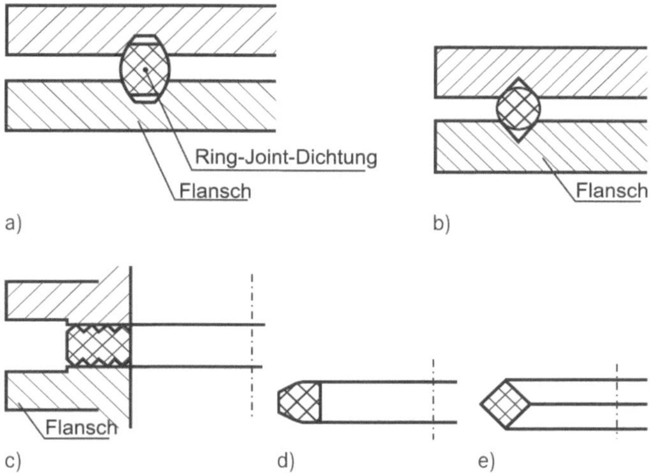

Bild 3.15 Profildichtungen

Eine besondere Dichtungsform stellt die **Schweißdichtung** dar. Man verwendet sie, wenn absolute Dichtheit gefordert ist. Bei Schweißdichtungen ist es nicht nötig, eine Kraft zur Vorverformung der Dichtung aufzubringen, da die Dichtung mit den Flanschen verschweißt und damit dicht ist. Es ist lediglich erforderlich, den Werkstoff der Dichtung so auszuwählen, dass das Verschweißen mit den Flanschen gewährleistet wird. Thermisch sind die Dichtungen bis 600 °C belastbar. Sie sind aufgrund ihrer Konstruktion allerdings nur bedingt lösbar, d. h., zur Lösung der Verbindung muss die außenliegende Schweißnaht entfernt werden (Bild 3.16). Die Einsatzbereiche der Dichtungen in Abhängigkeit vom Druck enthält Tabelle 3.17.

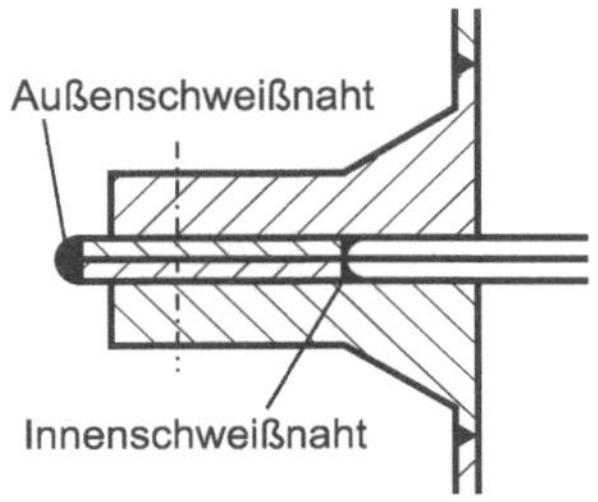

Bild 3.16 Schweißdichtung

Tabelle 3.17 Einsatzbereiche von Dichtungen (nach [54])

Dichtungsform	Nennweite DN	Nenndruck PN
Flachdichtung	10...4000	1...40
Flachdichtung für Nut- und Feder	10...1000	10...160
Membrandichtung, Membran-Schweißdichtung	80...400	64...400
Linsendichtung	10...300	64...400
Kammprofildichtung	10...400	64...400
gewellte Stahlblechdichtung mit Schnurauflage	10...500	25...250

Kräfte an der Flanschverbindung

Zweck der folgenden Untersuchung ist es, die Kräfte zu bestimmen, die zur Gewährleistung der Dichtheit mithilfe der Schrauben aufgebracht werden müssen. Betrachtungen zur konstruktiven Gestaltung und Bemessung der Flansche werden hier nicht durchgeführt. Prinzipiell sind zwei Varianten für die Belastung der Dichtung im eingebauten Zustand zu unterscheiden:

- Erstens kann die Verbindung so strukturiert sein, dass die Dichtung die beiden Flansche voneinander trennt und die gesamte Schraubenkraft überträgt. In diesem Falle liegt die Dichtung im Bereich des **Krafthauptschlusses**.
- Zweitens können sich die Flansche nach der Montage berühren, sodass die Dichtung nur partiell durch die Schraubenkraft belastet wird. In diesem Falle liegt die Dichtung im Bereich des **Kraftnebenschlusses**. Diese Struktur wird meist bei dynamischer Belastung der Rohrleitung angewendet [53].

Die weiteren Ausführungen beziehen sich auf Dichtungen im Krafthauptschluss und beruhen auf den von *Schwaigerer* [24] durchgeführten Untersuchungen. Einbezogen sind Informationen aus der DIN V 2505 und der AD-Richtlinie B7.

Eine Flanschverbindung wird durch Schraubenkräfte F_{SB} (der Index B verweist auf den Betriebszustand der Flanschverbindung, also auf $p > 0$) zusammengehalten. Diese Kräfte belasten die Dichtung mit der Dichtungskraft F_D, die eine Flächenpressung bewirkt. Die Dichtkraft wirkt am mittleren Durchmesser der Dichtung d_D. Außerdem wird das Rohr mit dem Druck p beaufschlagt, der wirkt auf den lichten Querschnitt des Rohrs und ruft die Kraft

$$F_{Rp} = \frac{p d_i^2 \pi}{4} \tag{3.56}$$

hervor. Außerdem kann man das Wirken zusätzlicher Längskräfte F_{Rz} durch thermische Beanspruchungen oder durch eine Vorspannung der Rohrleitung nicht ausschließen. Damit ergibt sich die gesamte Rohrkraft zu $F_R = F_{Rp} + F_{Rz}$. Man nimmt an, dass in der Flanschverbindung der Druck p des Mediums auf einem Kreisring lastet, der vom mittleren Dichtungsdurchmesser und dem inneren Rohrdurchmesser begrenzt wird. Dadurch ergibt sich die **Ringflächenkraft** (Bild 3.17):

$$F_p = \frac{p\,(d_D^2 - d_i^2)\,\pi}{4} \tag{3.57}$$

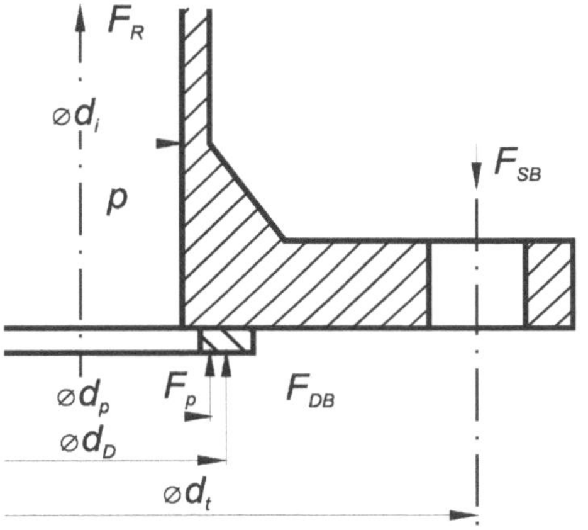

Bild 3.17
Kräfte an der durch Innendruck belasteten Flanschverbindung (Betriebszustand)

Fasst man die vom Innendruck abhängigen Kräfte zusammen, dann ergibt sich die Innendruckkraft $F_i = F_{Rp} + F_p$. Setzt man hier die entsprechenden Ausdrücke ein, dann folgt

$$F_i = \frac{\pi\, p\, d_D^2}{4} \tag{3.58}$$

Verschiedentlich ist ein **Biegemoment** M_b zu berücksichtigen. Es ergibt sich aus den im Rohrsystem wirkenden Kräften, die infolge thermischer Beanspruchung oder durch unsachgemäße Montage eingetragen werden. Man muss versuchen, dieses Moment so klein wie möglich zu halten. Das Biegemoment M_b und zusätzliche Längskräfte F_{Rz} kann man überschlägig dadurch berücksichtigen, dass man die doppelte Rohrkraft $F_R = 2\,F_{Rp}$ ansetzt. Für genauere Rechnungen ist M_b zu ermitteln. Die Rohrkraft $F_{Rz} = Z_Q F_i$, wobei Z_Q den Zusatzkraftfaktor angibt, und die Innendruckkraft sind abhängig von DN und PN. Diese Abhängigkeit ist in [54] dargestellt.

Die allgemeinen Zusammenhänge beim Dichtungsprozess wurden versuchsmäßig anhand der Untersuchung des Dichtverhaltens einer It-Dichtung im Innendruckversuch mit Luft ermittelt. Bild 3.18 zeigt: Die Flanschverbindung wurde durch den Innendruck p belastet. Dabei wurde die Dichtkraft F_D so weit erhöht, bis Dichtheit eintrat. Die jeweils zugeordneten $F_D(p)$-Werte sind mit „x“ gekennzeichnet. Es wird deutlich, dass anfangs die Dichtkraft stärker zunimmt als der Innendruck. Das hängt mit der notwendigen plastischen Deformation der Dichtung und ihrer Anpassung an die Rautiefen der Flanschflächen zusammen. Mit Erreichen der Dichtkraft F_{DV} ist die Dichtung vollständig plastisch verformt. Danach stellte sich eine etwa lineare Abhängigkeit $F_D(p)$ ein. Für F_{DV} sind die Formänderungsfestigkeit des Dichtungswerkstoffs, die Art der Dichtung und ihre Form kennzeichnend. Im Bereich $F_D > F_{DV}$ ist die Abhängigkeit $F_D(p)$ nahezu linear. Die notwendige Dichtkraft nimmt proportional mit dem Innendruck zu. Andere Einflüsse sind nicht erkennbar.

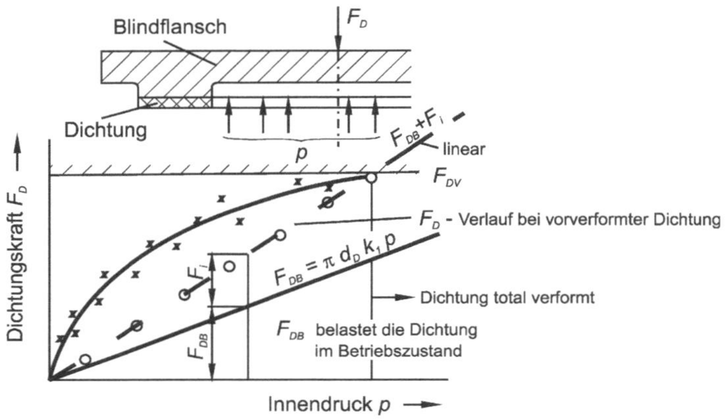

Bild 3.18 Zusammenhang zwischen Innendruck und Dichtkraft

Davon ausgehend ist es auch möglich, die gleichen Verhältnisse bezüglich der Dichtheit der Verbindung zu erzielen, wenn man die Vorverformung unabhängig vom Innendruck realisiert. Das heißt, man bringt die als maßgebend gefundene Kraft F_{DV} im drucklosen Zustand auf. Damit stellt sich der plastische Vorverformungszustand der Dichtung ein. Jetzt kann man die Verbindung wieder entlasten, d. h., $F_D = 0$ einstellen. Damit bleibt aber die plastische Vorverformung der Dichtung erhalten. Belastet man jetzt die Verbindung mit dem Innendruck p, dann zeigt sich nur noch der Einfluss von p auf F_D in seiner linearen Form. Im Bild 3.18 ist dieser Zusammenhang mit „○“ gekennzeichnet und als Gerade eingetragen worden.

Die Belastung der Dichtung im Betriebszustand ergibt sich, wenn man die jeweiligen Kräfte aus dem Innendruck Formel 3.57 von den F_D-Werten subtrahiert. Durch Aufgabe des Innendrucks erfährt die Dichtung eine Entlastung um diese Größe. Als Belastung der Dichtung bleibt nur F_{DB} übrig und diese Kraft gewährleistet die Dichtheit der Verbindung.

Größe der Vorverformungskraft

Infolge der Kraft F_{DV} erfährt die Dichtung eine Flächenpressung $F_{DV}/\left(\pi\, d_D\, b'_D\right)$. Dabei ist b'_D die **tragende Breite** der Dichtung. Diese ist in der Regel verschieden von b_D und im Allgemeinen nicht bestimmbar, da sie auch von der Form sowie der Art und Größe der Auflage der Dichtung abhängt. In DIN EN 1591 sind für verschiedene Dichtungen entsprechende Einbausituationen angegeben, mit deren Hilfe die tragende Breite bestimmt werden kann. Das Verhältnis aus vorhandener Pressung und der Formänderungsfestigkeit der Dichtung K_D sei:

$$k'_0 = \frac{F_{DV}}{\pi\, d_D b'_D K_D} \tag{3.59}$$

Da die wirkliche tragende Breite b'_D nicht feststellbar ist, hat man daher die Pressung je Einheit des Umfangs als Dichtungskennwert

$$k'_0 = \frac{F_{DV}}{\pi\, d_D b'_D K_D} \tag{3.60}$$

in Versuchen ermittelt. Umgestellt nach der Vorverformungskraft folgt:

$$F_{DV} = \pi\, d_D\, k_0 K_D \tag{3.61}$$

Für metallische Dichtungen enthält Tabelle 3.18 K_D-Werte, für Weichstoffdichtungen ist in Tabelle 3.19 das Produkt $k_0 K_D$ angegeben.

Tabelle 3.18 Formänderungsfestigkeit metallischer Dichtungswerkstoffe nach AD 2000-B7, Werte in Klammern gelten als Empfehlung

Dichtungswerkstoff	K_D (in N/mm²)	$K_{D\vartheta}$ (in N/mm²) bei				
		100 °C	200 °C	300 °C	400 °C	500 °C
Aluminium, weich	100	40	20	(50)	–	–
Kupfer	200	180	130	100	(40)	–
Weicheisen	350	310	260	210	170	(80)
Stahl St35	400	380	330	260	190	(120)
Leg. Stahl, 13CrMo44	450	450	420	390	330	280
Austenitischer Stahl	500	480	–	–	390	350

Tabelle 3.19 Dichtungen und Dichtungskennwerte AD 2000-B7, DIN V 2505 (Auszug)

Benennung	Werkstoff	Dichtungskennwerte für Flüssigkeiten				Dichtungskennwerte für Gase und Dämpfe			
		Vorverformen k_0 (in mm)	Vorverformen $k_0 K_D / b_D$ (in N/mm²)	Betriebszustand k_1 (in mm)	Grenzlastfaktor V	Vorverformen k_0 (in mm)	Vorverformen $k_0 K_D$ (in N/mm²)	Betriebszustand k_1 (in mm)	Grenzlastfaktor V
Weichstoffdichtungen									
Flachdichtungen nach DIN 2690 bis DIN 2692	Dichtungspappe getränkt	–	20	b_D	2	–	–	–	–
	Gummi	–	1	0,5 b_D	40	–	2b_D	0,5 b_D	20
	PTFE	–	20	1,1 b_D	2,5	–	25 b_D	1,1 b_D	2
	GR ohne Einlage	–	–	–	–	–	25 b_D	1,7 b_D	–
	GR mit Einlage	–	–	–	–	–	20 b_D	1,3 b_D	–
	FA, $h_D < 1$ mm	–	–	–	–	–	40 b_D	2 b_D	–
Welldichtring	Al	–	8	0,6 b_D	7,5	–	30 b_D	0,6 b_D	2
	Cu, Messing	–	9	0,6 b_D	7,5	–	35 b_D	0,7 b_D	2
	weicher Stahl	–	10	0,6 b_D	7,5	–	45 b_D	b_D	2
blechummantelte Dichtung	Al	–	10	b_D	10	–	50 b_D	1,4 b_D	2
	Cu, Messing	–	20	b_D	10	–	60 b_D	1,6 b_D	2
	weicher Stahl	–	40	b_D	10	–	70 b_D	1,8 b_D	2
Metalldichtungen									
Flachdichtung	–	0,8 b_D	–	$b_D + 5$	1,9	b_D	–	$b_D + 5$	1,5
Spießkant-Dichtung	–	0,8	–	5	3,8	1	–	5	3

Benennung	Werkstoff	Dichtungskennwerte für Flüssigkeiten				Dichtungskennwerte für Gase und Dämpfe			
		Vorverformen k_0 (in mm)	Vorverformen $k_0 K_D/b_D$ (in N/mm²)	Betriebszustand k_1 (in mm)	Grenzlastfaktor V	Vorverformen k_0 (in mm)	Vorverformen $k_0 K_D$ (in N/mm²)	Betriebszustand k_1 (in mm)	Grenzlastfaktor V
Ovalprofil-Dichtung	–	1,6	–	6	2,5	2	–	6	2
Runddichtung	–	1,2	–	6	2,5	1,5	–	6	2
Ring-Joint-Dichtung	–	1,6	–	6	3,1	2	–	6	2,5
Linsendichtung nach DIN 2696	–	16	–	6	5	2	–	6	4
Kammprofildichtung nach DIN 2697	–	$0,4\sqrt{Z}$	–	$9+0,2Z$	2,5	$0,5\sqrt{Z}$	–	$9+0,2Z$	2
Membranschweißdichtung nach DIN 2695	–	0	–	0	–	0	–	0	–

Größe der Dichtungskraft im Betriebszustand F_{DB}

Bildet man das Verhältnis der Flächenpressung im Betriebszustand zum Innendruck p

$$k_1' = \frac{F_{\mathrm{DB}}}{\pi d_{\mathrm{D}}\, b_{\mathrm{D}}'\, p} \tag{3.62}$$

und definiert man die Pressung je Einheit des Umfangs der Dichtung, dann gilt analog für den Dichtungskennwert im Betriebszustand k_1

$$k_1 = k_1' b_{\mathrm{D}}' = \frac{F_{\mathrm{DB}}}{\pi d_{\mathrm{D}} p} \tag{3.63}$$

Hieraus erhält man die Dichtungskraft im Betriebszustand zu

$$F_{\mathrm{DB}} = \pi\, d_{\mathrm{D}}\, k_1\, p \tag{3.64}$$

und mit einem Sicherheitszuschlag S_D, der den Unsicherheiten der Rechnung genügen soll,

$$F_{DB} = \pi\, d_D\, k_1\, pS_D \tag{3.65}$$

mit $S_D \geq 1{,}2$ im Betriebszustand und $S_D = 1$ bei Druckprobe. Die Dichtungskennwerte für Vorverformen und Betriebszustand sind Tabelle 3.19 zu entnehmen.

Bei Schweißdichtungen entfällt die Notwendigkeit, die Vorverformung zu betrachten. Hier dürfen nur die Flansche nicht voneinander abheben. Dafür ist eine Betriebsdichtungskraft $F_{DB} \approx 0{,}05\pi\, p\, d_a^2$ ausreichend (d_a Durchmesser der äußeren Schweißnaht).

In Tabelle 3.19 sieht man, dass die Dichtungskennwerte für Flachdichtungen proportional zur Breite der Dichtung sind, d. h. k_0K_D und $k_1 \sim b_D$. Im Interesse kleiner Kräfte F_{DV} und somit auch kleiner Schraubenkräfte sollte das Produkt k_0K_D klein sein. Das erfordert eine geringe Breite der Dichtung. Allerdings nimmt mit abnehmender Dichtungsbreite bei gleichem Innendruck p die Umfangsspannung in der Dichtung zu, die Dichtung kann reißen. Um das zu verhindern, legt man in solchen Fällen die Dichtung in eine Nut ein.

Regeln für die Konstruktion

- Um die Verbindung dicht zu halten, sollte man viele Schrauben (mindestens vier) einsetzen.
- Der Hebelarm der Schraubenkraft $a_D = (d_t - d_D)\,/2$ soll möglichst klein sein.
- Die Schraubenteilung soll $\leq 5d_L$ sein, wobei d_L der Schraubendurchmesser ist.

Diese Regeln sind bei Verwendung genormter Flansche im Rohrleitungsbau erfüllt. Sie sind aber zu beachten, wenn Flansche selbst entworfen werden.

Bild 3.18 zeigt auch, dass im Bereich $F_D < F_{DV}$ ebenfalls Dichtheit herrscht. Wenn also nur ein Betriebsdruck vorliegt, der geringer ist als der, den der vollständig ausgebildete Vorverformungszustand $F_{DV}\,(p)$ erfordert, dann ist es nicht notwendig, diesen vollständig ausgebildeten Vorverformungszustand zu erzeugen, um Dichtheit zu erhalten. Es genügt, die geringere Dichtkraft $F'_{DV} < F_{DV}$ aufzubringen. Dieser Verlauf kann empirisch durch folgende Formel beschrieben werden:

$$\begin{aligned} F'_{DV} &= F_{DV}\,A + (1 - A)\,\sqrt{(F_i + F_{DB})\,F_{DV}} \\ &= F_{DV}\,A + (1 - A)\,\sqrt{\left(\frac{d_D}{4} + k_1 S_D\right)\,p\,\pi^2 d_D^2 k_0 K_D} \end{aligned} \tag{3.66}$$

Führt man Formel 3.61 ein, quadriert diese und schreibt F_{DV} vor die Wurzel, dann ergibt sich

$$F'_{DV} = F_{DV} \left[A + (1 - A) \sqrt{\left(k_1 S_D + \frac{d_D}{4} \right) \frac{p}{k_0 K_D}} \right] \quad (3.67)$$

mit $A = 0{,}1$ für Flüssigkeiten und $A = 0{,}2$ für Gase und Dämpfe. Die Formel 3.67 gilt für Weichstoff- und Metall-Weichstoff-Dichtungen, nicht aber für Metalldichtungen. Im Hinblick auf kostengünstige Flansche ist der kleinere der beiden Werte F_{DV} nach Formel 3.61 bzw. F'_{DV} nach Formel 3.67 zu wählen, wobei F_{DV} in Formel 3.67 gemäß Formel 3.61 zu berechnen ist.

Standkraft der Dichtung

Viele Dichtungswerkstoffe neigen insbesondere bei höheren Temperaturen zum Kriechen, d. h., die Verbindung entspannt sich. Das kann u. U. zur Undichtheit führen. Daher muss man eine bestimmte **Standkraft** der Dichtung fordern. Das ist die Kraft, der die Dichtung bei der Temperatur ϑ längere Zeit widersteht. Sie ergibt sich für Metalldichtungen zu

$$F_{D\vartheta} = \pi \, d_D \, k_2 K_{D\vartheta} \quad (3.68)$$

mit $k_2 = k_0 F_{S0} / F_{DV}$. Für Weichstoffdichtungen ist $k_2 K_{D\vartheta}$ Tabelle 3.20 zu entnehmen. Bei Metalldichtungen, bei denen näherungsweise $k_2 \approx k_0$ gesetzt werden kann, enthält Tabelle 3.18 Werte für $K_{D\vartheta}$. Die Standkraft ist ausreichend, wenn

$$F_{D\vartheta} > F_{DB} + F_i \quad (3.69)$$

gilt. Wird diese Bedingung nicht eingehalten, dann muss ein Dichtungswerkstoff mit einem größeren $K_{D\vartheta}$ gewählt werden oder es ist eine Dichtung mit anderer Form zu wählen. Bei Weichstoff- und Metalldichtungen ist damit zu rechnen, dass beim ersten Anheizen der Rohrleitung ein bleibendes Setzen eintritt. Das muss durch entsprechendes Anziehen der Schrauben berücksichtigt werden.

Tabelle 3.20 Standfestigkeit von It-Dichtungen [24] (als Orientierungswerte empfohlen)

ϑ (in °C)	20	100	200	300	400
$\frac{k_2 K_{D\vartheta}}{k_0 K_D}$	0,9	0,65	0,5	0,4	0,3

Schraubenkraft

Die Flanschverbindung ist so zu verschrauben, dass die

- notwendige Vorverformung der Dichtung erreicht wird,
- vorhandene Rohrkräfte F_R aufgenommen werden und
- die Verbindung im Betriebszustand dicht bleibt.

Die Schraubenkraft F_S ist von den die Verbindung zusammenhaltenden n Schrauben aufzubringen. Die Schrauben sind mit den jeweils zugehörigen Werkstoffkenn- und Sicherheitsbeiwerten für den Einbauzustand F_{S0} und den Betriebszustand F_{SB} zu berechnen. Daher gilt für die Schraubenkraft im Einbauzustand „0“:

$$F_{S0} \geq F_{DV} + F_R \tag{3.70}$$

Sofern nach Formel 3.67 gerechnet wurde, ist natürlich diese geringere Kraft F'_{DV} einzusetzen.

Im Betriebszustand muss die Schraubenkraft

$$F_{SB} = F_R + F_p + F_{DB} = F_i + F_{DB} \tag{3.71}$$

betragen. Nach Formel 3.69 und Formel 3.71 muss die Standkraft der Dichtung größer als die Schraubenkraft im Betriebszustand sein. Weiterhin ist im Montagezustand nach DIN V 2505

$$F_{S0} \geq 1{,}1 F_{SB} \tag{3.72}$$

einzuhalten. Für die einzelne Schraube ergibt sich bei n Schrauben der Gewindekerndurchmesser d_K aus $\frac{K}{S} = \sigma_{zul} = \frac{4F_S}{\pi d_K^2 n}$. Die Vorschriften AD 2000-B7 und TRD 309 berücksichtigen noch zusätzlich die Form der Flansch-Dichtfläche durch einen Hilfswert φ. Er ist für unbearbeitete Dichtflächen $\varphi = 0{,}75$ und für spangebend bearbeitete Dichtflächen $\varphi = 1{,}0$ zu setzen. Damit ergibt sich dann der Gewindekerndurchmesser zu

$$d_K = 2\sqrt{\frac{F_S}{\frac{K}{S}\pi n\varphi}} + c \tag{3.73}$$

Der Zuschlag c dient dazu, der Gefahr des „Überziehens“ der Schraubverbindung zu begegnen. Diese Gefahr ist bei unkontrolliertem Anziehen per Hand gegeben. Sie ist bei kleineren Durchmessern natürlich größer als bei größeren. Der Zuschlag wird in Abhängigkeit vom Schraubendurchmesser festgelegt:

$$2\sqrt{\frac{F_S}{\frac{K}{S}\pi n\varphi}} \leq 20\,\text{mm} \quad \rightarrow \quad c = 3\,\text{mm}$$

$$2\sqrt{\frac{F_S}{\frac{K}{S}\pi n\varphi}} \geq 50\,\text{mm} \quad \rightarrow \quad c = 1\,\text{mm}$$

Für Zwischenwerte ist der Zuschlag durch lineare Interpolation zu bestimmen. Die Zuschläge gelten nur für Vollschaftschrauben, für Dehnungsschrauben ist $c = 0$. K ist der Werkstoffkennwert von Schraube bzw. Mutter. Der Kennwert wird nicht nach dem konkreten Werkstoff ausgewählt, sondern nach der Festigkeitsklasse des Schraubenwerkstoffs (Tabelle 3.21).

Tabelle 3.21 Werkstoffkennwerte K (Auszug aus [53])

Festigkeitsklasse	R_m (in N/mm²)	$R_{p0,2}$ (in N/mm²)
4.8	400	340
5.6	500	300
5.8	500	420
6.8	600	480
8.8	800	640

In der Bezeichnung der Festigkeitsklasse bedeutet die erste Ziffer vor dem Punkt $0{,}01\,R_m$. Die Ziffer nach dem Punkt ist das Produkt $10R_{eL}/R_m$ bei ausgeprägter bzw. $10R_{p0,2}/R_m$ bei nicht ausgeprägter Streckgrenze. Es ist zu beachten, dass hier generell die Nominalwerte von R_m und R_{eL} verwendet wurden. Für die Elastizitätsgrenze wird deren Mindestwert eingesetzt. Bei Dehnschrauben ist der Schaftdurchmesser

$$d_S = 0{,}9 d_K \tag{3.74}$$

Schrauben mit $d_S < 10$ mm sind zu vermeiden. Der Sicherheitsbeiwert ist in Tabelle 3.22 gegeben. Bei Vollschaftschrauben tritt die höchste Spannung im ersten tragenden Gewindegang auf, was zu einer plastischen Verformung und Überbeanspruchung führen kann. Daher ist ein höherer Sicherheitsbeiwert erforderlich.

Tabelle 3.22 Sicherheitsbeiwert S für Schrauben nach AD 2000-B7

Schraubenart	Betriebszustand	Sicherheitsbeiwert S	
		Einbauzustand und Probedruck für $R_{eL}/R_m \leq 0{,}8$	Einbauzustand und Probedruck für $R_{eL}/R_m > 0{,}8$
Vollschaftschraube	1,8	1,26	1,3
Dehnschraube	1,5	1,05	1,1

Beispiel: Eine Flanschverbindung DN 150 PN40 soll mit einer Flüssigkeit (p = 30 bar und ϑ = 200 °C) beaufschlagt werden. Welche Dichtung ist zu wählen und welche Dichtungskräfte müssen aufgebracht werden? Für die Belastung durch zusätzliche Längskräfte gilt $F_{Rz} = 0$.

Lösung

Gewählt wird eine Weichstoff-Flachdichtung aus Pressfaser mit Bindemittel (PTFE) der Form IBC ohne Schraubenlöcher nach DIN EN 1514-1 mit einem Außendurchmesser d_2 = 224 mm und dem Innendurchmesser d_1 = 169 mm. Die Dichtungskennwerte laut Tabelle 3.19 sind abhängig von der Dichtungsbreite. Sie ergibt sich zu $b_\mathrm{D} = (224 - 169)\,/2\,\mathrm{mm} = 27,5\,\mathrm{mm}$. Die Breite der Dichtung wurde hier als deren rechnerische Breite angenommen. Für eine genauere Rechnung muss die Auflagefläche am Flansch berücksichtigt werden. Dabei ist es möglich, dass je nach den Flanschmaßen eine geringere Breite anzusetzen ist. Im Einzelnen werden benötigt

- Vorverformung: $k_0 K_\mathrm{D} = 20 b_\mathrm{D} = 20 \cdot 27,5\,\mathrm{N/mm} = 550\,\mathrm{N/mm}$
- Betrieb: $k_1 = 1,1 b_\mathrm{D} = 1,1 \cdot 27,5\,\mathrm{N/mm} = 30,25\,\mathrm{N/mm}$

$$d_\mathrm{D} = (d_1 + d_2)\,/2 = 196,5\,\mathrm{mm}$$

Dichtungskraft für Vorverformung Formel 3.61:

$$F_\mathrm{DV} = \pi\, d_\mathrm{D}\, K_\mathrm{D}\, k_0 = \pi \cdot 196,5 \cdot 550\,\mathrm{kN} = 339,5\,\mathrm{kN}$$

Dichtungskraft für Betrieb Formel 3.65:

$$F_\mathrm{DB} = \pi\, d_\mathrm{D}\, k_1 p\, S_\mathrm{D} = \pi \cdot 197 \cdot 30,25 \cdot 3 \cdot 1,2\,\mathrm{kN} = 67,2\,\mathrm{kN} \text{ mit } S_\mathrm{D} = 1,2$$

Kontrolle auf Anwendung einer geringeren Vorverformungskraft nach Formel 3.67:

$$F'_\mathrm{DV} = 339,5 \left[0,1 + 0,9\sqrt{\left(30,25 \cdot 1,2 + \frac{196,5}{4}\right)\frac{3}{550}}\right] \mathrm{kN} = 242,5\,\mathrm{kN} < F_\mathrm{DV} = 339,5\,\mathrm{kN}$$

Die totale Vorverformung ist nicht nötig. Es kann anstelle von F_D mit F'_DV gerechnet werden.

Für die Standkraft der Dichtung bei 200 °C findet man in Tabelle 3.20

$$k_2 K_{\mathrm{D}\vartheta} = 0,5 \cdot k_0 K_\mathrm{D} = 0,5 \cdot 550\,\mathrm{N/mm} = 275\,\mathrm{N/mm}$$

→ Formel 3.68: $F_{\mathrm{D}\vartheta} = \pi\, d_\mathrm{D}\, k_2 K_{\mathrm{D}\vartheta} = \pi \cdot 196,5 \cdot 275\,\mathrm{N} = 169,76\,\mathrm{kN}$

Die Innendruckkraft ergibt sich dann nach der Formel 3.58 zu $F_\mathrm{i} = p\frac{d_\mathrm{D}^2 \pi}{4} = 3 \cdot \frac{196,5^2 \cdot \pi}{4}\,\mathrm{N} = 90,98\,\mathrm{kN}$ und damit ist die Standfestigkeit gesichert, da nach Formel 3.69 $169,76\,\mathrm{kN} > (67,2 + 90,98)\,\mathrm{kN} = 158,18\,\mathrm{kN}$ ist.

Schraubenkraft:

- Einbauzustand Formel 3.70: $F_{\mathrm{S}0} \geq 242,5\,\mathrm{kN}$
- Betriebszustand Formel 3.71: $F_\mathrm{SB} = (90,98 + 67,2)\,\mathrm{kN} = 158,18\,\mathrm{kN}$

Es gilt auch die Beziehung $F_{\mathrm{S}0} = 242,5\,\mathrm{kN} \geq 1,1 \cdot 158,18\,\mathrm{kN} = 174\,\mathrm{kN}$

Nach DIN V 2505 kann auch noch eine weitere Kontrolle mittels des Grenzlastfaktors erfolgen. Er ist in Tabelle 3.19 mit $V = 2$ angegeben. Es muss $F_{S0} \leq 2F'_D = 2 \cdot 242,5\,\text{kN} = 485\,\text{kN}$ gelten. Diese Bedingung ist auch erfüllt, sodass für diese Zustände nun die Schrauben auszulegen sind.

- Auswahl der Flansche nach DIN EN 1092-1
  Die Flansche werden ausgeführt mit Dichtleiste Form B 1, d. h., sie haben eine glatte Dichtfläche. In Tabelle 15 der Norm ist die Temperatur-Druck-Zuordnung der Flansche aus ferritischem Stahl gegeben. Für den vorgesehenen PN 40 ist bei der Temperatur von 200 °C noch ein Innendruck von 30,2 bar zulässig. Dafür sind Flansche aus Werkstoffen der Gruppe 3 E 0 zu verwenden. Zu dieser Gruppe gehören unlegierte Stähle mit garantierter Temperaturfestigkeit im Anwendungsbereich bis 400 °C. Die Tabelle 11 der Norm gibt für DN 150 $n = 8$ Schrauben M24 vor.
- Auswahl der Schrauben DIN EN ISO 898-1
  Nachfolgend ist der Festigkeitskennwert der einzusetzenden Schrauben zu bestimmen.
  Annahme: Schrauben aus einfachem C-Stahl mit einem Festigkeitskennwert 5.6 sind ausreichend. Nach [53] genügen die in der Norm enthaltenen Festigkeitswerte normalen Einsatzbedingungen der Schrauben, an die auch über 300 °C keine besonderen Anforderungen an die Warmfestigkeit gestellt werden. Dieser Sachverhalt ist hier gegeben. Mit den Werten aus den Tabelle 3.21 und Tabelle 3.22 folgt $R_{p\,0,2}/R_m = 300/500 = 0,6 < 0,8$ und $S = 1,8$.
  Mit Formel 3.73 ist nun $d_{K\,erf} = \left(2 \cdot \sqrt{\frac{242,5 \cdot 10^3}{\frac{300}{1,8} \cdot 3,1415 \cdot 8 \cdot 1}} + 3\right)\,\text{mm} = 18,22\,\text{mm}.$
  Der Zuschlag $c = 3$ mm resultiert daraus, dass der Term $2 \cdot \sqrt{\frac{242,5 \cdot 10^3}{\frac{300}{1,8} \cdot 3,1415 \cdot 8 \cdot 1}}\,\text{mm} \leq 20\,\text{mm}$ ist. Dieser erforderliche Gewinde-Kerndurchmesser ist nun mit dem vorhandenen Kerndurchmesser von M24 zu vergleichen. Letzteren findet man aus [55, TB 8-1] zu $d_{Ka} = 20,319$ mm bei metrischem Gewinde. Damit sind Schrauben 5.6 M24 und entsprechende Muttern zu verwenden. Setzt man in Formel 3.73 $d_{Ka} = 20,319$ mm ein, kann man den dafür noch zulässigen Wert der Streckgrenze des Schraubenmaterials bestimmen. Er ergibt sich zu $\check{K}_{zul} = \frac{4 \cdot 242,5 \cdot 10^3}{\frac{20,319^2}{1,8} \cdot 3,1415 \cdot 8 \cdot 1} \frac{\text{N}}{\text{mm}^2} = 168,27 \frac{\text{N}}{\text{mm}^2}$. Auf diesen Wert dürfte die Streckgrenze infolge der thermischen Belastung der Schrauben absinken, ohne dass ihre Funktionsfähigkeit beeinträchtigt wird. Im Bedarfsfalle wäre vom Hersteller der Schrauben eine Angabe zur Streckgrenze bei 200 °C einzuholen.

3.3 Berechnung der Wanddicke von Rohrbögen

3.3.1 Glattrohrbögen

Glattrohrbögen können prinzipiell aus geraden Rohren gebogen oder auch aus entsprechend geformten Blechhalbschalen geschweißt werden. Die Wanddicke des Rohrbogens ist abhängig vom Herstellungsverfahren. Bei der Kalt- oder Warmformgebung wird die Außenfaser gestreckt und die Innenfaser gestaucht. Das Kaltbiegen über einen Dorn überwiegt als Fertigungsverfahren [54]. Der in das Rohrinnere eingeführte Dorn hat dabei die Aufgabe, Faltenbildung und Unrundheiten zu vermeiden. Die Außenwanddicke ist kleiner als die Innenwanddicke. Damit sind auch zwei verschiedene Krümmungsradien definiert, je nachdem, ob man sich auf den Außen- oder Innendurchmesser bezieht. Nach [84] ergeben sich bei Verwendung des Außendurchmessers d_a und dessen Krümmungsradius R Werte für die Spannungen, die mit gemessenen Werten besser harmonieren als jene, die man bei Nutzung des Innendurchmessers d_i und des auf ihn bezogenen Radius r erhält. Da auch die Rohre nach dem Außendurchmesser genormt sind, sollen im Folgenden auch alle Gleichungen auf ihn bezogen werden, insbesondere auch deswegen, weil ja zuerst das gerade Rohr auszuwählen und dann der Bogen dem Rohr anzupassen ist. Es werden nur Bögen mit vollem Ausnutzungsgrad betrachtet. Sie haben Wanddicken, die für den gleichen Innendruck ausgelegt sind wie das gerade Rohr.

Es wird mit mittleren Spannungen gerechnet. Betrachtet man den Bogen im Längsschnitt (Bild 3.19), muss das Gleichgewicht der Kräfte eingehalten werden: Die Kraft F_p, die sich infolge des Drucks p auf die Druckfläche A_p ergibt, muss von der Kraft F_σ, die sich aus der Spannung σ in der Wand und der spannungstragenden Fläche A_σ ergibt, aufgenommen werden. Die allgemeine Gleichgewichtsbedingung lautet daher

$$F_p = F_\sigma \tag{3.75}$$

$$p\,A_p = \sigma\,A_\sigma \tag{3.76}$$

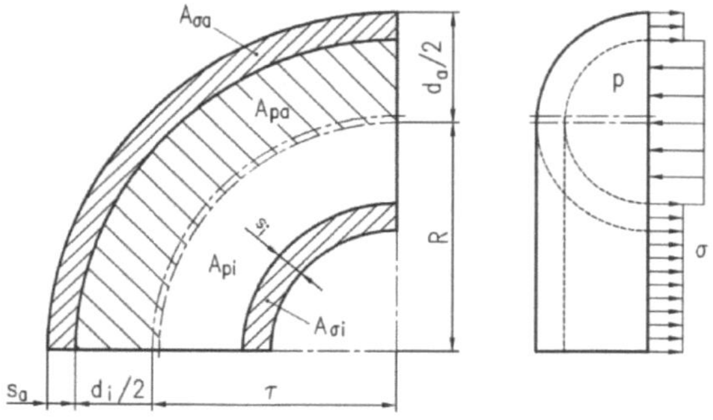

Bild 3.19
Glattrohrbogen im Schnitt

Diese Vorgehensweise ist als **Flächenvergleichsverfahren** bekannt [118]. Es werden die Wanddicke der Bogenaußenseite und der Bogeninnenseite gesucht. Dazu wird angenommen, dass die Formel 3.75 für die Außenseite und für die Innenseite des Bogens zutrifft. Damit gilt:

- Die Kraft aus der Spannung in der Schnittfläche der Außenwand $A_{\sigma a}$ hält der Kraft das Gleichgewicht, die sich aus dem Innendruck ableitet, der im äußeren Bereich der Schnittfläche des Bogens A_{pa} wirkt.
- Die Kraft aus der Spannung in der Schnittfläche der Innenwand $A_{\sigma i}$ hält der Kraft das Gleichgewicht, die sich aus dem Innendruck ableitet, der im inneren Bereich der Schnittfläche des Bogens A_{pi} wirkt.

Zur Auslegung des Bogens sind natürlich auch die Belastungsverhältnisse zu betrachten, die bei der Bestimmung der Wanddicke des Rohrs eine Rolle spielen, s. Abschnitt 3.1.3. Die Wandstärken der Rohrbögen sind abhängig von der Betriebstemperatur und von der Art der Druckbelastung. Demnach sind verschiedene Ansätze für die Vergleichsspannung anzuwenden. Diese ausführliche Betrachtung soll hier nicht erfolgen. Es möge genügen, den wesentlichen Ansatz beispielhaft darzustellen (s. Tabelle 3.23). Dafür wird der Beanspruchungsbereich I a mit ruhender Druckbelastung gewählt. Im Bedarfsfalle sind die Gebrauchsformeln in den einschlägigen Vorschriften (DIN EN 13480-3, TRD 301) nachzulesen. Die Vergleichsspannung ist mit Formel 3.32 gegeben.

Tabelle 3.23 Gleichungen zur Auslegung eines Bogens

	Außenhalbschale	Innenhalbschale
Gleichgewichtsbedingung	$\sigma_{ua} A_{\sigma a} = p A_{pa} \rightarrow \sigma_{ua} = p \frac{A_{pa}}{A_{\sigma a}}$	$\sigma_{ui} = p \frac{A_{pi}}{A_{\sigma i}}$
Belastungsfläche	$A_{pa} = \frac{\pi}{2}\left[R + \frac{1}{2}\left(\frac{d_a}{2} - s_{a,erf}\right)\right]\left(\frac{d_a}{2} - s_{a,erf}\right)$	$A_{pi} = \frac{\pi}{2}\left(R - \frac{d_a}{4} + \frac{s_{i,erf}}{2}\right)\left(\frac{d_a}{2} - s_{i,erf}\right)$
Materialfläche	$A_{\sigma a} = \frac{\pi}{2}\left(R + \frac{d_a - s_{a,erf}}{2}\right) s_{a,erf}$	$A_{\sigma i} = \frac{\pi}{2}\left(R - \frac{d_a}{2} + \frac{s_{i,erf}}{2}\right) s_{i,erf}$
mittlere Umfangsspannung	$\sigma_{ua} = \frac{p d_a \left[R + \frac{1}{2}\left(\frac{d_a}{2} - s_{a,erf}\right)\right]\left(1 - \frac{2 s_{a,erf}}{d_a}\right)}{2 s_{a,erf}\left(R + \frac{d_a - s_{a,erf}}{2}\right)}$	$\sigma_{ui} = \frac{p d_a \left[R - \frac{1}{2}\left(\frac{d_a}{2} - s_{i,erf}\right)\left(1 - \frac{2 s_{i,erf}}{d_a}\right)\right]}{2 s_{i,erf}\left(R - \frac{d_a - s_{i,erf}}{2}\right)}$
Vergleichsspannung für den Fall I a mit Formel 3.33	$\sigma_V = \sigma_{max} - \sigma_{min}$ $= \frac{p d_a \left[R + \frac{1}{2}\left(\frac{d_a}{2} - s_{a,erf}\right)\right]\left(1 - \frac{2 s_{a,erf}}{d_a}\right)}{2 s_{a,erf}\left(R + \frac{d_a - s_{a,erf}}{2}\right)} + \frac{p}{2}$	$\sigma_V = \frac{p d_a \left[R - \frac{1}{2}\left(\frac{d_a}{2} - s_{i,erf}\right)\right]\left(1 - \frac{2 s_{i,erf}}{d_a}\right)}{2\left(R - \frac{d_a - s_{i,erf}}{2}\right) s_{i,erf}} + \frac{p}{2}$
Umstellen nach Wanddicke mit $\sigma_V = \sigma_{zul}$	$s_{a,erf}^2 - (2R + d_a)\, s_{a,erf} + \frac{p \frac{d_a}{2}(4R + d_a)}{p + 2\sigma_{zul}} = 0 \rightarrow$ $s_{a,erf\,1,2} = \frac{2R + d_a}{2} \overset{(+)}{-} \sqrt{\left(\frac{2R + d_a}{2}\right)^2 - \frac{p \frac{d_a}{2}(4R + d_a)}{p + 2\sigma_{zul}}}$	$s_{i,erf}^2 + (2R - d_a)\, s_{i,erf} - \frac{p d_a \left(2R - \frac{d_a}{2}\right)}{2\sigma_{zul} + p} = 0 \rightarrow$ $s_{i,erf\,1,2} = \frac{d_a - 2R}{2} \underset{(-)}{+} \sqrt{\left(\frac{d_a - 2R}{2}\right)^2 + \frac{p d_a \left(2R - \frac{d_a}{2}\right)}{2\sigma_{zul} + p}}$

Tabelle 3.23 Gleichungen zur Auslegung eines Bogens *(Fortsetzung)*

	Außenhalbschale	Innenhalbschale
zulässige Spannung im geraden Rohr	$\frac{2\sigma_{zul}}{p} = \frac{d_a}{s_{erf}} - 1$	$\frac{2\sigma_{zul}}{p} = \frac{d_i}{s_{erf}} + 1 (d_i = d_a - 2s_{erf})$
Verhältnis Wanddicke des Bogens und des geraden Rohrs	$B_a = \frac{s_{a,erf}}{s_{erf}} = \frac{2R + d_a}{2s_{erf}} - \sqrt{\left(\frac{2R + d_a}{2s_{erf}}\right)^2 - \frac{4R + d_a}{2s_{erf}}}$ (s. Bild 3.20: Bestimmung der Beiwerte B_a und B_i)	$B_i = \frac{s_{i,erf}}{s_{erf}} = \frac{d_a - 2R}{2s_{erf}} + \sqrt{\left(\frac{d_a - 2R}{2s_{erf}}\right)^2 + \frac{4R - d_a}{2s_{erf}}}$ (s. Bild 3.20: Bestimmung der Beiwerte B_a und B_i)
Näherung für $d \gg s$ in σ_V	$B_a \approx \frac{d_a}{2(d_a - 2s_{erf})\frac{2R+d_a}{4R+d_a} + 2s_{erf}}$	$B_i \approx \frac{d_a}{2(d_a - 2s_{erf})\frac{2R-d_a}{4R-d_a} + 2s_{erf}}$

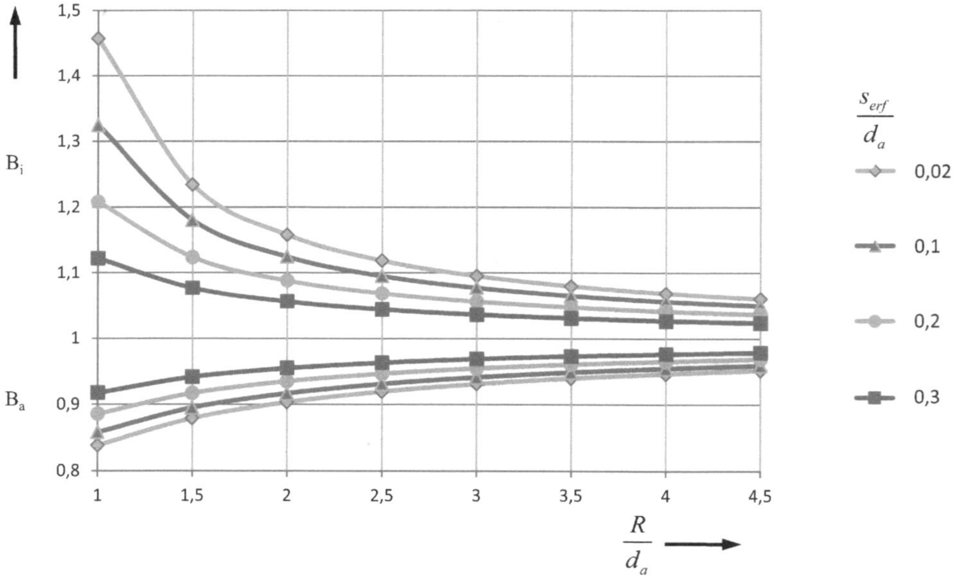

Bild 3.20 Bestimmung der Beiwerte B_a und B_i

Beispiel: Für eine Dampf-Rohrleitung DN 250 aus nahtlosem Rohr 273 × 8 P235GH-TC1 (alt St35.8I) DIN EN 10216-2 mit $p = 32$ bar und $\vartheta = 400$ °C sind die zu installierenden Glattrohrbogen zu entwerfen. Der Außendurchmesser der Bögen soll gleich dem des geraden Rohrs sein. Der Krümmungsradius, bezogen auf den Außendurchmesser, ist nach DIN 2605-2, Bauart 5, $R = 2{,}5\,d_a = 2{,}5 \cdot 273$ mm = 682,5 mm.

Lösung

$u = d_a/d_i = 273/(273 - 2 \cdot 8) = 1{,}062 < 1{,}7$; d. h., Bereich I a trifft zu. Zur Bestimmung der Bogenwanddicke an der Außen- und Innenseite ist zunächst die rechnerisch erforderliche Wanddicke des geraden Rohrs zu bestimmen, da die Hilfsgrößen B_a und B_i (s. Tabelle 3.23) diese Größe enthalten.

Für den Bereich I a gilt für die zulässige Spannung Formel 3.47. Als Werkstoff ist ein nichtaustenitischer Stahl angegeben. Die hier benötigten Werkstoffkennwerte ergeben sich aus den Tabelle 3.9 bzw. Tabelle 3.11 zu $R_{p0,2\,400\,°C} = 112$ N/mm² und aus Tabelle 3.8 zu $R_m = 360$ N/mm², hier wurde der kleinste Wert gewählt. Damit findet man $\sigma_{zul} = 112/1{,}5\mathrm{N/mm}^2 = 74{,}67\mathrm{N/mm}^2$ als minimalen Wert. Mit Formel 3.37 und mit $v_N = 1$ wird für das gerade Rohr die rechnerisch erforderliche Wanddicke $s_{erf} = \frac{3{,}2 \cdot 273}{2 \cdot 74{,}67 + 3{,}2}\,\mathrm{mm} = 5{,}73\,\mathrm{mm}$.

Jetzt können die Hilfsgrößen und die Wanddicken des Bogens berechnet werden:

$$B_a = \frac{2 \cdot 682{,}5 + 273}{2 \cdot 5{,}73} - \sqrt{\left(\frac{2 \cdot 682{,}5 + 273}{2 \cdot 5{,}73}\right)^2 - \frac{4 \cdot 682{,}5 + 273}{2 \cdot 5{,}73}} = 0{,}9191$$

$$s_{a,\,erf} = 0{,}9191 \cdot 5{,}73\,\mathrm{mm} = 5{,}27\,\mathrm{mm}$$

Die Bestell-Wanddicke bekommt man mit Formel 3.53. Hier wird $c_0 = 1$ mm und $c_2 = 0$ gesetzt. Weiterhin ist das zulässige untere Walz-Abmaß der Wand zu berücksichtigen. Für die Lieferung der Bögen gilt DIN 2605-2, Tabelle 2. Hier ist das zulässige Abmaß in Abhängigkeit vom Außendurchmesser für $d_a \leq 600$ mm mit $x = 12{,}5$ % angegeben. Damit wird $s_{a,\,ord} \geq (5{,}27 + 1)\,\frac{100}{100 - 12{,}5}\,\mathrm{mm} = 7{,}17\,\mathrm{mm}$. Analog findet man für die Innenseite

$$B_i = -\frac{2 \cdot 682{,}5 - 273}{2 \cdot 5{,}73} + \sqrt{\left(-\frac{2 \cdot 682{,}5 - 273}{2 \cdot 5{,}73}\right)^2 + \frac{4 \cdot 682{,}5 - 273}{2 \cdot 5{,}73}} = 1{,}1184$$

$$s_{i,\,erf} = 1{,}1184 \cdot 5{,}73\,\mathrm{mm} = 6{,}41\,\mathrm{mm}$$

$$s_{i,\,ord} \geq (6{,}41 + 1)\,\frac{100}{100 - 12{,}5}\,\mathrm{mm} = 8{,}47\,\mathrm{mm}$$

Geht man mit diesen Werten in DIN 2605-2, Tabelle 1 (siehe Tabelle 3.24), dann findet man hier in der Reihe 4 entsprechende Wanddicken $s_{a,ord} = 8{,}1$ mm und $s_{i,ord} = 10$ mm für eine Rohrwanddicke $s = 8{,}8$ mm, d. h., der Bogen müsste aus Rohr mit $s = 8{,}8$ mm hergestellt werden. Allerdings sind dann die Wanddicken größer als erforderlich. Es soll daher geprüft werden, ob nicht der Bogen aus dem Rohr mit $s = 8$ mm gefertigt werden kann. Diese Nenn-Wanddicke ist allerdings in der Norm nicht enthalten. Dafür ist eine Interpolationsvorschrift gegeben, um nicht in der Norm berücksichtigte Abmessungen einzufügen:

- Auswählen der nächst kleineren Nenn-Wanddicke, d. h. $s = 6{,}3$ mm,
- dafür Bilden des Verhältnisses $\frac{s_{i,ord}}{s} = \frac{7{,}2}{6{,}3} = 1{,}1429$
- damit Berechnen für $s = 8$ mm $s_{i,ord} = 8 \cdot 1{,}1429\,\text{mm} = 9{,}14\,\text{mm} > 8{,}47\,\text{mm}$
- analog für die Außenwand $\frac{s_{a,ord}}{s} = \frac{5{,}8}{6{,}3} = 0{,}9206$
- und damit für $s = 8$ mm $s_{a,ord} = 8 \cdot 0{,}9206 = 7{,}37\,\text{mm} > 7{,}17\,\text{mm}$

Nach Angaben der Norm liegen die durch Interpolation gefundenen Werte stets auf der sicheren Seite. Man kann den Bogen aus dem Rohr mit $s = 8$ mm herstellen.

→ Bestellbezeichnung des Bogens: Bogen DIN 2606-2-90-5-273 × 8S-F

Hierin gibt die Zahl 90 den Bogenwinkel, die Zahl 5 die Bauart mit $R = 2{,}5\,d_a$ (s. Tabelle 3.25), der Buchstabe S nahtloses Rohr und der Buchstabe F die Werkstoffgruppe nach DIN 2609 an. Zur Werkstoffgruppe F gehören die Werkstoffe P235GH (alt: St35.8I, St37.8I, HI, HII).

Tabelle 3.24 Rohrbogen – Auszug aus DIN 2605-2 (Werte in mm)

Rohraußendurchmesser (in mm)	Bauart	Wanddickenreihe 3			Wanddickenreihe 4			Wanddickenreihe 5		
		s	$s_{i,ord}$	$s_{a,ord}$	s	$s_{i,ord}$	$s_{a,ord}$	s	$s_{i,ord}$	$s_{a,ord}$
114,3	2		5,9	3,0		10,2	5,2		13,9	7,1
	3		4,7	3,1		8,2	5,5		11,3	7,6
	5	3,6	4,1	3,3	6,3	7,2	5,8	8,8	10,0	8,0
	10		3,9	3,5		6,8	6,0		9,4	8,4
	20		3,8	3,6		6,5	6,2		9,1	8,6
219,1	2		10,0	5,2		12,6	6,6		19,3	10,2
	3		8,1	5,5		10,3	7,0		15,9	10,8
	5	6,3	7,2	5,8	8,0	9,1	7,3	12,5	14,2	11,4
	10		6,6	6,1		8,6	7,7		13,3	11,9
	20		6,5	6,2		8,3	7,8		12,9	12,2
273	2		10,0	5,2		13,8	7,3		21,9	11,6
	3		8,1	5,5		11,3	7,7		18,1	12,3
	5	6,3	7,2	5,8	8,8	10,0	8,1	14,2	16,1	12,9
	10		6,8	6,1		9,4	8,5		15,2	13,6
	20		6,5	6,2		9,1	8,6		14,6	13,9
323,9	2		11,1	5,9		15,6	8,3		24,6	13,1
	3		9,1	6,2		12,8	8,7		20,3	13,9
	5	7,1	8,1	6,5	10,0	11,4	9,2	16	18,1	14,6
	10		7,6	6,8		10,7	9,6		17,1	15,3
	20		7,4	7,0		10,3	9,8		16,5	15,6

Tabelle 3.25 Zuordnung von Bauart und Krümmungsradius, DIN 2605-2

Bauart	2	3	5	10	20
R	d_a	$1{,}5\,d_a$	$2{,}5\,d_a$	$5\,d_a$	$10\,d_a$

3.3.2 Segmentbögen

Segmentbögen werden durch entsprechende Gehrungsschnitte aus geraden Rohren gefertigt. Dabei sollte aus Festigkeitsgründen der Segmentwinkel ≤ 25° sein. Ein üblicher 90°-Bogen ist in Bild 3.21 dargestellt. Die Art der Fertigung des Bogens bedingt, dass die Wanddicken von Außen- und Innenseite identisch sind. Da die Innenseite, wie Bild 3.22 zeigt, kürzer als die Außenseite ist, kann sie nur geringere Spannungen aufnehmen. Sie ist daher für die zulässige Belastung des Bogens maßgebend. Als Ausgangsmaterial ist sowohl geschweißtes als auch nahtloses Rohr verwendbar. Die Verbindung der Segmente erfolgt mit V-Schweißnähten. Damit ist die Wanddicke auf maximal 16 mm begrenzt. Die Krümmungsradien r_m sind im Allgemeinen frei wählbar, dürfen aber aus schweißtechnischen Gründen nicht kleiner als der Außendurchmesser d_a des Rohrs sein, weil sonst der Abstand der Schweißnähte an der Innenseite zu gering wäre. Man gibt r_m in Abhängigkeit von der Nennweite DN an. Segmentbögen fertigt man für mittlere und große Nennweiten, meist im unteren Druckbereich bis PN 16. Häufig werden unlegierte Stähle als Werkstoff verwendet. Es sind aber auch alle anderen Werkstoffe denkbar.

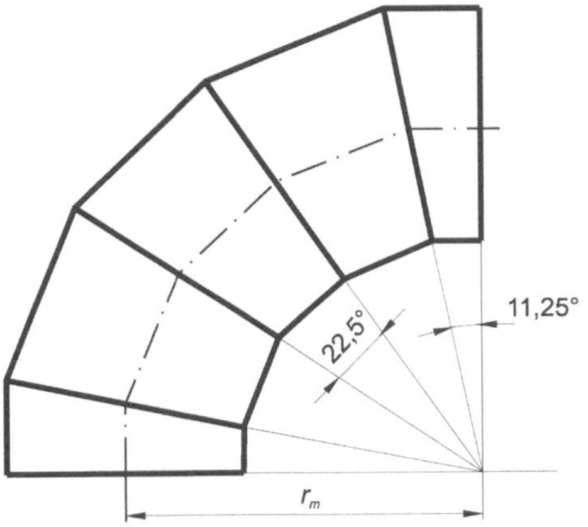

Bild 3.21
Segmentbogen

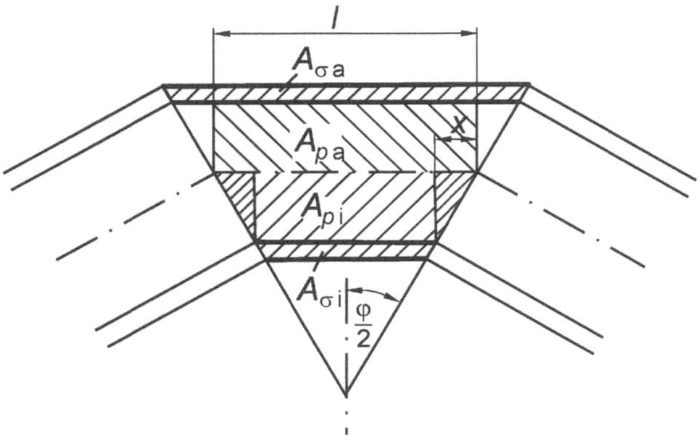

Bild 3.22
Druck- und spannungstragende Flächen

a) Außenseite

Die durch den Innendruck belastete Fläche hat die Form eines Trapezes. Vereinfachend wird ein Rechteck mit der Länge l und mit der Breite $d_\mathrm{i}/2$ angenommen, s. Bild 3.22.

$$A_{p\,\mathrm{a}} = l\left(\frac{d_\mathrm{a}}{2} - s_\mathrm{a,\,erf}\right)$$

$$A_{\sigma\,\mathrm{a}} = l\,s_\mathrm{a,\,erf}$$

$$\sigma_\mathrm{u\,a} = p\frac{A_{p\,\mathrm{a}}}{A_{\sigma\,\mathrm{a}}} = p\left(\frac{d_\mathrm{a}}{2s_\mathrm{a,\,erf}} - 1\right)$$

Mit diesen Ausdrücken findet man:

$$\sigma_\mathrm{V} = \sigma_\mathrm{zul} = \frac{p}{2}\left(\frac{d_\mathrm{a}}{s_\mathrm{a,\,erf}} - 1\right) \tag{3.77}$$

bzw.

$$\frac{2\sigma_\mathrm{zul}}{p} + 1 = \frac{d_\mathrm{a}}{s_\mathrm{a,\,erf}} \tag{3.78}$$

Nach der Wanddicke umgestellt, ergibt sich unter Berücksichtigung von Formel 3.37 und mit $v_\mathrm{N} = 1$:

$$s_\mathrm{a,\,erf} = s_\mathrm{erf} \tag{3.79}$$

Die Außenwanddicke des Segments ist identisch mit der des geraden Rohrs bei gleichem Innendruck.

b) Innenseite (Bild 3.23)

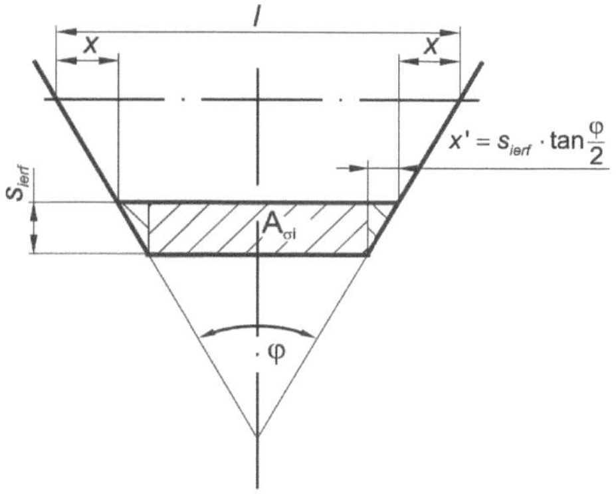

Bild 3.23
Spannungstragende Innenwand

$$A_{p\,i} = (l - x)\left(\frac{d_a}{2} - s_{i,\,erf}\right) \tag{3.80}$$

$$A_{\sigma\,i} = (l - 2x - x')\; s_{i,\,erf} \tag{3.81}$$

mit $x = \left(\frac{d_a}{2} - s_{i,\,erf}\right)\tan\frac{\varphi}{2}$

Die mittlere Umfangsspannung liefert Formel 3.76

$$\sigma_{u\,i} = p\frac{\left[l - \left(\frac{d_a}{2} - s_{i,\,erf}\right)\tan\frac{\varphi}{2}\right]\left(\frac{d_a}{2} - s_{i,\,erf}\right)}{s_{i,\,erf}\left[l - (d_a - s_{i,\,erf})\tan\frac{\varphi}{2}\right]} \tag{3.82}$$

Nach der SSH Formel 3.26 ist $\sigma_{zul} = \sigma_{u\,i} + \frac{p}{2}$ und somit

$$s_{i,erf}\left(\frac{\sigma_{zul}}{p} - \frac{1}{2}\right)\left[l - (d_a - s_{i,\,erf})\tan\frac{\varphi}{2}\right] = \left[l - \left(\frac{d_a}{2} - s_{i,\,erf}\right)\tan\frac{\varphi}{2}\right]\left(\frac{d_a}{2} - s_{i,\,erf}\right)$$

Geordnet ergibt sich

$$s_{i,\,erf}^2\left(\frac{\sigma_{zul}}{p} + \frac{1}{2}\right)\tan\frac{\varphi}{2} + s_{i,\,erf}\left(l - d_a\tan\frac{\varphi}{2}\right)\left(\frac{\sigma_{zul}}{p} + \frac{1}{2}\right) - \frac{d_a}{2}\left(l - \frac{d_a}{2}\tan\frac{\varphi}{2}\right) = 0$$

$$s_{i,\,erf}^2 + s_{i,\,erf}\frac{\left(l - d_a\tan\frac{\varphi}{2}\right)}{\tan\frac{\varphi}{2}} - \frac{d_a\left(l - \frac{d_a}{2}\tan\frac{\varphi}{2}\right)}{2\left(\frac{\sigma_{zul}}{p} + \frac{1}{2}\right)\tan\frac{\varphi}{2}} = 0$$

Diese quadratische Gleichung für $s_{i,erf}$ hat die Lösung

$$s_{i,\,erf\,1,2} = -\frac{l - d_a\tan\frac{\varphi}{2}}{2\tan\frac{\varphi}{2}} \pm \sqrt{\left(\frac{l - d_a\tan\frac{\varphi}{2}}{2\tan\frac{\varphi}{2}}\right)^2 + \frac{d_a\left(l - \frac{d_a}{2}\tan\frac{\varphi}{2}\right)}{2\left(\frac{\sigma_{zul}}{p} + \frac{1}{2}\right)\tan\frac{\varphi}{2}}}$$

Mit $l = 2r_{\mathrm{m}}\ \tan\frac{\varphi}{2}$ folgt als physikalisch sinnvolle Lösung

$$s_{\mathrm{i,\,erf}} = -\frac{2r_{\mathrm{m}} - d_{\mathrm{a}}}{2} + \sqrt{\left(\frac{2r_{\mathrm{m}} - d_{\mathrm{a}}}{2}\right)^2 + \frac{d_{\mathrm{a}}\left(2r_{\mathrm{m}} - \frac{d_{\mathrm{a}}}{2}\right)}{\frac{2\sigma_{\mathrm{zul}}}{p} + 1}} \tag{3.83}$$

Beispiel: Ein Segmentkrümmer soll aus nahtlosem Stahlrohr P 235 TR 2 mit einem Außendurchmesser von 508 mm hergestellt werden. Der Krümmungsradius sei $r_{\mathrm{m}} = 1{,}5$ DN. Der Innendruck ist mit $p = 12\,\mathrm{bar} = 1,2\frac{\mathrm{N}}{\mathrm{mm}^2}$ angegeben. Die maximale Temperatur des Krümmers wird zu 50 °C angenommen.

Lösung

Die Wandstärke des Rohrs ist nach Formel 3.83 zu ermitteln.

Bestimmung der zulässigen Spannung für den Rohrwerkstoff P 235 TR 2: Es wird $s_{\mathrm{ord}} \leq 16$ mm geschätzt. Aus Tabelle 3.10 findet man $R_{\mathrm{p}\,0,2\,\vartheta} = 185\frac{\mathrm{N}}{\mathrm{mm}^2}$ für eine Temperatur von 100 °C.

Tabelle 3.8: $R_{\mathrm{m}} = 360\frac{\mathrm{N}}{\mathrm{mm}^2}$ gewählt.

Formel 3.47 führt zu

$$\sigma_{\mathrm{zul}} = \min\left\{\frac{185}{1{,}5};\ \frac{360}{2{,}4}\right\} = \min\{123{,}3;\ 150\} = 123{,}3\ \frac{\mathrm{N}}{\mathrm{mm}^2}$$

und somit zu Formel 3.83

$$s_{\mathrm{i,\,erf}} = -\frac{2\cdot 750 - 508}{2} + \sqrt{\left(\frac{2\cdot 750 - 508}{2}\right)^2 - \frac{508\left(2\cdot 750 - \frac{508}{2}\right)}{\frac{2\cdot 123{,}3}{1{,}2} + 1}} = 3,08\,\mathrm{mm}$$

Formel 3.53 ergibt mit $c_0 = 1$ mm, $c_2 = 0$ mm und geschätzt auf der Basis von Tabelle 3.15 für $\frac{s_{\mathrm{ord}}}{d_{\mathrm{a}}} \leq 0,025 \rightarrow x = 20\%$ dann $s_{\mathrm{ord}} \geq (3,08 + 1 + 0)\ \frac{100}{100-20}\ \mathrm{mm} = 5,1\,\mathrm{mm}$. Nach DIN EN 10220 wird die nächstgrößere Wanddicke gewählt: Der Segmentkrümmer ist aus nahtlosem Rohr 508 × 11 herzustellen. Nach [55, Band I] ist bei V - Nahtvorbereitung die Wanddicke auf 16 mm begrenzt.

Kontrolle der Schätzwerte: $s_{\mathrm{ord}} = 11\ \mathrm{mm} \leq 16\ \mathrm{mm}$; $\frac{s_{\mathrm{ord}}}{d_{\mathrm{a}}} = \frac{11}{508} = 0,0217 < 0,025$

3.4 Wanddickenberechnung von T-Stücken und Abzweigen

3.4.1 Arten

T-Stücke werden in verschiedener Ausführung angefertigt (Bild 3.24). Sie werden bei untergeordneten Leitungen operativ bei der Montage auf den Baustellen, bei höher beanspruchten Leitungen in entsprechend eingerichteten Vorfertigungswerkstätten hergestellt. Besonders beanspruchte T-Stücke im höheren Temperaturbereich können auch als Guss- oder Schmiedeteil gefertigt sein.

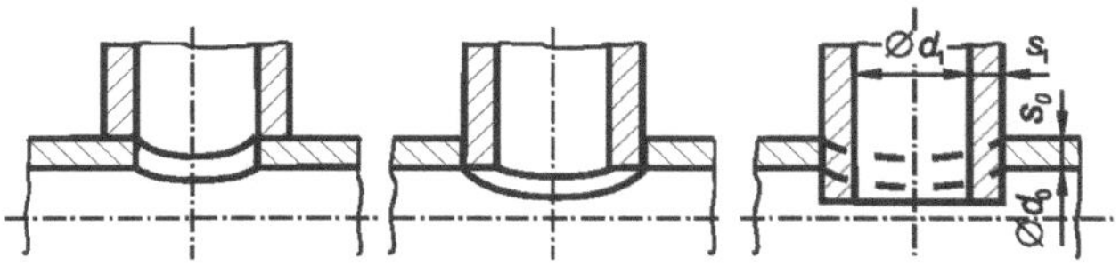

Bild 3.24 Varianten von T-Stücken, Stutzen a) aufgesetzt, b) eingesetzt, c) durchgesteckt

Zum Anbringen eines Abzweigrohrs wird vom Grundrohr ein der abzweigenden Nennweite entsprechender Teil der Rohrwandung entfernt. Das kann durch Ausbrennen und anschließendes Entgraten oder besser durch Ausdrehen bzw. Ausbohren erfolgen. Auf oder in diesen Wandausschnitt ist dann das abzweigende Rohr zu bringen und mit dem Grundrohr zu verschweißen.

Im Gegensatz zu den im Bild 3.24 gezeigten Varianten wird praktisch auch das Aushalsen des Ausschnittsrands vorgenommen. An den so entstehenden Hals wird dann das Abzweigrohr geschweißt (s. Bild 3.28). Vorteile ausgehalster T-Stücke sind, dass die Schweißnahtausführung in einer Ebene erfolgt (V-Naht) und die Schweißnaht röntgentechnisch gut geprüft werden kann. Bei Aushalsungen wählt man die Wanddicke des Stutzens so, dass im Stutzen die gleiche Umfangsspannung wie im Grundkörper herrscht:

$$\sigma_{u0} = \frac{pd_0}{2s_0} = \frac{pd_1}{2s_1} = \sigma_{u1} \rightarrow \frac{s_1}{s_0} = \frac{d_1}{d_0} \tag{3.84}$$

Aushalsungen dürfen nach TRD 301 nur für $d_1/d_0 \leq 0,8$ verwendet werden. Im Bereich der Zeitstandfestigkeit sind sie zu vermeiden.

3.4.2 Grundlagen

Das Entfernen eines Teiles der Rohrwand führt zu einer deutlichen Verringerung der Tragfähigkeit des Rohrs an dieser Stelle. Grundlegende Untersuchungen hierzu führten *Siebel, von Jürgensonn, Schwaigerer, Hauser, Wellinger, Winn* u. a. durch. Ihre Ergebnisse flossen in die Berechnungsvorschriften ein und werden den folgenden Ausführungen zugrunde gelegt.

Insbesondere interessiert der Verlauf der Umfangsspannung infolge der eingetragenen massiven Störung der Rohrwand durch den Ausschnitt. So wurden in Versucen T-Stücke unterschiedlicher Abmessungen mit Innendrücken bis zu 300 bar beaufschlagt [90]. Gemessen wurden – meist an der Außenwand – die durch den Innendruck bedingten Dehnungen sowohl in Umfangsrichtung als auch in Längsrichtung. Aus beiden rechtwinklig zueinander stehenden Dehnungen bestimmte man eine Vergleichsdehnung und daraus die Vergleichsspannung. Das Bild 3.25 zeigt den Verlauf der Vergleichsdehnung um die Störstelle in der Rohrwand. Man erkennt, dass der Einfluss der Störung mit zunehmender Entfernung vom Rande des Ausschnittes geringer wird und dann auf das Niveau des ungeschwächten Rohrs abklingt.

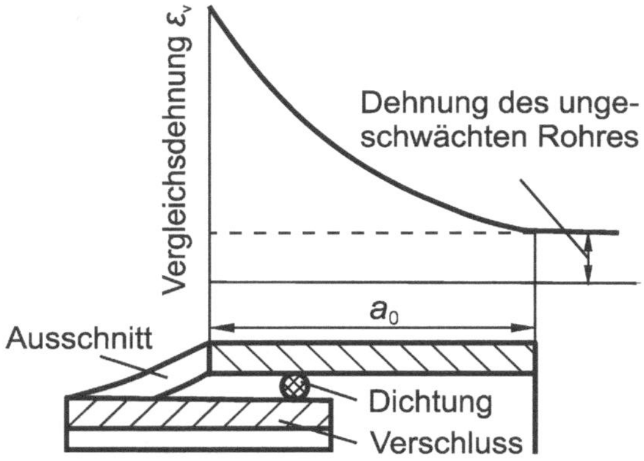

Bild 3.25 Ausschnitt im Rohrmantel mit den für Messungen zur Abdichtung gegen den Innendruck vorgenommenen Maßnahmen und dem prinzipiellen Verlauf der Vergleichsdehnung im Längsschnitt eines Hohlzylinders mit unverstärktem Ausschnitt

Eine scheibenförmige Verstärkung des Ausschnittes führt zu wesentlich geringeren Dehnungen bei Druckbelastung (Bild 3.26). Der „Kragen" wirkt stabilisierend auf die geschwächte Wand. Der Verstärkungskragen sollte dicht am Ausschnitt angeordnet werden, da dann eine gute Tragwirkung zu erwarten ist. Die Versuche zeigten, dass die Dehnungen und damit auch die Spannungen mit zunehmender Entfernung vom Rande des Ausschnittes wieder geringer werden und die Größe annehmen, die am ungestörten Rohrmantel zu verzeichnen ist.

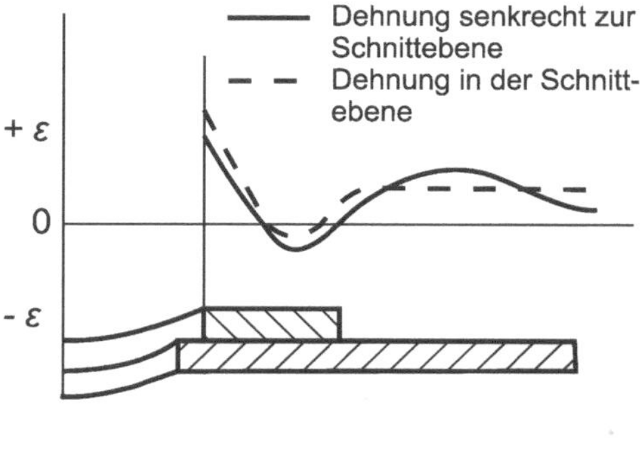

Bild 3.26
Prinzipieller Verlauf der Dehnung im Längsschnitt eines Hohlzylinders mit scheibenförmiger Ausschnittsverstärkung

Im Grundrohr fällt die ausschnittbedingte Dehnung im Abstand a_0 vom Rand auf die Größe der Dehnung ab, die das ungeschwächte Rohr aufweist. Im Abzweig gelten prinzipiell die gleichen Erkenntnisse. Hier erreichen die zusätzlichen, durch den Ausschnitt im Grundrohr bedingten Dehnungen im Abstand a_1 vom Ausschnittrand die Größe im ungestörten Rohr.

Ein Stutzen entlastet den Ausschnitt. Die Entlastung ist abhängig von der Wanddicke des Stutzens, d. h., je größer s_1 ist, umso deutlicher ist die Entlastung des Ausschnitts. Analoge Untersuchungen an ausgehalsten Ausschnitten ergaben prinzipiell ähnliche Ergebnisse [91]. Bild 3.27 und Bild 3.28 zeigen den Abfall der Dehnung mit zunehmender Entfernung vom Ausschnittsrand. Die Form der Dehnungskurve ist näherungsweise als Parabel anzusehen. Davon ausgehend wurde dafür ein analytischer Ausdruck gefunden, der die bisherigen Versuchsergebnisse gut abbildet [92].

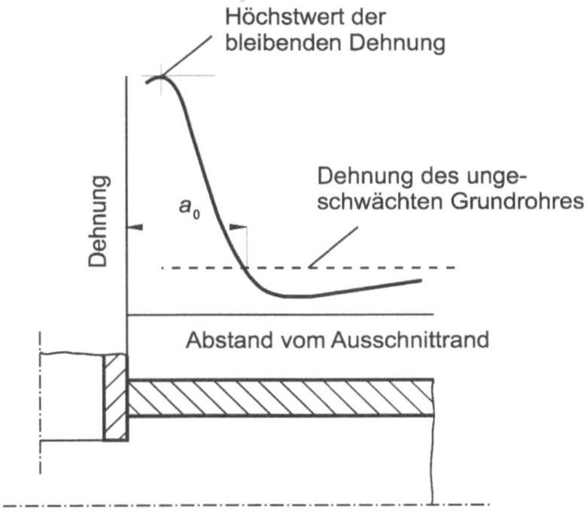

Bild 3.27 Prinzipieller Verlauf der Dehnung des Grundrohrs mit eingeschweißtem Stutzen, Längsschnitt

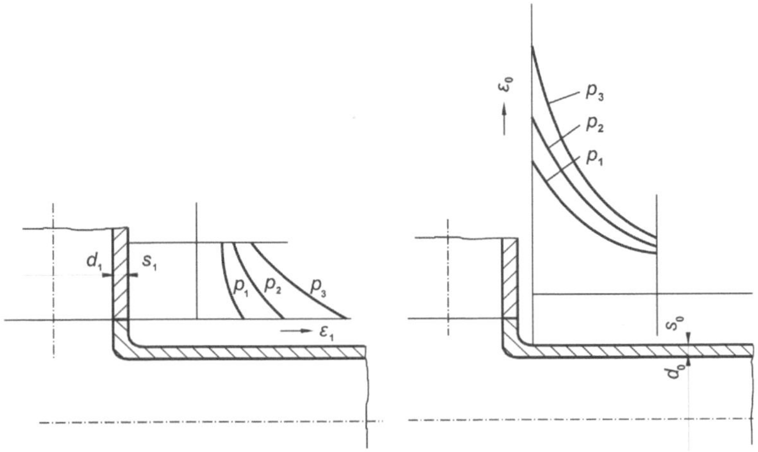

Bild 3.28 Ausgehalstes T-Stück, Längsschnitt mit prinzipiellem Verlauf der Dehnungen bei unterschiedlichen Innendrücken mit $p_1 < p_2 < p_3$

3.4.3 Berechnungsansatz

Zur Berechnung dient wieder das Flächenvergleichsverfahren, Formel 3.75 und Formel 3.76. Die entsprechenden druck- und spannungstragenden Flächen sind in Bild 3.29 angegeben. Als maßgebende Spannungen werden ebenfalls die mittleren Spannungen verwendet. Die Wanddicken s_0 und s_1 sind die festigkeitsgemäß erforderlichen Dicken. Der diesbezüglich ergänzende Index „erf" ist hier weggelassen. Für die Ausführung des Stutzens sind dann noch die Zuschläge c_0, c_1 und ggf. c_2 zu berücksichtigen.

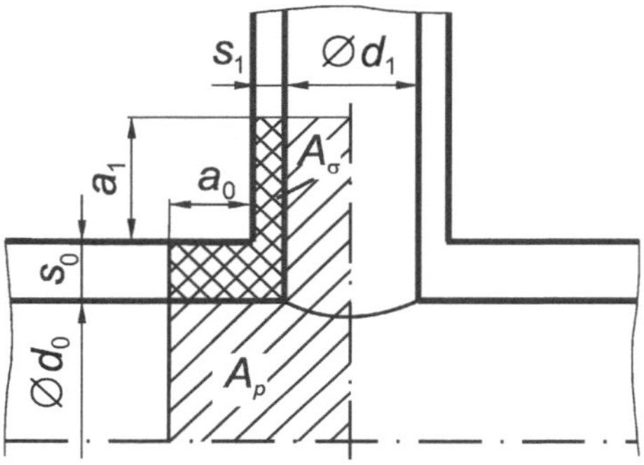

Bild 3.29
Druck- und spannungstragende Flächen

Aus Bild 3.29 ergibt sich für die Flächen

$$A_p = \frac{d_0}{2}\left(a_0 + s_1 + \frac{d_1}{2}\right) + \frac{d_1}{2}\left(a_1 + s_0\right)$$

$$A_\sigma = s_1 a_1 + s_0\left(a_0 + s_1\right)$$

und somit

$$\sigma_u = p\frac{A_p}{A_\sigma} = p\frac{\frac{d_0}{2}\left(a_0 + s_1 + \frac{d_1}{2}\right) + \frac{d_1}{2}\left(a_1 + s_0\right)}{s_1 a_1 + s_0\left(a_0 + s_1\right)} = p\frac{d_0}{2s_0} \cdot \frac{a_0 + s_1 + \frac{d_1}{d_0}\left(a_1 + s_0\right) + \frac{d_1}{2}}{a_0 + s_1 + a_1\frac{s_1}{s_0}}$$

Hierin ist der Term $p\,d_0/(2s_0)$ die Umfangsspannung eines ungeschwächten Rohrs. Der folgende Faktor v, der Verschwächungsbeiwert, enthält die den Ausschnitt charakterisierenden Größen:

$$v = \frac{a_0 + s_1 + a_1\frac{s_1}{s_0}}{a_0 + s_1 + \frac{d_1}{d_0}\left(a_1 + s_0\right) + \frac{d_1}{2}} = \frac{\frac{a_0}{s_0} + \frac{s_1}{s_0}\left(1 + \frac{a_1}{s_0}\right)}{\frac{a_0}{s_0} + \frac{s_1}{s_0} + \frac{d_1}{d_0}\left(\frac{a_1}{s_0} + 1\right) + \frac{d_1}{2s_0}} \leq 1 \qquad (3.85)$$

Zunächst sind die Maße a_0 und a_1 erforderlich. Im Bild 3.27 ist für das Grundrohr gezeigt, dass in diesem Bereich die durch den Ausschnitt bedingten Störungen (σ, ε) auf das Niveau des ungestörten zylindrischen Rohrs abklingen. Für das Abzweigrohr gelten die gleichen Verhältnisse. Man kann also sagen, dass a_0 und a_1 im Hinblick auf die Aufnahme der Störung tragend sind. Diese Längen sind noch zu bestimmen.

Ein unter Innendruck stehendes Rohr dehnt sich. Diese Dehnung habe die Größe ε_0. Infolge der Schwächung des Rohrs durch den Ausschnitt erfolgt im Bereich des Ausschnitts eine zusätzliche Dehnung ε_{zus}. Vereinfachend wird angenommen, dass der Ausschnittbereich, der sich auf der Länge a_0 zusätzlich verformt bzw. dehnt, hinsichtlich seines Verhaltens durch einen einseitig fest eingespannten Streifen der Breite Δb und der Länge a_0 repräsentiert wird. Diese Annahme lässt außer Acht, dass es sich um eine Kreiszylinderschale handelt.

Die Bestimmung der Durchbiegung dieses Plattenstreifens (s. Bild 3.30) erlaubt die angenäherte Berechnung der zusätzlichen Dehnung ε_{zus} in Umfangsrichtung. Bei entsprechend hohem Innendruck verformt sich der Bereich um die Störstelle plastisch, d. h., nach der Entlastung ist eine bleibende Verformung messbar, aus der eine bleibende Dehnung berechnet werden kann.

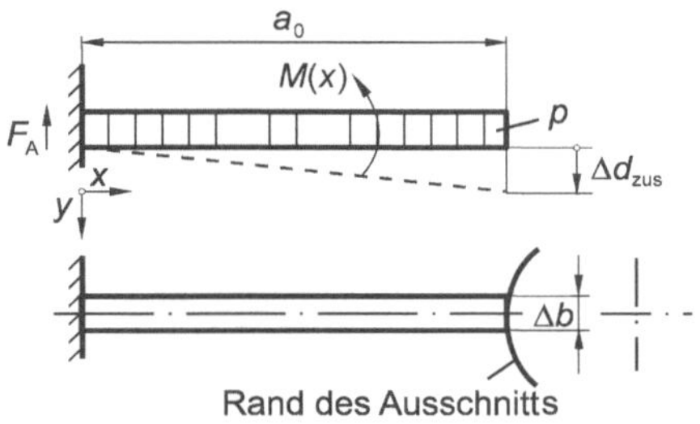

Bild 3.30
Durchbiegung des Plattenstreifens

Die Betrachtungen werden hier nur für das Grundrohr (Index 0) dargestellt, sie gelten analog für den Abzweig (Index 1).

a) Auflagerkraft

$$\uparrow_+ \sum F_y = 0$$

$$F_A - p\,\Delta b\,x = 0$$

$$F_A = p\,\Delta b\,a_0$$

b) Schnittmoment

$$\curvearrowleft_+ \quad \sum M = 0$$

$$M(x) - F_A\,x + p\,\Delta b \frac{x^2}{2} = 0$$

$$M(x) = F_A\,x - p\,\Delta b \frac{x^2}{2} = p\,\Delta b\,a_0 x - p\,\Delta b \frac{x^2}{2}$$

c) Differenzialgleichung der Biegelinie

$$y'' = \frac{M(x)}{EI}$$

$$y' = \frac{1}{EI}\int p\,\Delta b\left(a_0 x - \frac{x^2}{2}\right)\mathrm{d}x = \frac{p\,\Delta b}{EI}\left(\frac{a_0 x^2}{2} - \frac{x^3}{6}\right) + C_1$$

Bild 3.31 ergibt für die Einspannstelle $x = 0$ den Wert $y' = 0$ und damit $C_1 = 0$, woraus folgt:

$$y = \frac{p\,\Delta b}{EI}\left(\frac{a_0 x^3}{6} - \frac{x^4}{24}\right) + C_2$$

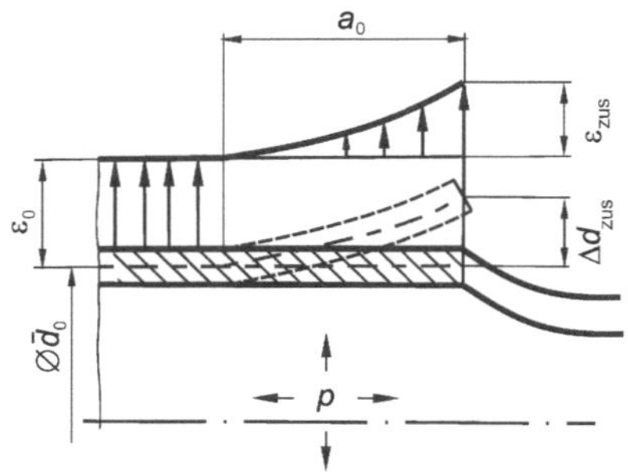

Bild 3.31
Dehnungen am Rand des Ausschnitts

Weiterhin gilt für die Durchbiegung an der Einspannstelle $y = 0$ und damit auch $C_2 = 0$. Die maximale Durchbiegung ist bei $x = a_0$ erreicht:

$$y_{\max} = \frac{p\,\Delta b a_0^4}{EI}\left(\frac{1}{6} - \frac{1}{24}\right) = \frac{p\,\Delta b a_0^4}{8EI} = \Delta d_{zus}$$

Diese zusätzliche Vergrößerung des Rohrdurchmessers ist eine Folge der durch den Ausschnitt erhaltenen Verschwächung des Rohrmantels. Mit dem Flächenträgheitsmoment I des betrachteten Streifens ist letztlich die Aufweitung bestimmbar:

$$I = \frac{\Delta b s_0^3}{12}$$

$$\Delta d_{zus} = \frac{p\,\Delta b a_0^4 \cdot 12}{8E\,\Delta b s_0^3} = \frac{3 p a_0^4}{2E s_0^3}$$

d) Berechnung der zusätzlichen Dehnung

Wie bereits weiter oben gesagt, setzt sich die Dehnung zusammen aus:

- der Aufweitung durch die Druckbelastung des ungeschwächten Rohrs ε_0 und
- der durch die Schwächung bedingten zusätzlichen Aufweitung ε_{zus}, ausgehend vom Rand des Ausschnitts.

Damit wird die zusätzliche Dehnung in Umfangsrichtung

$$\varepsilon_{\text{zus}} = \frac{\Delta d_{\text{zus}}}{\overline{d}_0} = \frac{3pa_0^4}{2Es_0^3\overline{d}_0}$$

Am Ausschnitt ergibt sich dann die Gesamtdehnung $\varepsilon_{\text{ges}} = \varepsilon_0 + \varepsilon_{\text{zus}}$. Mit $\varepsilon_0 = \frac{\sigma}{E} = \frac{p\overline{d}_0}{2s_0E}$ und $\overline{d}_0 = d_0 + s_0$ folgt:

$$\varepsilon_{0\,\text{ges}} = \frac{p\overline{d}_0}{2s_0E} + \frac{3pa_0^4}{2Es_0^3\overline{d}_0} = \frac{p\overline{d}_0}{2s_0E}\left(1 + \frac{3a_0^4}{s_0^2\overline{d}_0^2}\right) \tag{3.86}$$

Setzt man hierin $a_0 = 0$, dann ist folglich auch kein Ausschnitt vorhanden und Formel 3.86 gibt die Dehnung des ungeschwächten Rohrs an. Die Zunahme der Dehnung infolge der Verschwächung wird durch die den Wert 1 überschreitende Größe ausgedrückt. Bei entsprechender Belastung und messbarer bleibender Verformung am Ausschnittrand ist der Höchstwert der bleibenden Dehnung $\hat{\varepsilon}_{0\,\text{bl}}$ der Zunahme der Dehnung in Formel 3.86 gleich:

$$\hat{\varepsilon}_{0\,\text{bl}} = \frac{3a_0^4}{s_0^2\overline{d}_0^2} \tag{3.87}$$

Damit erhält man:

$$a_0 = \sqrt[4]{\frac{\hat{\varepsilon}_{0\,\text{bl}}}{3}} \cdot \sqrt[2]{s_0\overline{d}_0} = 0,76\sqrt[4]{\hat{\varepsilon}_{\text{bl}}}\sqrt{s_0\,(d_0 + s_0)} = f_0\sqrt{s_0\,(d_0 + s_0)} \tag{3.88}$$

Das ist die Länge des Streifens, in dem die zusätzliche Dehnung auf den Wert der Dehnung des ungeschwächten Rohrs absinkt. Hierin ist $f_0 \sim \hat{\varepsilon}_{0\,\text{bl}}$ unbekannt. In Versuchen wurde die bleibende Dehnung $\hat{\varepsilon}_{0\,\text{bl}}$ an der höchstbeanspruchten Stelle im Grundrohr und im Abzweig festgestellt und mit den Größen $f_0 = \frac{a_0}{\sqrt{(d_0+s_0)s_0}}$ bzw. $f_1 = \frac{a_1}{\sqrt{(d_1+s_1)s_1}}$ verknüpft (Bild 3.32).

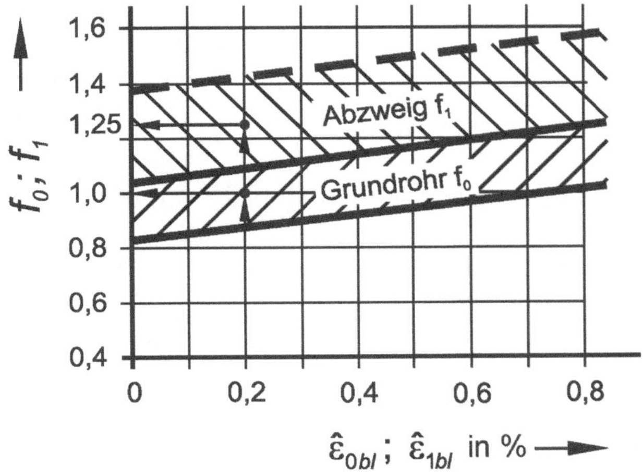

Bild 3.32 Tragende Länge von Grund- und Abzweigrohr bei verschiedener bleibender Dehnung [85], Schraffur zeigt den Streubereich der Messungen an.

Die technischen Regelwerke haben 0,2 % bleibende Dehnung als bestimmend festgelegt. Für diese Dehnung entnimmt man dem Bild 3.33 die mittleren bezogenen Abstände für das Grundrohr $f_0 = 1{,}0$ und für den Abzweig $f_1 = 1{,}25$. Damit ergeben sich die tragenden Längen

$$a_0 = \sqrt{(d_0 + s_0)\, s_0}$$

$$a_1 = 1,25\sqrt{(d_1 + s_1)\, s_1} \tag{3.89}$$

Diese Längen werden in Formel 3.85 eingesetzt. Nach Umformung findet man

$$\frac{a_0}{s_0} = \sqrt{\frac{d_0}{s_0} + 1}$$

$$\frac{a_1}{s_0} = 1,25\sqrt{\left(\frac{d_1}{s_0} + \frac{s_1}{s_0}\right)\frac{s_1}{s_0}} = 1,25\sqrt{\left(\frac{d_1}{d_0}\frac{d_0}{s_0} + \frac{s_1}{s_0}\right)\frac{s_1}{s_0}}$$

Damit ergibt sich der folgende Ausdruck für den Verschwächungsbeiwert

$$v = \frac{\sqrt{\frac{d_0}{s_0} + 1} + \frac{s_1}{s_0}\left[1 + 1,25\sqrt{\left(\frac{d_1}{d_0}\frac{d_0}{s_0} + \frac{s_1}{s_0}\right)\frac{s_1}{s_0}}\right]}{\sqrt{\frac{d_0}{s_0} + 1} + \frac{s_1}{s_0} + \frac{d_1}{d_0}\left[1,25\sqrt{\left(\frac{d_1}{d_0}\frac{d_0}{s_0} + \frac{s_1}{s_0}\right)\frac{s_1}{s_0}} + 1\right] + \frac{1}{2}\frac{d_1}{d_0}\frac{d_0}{s_0}} \tag{3.90}$$

Mit Formel 3.90 kann die mittlere Umfangsspannung im geschwächten Grundrohr mit $\sigma_\mathrm{u} = \frac{pd_0}{2s_0 v}$ angegeben werden. Die Vergleichsspannung nach der Schubspannungshypothese ist damit $\sigma_\mathrm{v} = \sigma_\mathrm{zul} = \frac{pd_0}{2s_0 v} + \frac{p}{2} = \frac{p}{2}\left(\frac{d_0}{s_0 v} + 1\right)$. Somit folgt $\frac{2\sigma_\mathrm{zul}}{p} - 1 = \frac{d_0}{s_0 v}$ und $s_0 = \frac{pd_0}{(2\sigma_\mathrm{zul} - p)v}$.
Gemäß Formel 3.36 beschreibt der Ausdruck $\frac{pd_0}{2\sigma_\mathrm{zul} - p}$ in obiger Gleichung die rechnerisch erforderliche Wanddicke s eines ungeschwächten Rohrs mit dem inneren Durchmesser d_0 infolge der Belastung durch den Innendruck p mit dem Schweißnahtfaktor $v_\mathrm{N} = 1$. Die Wanddicke s_0 des durch einen Ausschnitt geschwächten Rohrs ergibt sich folglich nach Division dieser Wanddicke s durch den Verschwächungsbeiwert v:

$$s_0 = \frac{s}{v} \tag{3.91}$$

Mit den Formel 3.90 und Formel 3.91 stehen zwei Gleichungen zur Berechnung der erforderlichen Wanddicke s_0 des durch den Ausschnitt geschwächten Grundrohrs zur Verfügung. Die Durchmesser d_0 und d_1 sind bekannt, ebenso kann man s und s_1 mit Formel 3.36 berechnen, wenn man die entsprechenden Innendurchmesser einsetzt. Somit verbleiben der Verschwächungsbeiwert v und die erforderliche Wanddicke s_0 als zwei unbekannte Größen. Sie sind mithilfe der beiden obigen Gleichungen – wenn auch etwas aufwendig – bestimmbar.

Setzt man Formel 3.91 in Formel 3.90 ein, ergibt sich folgende implizite Gleichung:

$$\nu = \frac{\sqrt{\frac{\nu}{\frac{s}{d_0}}+1}+\nu\frac{s_1}{s}\left[1+1,25\,\nu\cdot\sqrt{\left(\frac{\frac{d_1}{d_0}}{\frac{s}{d_0}}+\frac{s_1}{s}\right)\frac{s_1}{s}}\right]}{\sqrt{\frac{\nu}{\frac{s}{d_0}}+1}+\nu\frac{s_1}{s}+\frac{d_1}{d_0}\left[1+1,25\nu\cdot\sqrt{\left(\frac{\frac{d_1}{d_0}}{\frac{s}{d_0}}+\frac{s_1}{s}\right)\frac{s_1}{s}}\right]+\frac{\nu}{2}\frac{\frac{d_1}{d_0}}{\frac{s}{d_0}}} \tag{3.92}$$

Hierin sind die Terme s/d_0, s_1/s, d_1/d_0 drei dimensionslose Parameter, mit denen man den Verschwächungsbeiwert ν berechnen kann. Mit ν ist dann die gesuchte Wanddicke s_0 im Bereich der Verschwächung mit Formel 3.91 bestimmbar. In den technischen Regelwerken und der Literatur ist die Formel 3.92 in Form von Diagrammen ausgewertet worden (Bild 3.33).

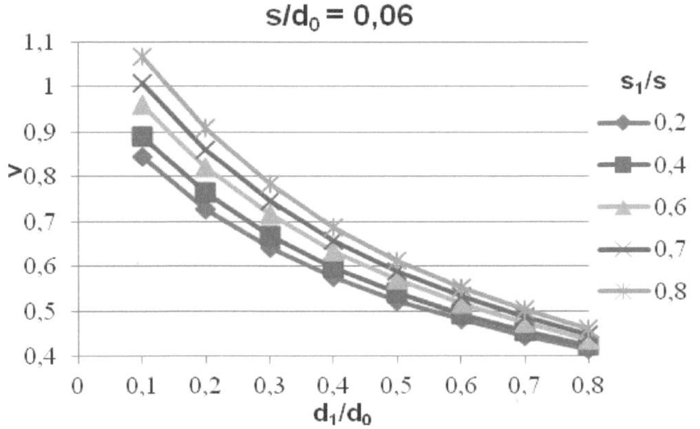

Bild 3.33 Bestimmung des Verschwächungsbeiwerts mit Formel 3.92

Andere Formen für Abzweige

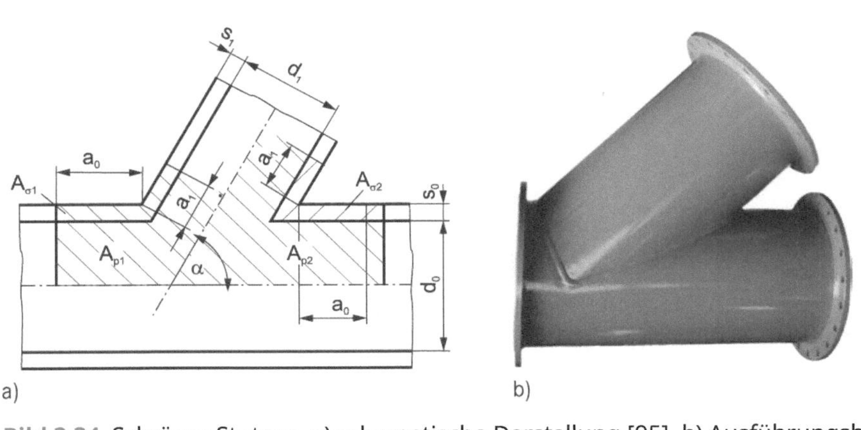

a) b)

Bild 3.34 Schräger Stutzen. a) schematische Darstellung [95], b) Ausführungsbeispiel [116]

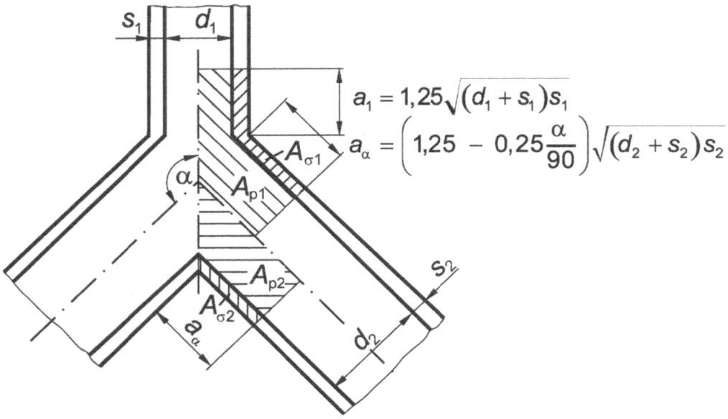

Bild 3.35 Hosenstück [95]

Bei anderen Abzweigformen kommt es darauf an, die druck- und spannungstragenden Flächen zu definieren. Zur Bestimmung der Flächen dienen die Strecken a_0, a_1, a_2. Die Formel 3.94 gehört zu Bild 3.34. Im Bild 3.35 sind die betreffenden Strecken direkt eingetragen. Formel 3.95 bis Formel 3.98 beschreiben die im Bild 3.36 dargestellte Situation.

$$p\underbrace{\left(A_{p1} + A_{p2}\right)}_{A_p} = \sigma_u \underbrace{\left(A_{\sigma1} + A_{\sigma2}\right)}_{A_\sigma} \tag{3.93}$$

$$a_0 = \sqrt{(d_0 + s_0)\, s_0}$$

$$a_1 = \left(1 + 0,25\frac{\alpha}{90°}\right)\sqrt{(d_1 + s_1)\, s_1} \tag{3.94}$$

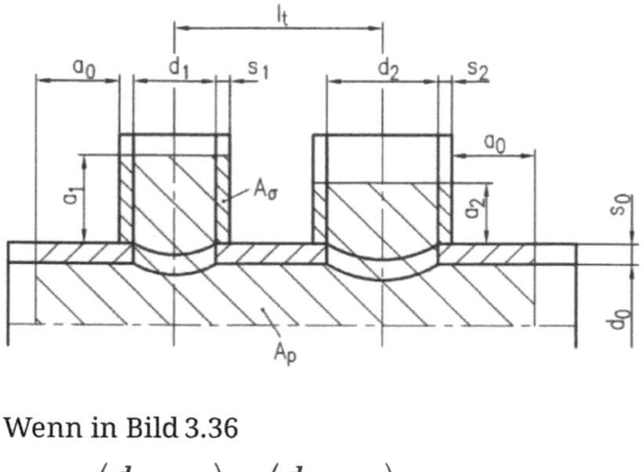

Bild 3.36
Stutzen in Reihe [85]

Wenn in Bild 3.36

$$l_t \geq \left(\frac{d_1}{2} + s_1\right) + \left(\frac{d_2}{2} + s_2\right) + 2\sqrt{(d_0 + s_0)\, s_0} \tag{3.95}$$

ist, dann kann man nach AD 2000-B9 jeden Stutzen wie einen einzelnen Abzweig behandeln. Wenn für den Mittenabstand

$$l_t < \left(\frac{d_1}{2} + s_1\right) + \left(\frac{d_2}{2} + s_2\right) + 2\sqrt{(d_0 + s_0)\, s_0} \tag{3.96}$$

gilt, dann ist nach [85] für den Verschwächungsbeiwert

$$v = \frac{d_0}{2s_0} \cdot \frac{A_\sigma}{A_p} \tag{3.97}$$

zu setzen mit

$$a_0 = 1,00\sqrt{(d_0 + s_0)\, s_0} \tag{3.98}$$

$$a_1 = 1,25\sqrt{(d_1 + s_1)\, s_1} \tag{3.99}$$

$$a_2 = 1,25\sqrt{(d_2 + s_2)\, s_2} \tag{3.100}$$

In Bild 3.29 ist gezeigt, dass an dem Kräftegleichgewicht nicht das ganze T-Stück beteiligt ist, sondern lediglich dessen obere Hälfte. Es reicht demnach auch aus, nicht das gesamte Grundrohr zu verstärken, sondern lediglich dessen oberen Teil, denn dieser ist insbesondere durch den Ausschnitt geschwächt. Verschiedentlich werden daher nur partiell Verstärkungsteile angebracht, die so zu bemessen sind, dass die Gleichgewichtsbedingung erfüllt wird (Bild 3.37).

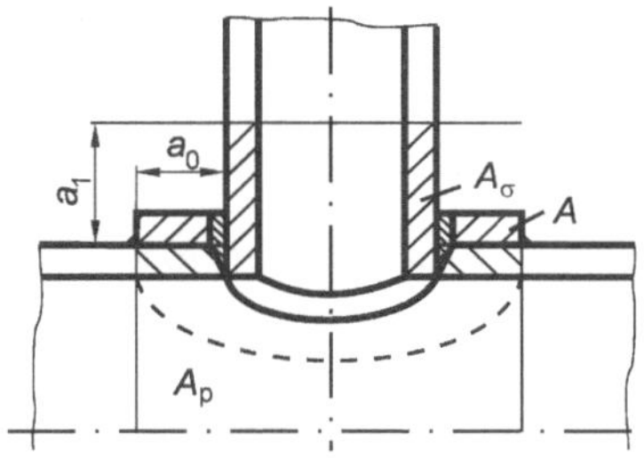

Bild 3.37
Verstärkungsscheibe für $d_1/d_0 \leq 0,7$ und $k = 0,8$

Die Dicke des Kragens mit der Fläche A sollte $\leq s$ sein und seine Breite mindestens das Dreifache der Wanddicke im Verstärkungsbereich betragen. Praktisch wird man die Breite a_0 ausführen [85]:

$$p\left(\frac{A_p}{A_\sigma + kA} + \frac{1}{2}\right) \leq \sigma_{zul} \tag{3.101}$$

Weitere Verstärkungsmöglichkeiten wie Verstärkungsring, Verstärkungsbügel u. a. sind in [85] mit den jeweils zugehörigen k-Werten genannt.

Beispiel: Von einem Rohr DN 250 soll im rechten Winkel ein Abzweig DN 200 abgehen. Das Rohr unterliegt einem Innendruck von 180 bar. Als Rohrwerkstoff ist P265TR2 (St44.4) vorgesehen. Das T-Stück ist zu entwerfen.

Lösung

Der Werkstoff-Bezeichnung P265TR2 ist nach den in Abschnitt 3.1 angegebenen Bezeichnungen und den Festlegungen in [112] zu entnehmen, dass der Rohrstahl beruhigt vergossen wurde und das Rohr bei Raumtemperatur eingesetzt wird. Grundrohr und Abzweig werden aus dem gleichen Werkstoff hergestellt. Wegen des hohen Drucks wird die Wandstärke 16 mm < s_{ord} < 40 mm geschätzt.

Werkstoff-Kennwerte

- Mindestwert der Streckgrenze: $R_{p0,2} = 255 \mathrm{N/mm^2}$ (Tabelle 3.10)
- Bruchfestigkeit, mindestens $R_m = 410 \mathrm{N/mm^2}$ (Tabelle 3.8)
- zulässige Spannung $\sigma_{zul} = \min\left\{\frac{255}{1,5};\ \frac{410}{2,4}\right\} = 170\ \frac{\mathrm{N}}{\mathrm{mm^2}}$ nach Formel 3.47

Dimensionierung des ungeschwächten Rohrs DN 250

Schätzung $u \leq 1{,}7 \rightarrow$ Bereich I a

In der Aufgabenstellung ist die Nennweite gegeben. Davon ausgehend könnte überschlägig $d_i \approx$ DN für die Berechnung der Wanddicke gesetzt werden. Diese Möglichkeit wird nachfolgend nicht genutzt. Das T-Stück soll insbesondere so gestaltet werden, dass der Außendurchmesser seines Grundrohrs mit dem dann anschließenden Außendurchmesser des ungeschwächten Rohrs übereinstimmt. Daher wird entsprechend der Nennweite der Außendurchmesser $d_a = 273$ mm gewählt. Damit wird mittels Formel 3.37 die erforderliche Wanddicke DN 250 $s_{erf} = \frac{18 \cdot 273}{2 \cdot 170 + 18}\ \mathrm{mm} = 13{,}73\ \mathrm{mm}$. Die Bestell-Wanddicke wird zunächst geschätzt zu $s_{ord} = 16$ mm, sodass $s_{ord}/d_a = 16/273 = 0{,}058$ wird. Aus Tabelle 3.15 folgt dafür der Walz-Zuschlag $x = 12{,}5$ %. Mit $c_0 = 1$ mm und $c_2 = 0$ ergibt Formel 3.53

$$s_{ord} \geq (13{,}73 + 1)\ \frac{100}{100 - 12{,}5}\ \mathrm{mm} = 16{,}83\ \mathrm{mm}$$

Die nächste Normwanddicke nach DIN EN 10216-1 ist $s_{ord} = 17{,}5$ mm. Eine Nachrechnung des Walzzuschlages ist nicht erforderlich, da auch diese Wanddicke den gleichen Zuschlag ergibt.

Innendurchmesser $d_0 = (273 - 2 \cdot 17{,}5)\ \mathrm{mm} = 238\ \mathrm{mm}$

Das an das Grundrohr des T-Stückes anschließende Rohr mit ungeschwächter Wand hat die Maße 273 × 17,5. Im Hinblick auf Formel 3.92 zur Bestimmung des Verschwächungsbeiwerts ist die vorhandene festigkeitstragende Dicke der Rohrwand erforderlich. Mit Formel 3.54 erhält man $s_{act} = s_{ord} - c_0 - c_1 - c_2$ und mit Formel 3.52 wird c_1 ersetzt, sodass letztlich die tragende Wanddicke die Größe $s_{act} = s_{ord}\ \left(1 - \frac{x}{100}\right) - c_0$ annimmt. Mit dem obigen Walzzuschlag ergibt sich $s_{act} = 17{,}5\left(1 - \frac{12{,}5}{100}\right) - 1 = 14{,}31\ \mathrm{mm}$. Bezüglich der Formel 3.92 ist $s_{act} \equiv s$ zu setzen. Damit ergibt sich $s/d_0 = 14{,}31/238 = 0{,}0601$.

Abzweigrohr DN 200

Schätzung $u \leq 1{,}7$

Für die geforderte DN 200 wird der Rohr-Außendurchmesser zu $d_a = 219{,}1$ mm angenommen. Auch hier soll das Abzweigstück des T-Stückes den gleichen Außendurchmesser erhalten. Nach Formel 3.37 ist $s_{1,\text{erf}} = \frac{18 \cdot 219{,}1}{2 \cdot 170 + 18}\ \text{mm} = 11{,}02\ \text{mm}$.

Bestell-Wanddicke, geschätzt: $s_{\text{ord}} = 14{,}2$ mm. Für $d_a \leq 219{,}1$ mm gilt nach Tabelle 3.15 $x = 12{,}5\,\%$ und daher $s_{\text{ord}} \geq (11{,}02 + 1)\ \frac{100}{100-12{,}5}\ \text{mm} = 13{,}74\ \text{mm}\otimes$. Die geschätzte Wanddicke wird also beibehalten.

tragende Wanddicke: $s_1 \equiv s_{1,\text{act}} = \left[14{,}2\left(1 - \frac{12{,}5}{100}\right) - 1\right]\ \text{mm} = 11{,}43\ \text{mm}$

Hinsichtlich der Formel 3.92 sind jetzt zu bilden $s_1/s = 11{,}43/14{,}31 = 0{,}7987$ sowie mit dem Innendurchmesser $d_1 = (219{,}1 - 2 \cdot 14{,}2)\ \text{mm} = 190{,}7\ \text{mm}$; $d_1/d_0 = 190{,}7/273 = 0{,}8013$.

Mit den oben gebildeten dimensionslosen Größen wird nach Formel 3.92 $v = 0{,}46065$ berechnet.

Entwurf des T-Stücks

Näherungsweise hätte auch Bild 3.33 eine Abschätzung des Verschwächungsbeiwerts erlaubt. Das Grundrohr des T-Stücks erhält damit eine rechnerisch erforderliche Wanddicke gemäß Formel 3.91 zu $s_0 = 14{,}31/0{,}46065\ \text{mm} = 31{,}06\ \text{mm}$, in die dann die Bohrung für den Abzweig einzubringen wäre.

Schätzung Bestell-Wanddicke:

$s_{0,\text{ord}} = 36$ mm, damit $s_{0,\text{ord}}/d_{0,\text{a}} = 36/273 = 0{,}13 > 0{,}1 \rightarrow x = 10\,\%$.

Jetzt berechnet man $s_{0,\text{ord}} \geq (31{,}06 + 1) \cdot 100/(100 - 10)\ \text{mm} = 35{,}62\ \text{mm}$.

Entsprechend den jetzt für das Grundrohr 273 × 36 und für den Abzweig 219,1 × 14,2 gefundenen Maßen könnte nun das T-Stück konstruiert werden. Es wäre damit so konzipiert, dass die gesamte Verschwächung des Grundrohrs voll von diesem selbst aufgenommen würde. Allerdings ist die relativ große Differenz der zu verbindenden Wanddicken aus schweißtechnischer Sicht nicht wünschenswert. Aus diesem Grund wird eine andere Variante untersucht: Der Abzweig soll in einem Bereich $\geq a_1$ (Bild 3.29) verstärkt ausgeführt werden, um damit das Grundrohr zu entlasten. In diesem Zusammenhang verringert sich die Wanddicke des Grundrohrs.

Wahl des Abzweiges: 219,1 × 22,2

$$\frac{s_{1,\text{ord}}}{d_a} = \frac{22{,}2}{219{,}1} = 0{,}101 > 0{,}1 \rightarrow x = 12{,}5\%$$

$$s_1 = s_{1,\text{act}} = 22{,}2 \cdot \frac{100}{100 - 12{,}5}\ \text{mm} = 19{,}42\ \text{mm}$$

$$\frac{s_1}{s} = \frac{19{,}42}{14{,}31} = 1{,}3571$$

$$d_1 = (219{,}1 - 2 \cdot 22{,}2)\ \text{mm} = 174{,}7\ \text{mm}$$

$$\frac{d_1}{d_0} = \frac{174{,}7}{238} = 0{,}734$$

Der Parameter s/d_0 hat sich gegenüber der ersten Rechnung nicht geändert. Somit wird der Verschwächungsbeiwert zu $v = 0{,}631$ berechnet. Damit ergibt sich als rechnerische Wanddicke für das Grundrohr $s_0 = 14{,}31/0{,}631\ \text{mm} = 22{,}66\ \text{mm}$.

Bestell-Wanddicke geschätzt: s_{ord} = 28 mm, damit $s_{0,\,ord}/d_{0,\,a} = 28/273 = 0,103 > 0,1$ → x = 10 %.

Bestell-Wanddicke berechnet $s_{ord} \geq (22,66 + 1) \cdot 100/(100 - 10)$ mm = 26,28 mm, d. h. s_{ord} = 28 mm wird beibehalten.

Nunmehr ist noch der Einfluss des verringerten Innendurchmessers $d_0 = (273 - 2 \cdot 28)$ mm = 217 mm zu überprüfen. Es ergeben sich für die Verschwächungsbeiwertberechnung die Parameter: $d_1/d_0 = 174,7/217 = 0,805$; $s/d_0 = 14,31/217 = 0,0659$ und $s_1/s = 1,3571$. Damit erhält man v = 0,5974 und dann $s_0 = 14,31/0,5974$ mm = 23,95 mm. Für die Bestell-Wanddicke berechnet man $s_{0,\,ord} \geq (23,95 + 1) \cdot 100/(100 - 10)$ mm = 27,72 mm, d. h., die Wanddicke des Grundrohrs mit 28 mm kann beibehalten werden. Das Rohr 273 × 28 erfüllt die Festigkeitsbedingung. Die Wanddicke des Stutzens und die des Grundrohrs unterscheiden sich nur unwesentlich, sodass schweißtechnisch kaum Probleme zu erwarten sind.

Berechnung der tragenden Längen (gerechnet mit den vorhandenen tragenden Wanddicken):

$$s_{0,\,act} = \left[28\left(1 - \frac{10}{100}\right) - 1\right] \text{mm} = 24,2\,\text{mm}$$

$$a_0 = \sqrt{s_0\,(d_0 + s_0)} = \sqrt{24,2\,(217 + 24,2)}\,\text{mm} = 76,40\,\text{mm}$$

$$a_1 = 1,25\sqrt{s_1\,(d_1 + s_1)} = 1,25\sqrt{19,42 \cdot (174,7 + 19,42)}\,\text{mm} = 76,75\,\text{mm}$$

Das T-Stück ist im Bild 3.38 dargestellt. Dabei wurden die rechnerischen Werte für a_0, a_1 vergrößert, außerdem sind die Schweißfugen angedeutet.

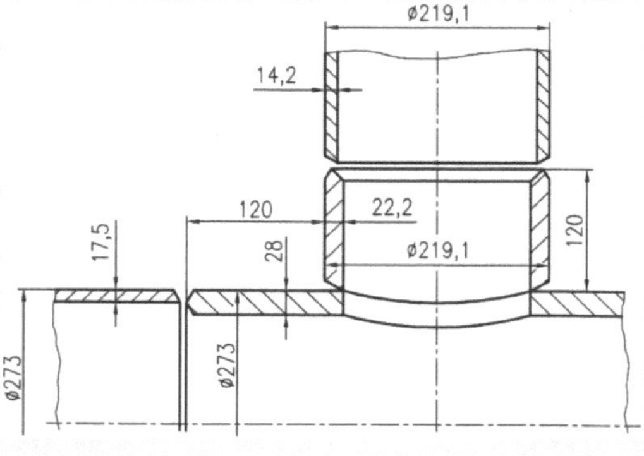

Bild 3.38 Entwurfsskizze des T-Stücks

4 Verlegung von Rohrleitungen

Dieses Kapitel befasst sich mit der Verbindung der Rohrleitung mit der zugehörigen Trag- und Stützkonstruktion. In diesem Zusammenhang ist die Bestimmung des Abstands der Rohrunterstützungen ebenso von Bedeutung wie die Untersuchung der Möglichkeiten zur Kompensation der thermisch bedingten Längenänderung der Leitung.

4.1 Halterungen

Rohrleitungen müssen – sofern sie nicht im Erdreich verlegt sind – mit ihrer Trag- und Stützkonstruktion verbunden werden. Das erfolgt mithilfe unterschiedlichster **Rohrhalterungen**. Generell können die Rohrleitungen lokal oberhalb der Tragkonstruktion auf stehenden Halterungen angeordnet sein, oder sie sind lokal unter der Tragkonstruktion mittels hängender Halterungen angebracht. Bild 4.1 und Bild 4.2 zeigen beide Varianten.

Bild 4.1
Anordnung von Rohrleitungen auf einer Tragkonstruktion (*SIKLA GmbH, Hausen*)

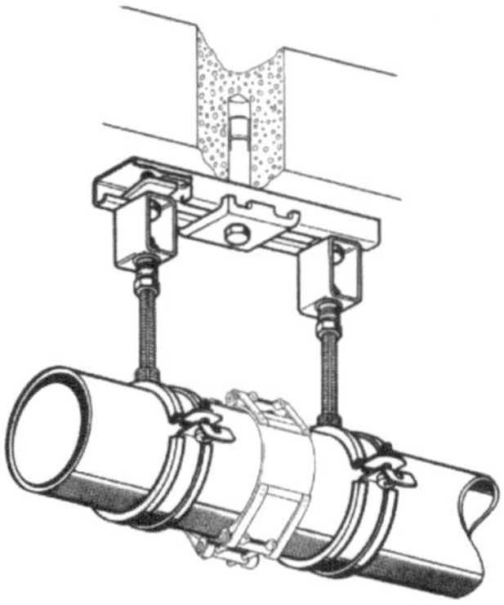

Bild 4.2
Hängende Anordnung einer Leitung (*SIKLA GmbH, Hausen*)

Es gilt zu beachten, dass Rohrleitungen thermischen Belastungen ausgesetzt sind. Diese ergeben sich aus unterschiedlichen Montage- und Betriebstemperaturen oder auch aus der wechselnden Umgebungs- und Betriebstemperatur. Die Folge sind thermisch bedingte Längenänderungen der Leitung. Diesen Beanspruchungen müssen die Halterungen genügen. Folglich werden **Loslager** (Gleitlager) und **Festlager** (Festpunkte) ausgeführt. Die Loslager gestatten prinzipiell die Bewegung der Leitung. Man unterscheidet hierbei drei Varianten, die je nach Erfordernis eingesetzt werden (Bild 4.3 und Bild 4.4).

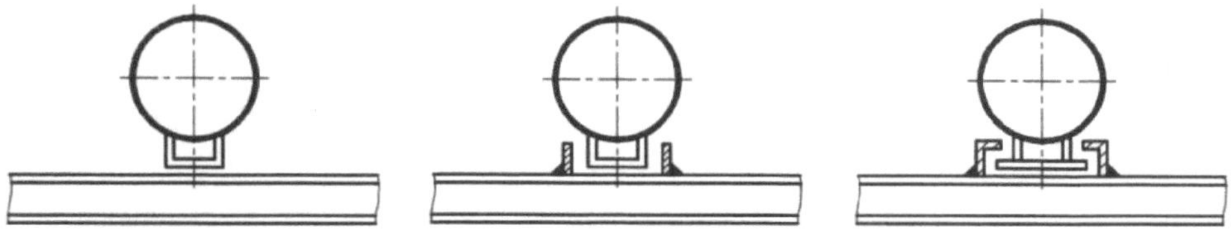

Bild 4.3 Loslager mit a) drei (axial, vertikal, horizontal), b) zwei (axial, vertikal), c) einem axialen Bewegungs-Freiheitsgrad(en)

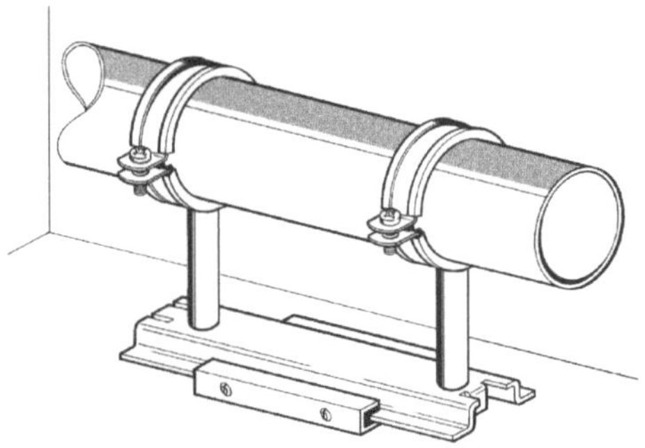

Bild 4.4
Führungslager (*SIKLA GmbH, Hausen*)

Dient eine Winkelkonsole als Tragwerk, beispielsweise bei Verlegung der Rohrleitung vor einer Wand, dann ist zu beachten, dass zusätzlich zu dem allein vom Eigengewicht der Leitung abhängigen Biegemoment ein weiteres Moment, bedingt durch die Reibkraft zwischen dem Gleitelement und der Konsole bei der Längsbewegung der Leitung, auftritt. Hier ist es erforderlich, die Konsole mit einer seitlichen **Verstrebung** zu stabilisieren (Bild 4.5).

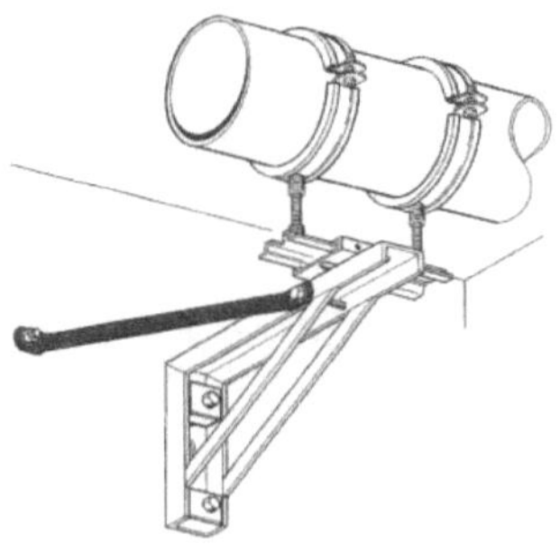

Bild 4.5
Gleitlager auf verstrebter Konsole
(*SIKLA GmbH, Hausen*)

Festpunkte sind eine starre Verbindung der Rohrleitung mit der Tragkonstruktion, d. h., sie unterbinden jegliche Bewegung der Leitung an dieser Stelle. Ihre konstruktive Gestaltung wird von der Art des Tragwerks und von der Größe der aufzunehmenden Belastung bestimmt. Bei einem Stahlbau-Tragwerk kann es schon ausreichend sein, ein Führungslager mit entsprechenden Klammern so zu fixieren, dass keine Längsbewegung mehr möglich ist. Wird die Leitung hängend oder auf einem Bauwerk verlegt, kann die Ausbildung des Festpunkts als **Bockkonstruktion** sinnvoll sein (Bild 4.6).

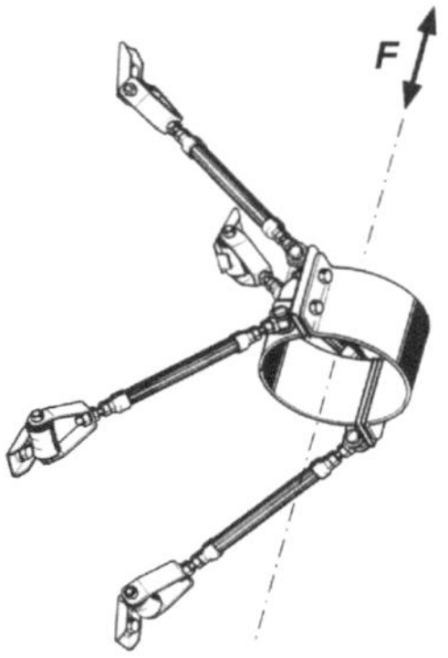

Bild 4.6
Bockfestpunkt mit wechselnder Rohrkraft *F*
(*SIKLA GmbH, Hausen*)

Rohrhalterungen werden heute industriell gefertigt und zur Verfügung gestellt. Es gibt sie in isolierender Ausführung und auch als schalldämmende Variante. Sofern die Leitungen mit Gefälle verlegt werden müssen, werden höhenverstellbare Halterungen eingesetzt (z. B. Bild 4.2 und Bild 4.4).

Im Hinblick auf die Rationalisierung des Anlagenbauprozesses hat es sich als günstig erwiesen, insbesondere für anlageninterne Rohrleitungen und für Leitungen in Gebäuden, die erforderliche Tragkonstruktion ebenfalls industriell zu fertigen und der Baustelle passfähig anzuliefern (Bild 4.7 und Bild 4.8).

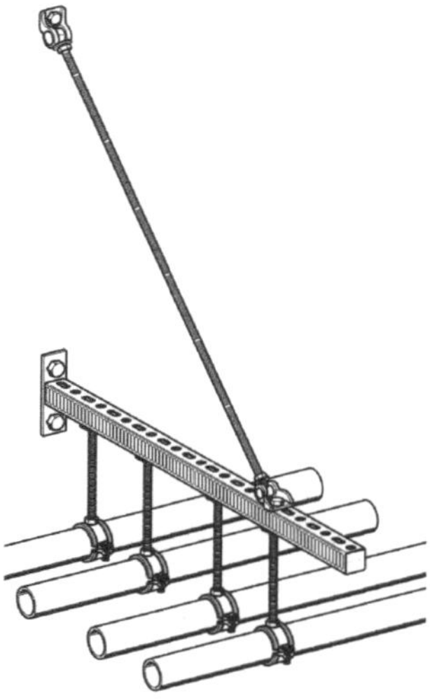

Bild 4.7
Vorgefertigtes Element einer Tragkonstruktion
(*SIKLA GmbH, Hausen*)

Bild 4.8
Vorgefertigte Rohrtrasse in einem Gebäude (*SIKLA GmbH, Hausen*)

Im Erdreich verlegte Leitungen erfordern eine satte Lagerung in feinkörnigem Schüttgut (Sand), um Schäden an der Rohraußenseite zu vermeiden. Die Überdeckung über dem Rohrscheitel beträgt etwa 1000 mm. Eine solche Leitung wird außer durch den Innendruck auch noch durch die Erdlast beansprucht. Die äußere Beanspruchung führt auf das Problem der **Beulbeanspruchung** der Rohrwand bei elastischer Bettung. Dieses Stabilitätsproblem wird hier nicht behandelt.

4.2 Stützweite in einer Rohrleitung

Der Abstand der Unterstützungen einer Rohrleitung darf nicht zu groß sein, denn dann besteht die Gefahr einer unzulässigen Durchbiegung und letztlich der Schädigung der Rohrleitung. Durch eine Anordnung der Unterstützungen in einem zu kurzen Abstand werden die damit verbundenen Kosten gesteigert, ohne dass dafür eine technische Notwendigkeit gegeben ist. Der Abstand der Rohrhalterungen ist folglich unter Beachtung technischer Sachverhalte festzulegen. Dazu ist eine entsprechende Modellvorstellung erforderlich.

Ganz allgemein stellt eine Rohrleitung einen auf mehreren Stützen gelagerten **Durchlaufträger** dar (Bild 4.9) und müsste so berechnet werden. Zur vereinfachten Berechnung der Stützweite wird die tatsächliche Lagerung jedoch durch geeignete Modelle angenähert. Im Folgenden werden zwei Ansätze verfolgt:

- Einspannung des Rohrs an den Stützen,
- gelenkige Lagerung des Rohrs an den Stützen.

Bild 4.9 Rohrleitung als Durchlaufträger

4.2.1 Einspannung des Rohrs an den Stützen

Bild 4.10 zeigt ein Rohr, das an den Stützen eingespannt ist. Hier greifen die Auflagerkräfte F_A und F_B sowie das Einspannmoment M_E an. $M(x)$ ist das Schnittmoment. Die Streckenlast q möge die Eigenlast des Rohrs, des Mediums im Rohr, der Isolierung und der Zusatzlasten, z. B. Schnee, beinhalten.

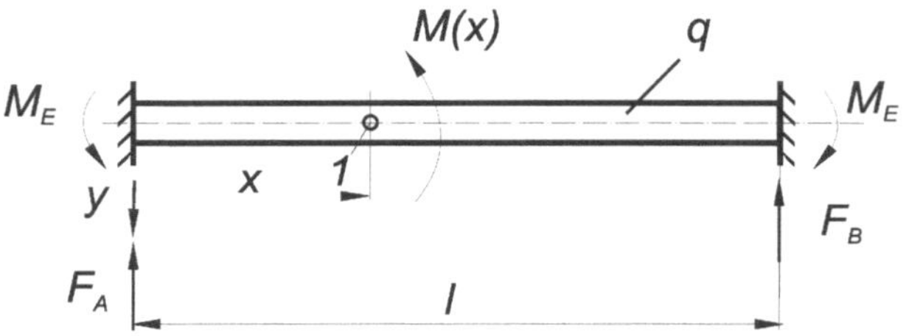

Bild 4.10 Rohrleitung mit Einspannmomenten an den Stützen

Die Gleichgewichtsbetrachtung des Rohrfelds ergibt, formuliert am unverformten Rohr:

$$+\uparrow \sum F = 0: \quad F_A + F_B - q\,l = 0 \tag{4.1}$$

und aus Symmetriegründen

$$F_A = F_B = \frac{ql}{2} \tag{4.2}$$

An der Schnittstelle (1) wirkt das Schnittmoment:

$$\overset{\curvearrowleft}{+} \quad \sum M_{(1)} = 0: \quad M(x) + M_E - F_A\,x + \tfrac{qx^2}{2} = 0 \tag{4.3}$$

$$M(x) = F_A\,x - M_E - \frac{qx^2}{2} = \frac{qlx}{2} - M_E - \frac{qx^2}{2} = -M_E + \frac{qx}{2}(l-x) \tag{4.4}$$

Die Durchbiegung $y(x)$ des Rohrs ermittelt man mithilfe der Differenzialgleichung der Biegelinie:

$$-E\,I\,y''(x) = M(x) \tag{4.5}$$

Setzt man hier Formel 4.4 ein, so folgt:

$$-EI\,y''(x) = -M_E + \frac{qx}{2}(l-x) \tag{4.6}$$

und durch Integration

$$-EI\,y'(x) = -M_E\,x + \frac{qlx^2}{4} - \frac{qx^3}{6} + C_1 \tag{4.7}$$

$$-EI\,y(x) = -M_E\frac{x^2}{2} + \frac{ql}{12}x^3 - \frac{q}{24}x^4 + C_1x + C_2 \tag{4.8}$$

Die Unbekannten C_1, C_2 und M_E sind mittels der folgenden Bedingungen zu bestimmen.

Randbedingungen:

1. $y(0) = 0 \rightarrow C_2 = 0$
2. $y'(0) = 0 \rightarrow C_1 = 0$

Symmetriebedingung:

3. $$y'\left(\frac{1}{2}\right) = 0 \rightarrow M_E = \frac{ql^2}{12} \tag{4.9}$$

Damit folgt als Gleichung für die Biegelinie

$$-EI\,y(x) = \frac{-ql^2x^2}{24} + \frac{ql}{12}x^3 - \frac{q}{24}x^4$$

und nach Umformen

$$y(x) = \frac{ql^4}{24\,EI}\left(\frac{x}{l}\right)^2\left(1-\frac{x}{l}\right)^2 \tag{4.10}$$

Die maximale Durchbiegung in der Mitte des Stützfelds $(x = l/2)$ unter der Annahme, dass die Rohrenden an den Auflagern starr eingespannt sind, ist somit

$$y_{\max} = \frac{ql^4}{384EI} \tag{4.11}$$

Bei Vorgabe der Durchbiegung erhält man hieraus die Stützweite:

$$l = \sqrt[4]{\frac{384EI\,y_{\max}}{q}} \tag{4.12}$$

Bei der Bewertung des Ergebnisses zu ist beachten, dass das Rohr am Auflager in der Praxis nicht vollkommen starr eingespannt ist und es in der Regel auch nicht nur auf zwei Stützen aufliegt.

4.2.2 Gelenkige Lagerung des Rohrs an den Auflagern

Die hierfür relevanten Verhältnisse sind in Bild 4.11 dargestellt.

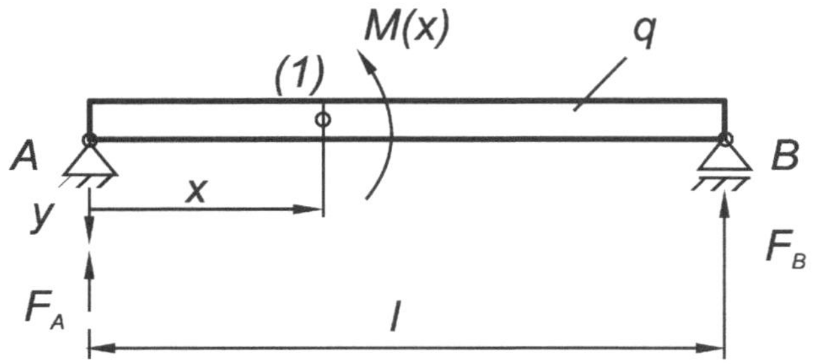

Bild 4.11 Gelenkige Lagerung des Rohrfelds

Zunächst sind zur Bestimmung der Auflagerreaktionen wieder die Gleichgewichtsbedingungen zu formulieren:

$$+\uparrow \sum F = 0: \quad F_A + F_B - q\,l = 0 \tag{4.13}$$

Aus Symmetriegründen ist $F_A = F_B$. Das Momentengleichgewicht um das Auflager A ergibt

$$\overset{\curvearrowleft}{+} \quad \sum M_A = 0: F_B\,l - \frac{ql^2}{2} = 0 \tag{4.14}$$

und damit

$$F_A = F_B = \frac{ql}{2} \tag{4.15}$$

Das Schnittmoment ergibt sich zu:

$$\overset{\curvearrowleft}{+} \quad \sum M_{(1)} = 0: M(x) - F_A\,x + \frac{qx^2}{2} = 0 \tag{4.16}$$

und wegen Formel 4.15 zu

$$M(x) = \frac{qx}{2}(l - x) \tag{4.17}$$

Mit Formel 4.5 und nach Integration wird dann

$$-E\,I\,y'' = \frac{q}{2}\left(l\,x - x^2\right)$$

$$-E\,I\,y' = \frac{q}{2}\left(l\frac{x^2}{2} - \frac{x^3}{3}\right) + C_1$$

$$-E\,I\,y = \frac{q}{2}\left(l\frac{x^3}{6} - \frac{x^4}{12}\right) + C_1 x + C_2 \tag{4.18}$$

Mit den Randbedingungen $y(0) = 0$ und $y(l) = 0$ folgen $C_2 = 0$ und $C_1 = -q\,l^3/24$. Eine weitere Möglichkeit, die Integrationskonstante C_1 zu bestimmen, bietet die Symmetriebedingung für die Mitte des Stützabstandes $y'(l/2) = 0$, was erwartungsgemäß zur gleichen Lösung führt. Setzt man die Konstanten ein, so ergibt sich die Durchbiegung zu

$$y(x) = \frac{ql^3 \cdot x}{24\,E\,I}\left[1 - 2\left(\frac{x}{l}\right)^2 + \left(\frac{x}{l}\right)^3\right] \tag{4.19}$$

Die maximale Durchbiegung ergibt sich hieraus wiederum an der Stelle $x = l/2$ zu

$$y_{\max}\left(\frac{l}{2}\right) = \frac{5}{384}\frac{ql^4}{EI} \tag{4.20}$$

Der Vergleich mit Formel 4.11 zeigt, dass die Durchbiegung bei Annahme einer gelenkigen Lagerung in der Mitte des Feldes zwischen den Auflagern fünfmal größer ist, d. h., eine feste Einspannung am Auflager verringert deutlich die Durchbiegung des Rohrs. Allerdings ist mit einer festen Einspannung nur in Ausnahmefällen zu rechnen, etwa bei einem kurzen Anschlussstück eines Rohrs größerer Nennweite an einen großen Behälter. Für Rohrleitungen auf Rohrbrücken oder auf Sockeln trifft eher die Annahme einer gelenkigen Lagerung zu.

Bei gegebener Nennweite und Durchbiegung ist die Stützweite aus Formel 4.20 bestimmbar:

$$l = \sqrt[4]{\frac{384\,EI\,y_{\max}}{5q}} \tag{4.21}$$

In der Praxis akzeptiert man meist 1 mm Durchbiegung pro 1 m Länge. Die TRR 100 empfiehlt in Abhängigkeit von der Rohr-Nennweite für ≤ DN 50 $y_{\max} = 3$ mm und für > DN 50 $y_{\max} = 5$ mm. Damit soll eine „Pfützenbildung“ in der Leitung vermieden werden.

4.2.3 Betrachtung der Biegespannungen

Bei der Durchbiegung entstehen in der Rohrwand Biegespannungen $\sigma_b = M/W$. Mit dem Widerstandsmoment

$$W = \frac{2I}{d_a} = \frac{\pi\left(d_a^4 - d_i^4\right)}{32 d_a} \tag{4.22}$$

ergibt sich dann

$$\sigma_b(x) = \frac{32 M(x)\, d_a}{\pi\left(d_a^4 - d_i^4\right)} \tag{4.23}$$

Hierin ist $M(x)$ gemäß den Lagerungsbedingungen einzusetzen. Diese Gleichung kann bei gegebenem Stützabstand zur Berechnung der vorhandenen Spannung genutzt werden. Sie kann aber auch, wenn man $\sigma_b = \sigma_{zul}$ setzt, nach der entsprechend der Biegespannung zulässigen Stützweite umgestellt werden. Für die beiden Lagerungsarten gilt:

a) *feste Einspannung*

Mit $M(x)$ folgt aus Formel 4.4 unter Berücksichtigung von Formel 4.9 die Biegespannung in der Feldmitte zu

$$\sigma_b\left(\frac{l}{2}\right) = \frac{4qd_a l^2}{3\pi\left(d_a^4 - d_i^4\right)} \tag{4.24}$$

bzw. nach Einführung der zulässigen Spannung die Stützweite

$$l = \sqrt{\frac{3\pi\left(d_a^4 - d_i^4\right)\sigma_{zul}}{4qd_a}} \tag{4.25}$$

b) *gelenkige Lagerung*

$M(x)$ aus Formel 4.17 eingesetzt, ergibt die Gleichung für die Spannung

$$\sigma_b(x) = \frac{16d_a q l^2 \frac{x}{l}\left(1 - \frac{x}{l}\right)}{\pi\left(d_a^4 - d_i^4\right)} \tag{4.26}$$

Mit der zulässigen Spannung in Feldmitte erhält man

$$l = \sqrt{\frac{\pi\left(d_a^4 - d_i^4\right)\sigma_{zul}}{4qd_a}} \tag{4.27}$$

Im Vergleich zur Formel 4.25 bei fester Einspannung ist zu erkennen, dass die zulässige Spannung bei gelenkiger Lagerung schon bei geringerer Stützweite erreicht wird, d. h., das Modell „gelenkige Lagerung“ führt unter Bezug auf die Biegespannung zu einer geringeren Stützweite als das Modell „feste Einspannung“.

Die zulässige Spannung muss so definiert werden, dass sie den üblichen Beanspruchungen einer auf Stützen gelagerten Rohrleitung genügt. Insofern unterscheidet sie sich von der zulässigen Spannung, die bei der Ermittlung der Rohrwanddicke in Abschnitt 3.1.2 verwendet wurde. Die TRR 100 (nicht mehr verbindlich) setzt daher $\sigma_{zul} = 40\ \text{N/mm}^2$ an.

Hinweis: Hier wurde unterstellt, dass der Kreisquerschnitt des Rohrs erhalten bleibt. Diese Annahme ist bei geringen Durchbiegungen vertretbar, sie muss aber im Zusammenhang mit Elastizitätsbetrachtungen an Rohrleitungen aufgegeben werden.

Die **Streckenlast** erfasst alle für die Belastung der Leitung maßgeblichen Komponenten, soweit sie als längenabhängig angesehen werden können. Einzellasten, wie z. B.

die im Bereich installierter Armaturen, müssen separat berücksichtigt werden. Hierzu sei auf die TRR 100 verwiesen. Längenabhängige Lastkomponenten ergeben sich aus dem Rohrmaterial *R*, der Dämmung *D*, der Blechummantelung *B* und dem Medium *M*: $q = q_R + q_M + q_D + q_B$. Im Einzelnen sind dies:

- *Streckenlast durch die Rohreigenmasse* m_R

$$q_R = \frac{g m_R}{l} = \frac{g V_R \rho_R}{l} = g\, \rho_R\, A_R = g\, \rho_R \frac{\pi}{4}\left(d_a^2 - d_i^2\right) \tag{4.28}$$

- *Streckenlast durch das Medium* m_M

$$q_M = \frac{g m_M}{l} = g\, \rho_M\, A_M = g\, \rho_M \frac{\pi\, d_i^2}{4} \tag{4.29}$$

- *Streckenlast durch die Dämmung* m_D

$$q_D = \frac{g m_D}{l} = g\, \rho_D\, (d_a + 2 s_D)\, \pi\, s_D \tag{4.30}$$

s_D Dicke der Dämmung

- *Streckenlast durch den Blechmantel der Isolierung* m_B

$$q_B = \frac{g m_B}{l} = g\, \rho_B\, A_B = g\, \rho_B\, s_B\, [d_a + 2\,(s_D + s_B)]\, \pi \approx g\, \rho_B\, s_B\, (d_a + 2 s_D)\, \pi \tag{4.31}$$

s_B Dicke des Blechmantels

Weiterhin sind im Bedarfsfall **Schnee-** und **Windlasten** zu berücksichtigen. Es ist darauf hinzuweisen, dass die hier vorgestellte Rechnung vordergründig allgemeine theoretische Aspekte berücksichtigt. Für praktische Rechnungen enthält die TRR 100 Anhaltswerte zur Bestimmung der Streckenlast, s. Tabelle 4.1.

Tabelle 4.1 Anhaltswerte zur Bestimmung der Streckenlast, s_B ... Dicke des Mantelblechs

Komponente der Streckenlast	Anhaltswert
Medium	$\rho_M = 1000\ kg/m^3$
Rohr	$\rho_R = 7900\ kg/m^3$
Dämmstoff	$\rho_D = 120\ kg/m^3$
Blechmantel	$\rho_B s_B = 10\ kg/m^2$

Beispiel: Eine isolierte Rohrleitung aus Rohr 406,4 × 8,8 DIN EN 10216-1 für Wasser soll auf Sockeln verlegt werden. Welchen Abstand müssen die Sockel haben?

Lösung

Es werden beide Modelle für die Rohrlagerung und auch die Spannungsverhältnisse betrachtet. Zunächst ist es erforderlich, die Streckenlast q zu bestimmen.

Formel 4.28: $q_R = 9,81 \cdot 7900 \cdot \frac{\pi}{4}\left(406,4^2 - 388,8^2\right) \cdot \frac{10^3}{1000}\frac{\mathrm{N}}{\mathrm{m}} = 851,8\frac{\mathrm{N}}{\mathrm{m}}$

Formel 4.29: $q_M = 9,81 \cdot 1000 \cdot \frac{388,8^2 \cdot \pi}{4} \cdot \frac{1}{1000^2}\frac{\mathrm{N}}{\mathrm{m}} = 1164,7\frac{\mathrm{N}}{\mathrm{m}}$

Formel 4.30: $q_D = 9,81 \cdot 120 \cdot (406,4 + 80) \cdot \pi \cdot 80 \cdot \frac{1}{1000}\frac{\mathrm{N}}{\mathrm{m}} = 143,9\frac{\mathrm{N}}{\mathrm{m}}$

Formel 4.31: $q_B = 9,81 \cdot 10 \cdot (406,4 + 2 \cdot 80) \cdot \pi \cdot \frac{1}{1000}\frac{\mathrm{N}}{\mathrm{m}} = 174,6\frac{\mathrm{N}}{\mathrm{m}}$

Mit diesen Komponenten wird die Streckenlast

$$q = (851,8 + 1164,7 + 143,9 + 174,6)\ \mathrm{N/m} = 2335\ \mathrm{N/m}$$

Weiterhin wird das Flächenträgheitsmoment benötigt:

$$I = \frac{\pi}{64}\left(406,4^4 - 388,8^4\right)\mathrm{mm}^4 = 2,173 \cdot 10^8\mathrm{mm}^4$$

a) *feste Einspannung*

Berechnung der Stützweite bei $y_{max} = 5$ mm mit Formel 4.12 und $E = 2 \cdot 10^5$ N/mm²

$$l = \sqrt[4]{\frac{384 \cdot 2 \cdot 10^5 \cdot 2,173 \cdot 10^8 \cdot 5 \cdot 1000}{2335}}\ \mathrm{mm} = 13.750\ \mathrm{mm}$$

Kontrolle der Durchbiegung je Meter Stützweite:

$$\frac{5\ \mathrm{mm}}{13,75\ \mathrm{m}} = 0,36\frac{\mathrm{mm}}{\mathrm{m}} < 1\frac{\mathrm{mm}}{\mathrm{m}}$$

Kontrolle der vorhandenen Spannung mit Formel 4.24:

$$\sigma_{\mathrm{vorh.}}\left(\frac{l}{2}\right) = \frac{4 \cdot 2335 \cdot 406,4 \cdot 13.750^2}{3 \cdot \pi \cdot \left(406,4^4 - 388,8^4\right) \cdot 1000}\frac{\mathrm{N}}{\mathrm{mm}^2} = 17,2\frac{\mathrm{N}}{\mathrm{mm}^2} < 40\frac{\mathrm{N}}{\mathrm{mm}^2}$$

Stützweite unter Beachtung der zulässigen Spannung aus Formel 4.25:

$$l = \sqrt{\frac{3 \cdot \pi\left(406,4^4 - 388,8^4\right) \cdot 40 \cdot 1000}{4 \cdot 2335 \cdot 406,4}}\ \mathrm{mm} = 20.969\ \mathrm{mm}$$

Kontrolle der Durchbiegung in der Feldmitte mit Formel 4.12:

$$y_{\max} = \frac{2335 \cdot 20.969^4}{384 \cdot 2 \cdot 10^5 \cdot 2,173 \cdot 10^8 \cdot 1000}\ \mathrm{mm} = 27,0\ \mathrm{mm} > 5\ \mathrm{mm}$$

Diese Durchbiegung ist im Hinblick auf „Pfützenbildung" bei der Entleerung im Rohr zu groß. Berechnet man auch noch die Durchbiegung je Meter Stützweite, erhält man mit $27,0/20,969\ \mathrm{mm/m} = 1,31\ \mathrm{mm/m}$ ebenfalls einen zu großen Wert. Die zulässige Spannung ist hier als Planungskriterium ungeeignet. Der Stützabstand ist mit Bezug auf funktionsbestimmende technologische Anforderungen zu planen.

b) *gelenkige Lagerung*

Berechnung der Stützweite mit $y_{max} = 5$ mm und Formel 4.21

$$l = \sqrt[4]{\frac{384 \cdot 2 \cdot 10^5 \cdot 2,173 \cdot 10^8 \cdot 5 \cdot 10^3}{5 \cdot 2335}}\ \mathrm{mm} = 9195\ \mathrm{mm}$$

Kontrolle Durchbiegung je m Stützweite:

$$\frac{5\,\text{mm}}{9{,}195\,\text{m}} = 0{,}54\frac{\text{mm}}{\text{m}} < 1\frac{\text{mm}}{\text{m}}$$

Kontrolle der Spannung mit Formel 4.26 bei $x = l/2$:

$$\sigma_{\text{vorh.}}\left(\frac{l}{2}\right) = \frac{16 \cdot 406{,}4 \cdot 2335 \cdot 9195^2 \cdot 0{,}25}{\pi \cdot (406{,}4^4 - 388{,}8^4) \cdot 1000}\frac{\text{N}}{\text{mm}^2} = 23{,}08\frac{\text{N}}{\text{mm}^2} < 40\frac{\text{N}}{\text{mm}^2}$$

Stützweite unter Berücksichtigung der zulässigen Spannung mit Formel 4.27:

$$l = \sqrt{\frac{40 \cdot \pi\ (406{,}4^4 - 388{,}8^4) \cdot 1000}{4 \cdot 406{,}4 \cdot 2335}}\,\text{mm} = 12.106\,\text{mm}$$

Mit dieser Stützweite ist die Durchbiegung nach Formel 4.20

$$y_{\text{max}} = \frac{5 \cdot 2335 \cdot 12106^4}{384 \cdot 2 \cdot 10^5 \cdot 2{,}173 \cdot 10^8 \cdot 1000}\,\text{mm} = 15{,}0\,\text{mm} > 5\,\text{mm}$$

Auch bei gelenkiger Lagerung ist die spannungsbezogene Stützweite zu verwerfen. Die Durchbiegung je Meter Stützweite ist zu groß. Ein Vergleich mit den Tabellenwerten in TRR 100 ergibt Stützweiten in ähnlicher Größe.

Der gesuchte Abstand der Sockel richtet sich nach den obigen, auf die Durchbiegung bezogenen Werten, es muss aber noch eine Belastung durch Schnee und Eis berücksichtigt werden. Außerdem ist eine zusätzliche Belastung, z. B. durch spielende Kinder, zu bedenken.

4.3 Thermisch belastetes gerades Rohr zwischen zwei Festpunkten

Zur Erklärung des grundsätzlichen Zusammenhangs wird hier ein senkrechtes, zwischen zwei Festpunkten eingespanntes Rohr betrachtet, das bei Raumtemperatur montiert wird und anschließend einer Erwärmung ausgesetzt ist. Zwischen den Festpunkten sollen keine weiteren Abstützungen (z. B. Gleitlager) angeordnet sein. Die Annahme der vertikalen Leitungsführung hat den Vorteil, dass die Eigenmasse der Leitung aus den Betrachtungen ausgeschlossen werden kann. Die weitere Behandlung erfolgt nunmehr mit der elementaren Stabilitätstheorie. In diesem Zusammenhang wird noch vorausgesetzt, dass das Rohr ideal gerade ist und einen exakt kreisförmigen Querschnitt mit konstanter Wanddicke hat. Aus praktischer Sicht ist diese Annahme eher zu verwerfen, da allein die nach der Norm zulässigen Toleranzen dem entgegenstehen.

Rohre dehnen sich bei Erwärmung aus. Ihre Erwärmung kann infolge des in ihnen strömenden Fluids oder auch infolge der Umweltbedingungen (z. B. durch Sonneneinstrahlung) erfolgen. Es gilt (s. auch Abschnitt 2.8.1 und 2.8.2):

$$l_\vartheta = l_0\,(1 + \alpha\,\Delta\vartheta) \tag{4.32}$$

Infolge der starren Einspannung wird die temperaturbedingte Längenänderung verhindert und auf die beiden Einspannstellen die Druckkraft $F_\vartheta = \sigma_\vartheta\, A$ ausgeübt, wobei A die Querschnittsfläche der Rohrwand ist. Führt man hier das *Hooke*sche Gesetz $\sigma = \varepsilon\, E$ ein, ergibt sich mit der Dehnung $\varepsilon = \Delta l / l_0 = \alpha\, \Delta\vartheta$ die temperaturbedingte Druckkraft (Knickkraft):

$$F_\vartheta = \alpha\, \Delta\vartheta\, E\, A \tag{4.33}$$

Die Wärmespannung $\sigma_\vartheta = \alpha\, \Delta\vartheta\, E$ ist somit nicht von geometrischen Größen abhängig. Zur Berechnung ist neben dem Wärmeausdehnungskoeffizienten (s. Tabelle 2.27, 2.28) noch der Elastizitätsmodul E des Rohrwerkstoffs erforderlich. Auch er hängt vom Werkstoff und von der Temperatur ab. Nach DIN EN 13480-3 ist für die Temperaturabhängigkeit der Ansatz geeignet:

$$E = a_1 + b_1\vartheta + c_1\vartheta^2 \tag{4.34}$$

E in kN/mm², ϑ in °C

In Tabelle 4.2 sind die Koeffizienten für die Stahlsorten aufgeführt. In Tabelle 2.27 wurde schon ein Polynom zur Berechnung des linearen Wärmeausdehnungskoeffizienten angegeben. Nach der Norm sollte, wenn die von einer häufiger auftretenden Temperaturdifferenz verursachte Spannung zu berechnen ist, als Temperatur

$$\vartheta = 0{,}75 \max(\vartheta_1,\ \vartheta_2) + 0{,}25 \min(\vartheta_1,\ \vartheta_2) \tag{4.35}$$

ϑ in °C

verwendet werden.

Tabelle 4.2 Koeffizienten der Formel 4.34 für die Temperaturabhängigkeit des Elastizitätsmoduls nach DIN EN 13480-3

Stahlgruppe	a_1	b_1	c_1	Gültigkeitsbereich
ferritisch				
1 bis 4, 5.1 und 5.2	213,16	$-6{,}91 \cdot 10^{-2}$	$-1{,}824 \cdot 10^{-5}$	$20\,°C \le \vartheta < 600\,°C$
5.3, 5.4, 6 und 7	215,44	$-4{,}28 \cdot 10^{-2}$	$-6{,}185 \cdot 10^{-5}$	
austenitisch				
8.1 und 8.2	201,66	$-8{,}48 \cdot 10^{-2}$	0	$20\,°C \le \vartheta < 800\,°C$

Die Einspannstellen nehmen nicht nur Kräfte in vertikaler und horizontaler Richtung, sondern auch Biegemomente auf, die hier als **Einspannmoment** bezeichnet werden.

Die Längskraft wird durch die verhinderte thermische Dehnung hervorgerufen, s. Formel 4.33. Das verformte Rohr (Bild 4.12) kann mithilfe der Differenzialgleichung für die Biegelinie (Formel 4.5) beschrieben werden. Zur Bestimmung des Biegemoments $M(x)$ wird der obere Teil des eingespannten Rohrs betrachtet (Bild 4.13), wobei die Verformung $y(x)$ zwar klein ist, aber hier nicht vernachlässigt wird (Theorie II. Ordnung):

$$\curvearrowleft_{+} \quad \sum M_{(1)} = 0: M(x) + M_{\mathrm{E}} - F\, y(x) = 0$$

$$\rightarrow M(x) = F\, y(x) - M_{\mathrm{E}} \tag{4.36}$$

Das Einsetzen in die allgemeine Differenzialgleichung der Biegelinie (Formel 4.5) ergibt:

$$EI\, y''(x) = M_{\mathrm{E}} - F\, y(x) \tag{4.37}$$

bzw.

$$y''(x) + \frac{F}{EI} \cdot y(x) = \frac{M_{\mathrm{E}}}{EI} \tag{4.38}$$

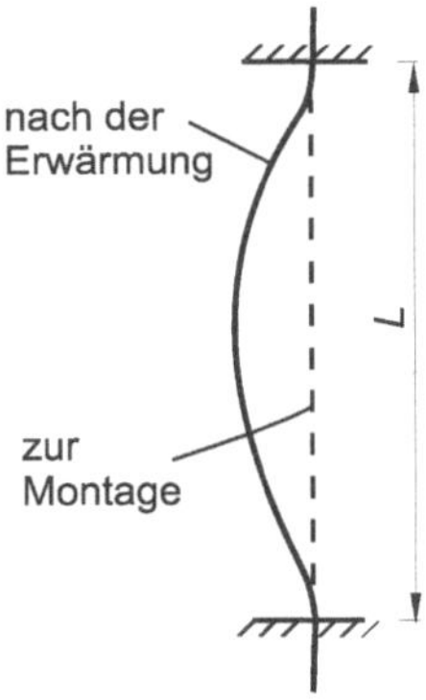

Bild 4.12
Modell des eingespannten Rohres

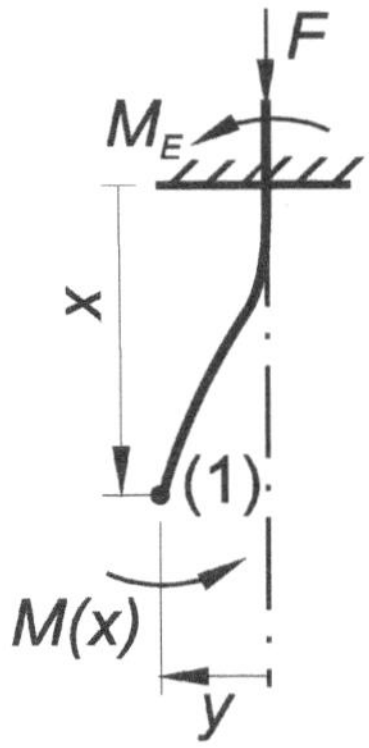

Bild 4.13
Schnittgrößen

Diese inhomogene lineare Differenzialgleichung mit konstanten Koeffizienten kann mit der Substitution $y(x) = w(x) + M_E/F$ in die homogene Differenzialgleichung $w''(x) + F/(EI)\,w(x) = 0$ überführt werden. Für die allgemeine Lösung dieser Gleichung wird der Ansatz $w(x) = e^{px}$ empfohlen. Damit folgen $w'(x) = p\,e^{px}$ und $w''(x) = p^2 e^{px}$. Nach Einsetzen dieser Ausdrücke und der Division durch e^{px} folgt die „charakteristische Gleichung" der Differenzialgleichung $p^2 + F/(EI) = 0$. Sie hat die beiden Lösungen

$$p_1 = +\sqrt{-\frac{F}{EI}} = \sqrt{\frac{F}{EI}}\,i$$

und

$$p_2 = -\sqrt{-\frac{F}{EI}} = -\sqrt{\frac{F}{EI}}\,i$$

Die Lösung der homogenen Differenzialgleichung erhält man mit dem Ansatz

$$W_h(x) = C_1 e^{p_1 x} + C_2 e^{p_2 x} \tag{4.39}$$

Mit $\chi = \sqrt{\frac{F}{EI}}$ folgt $W_h(x) = C_1 e^{i\chi x} + C_2 e^{-i\chi x}$, mit den Formeln von *Moivre*

$$e^{i\chi x} = \cos\chi x + i\,\sin\chi x$$

und

$$e^{-i\chi x} = \cos\chi x - i\,\sin\chi x$$

Nach Umformen

$$\begin{aligned} W(x) &= C_1(\cos\chi x + i\,\sin\chi x) + C_2(\cos\chi x - i\,\sin\chi x) \\ &= (C_1 + C_2)\cos\chi x + (C_1 - C_2)\,i\,\sin\chi x \end{aligned}$$

sowie Zusammenfassen der Konstanten zu $W(x) = K_1\cos\chi x + K_2\sin\chi x$ findet man:

$$y(x) = \frac{M_E}{F} + K_1 c\,os\chi x + K_2\sin\chi x$$

$$y'(x) = -\chi K_1\sin\chi x + \chi K_2\cos\chi x \tag{4.40}$$

Für die Ermittlung der beiden Integrationskonstanten werden die Randbedingungen herangezogen. Durch das Einspannen gilt $y(0) = 0$. Außerdem ist der Winkel, den die Mittellinie der verformten Rohrachse mit der Horizontalen an den Einspannstellen bildet, null, d. h., dort ist eine horizontale Tangente der deformierten Rohrachse gegeben: $y'(0) = 0$. Das Einsetzen der Bedingungen in die Formel 4.40 ergibt für die Konstanten

$$y(0) = 0 = \frac{M_E}{F} + K_1\cdot 1 + K_2\cdot 0 \quad\rightarrow\quad K_1 = -\frac{M_E}{F}$$

$$y'(0) = 0 = -\chi K_1 \cdot 0 + \chi K_2 \cdot 1 \quad \rightarrow \quad K_2 = 0$$

Somit findet man durch Einsetzen der Konstanten in die Formel 4.40:

$$y(x) = \frac{M_E}{F}(1 - \cos\chi x) \tag{4.41}$$

$$y'(x) = \frac{M_E}{F}\chi \sin\chi x \tag{4.42}$$

M_E ist so nicht bestimmbar, denn dafür wird die Theorie 3. Ordnung benötigt. Bei $x = L$ sind jedoch weitere Randbedingungen gegeben: $y(L) = 0$ und $y'(L) = 0$. Auch diese Bedingungen müssen erfüllt werden. Dadurch ergibt sich $y(L) = 0 = (M_E/F)\,(1 - \cos\chi L)$ und somit $\cos\chi L = 1$, was für $\chi L = 0, 2\pi, 4\pi, \ldots$ erfüllt ist. Wegen $y'(L) = 0 = (M_E/F)\,\chi\,\sin\chi L$ muss außerdem $\sin\chi L = 0$ sein, was für $\chi L = 0, 1\pi, 2\pi, 3\pi, \ldots$ der Fall ist. Beide Bedingungen werden eingehalten bei $\chi L = 2n\pi$ (mit $n = 0, 1, 2, \ldots$). Der niedrigste physikalisch sinnvolle Wert, der beide Bedingungen erfüllt, ist $n = 1$, d. h. $\chi L = 2\pi$. Somit erhält man $F/(EI) = \pi^2/(L/2)^2$, was nach Umstellen für die niedrigste **Knickkraft** liefert:

$$F_k = \frac{\pi^2 EI}{\left(\frac{L}{2}\right)^2} \tag{4.43}$$

Aus der Stabilitätstheorie ist der **Schlankheitsgrad** bekannt:

$$\lambda = \frac{L}{\sqrt{\frac{I}{A}}} \tag{4.44}$$

wobei der Wurzelausdruck den Trägheitsradius darstellt. Das Flächenträgheitsmoment und die Querschnittsfläche des Rohrmantels sind

$$I = \left(\frac{\pi}{64}\right)\left(d_a^4 - d_i^4\right)$$

und

$$A = \frac{\pi}{4}\left(d_a^2 - d_i^2\right)$$

Werden diese Ausdrücke in Formel 4.44 eingeführt, dann ergibt sich nach Umformen:

$$\lambda = \frac{4L}{\sqrt{d_a^2 + d_i^2}} \tag{4.45}$$

Die Knickspannung erhält man mit Formel 4.43 und dem Schlankheitsgrad Formel 4.45 zu:

$$\sigma_k = \frac{F_k}{A} = \frac{\pi^2 EI}{\left(\frac{L}{2}\right)^2 A} = \frac{4\pi^2 E}{\lambda^2} \tag{4.46}$$

Sucht man die eingespannte Rohrlänge, ab der ein linear-elastisches Ausknicken eintritt, dann ist der Fall des Erreichens der Proportionalitätsgrenze zu betrachten. Die Proportionalitätsgrenze R_p (s. Bild 4.14) ist schwer bestimmbar. Bis zu ihr gilt streng das *Hooke*sche Gesetz. Man verwendet praktisch die Grenze mit 0,2 % bleibender Dehnung $R_{p0,2}$.

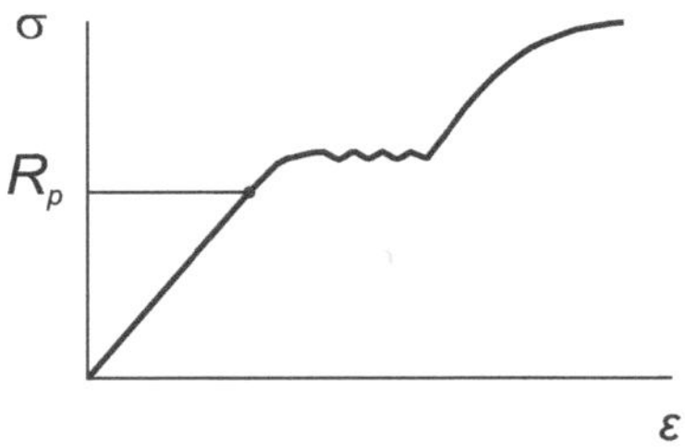

Bild 4.14 Spannungs-Dehnungs-Diagramm

Mit $\sigma_k = R_{p\,0,2} \approx 0,8 \cdot R_{e\,H}$ als Näherung nach [55] sind $\lambda^2 = \frac{4\pi^2 E}{0,8 R_{e\,H}}$ und $L = \sqrt{\frac{\pi^2 E\left(d_a^2 + d_i^2\right)}{3,2 \cdot R_{e\,H}}}$.

Die maximal zulässige gerade Länge eines starr eingespannten Rohrs beträgt demnach:

$$L_{max} = 1,7561\sqrt{\frac{E}{R_{e\,H}}\left(d_a^2 + d_i^2\right)} \tag{4.47}$$

Diese Beziehung gilt für das senkrecht stehende ideal gerade Rohr. Für das horizontal verlegte Rohr gibt diese Gleichung nur einen oberen Grenzwert an, da hier die massebedingte Durchbiegung und die Abstützung des Rohrs zwischen den Festpunkten nicht berücksichtigt sind. Im Hinblick auf die Belastung des Rohrs ist mit Formel 4.46 die Knickkraft zu bestimmen:

$$F_k = \frac{4\pi^2 E}{\lambda^2} A \tag{4.48}$$

Damit kann die Kraft berechnet werden, die das vorhandene gerade Rohr aufgrund seiner geometrischen Gegebenheiten zum Ausknicken bringt. Wird die praktisch zulässige Knickkraft gesucht, dann muss $\sigma_k = R_{p\,0,2}/S$ gesetzt werden, um damit die zulässige Knickspannung zu definieren:

$$F_{k\,zul} = \frac{R_{p\,0,2}}{S} A = \sigma_k \cdot A \tag{4.49}$$

Mit Formel 4.33 ist die Größe der thermisch bedingten vorhandenen Knickkraft bekannt. Diese Kraft muss kleiner sein als die nach Formel 4.48 berechnete und auch kleiner als die zulässige Knickkraft nach Formel 4.49.

Das gefundene Ergebnis gibt für das vertikal eingespannte Rohr lediglich prinzipielle Zusammenhänge wieder, da insbesondere

- die Rohrmasse vernachlässigt,
- die Unterstützung durch Gleitlager zwischen den Festpunkten nicht berücksichtigt und
- die Festpunkte als Einspannfestpunkte (im Gegensatz zum Gelenkfestpunkt) angenommen wurden.

Eine Übertragung auf horizontal verlegte Rohre ist nicht möglich.

Beispiel: Ein Rohr 219,1 × 6,3 DIN EN 10216-1 P 235 TR2 mit $E = 2{,}07 \cdot 10^5\ \text{N/mm}^2$, $R_{eH} = 235\ \text{N/mm}^2$ und $\alpha = 12{,}11 \cdot 10^{-6}\ \text{K}^{-1}$ soll zwischen zwei Einspannfestpunkten installiert werden. Gesucht ist: a) die maximale Länge des Rohrs zwischen den Einspannfestpunkten und b) die Kraft auf die Einspannfestpunkte.

Lösung

a) $R_{p\,0,2} = 0,8 \cdot 235\text{N/mm}^2 = 180\ \text{N/mm}^2$

Formel 4.47: $L_{\max} = 1,7561\sqrt{\frac{2,07 \cdot 10^5}{235}\,(219,1^2 + 206,5^2)}\ \text{mm} = 15.692\ \text{mm}$

b) Formel 4.45: $\lambda = \frac{4 \cdot 15.692}{\sqrt{219,1^2 + 206,5^2}} = 208,48$

Formel 4.46: $\sigma_{\text{k vorh}} = \frac{4\pi^2 \cdot 2,07 \cdot 10^5}{208,48^2}\,\frac{\text{N}}{\text{mm}^2} = 188,01\,\frac{\text{N}}{\text{mm}^2} > R_{p\,0,2}$

Diese Spannung liegt schon nicht mehr im linear-elastischen Bereich, d. h., das Rohr dürfte schon ausgeknickt sein.

Formel 4.49: $F_{\text{k vorh}} = 188,01 \cdot \frac{\pi}{4}\,(219,1^2 - 206,5^2)\ \text{kN} = 791,831\ \text{kN}$

Wenn das Rohr bei $\vartheta = 20\ °\text{C}$ montiert wird, dann beträgt der zulässige Temperaturanstieg $\Delta\vartheta$ wegen $\Delta L = L\alpha\Delta\vartheta$ bis zum Erreichen der Spannung $R_{p0,2} = 180\ \text{N/mm}^2$

$$\Delta\vartheta = \frac{\Delta L}{L\alpha} = \frac{\varepsilon}{\alpha} = \frac{\sigma_{\text{zul}}}{E\alpha} = \frac{0,8 R_{p\,0,2}}{E\alpha} = \frac{0,8 \cdot 235}{12,11 \cdot 10^{-6} \cdot 2,07 \cdot 10^5}\ \text{K} = 71,81\ \text{K}$$

Bis zur überelastischen Knickspannung von 188,01 N/mm² wird die durch die starre Einspannung verhinderte Längendehnung $\Delta L = 14,26\ \text{mm}$.

4.4 Dehnungsausgleich

Es wurde gezeigt, welche Kräfte auf die Festpunkte wirken, wenn der Ausgleich der thermischen Längenänderung nicht möglich ist. Um Schäden an der Leitung zu vermeiden, ist daher dafür zu sorgen, dass ein **Dehnungsausgleich** erfolgen kann. Man unterscheidet zwischen dem künstlichen und dem natürlichen Dehnungsausgleich. Weiterhin kann man eine Einteilung vornehmen in den Ausgleich

- nur in axialer Richtung (Axialkompensation),
- durch Winkelbewegung (Angularkompensation) und
- mit einer parallelen Achsversetzung (Lateralkompensation).

Durch die Kompensation der Längenänderung verringert sich die Belastung der Rohrleitung und ihrer Auflager entsprechend.

4.4.1 Künstlicher Dehnungsausgleich

Der künstliche Dehnungsausgleich liegt vor, wenn als ausgleichendes Element ein separates Bauteil eingesetzt wird, das nur die Aufgabe hat, die eintretende Längenänderung aufzunehmen. Solche Elemente können z. B. sein: Stopfbuchskompensatoren, Wellrohrkompensatoren, U-Rohr-Ausgleicher, Lyra-Kompensatoren. Der Wirkmechanismus der beiden letztgenannten Ausgleicher wird im Kapitel über den natürlichen Dehnungsausgleich behandelt.

Der Dehnungsausgleicher darf die Funktion der Rohrleitung in keiner Weise negativ beeinflussen, d. h., ihre zulässige Beanspruchung durch Druck und Temperatur darf nicht eingeschränkt werden. Außerdem muss gesichert sein, dass der Kompensator die gleiche Korrosionsbeständigkeit wie die Rohrleitung hat.

a) Stopfbuchskompensator, Gleitrohrkompensator

Der Aufbau geht aus Bild 4.15 hervor. Das Gehäuse (oder auch Muffenrohr) a nimmt das Gleitrohr (oder auch Degenrohr) b auf. Zwischen dem Gehäuse und dem Gleitrohr ist die Dichtung c angeordnet, die von der Stopfbuchsbrille d in den Spalt zwischen Gehäuse und Gleitrohr gedrückt wird. Dabei muss Dichtheit erreicht werden. Das ist durch entsprechendes Anziehen der Schrauben e, also durch eine angemessene Schraubenkraft, zu erreichen. Es muss aber auch gesichert werden, dass die Verstellkraft in axialer Richtung nicht zu groß wird, um die Funktionsfähigkeit des Kompensators zu gewährleisten. Die Verstellkraft entsteht durch Reibung zwischen der Dichtung und dem Degenrohr. Da das Degenrohr frei der Atmosphäre ausgesetzt ist, ist z. B. durch Hartverchromen für Korrosionsschutz zu sorgen.

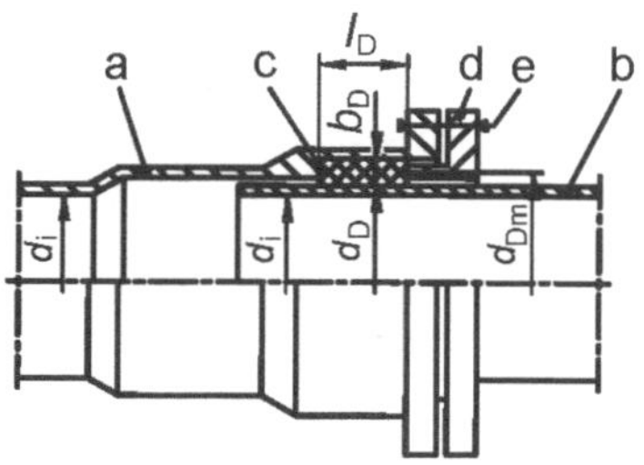

Bild 4.15
Einfacher Stopfbuchskompensator, [57] S. 111

Gleitrohrkompensatoren verwendet man bis etwa 240 °C und vorwiegend für Flüssigkeiten, da damit gleichzeitig für die Schmierung der Dichtung gesorgt ist und eine geringe Verstellkraft erreicht wird. Bei Verwendung selbstschmierender PTFE-Dichtungen ist der Einsatz in Gas- und Dampfleitungen möglich. Angeboten werden diese Kompensatoren für den Nennweitenbereich DN 40 ... DN 600 und bis zu PN 40.

Der **Stopfbuchskompensator** ist nur für den Ausgleich axialer Längenänderungen geeignet. Er teilt die Rohrleitung in zwei Teile: Ein Teil ist mit dem Gehäuse, das andere mit dem Gleitrohr verbunden, d. h., der einfache Gleitrohrkompensator kann keine Längskräfte übertragen. Damit die Rohrleitung an dieser Stelle durch den Innendruck nicht auseinandergedrückt wird, muss der hinsichtlich der Längenänderung auszugleichende Rohrleitungsabschnitt, in dem sich der Stopfbuchskompensator befindet, durch zwei besondere Auflager, die Festpunkte FP, begrenzt werden. Der Abstand der Festpunkte ist so zu wählen, dass die Längenänderung von dem Ausgleicher aufgenommen werden kann. Die Aufnahmefähigkeit der Kompensatoren ist verschieden, es werden Werte bis 300 mm angegeben.

Beim einfachen oder nichtentlasteten Dehnungsausgleicher treten durch den Innendruck p des Mediums axiale Kräfte auf, die die Festpunkte zusätzlich belasten. Um diese Belastung aufzuheben, werden entlastete Kompensatoren angeboten. Ihr Aufbau ist im Bild 4.16 gezeigt. Das Gehäuse des Kompensators ist komplizierter aufgebaut und weist eine Entlastungskammer auf. Dadurch erhöht sich auch die Anzahl der Dichtungen, die Stellen potenzieller Leckagen sind, auf drei. An den drei Dichtstellen entstehen die Reibkräfte F_{R1}, F_{R2} und F_{R3}, deren Summe die Verstellkraft F ergibt und die damit die Festpunktbelastung, abhängig von der Einordnung des Festpunkts in die Rohrleitung, bestimmt. Bedingung für den Ausgleich der Innendruck-Längskraft ist, dass der Druckkraft, die auf die durch d_{D1} definierte Kreisfläche wirkt, das Gleichgewicht durch die auf die Ringfläche zwischen d_{D3} und d_{D2} wirkende Druckkraft gehalten wird:

$$p\frac{d_{D1}^2\,\pi}{4} = p\frac{d_{D3}^2\,\pi}{4} - p\frac{d_{D2}^2\,\pi}{4} \rightarrow d_{D1}^2 = d_{D3}^2 - d_{D2}^2$$

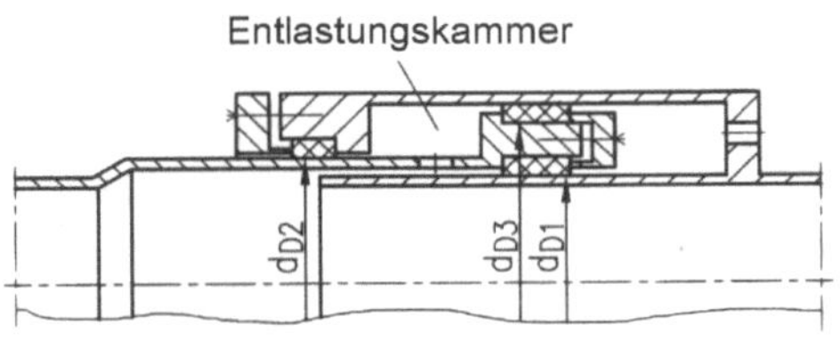

Bild 4.16
Entlasteter Stopfbuchskompensator, [57] S. 114

Eine besondere Konstruktion ist der YARWAY- oder Gun-Pakt-Expansions-Kompensator. Er wurde 1929 entwickelt. Der Vorteil besteht darin, dass dieser Kompensator einfacher als andere Stopfbuchskompensatoren aufgebaut ist. Insbesondere entfällt bei ihm die Stopfbuchsbrille. Ebenso ist das Auswechseln der Stopfbuchspackung nicht erforderlich. Konstruktiv ist er so aufgebaut, dass absolute Dichtheit garantiert werden kann (Bild 4.17). Für den Betriebsfall ist es wichtig zu wissen, dass dieser Kompensator für Reinigungszwecke mit einem Molch befahrbar ist. Wegen der größeren Dehnungsaufnahme gegenüber herkömmlichen Stopfbuchskompensatoren müssen in eine Leitung weniger Kompensatoren installiert werden. Einen Überblick über die technischen Daten dieses Kompensators enthält Tabelle 4.3. Kompensatoren dieser Art findet man in Heißdampf-, Heißwasser-, Gas-, Rohölleitungen, in Leitungen für Rückstandsprodukte in Raffinerien u. a.

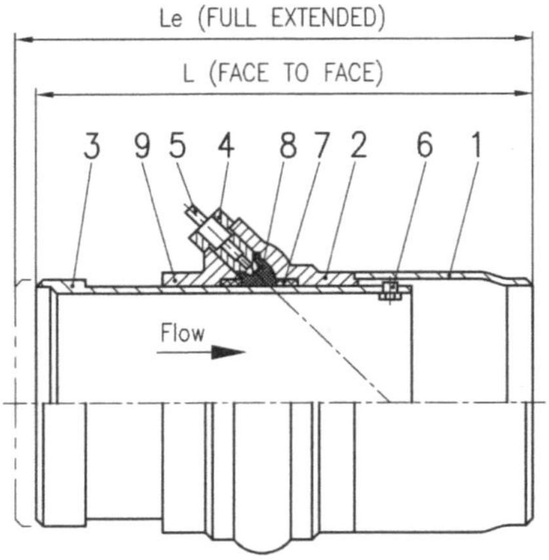

Bild 4.17
Gun-Pakt-Expansions-Kompensator mit Anschweißenden [58]
1 Grundteil, 2 Stopfbuchse, 3 Degenrohr, 4 Lagerung des Presszylinders, 5 Lagerung des Presskolbens, 6 Anschlag, 7 Absperrpackung, 8 Kunststoffpackung, 9 Typenschild

Tabelle 4.3 Gun-Pakt-Expansions-Kompensator (Auszug aus [58])

PN	DN	Dehnungs-aufnahme in mm	Baulänge in mm	Masse in kg
16	40	100	533	9
		200	737	10
		300	940	11
	100	100	568	25
		200	771	29
		300	975	33
	200	100	632	66
		200	835	76
		300	1038	86

PN	DN	Dehnungs-aufnahme in mm	Baulänge in mm	Masse in kg
	400	100	765	220
		200	968	247
		300	1171	274
	600	100	892	428
		200	1095	473
		300	1298	518

b) Linsenkompensatoren

Linsenkompensatoren gibt es in ein- und mehrwelliger Ausführung in den Nennweiten DN 50 bis DN 4000. Ihre elastischen Eigenschaften ergeben sich aus der geometrischen Form der Linse. Die Linsen werden aus geformten und miteinander verschweißten Blechen mit einer Dicke von 2...10 mm hergestellt. Man kann davon ausgehen, dass eine Linse eine Längenänderung von etwa 10...12 mm aufnimmt. In Abhängigkeit von der zu kompensierenden Rohrlänge und ihrer Einteilung in Festpunktbereiche ist damit die Anzahl der Linsen je Ausgleicher bestimmbar. Als Werkstoff wird entsprechend den Anforderungen des Mediums einfacher Kohlenstoffstahl und niedrig- oder auch hochlegierter Chrom-Nickel-Stahl gewählt. Die in Bild 4.18a und c gezeigten Ausgleicher sind geeignet, nicht nur axiale Längenänderungen auszugleichen, sie können auch für den Angular- und Lateralausgleich Verwendung finden. Bei der Durchströmung können sich allerdings mitgeführte feste Partikel, wie z. B. Stäube, in den Wellentälern absetzen und im Laufe der Zeit zum Versagen des Kompensators führen. Zur Vorbeugung empfiehlt es sich, das zu transportierende Medium zu filtern. Es ist auch zu erkennen, dass der Reibungsverlust im Kompensator entsprechend der Anzahl der Wellen größer sein wird (s. auch Tabelle Anhang 2). Natürlich ist der Linsenkompensator in der Rohrleitung auch eine Schwachstelle hinsichtlich der Knickstabilität. Um ein Ausknicken infolge der axialen Verstellkraft zu verhindern, müssen vor und hinter dem Ausgleicher entsprechende Führungslager vorgesehen werden. Der Reibungsverlust und das schädliche Absetzen von Partikeln in den Wellentälern werden durch den Einsatz von Kompensatoren mit Leitrohr verringert (Bild 4.18b). Solche Kompensatoren ermöglichen jedoch nur den axialen Ausgleich.

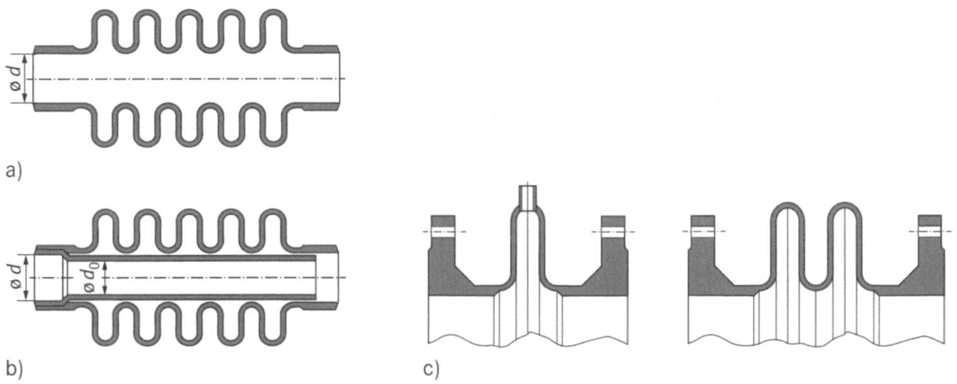

Bild 4.18 Prinzipielle Darstellung eines Linsenkompensators. a) mit Anschweißenden, b) mit Leitrohr und Anschweißenden, c) ein- und zweiwellig mit Vorschweißflanschen [59]

c) Wellrohr- oder Balgenkompensator

Man kann den Balgenkompensator als eine Weiterentwicklung des Linsenkompensators betrachten. Während die Linsen einlagig ausgeführt sind, ist der Metallbalg in der Regel ein mehrlagiges Gebilde und meist aus dünnen Blechen (0,1 ... 2 mm) hochlegierter Stähle hergestellt. Den unterschiedlichsten Anforderungen an die Beweglichkeit und Druckbeständigkeit des Kompensators wird durch die Formgebung der Wellen und die Anzahl der Lagen genügt. Sonderkonstruktionen werden bis PN 400 angeboten, sonst bis PN 63. Balgenkompensatoren werden auch für Unterdruck hergestellt. Je nach Ausführungsform gibt es Kompensatoren von DN 50 bis DN 3000. Auch hier kann man Kompensatoren mit bzw. ohne Leitrohr einsetzen (Bild 4.19 bis Bild 4.22).

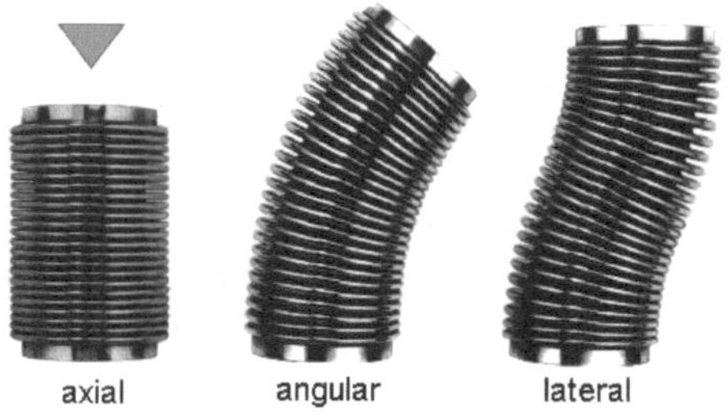

Bild 4.19
Mögliche Verformung von Balgen (*Fa. WITZENMANN*) [60]

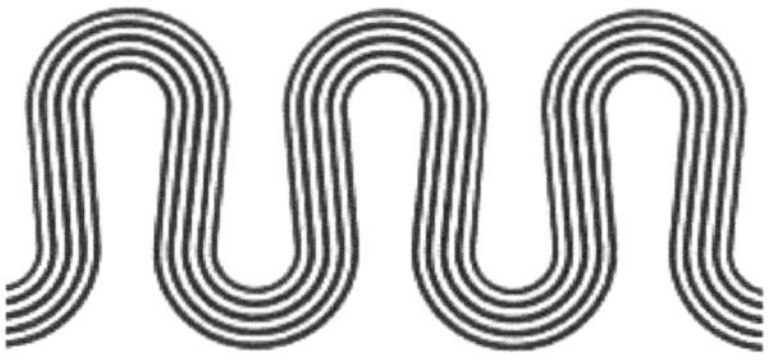

Bild 4.20
Vielwandiger hochelastischer Balg

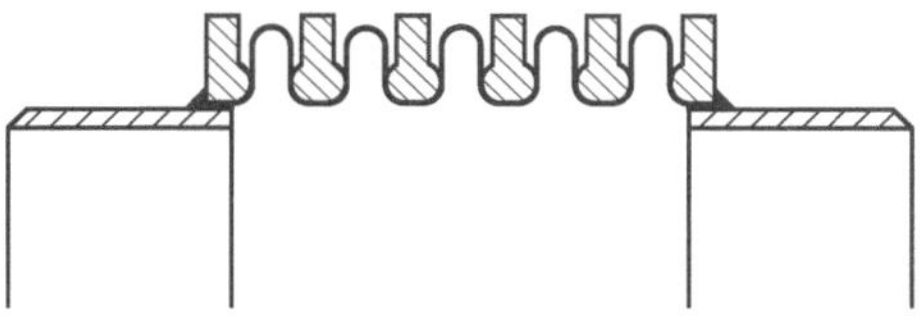

Bild 4.21
Balgkonstruktion mit Ringverstärkung für hohe Drücke

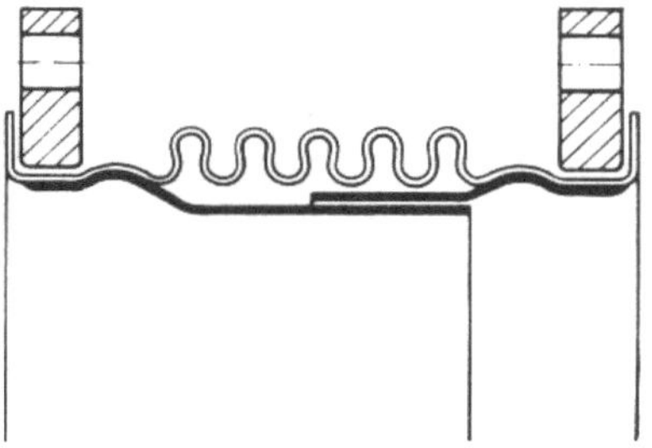

Bild 4.22
Kompensator mit Leitrohr

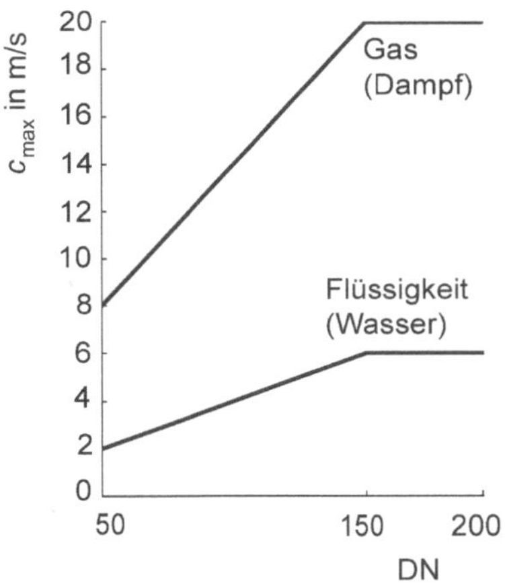

Bild 4.23
Grenzwerte für Strömungsgeschwindigkeiten ohne Leitrohr

Verwendet man Kompensatoren ohne Leitrohr, dann muss mit größeren Verwirbelungen und damit mit höheren Druckverlusten gerechnet werden, wenn bestimmte Strömungsgeschwindigkeiten überschritten werden. Anhaltswerte dafür enthält Bild 4.23. Die Verstellkräfte sind, bedingt durch die mehrlagige Ausführung, geringer als bei Linsenkompensatoren.

Der Einsatz von Wellrohrkompensatoren ist nicht nur auf den Ausgleich infolge thermischer Beanspruchung beschränkt. Maßausgleichende Elemente werden auch eingesetzt, wenn es darauf ankommt, Montageabweichungen zu beheben und Fundamentabsenkungen zu überbrücken. Sie dienen auch der Abkopplung der Rohrleitung von schwingenden Elementen.

Axialkompensatoren

Axialkompensatoren (Bild 4.24) gleichen axiale Längenänderungen bis zu etwa 200 mm aus. Im Hinblick auf die Belastung der Festpunkte bei axialer Kompensation sind druckentlastete Kompensatoren (Bild 4.24c) zu verwenden. Die Austauschbarkeit der Kompensatoren wird durch die Ausführung mit Vorschweißflanschen erleichtert. Die Kompensatoren sind i. Allg. für 1000 Volllastwechsel ausgelegt. Beispiele für Ausführungen enthält Tabelle 4.4.

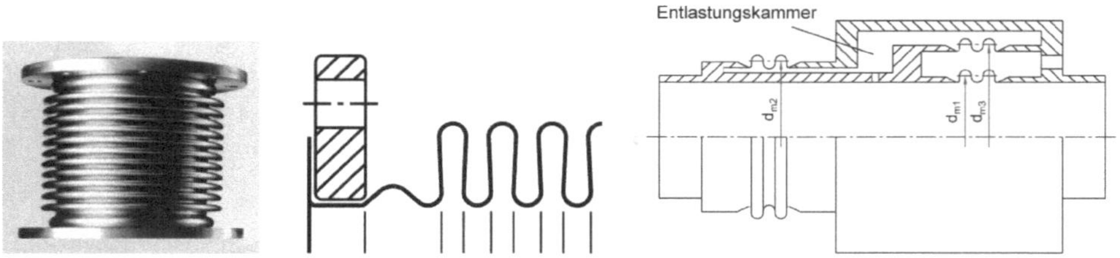

a) b) c)

Bild 4.24 Axialkompensator. a) Ansicht [60], b) Schnitt [60], c) druckentlastete Ausführung [57] S. 117

Tabelle 4.4 Axialkompensatoren PN 16 mit glatten Festflanschen (Auszug aus [60])

DN	Axiale Bewegungsaufnahme in mm	Baulänge L_0 in mm	Masse in kg		Balg	
			ohne Leitrohr	mit Leitrohr	Außendurchmesser D_a in mm	gewellte Länge l_{bg} in mm
100	31	155	9,6	10	150	65
	53	230	11,5	12,1	152	140
200	30	158	22	23	260	54
	60	212	24	26	260	108
	97	374	33	35	262	270
300	30	182	45	46	374	63
	80	287	52	55	374	168
	120	464	70	74	376	345
400	48	236	78	81	467	104
	84	314	87	91	467	182
	132	418	99	104	467	286
500	48	224	121	125	576	84
	96	308	134	140	576	168
	144	392	146	154	576	252

Angularkompensatoren

Angularkompensatoren (Bild 4.25 und Bild 4.26), auch Gelenkkompensatoren genannt, können infolge des Gelenks keine axiale Bewegung ausführen. Die Aufnahme von größeren Bewegungen ist möglich und wird von der Anzahl der Wellen bestimmt. Die Belastung der Festpunkte ist relativ gering. Axialkräfte können übertragen werden.

Bild 4.25
Angularkompensator

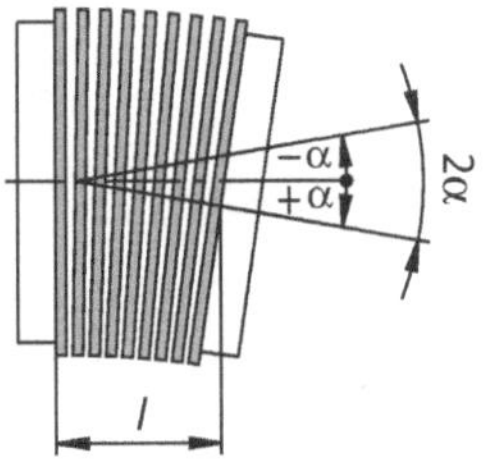

Bild 4.26
Winklig verformter Balg

Lateralkompensator

Die Fähigkeit des Lateralkompensators (Bild 4.27), absolute Abweichungen aufzunehmen, ist gegenüber dem Angularkompensator geringer. Bild 4.28 zeigt, dass die beiden verbundenen Balgen in einem Viergelenk-Getriebe geführt werden. Somit ist der Lateralkompensator dann einzusetzen, wenn die anschließenden Rohrachsen auch nach der Längenänderung zueinander parallel bleiben müssen. Durch die Verbindung der beiden Kompensatorenden ist er in der Lage, auch axiale Kräfte aufzunehmen. Das Bild 4.29 gibt eine Orientierung für die Auswahl von Axial- und Gelenkkompensatoren.

Bild 4.27
Lateralkompensator

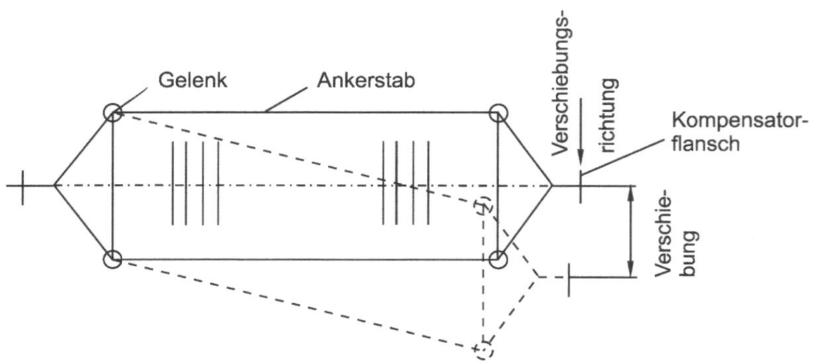

Bild 4.28 Prinzip des Lateralausgleichers

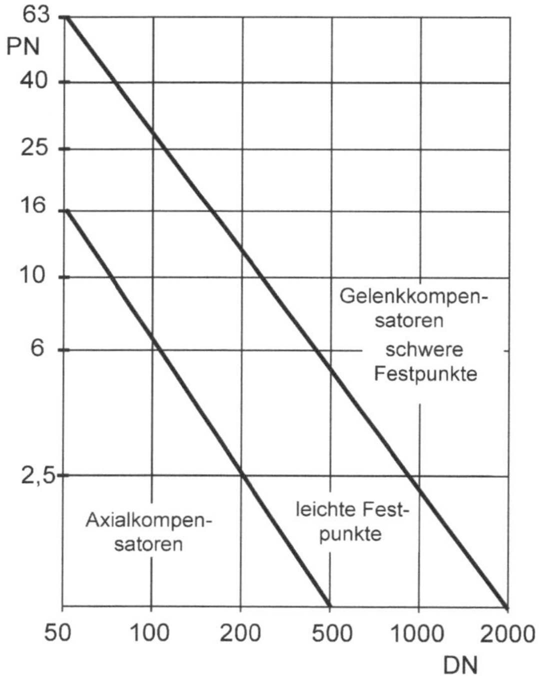

Bild 4.29
Einsatzgrenzen von Axial- und Gelenkkompensatoren. Annahmen für zulässige Belastung: leichter Festpunkt 10...20 kN; schwerer Festpunkt 40...400 kN

U-Rohr-Ausgleicher, Lyra-Ausgleicher

Das elastische Verhalten dieser Ausgleicher wird durch ihre geometrische Form (Bild 4.30) bestimmt, d. h., Nennweite, Ausladung und Radius der Krümmer sind maßgebend für die Größe der aufnehmbaren Längenänderung der Rohrleitung. Der Lyra-Ausgleicher ist etwas elastischer als der U-Ausgleicher. Man bevorzugt ihn für Fernleitungen. Die Dehnungsaufnahme ist bei kleinen Ausladungen um 5 % und bei großen Ausladungen um 10 % größer als bei U-Ausgleichern [54]. Die Anwendungsbereiche der unterschiedlichen Kompensatoren sind in Tabelle 4.5 zusammengestellt.

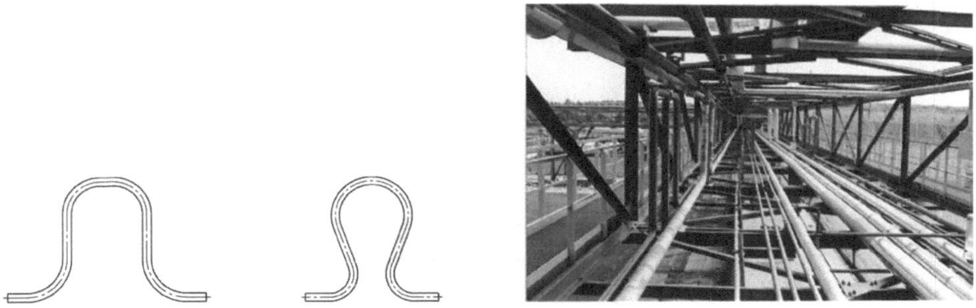

Bild 4.30 a) U-Rohr-Kompensator, b) Lyra-Kompensator, c) senkrecht montierte U-Bögen auf einer Rohrbrücke [115]

Tabelle 4.5 Anwendungsbereiche und Anwendungskriterien (Richtwerte) der Kompensatoren [54], Klammerwerte gültig für spezielle Anwendungen

Bauart	Bewegungsrichtung	Druckbereich	ϑ_{max} in °C	Medium	Korrosionsbeständigkeit	Bewegungsfähigkeit	30 Jahre Betriebsdauer	Dichtheit
Gleitrohrkompensator	axial	bis PN 40	260	Flüssigkeiten	begrenzt	sehr groß	Wartung erforderlich	begrenzt
Rohrgelenke (Drehkompensator)	radial	bis 420 bar	275	Flüssigkeiten	begrenzt	sehr groß	Wartung erforderlich	begrenzt
Weichstoffkompensator	axial, angular, lateral	±350 mbar	600 (1200)	Gase	hoch	groß	eingeschränkt	begrenzt
Gummikompensator	axial, angular, lateral	bis PN 16	90 (110)	alle Fluide	hoch	mittel bis groß	eingeschränkt (Temperatur und Ozon)	technisch dicht
PTFE-Kompensator	axial, angular, lateral	Unterdruck, bis PN 25 Überdruck	230	alle Fluide	sehr hoch	groß	praktisch unbegrenzt	technisch dicht
Metallkompensator	axial, angular, lateral	Vakuum bis Hochdruck	800 (1000)	alle Fluide	hoch	mittel bis groß	abhängig von Lastwechselzahl	technisch dicht

4.4.2 Einordnung der Ausgleicher in die Rohrleitung

Rohrleitungen werden je nach Erfordernis intern, z. B. in Chemieanlagen, oder extern auf Rohrbrücken, Stützen, Sockeln, im Kanal oder Erdreich verlegt. Im Hinblick auf die sich einstellenden und zu kompensierenden Längenänderungen muss die gesamte Rohrleitung durch Festpunkte zweckmäßig in Abschnitte eingeteilt werden. In jedem Abschnitt wird ein Kompensator installiert, der in der Lage ist, die im Abschnitt entstehende Längenänderung auszugleichen. Bild 4.31 zeigt eine lineare Rohrleitung mit Auflagern und Kompensatoren.

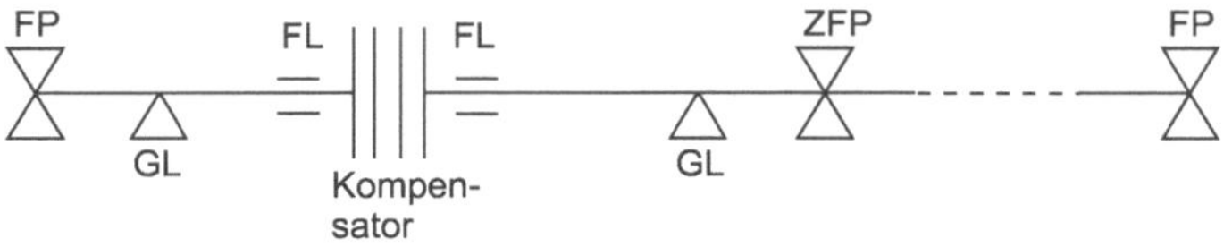

Bild 4.31 Beispiel einer Rohrleitung mit Auflagern und Kompensatoren

Zusammenfassend bezeichnet man die die Rohrleitung tragenden bzw. gegenüber einer Trag- und Stützkonstruktion abstützenden Elemente als **Auflager**. Das können Endfestpunkte FP, Zwischenfestpunkte ZFP, Gleit- und Rollenlager GL, Führungslager FL oder auch Hängerkonstruktionen sein, wie sie häufig in Kraftwerksanlagen eingesetzt werden.

Die **Endfestpunkte** markieren Anfang und Ende einer Rohrleitung und definieren mit den **Zwischenfestpunkten** die mit Kompensatoren zu versehenden Abschnitte. Die Kompensatoren sind zwischen Führungslagern eingeordnet. Diese haben die Aufgabe, das seitliche Verschieben oder vertikale Ausknicken der Leitung zu verhindern und so zu sichern, dass die Kompensation in axialer Richtung erfolgt. Für die Anordnung dieser Führungslager geben die Hersteller der Kompensatoren erfahrungsgestützte Hinweise. Empfehlungen für HYDRA-Kompensatoren enthalten Bild 4.32 und Bild 4.33, Angaben für Gun-Pakt-Kompensatoren Tabelle 4.6. Die Halterungen sind so anzuordnen, dass die seitliche Führung und die maximal zulässige Durchbiegung eingehalten werden.

Zur Ermittlung der Beanspruchung in einem Festpunktabschnitt müssen die Kräfte betrachtet werden. Die Streckenlast q der Leitung ruft in den Gleitlagern im Zusammenhang mit der thermisch bedingten axialen Bewegung Reibkräfte F_{RGL} hervor. In den Führungslagern ist ebenfalls eine Reibung F_{RFL} zu erwarten (Bild 4.34), z. B. infolge eines geringfügigen seitlichen Ausweichens der Leitung oder auch durch montagebedingte Ungenauigkeiten der Einstellung der Führungen. Überschlägig kann der Reibungsbeiwert angenommen werden zu $\mu_{\text{Stahl-Stahl}} = 0{,}2 \ldots 0{,}5$ und für Lagerung der Leitung auf Rollenlagern zu $\mu_{\text{Rolle}} = 0{,}05 \ldots 0{,}1$. Weiterhin wirkt die Verstellkraft F_{Verstell}.

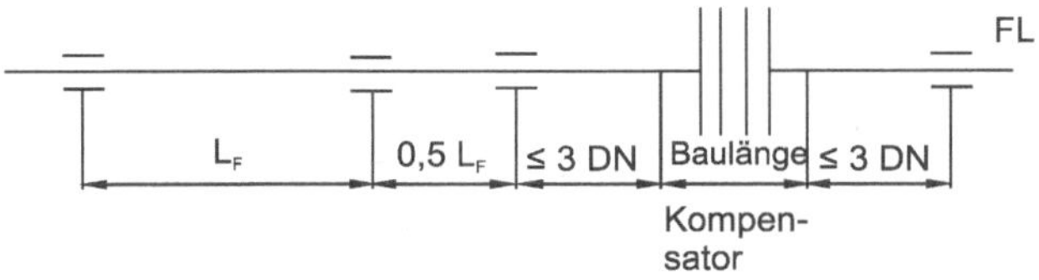

Bild 4.32 Einbaumaße für Balgenkompensatoren (L_F nach Bild 4.33)

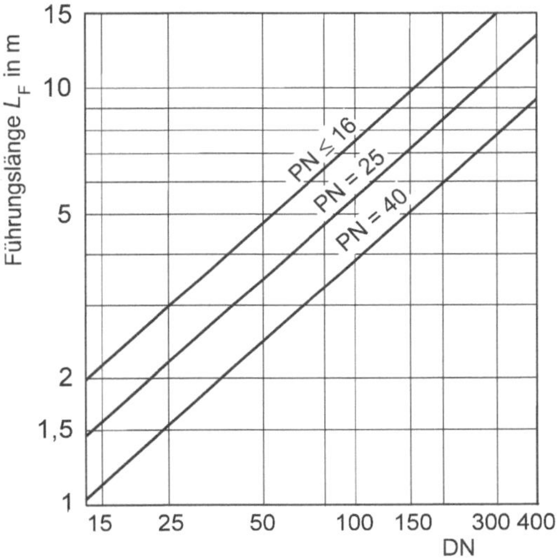

Bild 4.33
Abstand L_F der Führungslager

Tabelle 4.6 Einbauhinweise für Gun-Pakt-Kompensatoren [58]

DN		40	50	65	80	100	125	150	200	250	300	350	400	500
Abstand zum 1. Führungslager in m		2,5	3,0	3,5	3,5	4,0	4,5	4,9	5,5	6,0	6,5	6,5	7,0	7,5
Abstand der Führungslager in m	PN 16	3,7	4,9	6,7	8,5	4,0	13,0	15,5	20,0	25,0	28,5	29,5	32,5	38,0
	PN 25/40	3,7	4,5	5,5	6,7	9,0	10,0	12,5	16,0	20,0	23,0	23,0	26,0	29,0

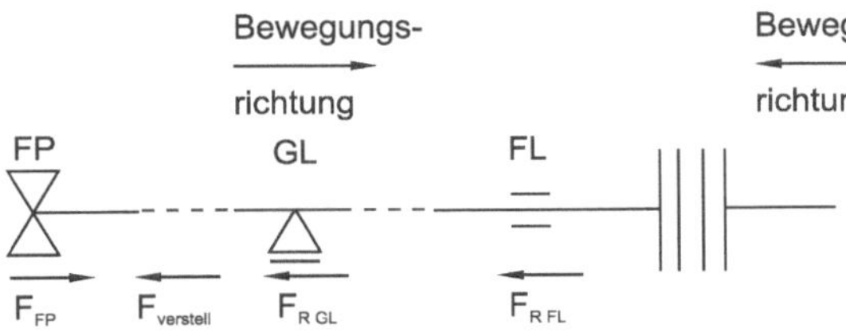

Bild 4.34
Kräfte an den Auflagern bei einer Erwärmung

Die Kräfte belasten das Rohr auf Knickung sowie die Festpunkte und die Baukonstruktionen, die die Auflager tragen. Dabei müssen die Endfestpunkte auch noch die Längs-Druckkraft aus dem Innendruck des Mediums aufnehmen. Die Zwischenfestpunkte trennen zwei Festpunktabschnitte. Sind diese Abschnitte geometrisch, thermisch und bezüglich des Werkstoffs völlig identisch, dann erfährt der Zwischenfestpunkt aus jedem Abschnitt die gleiche absolute Beanspruchung, allerdings in entgegengesetzter Richtung. Damit wäre der Zwischenfestpunkt theoretisch unbelastet. Die hier postulierte Identität der Festpunktabschnitte ist jedoch praktisch nicht gegeben, sodass man allgemeingültig davon ausgehen muss, dass der Zwischenfestpunkt durch die Differenz der Kräfte in den durch ihn getrennten Abschnitten belastet wird. Diese Kräftedifferenz nimmt zu mit zunehmenden thermischen, geometrischen oder werkstofflichen Unterschieden zwischen den beiden Festpunktabschnitten. Diese können durch planmäßige Wanddickenunterschiede in der Rohrleitung oder auch unterschiedliche Nennweiten usw. hervorgerufen werden.

Der Einbauort des Ausgleichers wird sich primär nach den lokalen geometrischen Bedingungen richten. Zur Abschätzung des Einflusses des Einbauorts auf das Rohr sind im Bild 4.35 der zentrische und der exzentrische Einbau in das Festpunktfeld dargestellt.

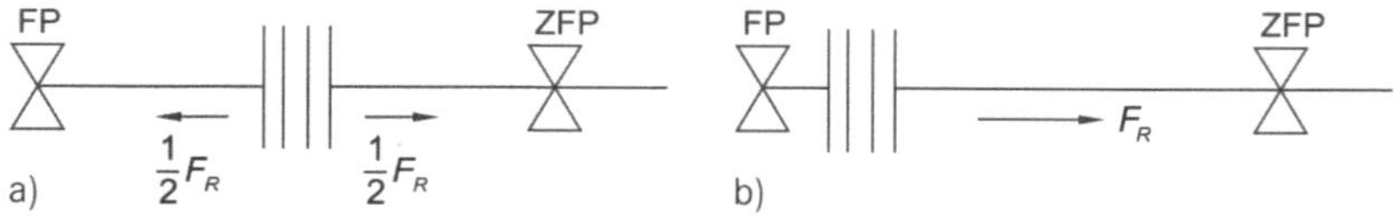

Bild 4.35 Einbauort des Kompensators. a) zentrisch, b) exzentrisch

Die Größe der Axialkraft und somit auch die Belastung des Festpunkts ist in beiden Fällen gleich. Unterschiedlich ist jedoch die Knickbeanspruchung des Rohrs, da die Knicklänge im Fall b) deutlich größer ist als im Fall a). Bei exzentrischem Einbau könnten sich besondere Maßnahmen zu Verhinderung des Ausknickens als sinnvoll erweisen.

Auch in eben verlegten Rohrleitungen lassen sich die in den geraden Abschnitten auftretenden Längenänderungen mithilfe axial wirkender Kompensatoren ausgleichen, wenn man die Leitung in lineare Festpunktabschnitte gliedern kann. In Bild 4.36 ist ein solcher Fall mit einem Eckfestpunkt gezeigt. Die Festpunktbelastung ist hier die Resultierende aus den beiden in den Abschnitten wirkenden Kräften. Zusätzlich tritt infolge der Umlenkung der Fließrichtung des Mediums eine Fliehkraftkomponente aus dem Medium auf (s. Abschnitt 2.5.1). Man könnte bei Verzicht auf den Eckfestpunkt auch einen Lateralkompensator einbauen.

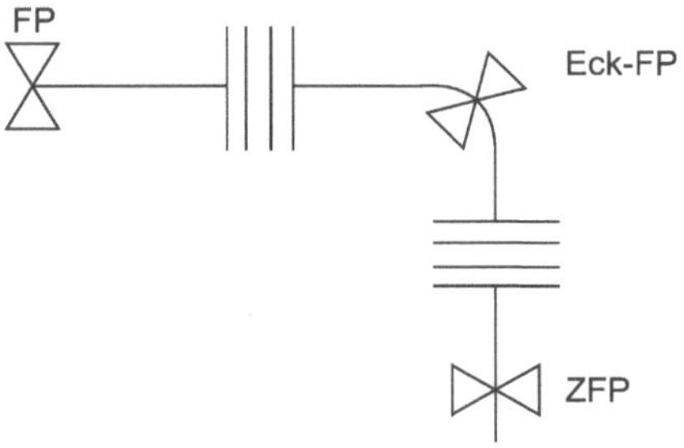

Bild 4.36
Eckfestpunkt

Vorspannung

Der Dehnungsausgleicher wird infolge der thermischen Belastung des Rohrs und der damit verbundenen Längenänderung durch eine Kraft F zusammengedrückt (Bild 4.37). Der Anschlusspunkt des neutralen Kompensators an die Rohrleitung ist mit „1" gekennzeichnet. Die gesamte thermische Längenänderung bei Erwärmung der Leitung ist $\Delta\vartheta$ und ist bei „2" erreicht. In dieser Stellung hat die wirkende Druckkraft die Größe $-F_{\text{Verstell}}$. Der Verlauf der Kraft von 1 nach 2 wird einem linearen Federgesetz folgend angenommen. Diese hohe Kraft belastet den Kompensator, die Festpunkte und die Rohrleitung. Zur Verringerung dieser Beanspruchung spannt man den Kompensator bei seiner Montage vor, d. h., man streckt ihn entgegen der sich bei Erwärmung einstellenden Bewegungsrichtung. Die Rohrleitung steht somit nach der Montage des Ausgleichers – im kalten Zustand – unter einer Zugkraft. In der Regel beträgt die Vorspannung 50 %, also $\Delta_\vartheta/2$. Dafür wird auch nur die halbe Verstellkraft benötigt. Diese Situation ist im Bild mit 1' bezeichnet: Der Punkt 1 gelangt durch die aufgebrachte Zugkraft an die Stelle 1'. Tritt jetzt die Erwärmung der Leitung ein, dann dehnt sie sich und hat bei Erreichen von $\Delta_\vartheta/2$ die Zugkraft auf null abgebaut. Bei weiterer Erwärmung bis zur Betriebstemperatur wird der Kompensator einer Druckbelastung unterworfen, bis die gesamte Längenänderung $\Delta\vartheta$ erreicht ist. Das ist im Punkte 2' der Fall. Der Kompensator steht damit durch die Vorspannung im Betriebszustand nur noch unter der Druckbelastung in Höhe der halben Verstellkraft, nimmt aber die volle Längenänderung auf. Je nach der Rohrleitungsführung ist die Vorspannung in einer Richtung (linear), in zwei Richtungen (eben) oder in drei Richtungen (räumlich) vorzunehmen.

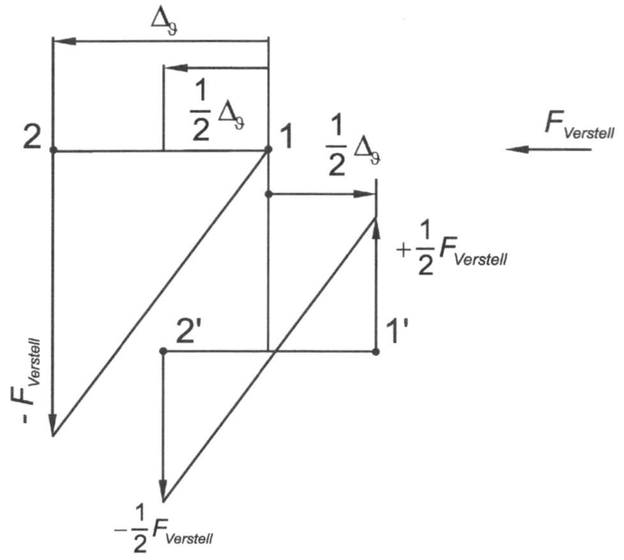

Bild 4.37 Auswirkungen einer Vorspannung

Die „Vorspannung" betrifft im engeren Sinne die elastisch arbeitenden Kompensatoren. Spannt man einen Axialkompensator vor, ergeben sich durch die Vorspannung keine Auswirkungen auf die Lage des Anschlussflansches bzw. der Anschweißenden. Die Anschlussfläche bzw. Fügefläche behält nach der Vorspannung ihre rechtwinklige Lage zur Rohrachse bei. Damit sind keine Probleme hinsichtlich der Verbindung des Kompensators mit der Rohrleitung zu erwarten. Eine völlig andere Situation liegt bei der Vorspannung von U-Rohr- und Lyra-Kompensatoren vor. Hier verdreht sich die Anschlussfläche, d. h., die Normale der Anschlussfläche schließt mit der Mittellinie des anzuschließenden Rohrs einen Winkel ein. Das ist bei der Montage zu beachten, denn es entsteht ein Biegemoment an der Fügestelle. Bei einer Flanschverbindung kann dieses Moment zur Undichtheit führen, bei einer Schweißverbindung wird die Schweißnaht unterschiedlich belastet bzw. die Schweißfuge ist längs des Umfangs von unterschiedlicher Breite.

Gleitrohrkompensatoren können keiner Vorspannung im engeren Sinne unterworfen werden, da sie nicht nach dem elastischen Prinzip arbeiten. Man kann ihre Baulänge verringern, indem bei der Montage das Gleitrohr um den Betrag $\Delta_\vartheta/2$ aus dem Gehäuse gezogen und dann mit der Leitung verbunden wird. Im Betriebszustand wird sich $\Delta\vartheta$ einstellen, das Gleitrohr wird also nur um den Betrag $\Delta_\vartheta/2$ in das Gehäuse eindringen.

4.4.3 Natürlicher Dehnungsausgleich (s. auch [61])

Die Elastizität einer Rohrleitung ist ihre Fähigkeit, unter Einwirkung einer Kraft ihre Form zu ändern und nach Aufhören der Kraftwirkung ihre alte Form wieder einzunehmen. Die Elastizität ist abhängig von der Form, der gestreckten Länge, dem E-Modul sowie vom Außendurchmesser und der Wanddicke der Rohrleitung.

Wenn ein zwischen zwei Festpunkten fixiertes Rohrsystem erwärmt wird, will es sich ausdehnen. Diese Ausdehnung wird aber durch die Festpunkte verhindert. Folglich müssen die entstehenden Wärmespannungen durch Verformung des Rohrsystems zwischen den Festpunkten kompensiert werden. Zunächst ist daher die Richtung der Wärmedehnung zu bestimmen. Ein gerades Rohr wird sich in Richtung der Rohrachse ausdehnen. Die Dehnungsrichtung eines beliebig geformten Rohrs ist wie folgt zu bestimmen:

$\overline{\mathrm{I\,II}}$ sei die Achse eines gebogenen Rohrs und ds ein differenziell kleines Teil davon, welches dφ einschließt (Bild 4.38). ds kann als gerade angesehen werden. Für die Dehnung folgt mit d$s = r$dφ:

$$\alpha\,\Delta\vartheta\,\mathrm{d}s = \alpha\,\Delta\vartheta\,r\,\mathrm{d}\varphi \tag{4.50}$$

Betrachtet man die Projektionen des Bogenelements in die x- und y-Richtung, so folgt die

- Ausdehnung in x-Richtung:

$$\alpha\,\Delta\vartheta\,\mathrm{d}s\,\sin\,\varphi = \alpha\,r\,\Delta\vartheta\,\sin\,\varphi\,\mathrm{d}\varphi \tag{4.51}$$

- Ausdehnung in y-Richtung:

$$\alpha\,\Delta\vartheta\,\mathrm{d}s\,\cos\varphi = \alpha\,r\,\Delta\vartheta\,\cos\varphi\,\mathrm{d}\varphi \tag{4.52}$$

Die geometrische Summe aller Wärmedehnungen in jeder Richtung muss die Wärmedehnung des Bogens $\overline{\mathrm{I\,II}}$ ergeben:

- x-Richtung:

$$\int_0^\beta r\,\alpha\,\Delta\vartheta\,\sin\,\varphi\,\mathrm{d}\varphi = r\,\alpha\,\Delta\vartheta\,(-\cos\,\varphi)\,|_0^\beta = \alpha\,\Delta\vartheta\,r\,\left(1-\cos\,\beta\right) \tag{4.53}$$

- y-Richtung:

$$\int_0^\beta r\,\alpha\,\Delta\vartheta\,\cos\,\varphi\,\mathrm{d}\varphi = r\,\alpha\,\Delta\vartheta\,\sin\,\varphi\,|_0^\beta = \alpha\,\Delta\vartheta\,r\,\sin\,\beta \tag{4.54}$$

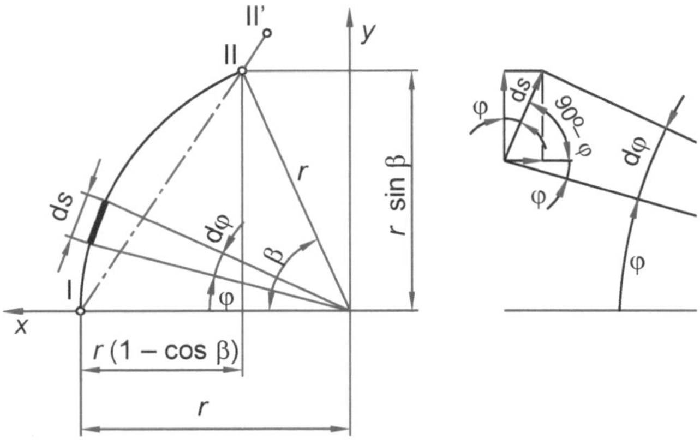

Bild 4.38 Dehnungsrichtung eines gebogenen Rohrs

Vergleicht man diese Komponenten der Wärmedehnung mit den im Bild 4.38 angegebenen Komponenten des Punktes II des Rohrbogens, dann stellt man fest, dass die oben berechneten Integrale die Wärmedehnung des Bogens angeben, d. h., sie entsprechen der Wärmedehnung der Bogensehne $\overline{\text{I II}}$. Denkt man sich also den Punkt I des Rohrbogens fest eingespannt und den Punkt II frei beweglich, dann würde sich II bei Erwärmung des Bogens I-II in Richtung seiner Bogensehne $\overline{\text{I II}}$ nach II' um Δl verschieben, da für das Dreieck aus $\overline{\text{I II}}$ und seine Komponenten

$$\sqrt{[r\,\alpha\,\Delta\vartheta\ (1-\cos\ \beta)]^2 + [r\,\alpha\,\Delta\vartheta\ \sin\ \beta]^2} = \alpha\,\Delta\vartheta\,\overline{\text{I II}}$$

sowie

$$\overline{\text{II II}'} = r\,\alpha\,\Delta\vartheta\,\sqrt{2\,(1-\cos\ \beta)} = \alpha\,\Delta\vartheta\,\overline{\text{I II}}$$

ist und somit gilt:

$$\overline{\text{I II}} = r\,\sqrt{2\,(1-\cos\ \beta)} \tag{4.55}$$

Daraus folgt generell:

Jedes irgendwie geformte Rohrsystem wird sich bei Erwärmung um $\Delta\vartheta$ stets in Richtung der Verbindungslinie seiner Endpunkte ausdehnen. Die Größe dieser thermischen Dehnung ergibt sich aus der Beziehung $\Delta l = \alpha\Delta\vartheta l_{\text{I-II}}$.

Betrachtet man ein beliebig geformtes Rohr nach Bild 4.39, dann kann man in Verallgemeinerung des gefundenen Ergebnisses $l_{\text{I-II}} = l_{\text{AB}}$ setzen und die thermische Verschiebung des Punktes B bestimmen. Damit sind die Richtung und die Größe der thermischen Dehnung bestimmt.

Die Anfangs- und Endpunkte einer Rohrleitung, z. B. ein Apparatestutzen, sind in der Regel festgehalten, d. h., sie sind bezüglich ihrer Lage vorgegeben und können bzw. dürfen diese nicht verändern. Damit ergibt sich das Problem, die ausgleichende Wirkung eben oder räumlich verlegter Rohrsysteme zu betrachten. Mit der Kraft, mit der die Rohrleitung auf die Festpunkte drückt, drücken diese auf die Rohrleitung. Diese Kräfte wirken z. B. biegend auf die Rohrschenkel. In räumlichen Rohrsystemen treten auch Torsionsmomente auf.

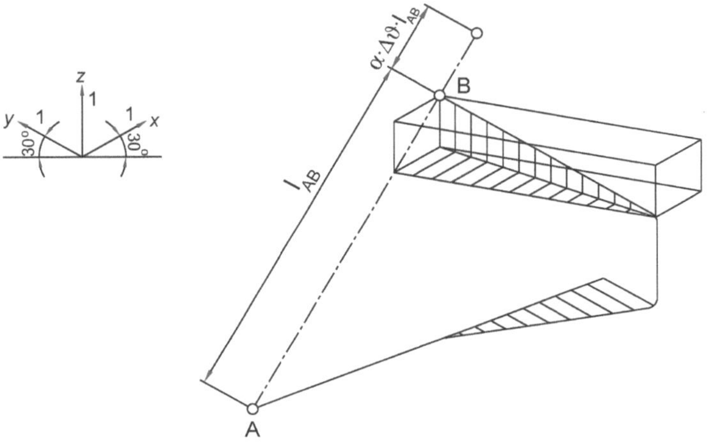

Bild 4.39 Dehnungsrichtung einer räumlichen Rohrleitung

Allgemeiner Berechnungsansatz für ebene Systeme

Im Folgenden werden nur ebene Systeme untersucht. Der Dehnungsausgleich soll durch elastische Längen- und Lageänderungen der Rohrleitung erfolgen. Zur Bestimmung der auf die Festpunkte wirkenden Kräfte sowie der entsprechenden Beanspruchung des Rohrs sind zunächst Modellvorstellungen für die Festpunkte zu treffen:

- *1. Modell:* Ein Festpunkt unterbindet jede Verschiebung der Rohrleitung an dieser Stelle, er lässt aber Verdrehungen des Rohrendes zu. Es liegt ein **Gelenkfestpunkt** (Bild 4.40) vor.
- *2. Modell:* Ein Festpunkt unterbindet jede Verschiebung und außerdem jede Verdrehung des Rohrendes. Es liegt eine starre Einspannung des Rohrs und somit ein **Einspannfestpunkt** vor. Technisch reale Festpunkte liegen zwischen beiden Extremen, jedoch kommt der Einspannfestpunkt den praktischen Gegebenheiten am nächsten.

Nachfolgend werden die beiden Modellvorstellungen separat untersucht.

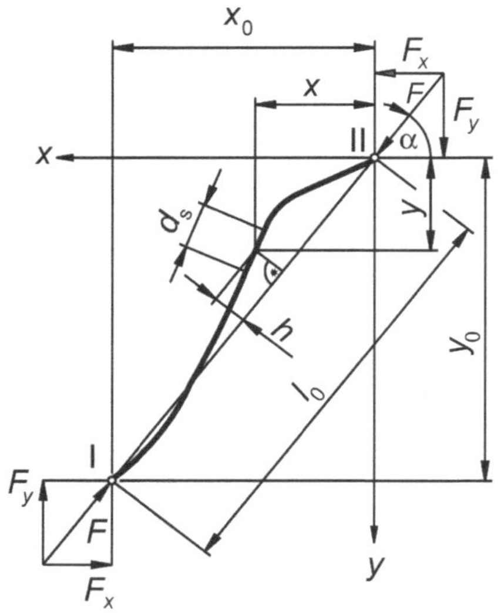

Bild 4.40
Rohr mit Gelenkfestpunkten

1. Modell: Ebenes Rohrsystem mit Gelenkfestpunkten

Die als Gelenke gedachten Festpunkte übertragen kein Biegemoment. Daher muss die Kraft *F* in Richtung dieser beiden Festpunkte wirken, d. h., die Richtung der Kraft ist definiert durch:

$$\tan\,\alpha = \frac{y_0}{x_0} \tag{4.56}$$

Gesucht ist noch die Größe der Kraft *F*. Denkt man sich dazu das Rohr an der Stelle II frei, dann würde sich der Punkt II bei Erwärmung in Richtung der Verbindungslinie beider Punkte um den Betrag ΔJ_F verschieben. Hierin bedeuten die Indizes

- erster Index: Ursache der Verschiebung, hier also die Erwärmung auf die Temperatur ϑ,
- zweiter Index: Richtung der Verschiebung, hier also in Richtung der Kraft *F*.

Die Zerlegung der Verschiebung in ihre Komponenten ergibt $\Delta J_{Fx} = x_0\alpha\Delta\vartheta$, $\Delta_{\vartheta Fy} = y_0\alpha\Delta\vartheta$ und somit die resultierende Verschiebung

$$\Delta_{\vartheta F} = \sqrt{\Delta^2_{\vartheta Fx} + \Delta^2_{\vartheta Fy}} = \alpha\,\Delta\vartheta\,\sqrt{x_0^2 + y_0^2} = l_0\alpha\,\Delta\vartheta \tag{4.57}$$

Die Verschiebung ist demnach nicht abhängig von der speziellen geometrischen Form des Rohrs, sondern nur von der linearen Entfernung der beiden Lager voneinander. Um diese Verschiebung rückgängig zu machen, muss eine äußere Kraft *F* aufgewendet werden: Die Verschiebung durch die aufzubringende Kraft in Richtung der Wirkungslinie dieser Kraft muss gleich sein der Verschiebung infolge der Erwärmung der Rohrleitung ebenfalls in Richtung der Wirkungslinie und ist dieser entgegengesetzt:

$$\Delta_{FF} = -\Delta_{\vartheta F} \tag{4.58}$$

Damit ist die die Summe der Verschiebungen null und so die Festpunktbedingung erfüllt. Die (gedachte) äußere Kraft verformt das Rohr so, wie es Bild 4.40 zeigt. Dabei verrichtet die Kraft eine Formänderungsarbeit W am Rohr. Diese Energie wird im Rohr gespeichert und bei Entlastung dazu führen, dass das Rohr seine ursprüngliche Form wieder annimmt. Die Verformung des Rohrs und damit die dafür aufzubringende Formänderungsarbeit wird im Wesentlichen vom Biegemoment M bestimmt. Die von den Quer- und Längskräften aufgebrachten Anteile sind vernachlässigbar gering. Damit gilt für die Formänderungsarbeit W entsprechend dem Prinzip der virtuellen Arbeiten [62]:

$$W = \int_0^l \frac{M^2}{2EI}\,\mathrm{d}s \tag{4.59}$$

mit dem Flächenträgheitsmoment I des Rohrmantels im Querschnitt. Die Verschiebung Δ_{FF} ergibt sich nach dem 1. Satz von *Castigliano* durch partielle Differenziation der Formänderungsarbeit nach der Kraft F:

$$\Delta_{FF} = \frac{\partial W}{\partial F} = \int_0^l \frac{1}{2EI}\frac{\partial}{\partial F}\left(M^2\right)\mathrm{d}s = \int_0^l \frac{2M}{2EI}\frac{\partial M}{\partial F}\,\mathrm{d}s \tag{4.60}$$

An einer beliebigen Stelle des Rohrs wirkt das Biegemoment $M = Fh$, wobei $h(s)$ der senkrechte Abstand der betrachteten Stelle von der Wirkungslinie der Kraft F ist. Somit folgt $\partial M/\partial F = h$ und damit bei EI = const für die Verschiebung:

$$\Delta_{FF} = \int_0^l \frac{Fh}{EI} h\,\mathrm{d}s = \frac{F}{EI}\int_0^l h^2\,\mathrm{d}s \tag{4.61}$$

Mit dem Linienträgheitsmoment

$$I_{LF} = \int_0^l h^2\,\mathrm{d}s \tag{4.62}$$

das sich auf die Wirkungslinie der resultierenden Festpunktkraft F bezieht, erhält man $\Delta_{FF} = F\,I_{LF}/(E\,I)$ und durch Umstellen die Festpunktkraft:

$$F = \frac{EI\Delta_{FF}}{I_{LF}} \tag{4.63}$$

Wegen Formel 4.58 wird mit Berücksichtigung der Orientierung:

$$F = -\frac{EI\Delta_{\vartheta F}}{I_{LF}} \tag{4.64}$$

Die Komponenten der Festpunktkraft in den Koordinatenrichtungen sind in:

x-Richtung

$$F_x = F \cos \alpha = -\frac{EI\Delta_{\vartheta F}}{I_{LF}} \cos \alpha = -\frac{EI\alpha \Delta\vartheta}{I_{LF}} x_0 \tag{4.65}$$

y-Richtung

$$F_y = F \sin \alpha = -\frac{EI\Delta_{\vartheta F}}{I_{LF}} \sin \alpha = -\frac{EI\alpha \Delta\vartheta}{I_{LF}} y_0 \tag{4.66}$$

Die Reaktionskraft des Festpunkts ist somit der Richtung der (verhinderten) thermischen Dehnung entgegengesetzt. Hierbei ist $\Delta_{\vartheta F}$ mit Formel 4.57 berechenbar.

Bestimmung des Linienträgheitsmoments

Aus der Festigkeitslehre sind als charakteristische Größen zur Kennzeichnung von Eigenschaften der Flächen die **Flächenträgheitsmomente** bekannt. In der Rohrstatik spielen die **Linienträgheitsmomente** eine analoge Rolle. Sie sind stets auf eine Bezugslinie bzw. -achse bezogen. Hier ist das die Verbindungslinie der beiden Festpunkte. Der Abstand eines beliebigen Rohrelements von dieser Linie ist mit h bezeichnet (Bild 4.40). Wird das Linienträgheitsmoment mit Bezug auf ein kartesisches Koordinatensystem benötigt, dann sind die jeweiligen Abstände des Linienstückes von der x- oder y-Achse quadriert in die Beziehung einzusetzen. Das Linienträgheitsmoment hat die Einheit m^3, das Flächenträgheitsmoment m^4. Zur Vermeidung von Verwechslungen mit dem Flächenträgheitsmoment wird das Linienträgheitsmoment mit dem Index L und der Bezugsachse gezeichnet, z. B. I_{LF}, wenn es auf die Wirkungslinie der Kraft F bezogen ist.

Nachfolgend soll die Berechnung exemplarisch für ein schräg in der Ebene liegendes, gerades Rohr gezeigt werden. Das Linienträgheitsmoment soll hier auf die orthogonalen Achsen bezogen werden. Das ist ein Unterschied zu Bild 4.40 und bei der Rechnung zu beachten. Der Abstand y gegenüber der x-Achse ergibt sich aus Bild 4.41 zu:

$$y = a + l \sin \beta \rightarrow y^2 = a^2 + 2al \sin \beta + l^2 \sin^2 \beta \tag{4.67}$$

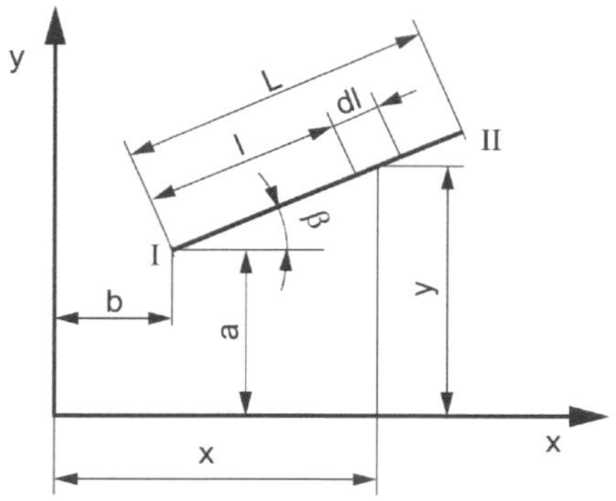

Bild 4.41
Schräg in der Ebene liegendes Rohr

Damit wird das Linienträgheitsmoment bezogen auf die x-Achse in Analogie zu Formel 4.62:

$$I_{Lx} = \int_I^{II} y^2 \,\mathrm{d}l = \int_0^L \left(a^2 + 2a\,l \sin\beta + l^2 \sin^2\beta\right) \mathrm{d}l = a^2 l + \tfrac{2al^2}{2} \sin\beta + \tfrac{l^3}{3} \sin^2\beta \Big|_0^L \quad (4.68)$$

$$\rightarrow I_{Lx} = a^2 L + a\,L^2 \sin\beta + \tfrac{L^3}{3} \sin^2\beta$$

Entsprechend bestimmt man das auf die y-Achse bezogene Linienträgheitsmoment mit $x = b + l\cos\beta$ zu:

$$I_{Ly} = \int_I^{II} x^2 \,\mathrm{d}l = \int_0^L \left(b^2 + 2b\,l \cos\beta + l^2 \cos^2\beta\right) \mathrm{d}l = b^2 L + b\,L^2 \cos\beta + \frac{L^3}{3} \cos^2\beta \quad (4.69)$$

Sonderfälle:

a) $\beta = 90°$:

$$I_{Lx} = a^2 L + a\,L^2 + \frac{L^3}{3}, I_{Ly} = b^2 L \quad (4.70)$$

b) $\beta = 0°$:

$$I_{Lx} = a^2 L, I_{Ly} = b^2 L + b\,L^2 + \frac{L^3}{3} \quad (4.71)$$

Außer dem auf eine Achse bezogenen Linienträgheitsmoment soll hier auch das für spätere Anwendungen erforderliche **Linienzentrifugalmoment** angegeben werden. Es ist auf die x- und auf die y-Achse bezogen.

$$I_{Lxy} = \int_I^{II} x\,y\,\mathrm{d}l \quad (4.72)$$

$$\begin{aligned} I_{Lxy} &= \int_0^L (b + l\cos\beta)\,(a + l\sin\beta)\,\mathrm{d}l \quad (4.73) \\ &= \int_0^L \left(a\,b + b\,l \sin\beta + a\,l \cos\beta + l^2 \sin\beta \cos\beta\right) \mathrm{d}l \\ &= a\,b\,l + b\tfrac{l^2}{2} \sin\beta + a\tfrac{l^2}{2} \cos\beta + \tfrac{l^3}{3} \sin\beta \cos\beta \Big|_0^L \\ &= a\,b\,L + b\,\tfrac{L^2}{2} \sin\beta + a\,\tfrac{L^2}{2} \cos\beta + \tfrac{L^3}{3} \sin\beta \cos\beta \end{aligned}$$

Sonderfälle:

a) $\beta = 90°$:

$$I_{Lxy} = a\,b\,L + \frac{bL^2}{2} \quad (4.74)$$

a) $\beta = 0°$:

$$I_{Lxy} = a\,b\,L + \frac{aL^2}{2} \quad (4.75)$$

Beispiel: Es sind die Linienträgheitsmomente und das Linienzentrifugalmoment zu berechnen, wenn folgende Größen analog Bild 4.41 für ein Rohr in der Ebene gegeben sind: $L = 500$ cm, $a = 20$ cm, $b = 30$ cm, $\beta = 30°$.

Lösung

Mit Formel 4.68 wird

$$I_{Lx} = \left(20^2 \cdot 500 + 20 \cdot 500^2 \sin\, 30° + \tfrac{500^3}{3} \cdot \sin^2\, 30°\right) \text{cm}^3 = 13{,}12\text{m}^3$$

und mit Formel 4.69

$$I_{Ly} = \left(30^2 \cdot 500 + 30 \cdot 500^2 \cos\, 30° + \tfrac{500^3}{3} \cdot \cos^2\, 30°\right) \text{cm}^3 = 38{,}20\text{m}^3.$$

Das Zentrifugalmoment folgt mit Formel 4.73 zu

$$I_{Lxy} = \left(20 \cdot 30 \cdot 500 + 30 \cdot \frac{500^2}{2} \cdot \sin\, 30° + 20 \cdot \frac{500^2}{2} \cdot \cos\, 30° + \frac{500^3}{3} \cdot \sin\, 30° \cos\, 30°\right) \text{cm}^3$$
$$= 22{,}38\text{m}^3$$

Beispiel: Berechnung der Festpunktkräfte eines gelenkig gelagerten Rohrwinkels (Bild 4.42) und des Linienträgheitsmoments, bezogen auf die Wirkungslinie der Kraft F (Bild 4.43)

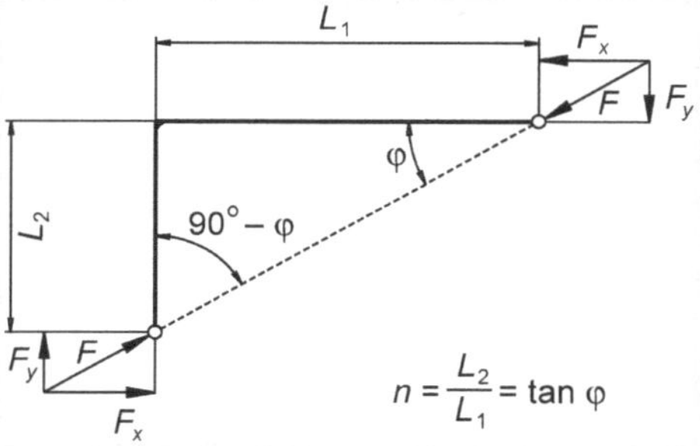

Bild 4.42
Rohrwinkel

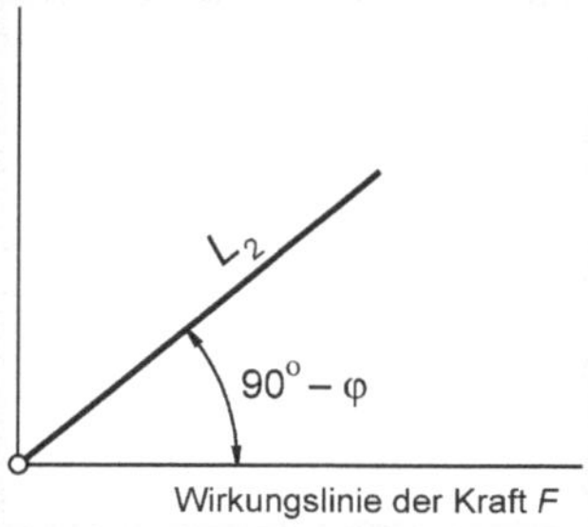

Bild 4.43
Wirkungslinie der Kraft um φ gedreht

Lösung

Formel 4.62 zeigt, dass das Linienträgheitsmoment durch Summation differenziell kleiner Elemente bestimmt wird. Das gilt natürlich auch für größere Elemente, d. h., für beide Rohrschenkel werden die Linienmomente separat ermittelt und dann zum Gesamtmoment des Systems addiert. Es ist zweckmäßig, zur Bestimmung der Linienträgheitsmomente für L_2 und L_1 das Bild um den linken Festpunkt nach rechts zu drehen, bis die Wirkungslinie der Kraft in die Horizontale gelangt und mit der *x*-Achse identisch wird. Jetzt können die Gleichungen Formel 4.68 und Formel 4.69 problemlos angewendet werden. Der Vergleich mit den Verhältnissen in Bild 4.41 ergibt dann $a = 0$, $b = 0$, $L = L_2$, $\beta = 90° - \varphi$. Aus Formel 4.68 erhält man dann für den Schenkel L_2 mit Bezug auf die Kraftachse

$$I_{L2F} = a^2 L + a L^2 \sin\beta + \frac{L^3}{3}\sin^2\beta = \frac{L_2^3}{3}\sin^2(90 - \varphi) = \frac{L_2^3}{3}\cos^2\varphi$$

Analog wird mit dem Schenkel L_1 verfahren (Bild 4.44).

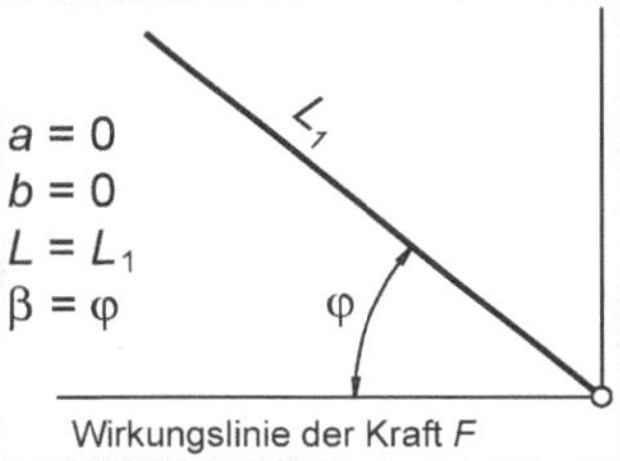

Bild 4.44
Rohrschenkel L_1 gedreht

Die Formel 4.68 liefert in diesem Falle $I_{L1F} = \frac{L_1^3}{3}\sin^2\varphi$. Für das System ergibt sich additiv

$$I_{LF} = I_{L1F} + I_{L2F} = \frac{L_1^3}{3}\sin^2\varphi + \frac{L_2^3}{3}\cos^2\varphi$$

Ersetzt man die Winkelfunktion durch $\sin^2\varphi = \frac{\tan^2\varphi}{1+\tan^2\varphi}$ und $\cos^2\varphi = \frac{1}{1+\tan^2\varphi}$, so wird $I_{LF} = \frac{L_1^3}{3}\frac{\tan^2\varphi}{1+\tan^2\varphi} + \frac{L_2^3}{3}\frac{1}{1+\tan^2\varphi}$, und mit $\tan\varphi = \frac{L_2}{L_1} = n$ folgt $I_{LF} = \frac{L_1^3 n^2 + L_2^3}{3(1+n^2)}$. Die Berechnung der Festpunktkraft nach Formel 4.63 $F = \frac{EI\Delta_{FF}}{I_F}$ mit Formel 4.57 und Bild 4.42 ergibt $\Delta_{FF} = \alpha\,\Delta\vartheta\sqrt{L_1^2 + L_2^2}$, wobei jetzt das die Orientierung der Verschiebung angebende Minuszeichen weggelassen wurde. Nun wird in die Gleichung für die Festpunktkraft auch noch das soeben berechnete Linienträgheitsmoment eingesetzt:

$$F = \frac{3(1+n^2)EI\alpha\,\Delta\vartheta\sqrt{L_1^2 + L_2^2}}{n^2 L_1^3 + L_2^3} = \frac{3EI\alpha\,\Delta\vartheta}{L_1^2}\frac{(1+n^2)\sqrt{1+n^2}}{n^2(1+n)} = \frac{3EI\alpha\,\Delta\vartheta}{L_1^2}a \tag{4.76}$$

mit $a = \frac{(1+n^2)\sqrt{1+n^2}}{n^2(1+n)}$ für diesen speziellen Fall, s. a. Tabelle 4.7, 1. Rohrsystem.

Das ist die Kraft, die auf den Festpunkt wirkt. Ihre Komponenten sind dann

$$F_x = F\cos\varphi = \frac{3EI\alpha\,\Delta\vartheta}{L_1^2}\frac{(1+n^2)\sqrt{1+n^2}}{n^2(1+n)}\cos\varphi = \frac{3EI\alpha\,\Delta\vartheta}{L_1^2}\frac{(1+n^2)}{n^2(1+n)} = \frac{3EI\alpha\,\Delta\vartheta}{L_1^2}b \tag{4.77}$$

$$F_y = F\sin\varphi = \frac{3EI\alpha\Delta\vartheta}{L_1^2}\frac{(1+n^2)\sqrt{1+n^2}}{n^2(1+n)}\sin\varphi = \frac{3EI\alpha\,\Delta\vartheta}{L_1^2}\frac{(1+n^2)}{n(1+n)} = \frac{3EI\alpha\,\Delta\vartheta}{L_1^2}c \tag{4.78}$$

Für ebene Rohrsysteme sind die von *n* abhängigen Faktoren *a*, *b*, *c* in Tabelle 4.7 enthalten. Diese dimensionslosen Faktoren sind nicht zu verwechseln mit den in Bild 4.41 eingezeichneten Abständen *a* und *b*!

Neben den Auflagerkräften ist die Biegespannung in der Rohrwand von großem Interesse.

$$\sigma_{\mathrm{b\,max}} = \frac{M_{\max}}{W} = \frac{M_{\max} d_\mathrm{a}}{2I} = \frac{F h_{\max} d_\mathrm{a}}{2I} = \frac{3EI\alpha\,\Delta\vartheta}{L_1^2} a \frac{h_{\max} d_\mathrm{a}}{2I}$$

Definiert man verallgemeinernd $q = a\frac{h_{\max}}{2L_1}$, dann wird

$$\sigma_{\mathrm{b\,max}} = \frac{3Ed_\mathrm{a}\alpha\,\Delta\vartheta}{L_1} q \qquad (4.79)$$

Jetzt ist noch der Faktor *q* zu bestimmen. Aus Bild 4.42 ergibt sich für die größte Entfernung eines Punktes des Rohrwinkels von der Bezugslinie

$$h_{\max} = L_1 \sin\,\varphi = L_1\sqrt{1-\cos^2\,\varphi} = L_1\sqrt{1-\frac{1}{1+\tan^2\,\varphi}} = L_1\sqrt{\frac{\tan^2\,\varphi}{1+\tan^2\,\varphi}} = L_1\sqrt{\frac{n^2}{1+n^2}}$$

und so

$$q = \frac{h_{\max}}{2L_1} a = \frac{L_1\sqrt{\frac{n^2}{1+n^2}}}{2L_1}\,\frac{(1+n^2)\,\sqrt{1+n^2}}{n^2\,(1+n)} = \frac{(1+n^2)}{2n\,(1+n)} \qquad (4.80)$$

Wird die maximale Spannung an der Rohrinnenseite benötigt, ist statt d_a nur d_i einzusetzen.

Tabelle 4.7 Reaktionskräfte und Biegungsspannungen für ebene Rohrsysteme mit biegungssteifen Ecken und Gelenkfestpunkten nach [61]

Form des Rohrsystems	Faktoren
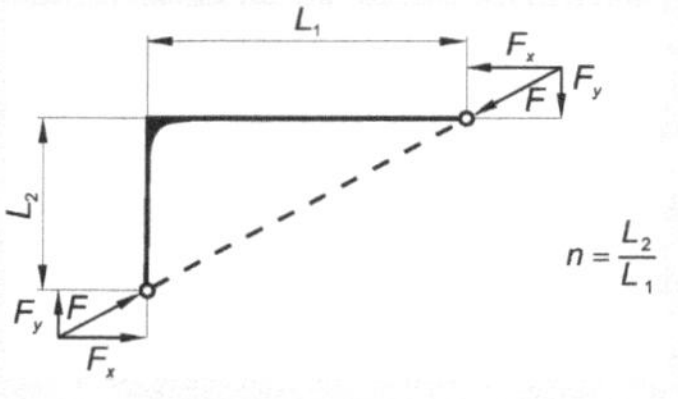	$a = \frac{(1+n^2)\,\sqrt{1+n^2}}{n^2\,(1+n)}$ $b = \frac{1+n^2}{n^2\,(1+n)}$ $c = \frac{1+n^2}{n\,(1+n)}$ $q = \frac{1+n^2}{2n\,(1+n)}$
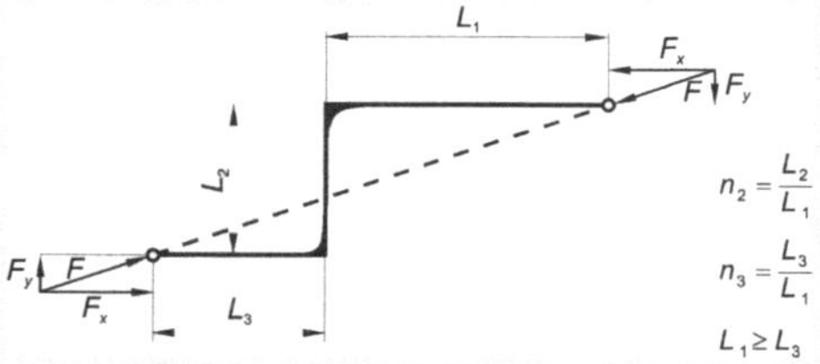	$a = \frac{\left[n_2^2+(1+n_3)^2\right]\sqrt{n_2^2+(1+n_3)^2}}{n_2^2\,(1+n_2-n_2n_3+n_2n_3^2+n_3^3)}$ $b = \frac{n_2^2\,(1+n_3)+(1+n_3)^3}{n_2^2\,(1+n_2-n_2n_3+n_2n_3^2+n_3^3)}$ $c = \frac{n_2^2+(1+n_3)^2}{n_2\,(1+n_2-n_2n_3+n_2n_3^2+n_3^3)}$ $q = \frac{n_2^2+(1+n_3)^2}{2n_2\,(1+n_2-n_2n_3+n_2n_3^2+n_3^3)}$

Form des Rohrsystems	Faktoren
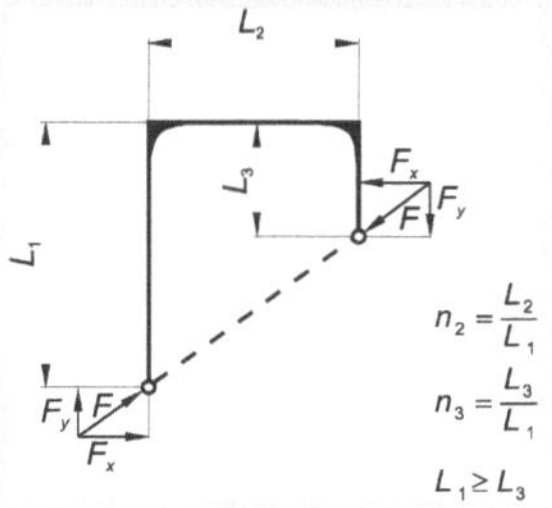	$a = \frac{\left[n_2^2 + (1-n_3)^2\right]\sqrt{n_2^2 + (1-n_3)^2}}{n_2^2\left(1 + n_2 + n_2 n_3 + n_2 n_3^2 + n_3^3\right)}$ $b = \frac{n_2^2 + (1-n_3)^3}{n_2\left(1 + n_2 + n_2 n_3 + n_2 n_3^2 + n_3^3\right)}$ $c = \frac{n_2^2(1-n_3) + (1-n_3)^3}{n_2^2\left(1 + n_2 + n_2 n_3 + n_2 n_3^2 + n_3^3\right)}$ $q = \frac{n_2^2 + (1-n_3)^2}{2n_2\left(1 + n_2 + n_2 n_3 + n_2 n_3^2 + n_3^3\right)}$
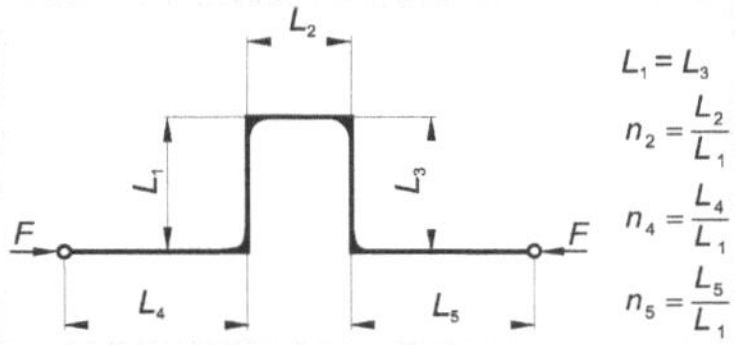	$a = b = \frac{n_2 + n_4 + n_5}{2 + 3n_2}$ $c = 0$ $q = \frac{n_2 + n_4 + n_5}{2(2 + 3n_2)}$

Beispiel: Für eine Dampfleitung (Bild 4.45) Rohr 219,1 × 6,3 DIN EN 10216-2 P 265 GH, Betriebstemperatur $\vartheta = 450$ °C, ist der Verlauf der Biegemomente zwischen zwei Gelenkfestpunkten zu bestimmen. Die Montage erfolgte bei 20 °C. Es sind $L_1 = 10$ m, $L_2 = 6$ m und $L_3 = 4$ m.

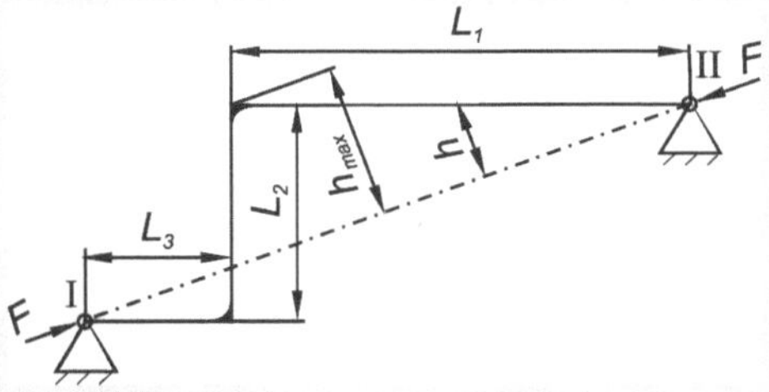

Bild 4.45
Rohrsystem zwischen zwei Gelenkfestpunkten

Lösung

Bestimmung der mechanischen Eigenschaften

- Zulässige Spannung nach Formel 3.47: Aus Tabelle 3.11 ergibt sich $R_{\mathrm{p}\,0{,}2\,450\,°\mathrm{C}} = 128\mathrm{N/mm^2}$, aus Tabelle 3.8 folgt $R_{\mathrm{m}} = 410\mathrm{N/mm^2}$. Damit wird mit dem Sicherheitsfaktor $S = 1{,}5$ $\sigma_{\mathrm{zul}} = 128/1{,}5\mathrm{N/mm^2} = 85{,}33\mathrm{N/mm^2}$.
- E-Modul nach Formel 4.34:

$$E = \left(213{,}16 - 6{,}91 \cdot 10^{-2} \cdot 450 - 1{,}824 \cdot 10^{-5} \cdot 450^2\right)\mathrm{N/mm^2} = 178{,}37\mathrm{kN/mm^2}$$

- Differenzieller Wärmeausdehnungskoeffizient:
  Die maßgebende Temperatur wird nach Formel 4.35 berechnet:

$$\vartheta = \left[0{,}75\max(20;\ 450) + 0{,}25\min(20;\ 450)\right]°\mathrm{C} = 342{,}5°\mathrm{C}$$

Mit den Koeffizienten aus Tabelle 2.27 folgt:

$$10^6 \cdot \alpha_{\text{diff},\vartheta} = \left(10,98 + 1,632 \cdot 10^{-2} \cdot 342,5 - 1,287 \cdot 10^{-5} \cdot 342,5^2\right)\ \text{K}^{-1} = 15,03\,\text{K}^{-1}$$
$$\rightarrow \alpha_{\text{diff},\vartheta} = 15,03 \cdot 10^{-6}\text{K}^{-1}$$

Zur Bestimmung der Reaktionskräfte setzt man $n_2 = \frac{L_2}{L_1} = \frac{6}{10} = 0,6$ und $n_3 = \frac{L_3}{L_1} = \frac{4}{10} = 0,4$ nach Tabelle 4.7. Unter Verwendung der dort angegebenen Faktoren wird

$$a = \frac{\left[0,6^2 + (1+0,4)^2 \cdot \sqrt{0,6^2 + (1+0,4)^2}\right]}{0,6^2 \cdot \left(1 + 0,6 - 0,6 \cdot 0,4 + 0,6 \cdot 0,4^2 + 0,4^3\right)} = 6,458$$

$$b = \frac{0,6^2 \cdot (1+0,4) + (1+0,4)^3}{0,6^2 \cdot \left(1 + 0,6 - 0,6 \cdot 0,4 + 0,6 \cdot 0,4^2 + 0,4^3\right)} = 5,936$$

$$c = \frac{0,6^2 + (1+0,4)^2}{0,6 \cdot \left(1 + 0,6 - 0,6 \cdot 0,4 + 0,6 \cdot 0,4^2 + 0,4^3\right)} = 2,544$$

$$q = \frac{c}{2} = \frac{2,544}{2} = 1,272$$

Mit $d_a = 219{,}1$ mm und $d_i = 206{,}5$ mm sowie $I = \frac{\pi}{64}\left(d_a^4 - d_i^4\right)$ wird $I = 2386{,}1 \cdot 10^4\ \text{mm}^4$. Damit ergibt Formel 4.76 mit $L_1 = 10000$ mm

$$F = \frac{3 \cdot 178,37 \cdot 2386,1 \cdot 10^4 \cdot 15,03 \cdot 10^{-6} \cdot 430 \cdot 6,458}{10^8}\ \text{kN} = 5,33\,\text{kN}$$

Die Komponenten der Festpunktkraft sind nach Formel 4.77 und Formel 4.78

$$F_x = 5,33 \cdot \frac{5,936}{6,458}\ \text{kN} = 4,9\ \text{kN}$$

$$F_y = 5,33 \cdot \frac{2,544}{6,458}\ \text{kN} = 2,1\ \text{kN}$$

Die maximale Biegespannung erhält man mit Formel 4.79 zu

$$\sigma_{\text{b max}} = \frac{3 \cdot 178,37 \cdot 219,1 \cdot 15,03 \cdot 10^{-6} \cdot 430}{10^4} \cdot 1,272 \frac{\text{kN}}{\text{mm}^2} = 0,0964 \frac{\text{kN}}{\text{mm}^2} > \sigma_{\text{zul}} = 0,0853 \frac{\text{kN}}{\text{mm}^2}$$

Die hier ermittelten Ergebnisse sind jedoch grobe Näherungen, da sie die elastische Wirkung der Rohrbögen nicht berücksichtigen.

Zur zeichnerischen Darstellung des Biegemomentenverlaufs ist zu beachten, dass das Moment nach $M = Fh$ vom Abstand h linear abhängig ist. Gemäß Bild 4.45 ist an den Punkten I und II $h = 0$. Dort gilt also $M = 0$. Das Biegemoment ist auch dort gleich null, wo die Festpunktkraft den Hebelarm der Länge null hat. Das ist an der Stelle gegeben, wo die Wirkungslinie der Kraft das Rohrsystem schneidet. Dieser Punkt gibt gleichzeitig den Vorzeichenwechsel des Biegemoments an. Das maximale Moment ist an der oberen biegesteifen Ecke zu finden. Zum Aufzeichnen des Verlaufes genügt es also, M_{max} anzutragen und zu beachten, dass eine biegesteife Ecke das Moment vollständig überträgt. Mit $q = a\frac{h_{\text{max}}}{2L_1}$ ist $h_{\text{max}} = \frac{2 \cdot 10.000 \cdot 1,272}{6,458}\ \text{mm} = 3939\ \text{mm}$. Dies liefert an der biegesteifen Ecke $M_{\text{max}} = F\,h_{\text{max}} = 5,33 \cdot 3939\ \text{kN mm} \approx 21\ \text{Nm}$. Der Momentenverlauf ist maßstäblich im Bild 4.46 gezeigt.

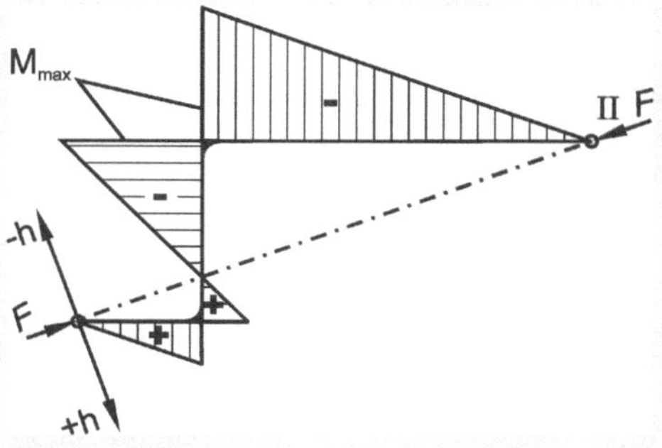

Bild 4.46
Verlauf des Biegemoments

2. Modell: Ebenes Rohrsystem mit Einspannfestpunkten

Es sei jetzt eine derartige Ausführung der Festpunkte angenommen, die nicht nur Kräfte in x- und y-Richtung, sondern auch Momente aufnehmen kann. Bild 4.47 zeigt ein eingespanntes Rohr, wobei die Reaktionsgrößen des Festpunktes II angegeben sind. Zu diesen Reaktionsgrößen gehören die Auflagerkräfte F_x und F_y sowie das Einspannmoment M_0. Durch die thermische Beanspruchung will sich das Rohr am freigemachten Ende II in Richtung der Geraden I–II ausdehnen. Die Komponenten der thermischen Dehnung des Punktes II sind in x-Richtung $\Delta_{\vartheta x} = \alpha\, x_0 \Delta\vartheta$ und in y-Richtung $\Delta_{\vartheta y} = \alpha\, y_0 \Delta\vartheta$. Die Reaktionsgrößen am Punkt II verhindern diese Verschiebung. Zur Berechnung der Formänderungsarbeit wird das Biegemoment an einer beliebigen Stelle (1) des Rohrs benötigt. Dieses Biegemoment, gekennzeichnet durch die Koordinaten (x, y), ist bestimmbar aus der Gleichgewichtsbedingung an dieser Schnittstelle:

$$\overset{\curvearrowleft}{+} \quad \sum M_{(1)} = 0: \quad M - M_0 + F_x\, y - F_y\, x = 0$$
$$\rightarrow \quad M = M_0 - F_x\, y + F_y\, x \tag{4.81}$$

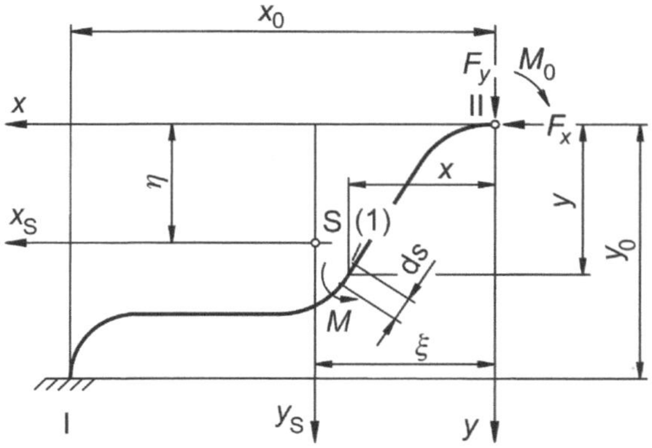

Bild 4.47
Rohr mit Einspannfestpunkten

Die Formänderungsarbeit ist analog Formel 4.59 bei $EI = \text{const}$ wie folgt zu bestimmen:

$$W = \frac{1}{2EI} \int_0^L M^2 \, \mathrm{d}s = \frac{1}{2EI} \int_0^L \left(M_0 - F_x\, y + F_y\, x\right)^2 \, \mathrm{d}s \tag{4.82}$$

Die partielle Ableitung der Formänderungsarbeit nach den Reaktionskräften ergibt nach dem 1. Satz von *Castigliano* die Verschiebung in Richtung dieser Kräfte.

a) Verschiebung in *x*-Richtung

$$\begin{aligned} \Delta_{F\,x} &= \frac{\partial W}{\partial F_x} = \frac{1}{2EI} \frac{\partial}{\partial F_x} \left[\int_0^L \left(M_0 - F_x\, y + F_y\, x\right)^2 \, \mathrm{d}s \right] \\ &= \frac{1}{EI} \int_0^L \left(M_0 - F_x\, y + F_y\, x\right) (-y) \, \mathrm{d}s \\ &= \frac{1}{EI} \left(F_x \int_0^L y^2 \, \mathrm{d}s - F_y \int_0^L x\, y \, \mathrm{d}s - M_0 \int_0^L y \, \mathrm{d}s \right) \end{aligned} \tag{4.83}$$

$\int_0^L y^2 \, \mathrm{d}s = I_{L\,x}$ Linienträgheitsmoment, bezogen auf die x-Achse,

$\int_0^L x\, y \, \mathrm{d}s = I_{L\,xy}$ Linienzentrifugalmoment, bezogen auf die x- und y-Achse,

$\int_0^L y \, \mathrm{d}s = M_{s\,x}$ statisches Moment des Liniensystems, bezogen auf die x-Achse.

Das statische Moment wird auch als Moment 1. Grades bezeichnet. Das statische Moment einer Linie, bezogen auf eine beliebige Achse, ergibt sich auch aus dem Produkt der Länge L dieser Linie mit dem Abstand ihres Linienschwerpunkts von der Bezugsachse, d. h. bezogen auf die x-Achse $M_{sx} = L\eta$ und bezogen auf die y-Achse $M_{sy} = L\xi$, wobei η, ξ die Schwerpunktabstände sind (Bild 4.47). Es muss nun gelten:

$$M_{s\,x} = L\,\eta = \int_0^L y \, \mathrm{d}s \tag{4.84}$$

$$M_{s\,y} = L\,\xi = \int_0^L x \, \mathrm{d}s \tag{4.85}$$

Wie zu erkennen ist, hat das statische Moment die Einheit m^2. Somit kann dann die Verschiebung durch die Kraft F in x-Richtung beschrieben werden:

$$\Delta_{F\,x} = \frac{1}{EI} \left(F_x\, I_{L\,x} - F_y\, I_{L\,xy} - M_0 M_{s\,x}\right) \tag{4.86}$$

b) Verschiebung in *y*-Richtung

$$\Delta_{F\,y} = \frac{\partial W}{\partial F_y} = \frac{1}{2EI}\frac{\partial}{\partial F_y}\left[\int_0^L \left(M_0 - F_x y + F_y x\right)^2 ds\right]$$
$$= \frac{1}{EI}\int_0^L \left(M_0 - F_x\, y + F_y\, x\right)\, x\, \mathrm{ds}$$
$$= \frac{1}{EI}\left(F_y \int_0^L x^2\, \mathrm{ds} - F_x \int_0^L x\, y\, \mathrm{ds} + M_0 \int_0^L x\, \mathrm{ds}\right)$$

$\int_0^L x^2\, \mathrm{ds} = I_{L\,y}$ Linienträgheitsmoment, bezogen auf die y-Achse

$\int_0^L x\, \mathrm{ds} = M_{s\,y}$ statisches Moment des Systems, bezogen auf die y-Achse

$$\Delta_{F\,y} = \frac{1}{EI}\left(F_y\, I_{L\,y} - F_x\, I_{L\,xy} + M_0 M_{s\,y}\right) \tag{4.87}$$

c) Verdrehung des Einspannpunkts II infolge M_0

Die feste Einspannung verhindert eine Verdrehung des eingespannten Rohrendes, d. h., der Winkel der Rohrachse an der Einspannstelle ist null. Die Formänderungsarbeit eines Drehmoments ergibt sich als Produkt des Moments mit dem Verdreh- bzw. dem Biegewinkel. Nach dem 2. Satz von *Castigliano* erhält man den Verdrehungswinkel, wenn man die Ableitung der Formänderungsarbeit nach dem Biegemoment an der interessierenden (Einspann)-Stelle bildet:

$$\frac{\partial W}{\partial M_0} = \frac{1}{2EI}\frac{\partial}{\partial M_0}\left[\int_0^L \left(M_0 - F_x\, y + F_y\, x\right)^2 \mathrm{ds}\right] = \frac{1}{EI}\int_0^L \left(M_0 - F_x\, y + F_y\, x\right) \mathrm{ds}$$

$$0 = M_0 \int_0^L \mathrm{ds} - F_x \int_0^L y\, \mathrm{ds} + F_y \int_0^L x\, \mathrm{ds} = M_0 L - F_x \int_0^L y\, \mathrm{ds} + F_y \int_0^L x\, \mathrm{ds}$$

$$\longrightarrow 0 = F_y\, M_{s\,y} - F_x\, M_{s\,x} + M_0 L \tag{4.88}$$

Aus Formel 4.86 bis Formel 4.88 ergeben sich:

$$E\, I\, \Delta_{F\,x} = F_x\, I_{L\,x} - F_y\, I_{L\,xy} - M_0 M_{s\,x} \tag{4.89}$$

$$E\, I\, \Delta_{F\,y} = F_y\, I_{L\,y} - F_x\, I_{L\,xy} + M_0 M_{s\,y} \tag{4.90}$$

$$M_0 = F_x \frac{M_{sx}}{L} - F_y \frac{M_{sy}}{L} \tag{4.91}$$

wobei M_s/L nach Formel 4.84 und Formel 4.85 nichts anderes ist als der Abstand des Linienschwerpunkts von der jeweiligen Bezugsachse:

$$\frac{M_{sx}}{L} = \eta \qquad (4.92)$$

$$\frac{M_{sy}}{L} = \xi \qquad (4.93)$$

Damit wird das Einspannmoment:

$$M_0 = F_x\,\eta - F_y\,\xi \qquad (4.94)$$

Diese für die Elastizitätsberechnung wesentliche Gleichung besagt, dass bei beidseitiger Einspannung des Rohrs die Kräfte F_x und F_y aus der verhinderten Wärmedehnung durch den Systemschwerpunkt (Linienschwerpunkt) gehen müssen. Setzt man jetzt Formel 4.94 in die Formel 4.89 ein, so ergibt sich:

$$E\,I\,\Delta_{F\,x} = F_x\,I_{L\,x} - F_y\,I_{L\,xy} - F_x\,\eta\,M_{s\,x} + F_y\,\xi\,M_{s\,x} \qquad (4.95)$$

und dann Formel 4.92 in Formel 4.95, so folgt

$$E\,I\,\Delta_{F\,x} = F_x\,\left(I_{L\,x} - \eta^2 L\right) - F_y\,\left(I_{L\,xy} - \xi\,\eta\,L\right) \qquad (4.96)$$

I_{Lx}, I_{Lxy} (und folgend auch I_{Ly}) sind die Linienmomente, bezogen auf die in Bild 4.47 definierten x-y-Achsen. Es ist hier günstiger, diese Momente auf die Schwerpunktachsen x_s und y_s zu beziehen. Dazu wird der *Steiner*sche Satz benötigt:

$$I_{L\,x} = I_{L\,x\,s} + \eta^2 L$$

$$I_{L\,y} = I_{L\,y\,s} + \xi^2 L$$

$$I_{L\,xy} = I_{L\,xy\,s} + \xi\,\eta\,L \qquad (4.97)$$

I_{Lxs} Linienträgheitsmoment, bezogen auf die Schwerpunktachse

x_s, I_{Lys} Linienträgheitsmoment, bezogen auf die Schwerpunktachse

y_s I_{Lxys} Linienzentrifugalmoment, bezogen auf beide Schwerachsen

I_{Lxs} Linienträgheitsmoment, bezogen auf die Schwerpunktachse

So folgt nunmehr

$$E\,I\,\Delta_{F\,x} = F_x\,I_{L\,x\,s} - F_y\,I_{L\,xy\,s} \qquad (4.98)$$

Die Umformung der Formel 4.90 ergibt analog:

$$E\,I\,\Delta_{F\,y} = F_y\,I_{L\,y\,s} - F_x\,I_{L\,xy\,s} \qquad (4.99)$$

Die gefundenen Beziehungen für die Festpunktkräfte ergeben die wichtige Feststellung:

Zur Bestimmung der auf die Festpunkte eines Rohrsystems wirkenden Kräfte werden die auf die Schwerpunktachsen des Systems bezogenen Linienträgheits- und Linienzentrifugalmomente benötigt.

Formel 4.98 umgestellt ergibt $F_x = \frac{EI\Delta_{Fx}+F_yI_{Lxys}}{I_{Lxs}}$ und eingesetzt in Formel 4.99

$$E\,I\,\Delta_{F\,y} = F_y\,I_{L\,y\,s} - \frac{EI\Delta_{Fx} + F_yI_{Lxys}}{I_{Lxs}}I_{L\,x\,y\,s} = F_y\left(I_{Lys} - \frac{I_{Lxys}^2}{I_{Lxs}}\right) - \frac{EI\Delta_{Fx}I_{Lxys}}{I_{Lxs}}$$

$$\rightarrow F_y = E\,I\frac{\Delta_{Fy} + \Delta_{Fx}\frac{I_{Lxys}}{I_{Lxs}}}{I_{Lys} - \frac{I_{Lxys}^2}{I_{Lxs}}} = E\,I\frac{\Delta_{Fy}I_{Lxs} + \Delta_{Fx}I_{Lxys}}{I_{Lxs}I_{Lys} - I_{Lxys}^2} \quad (4.100)$$

Aus Formel 4.99 folgt $F_y = \frac{F_xI_{Lxys}+EI\Delta_{Fy}}{I_{Lys}}$.

Eingesetzt in Formel 4.96 erhält man unter Berücksichtigung von Formel 4.97 die Auflagerkraft

$$F_x = E\,I\frac{\Delta_{Fx}I_{Lys} + \Delta_{Fy}I_{Lxys}}{I_{Lxs}I_{Lys} - I_{Lxys}^2} \quad (4.101)$$

Die Wärmedehnungen sind den in Bild 4.47 eingezeichneten Kraftrichtungen entgegengesetzt. Die Verschiebungen durch die Kraftkomponenten von F haben betragsmäßig die Größe der thermischen Längenänderungen, sind diesen aber entgegengerichtet, s. Formel 4.58.

Beispiel: Es werde der Z-Bogen des vorigen Beispiels betrachtet, allerdings mit der Annahme, dass an beiden Enden Einspannfestpunkte vorliegen (Bild 4.48).

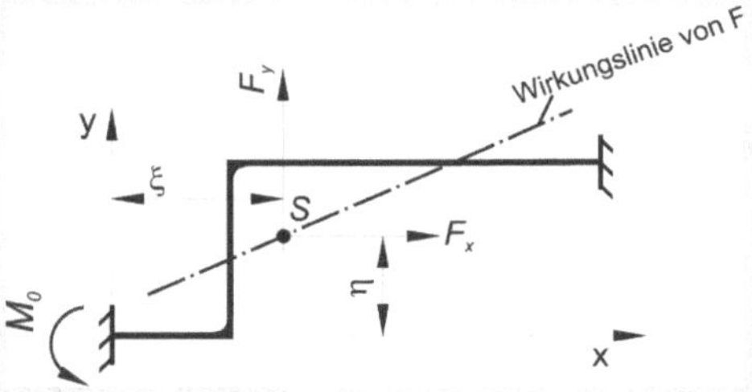

Bild 4.48
Z-Bogen mit Einspannfestpunkten an beiden Enden

Lösung

1. Berechnung der Momente, bezogen auf die Achsen x und y

Hierzu sind zunächst die Koordinatenachsen zu definieren. Der Ursprung soll im linken Festlager liegen, wobei angenommen wird, dass die (verhinderte) thermische Dehnung nach rechts in positiver *x*-Richtung und nach oben in positiver *y*-Richtung erfolgt.

a) *Bestimmung der Koordinaten des Linienschwerpunktes η, ξ*
Mit Formel 4.84 und Formel 4.85 erhält man für die geraden Teilstücke L_i mit x_i und y_i als Abstand der Teilstück-Schwerpunkte von der Bezugsachse $\eta = \frac{1}{L}\sum L_i\,y_i$ und $\xi = \frac{1}{L}\sum L_i\,x_i$. Die gesamte Rohrlänge ist $L = \sum_{i=1}^{3} L_i = (10+6+4)\ \mathrm{m} = 20\ \mathrm{m}$. Die Schwerpunktkoordinaten bezüglich der *x*-*y*-Achsen sind $\xi = \frac{1}{20}\,[10\,(5+4)+6\cdot4+4\cdot2]\ \mathrm{m} = 6{,}1\ \mathrm{m}$ und $\eta = \frac{1}{20}\,(10\cdot6+6\cdot3+4\cdot0)\ \mathrm{m} = 3{,}9\,\mathrm{m}$.

b) *Momente, bezogen auf die x- und y-Achsen*
I_L ergibt sich aus der Summe der Teil-Linienmomente für jede Achse: $I_L = I_{L1} + I_{L2} + I_{L3}$. Für die x-Achse gilt Formel 4.68, für die y-Achse Formel 4.70 und für I_{xy} Formel 4.74. Mit Bezug auf Bild 4.48 werden die Berechnungswerte in Tabelle 4.8 ausgeführt.

Tabelle 4.8 Berechnungswerte für das Beispiel Z-Bogen

Nr. i	β (in °)	a (in m)	b (in m)	L_i (in m)	I_{Lx} (in m³)	I_{Ly} (in m³)	I_{Lxy} (in m³)
1	0	L_2	L_3	10	$L_2^2 L_1 = 360$	$L_3^2 L_1 + L_3 L_1^2 + \frac{L_1^3}{3} = 893,33$	$L_1 L_2 L_3 + \frac{L_1^2 L_2}{2} = 540$
2	90	0	L_3	6	$\frac{L_2^3}{3} = 72$	$L_3^2 L_2 = 96$	$\frac{L_2^2 L_3}{2} = 72$
3	0	0	0	4	0	$\frac{L_3^3}{3} = 21,33$	0
$\sum_1^3$				20	432	1010,66	612

c) *Linienträgheitsmomente, bezogen auf die Schwerachse des Systems*
Nach dem *Steiner*schen Satz wird

$$I_{Lys} = I_{Ly} - \xi^2 L = \left[1010,66 - 6,1^2\,(10+6+4)\right]\,\mathrm{m}^3 = 266,46\mathrm{m}^3$$

$$I_{Lxs} = I_{Lx} - \eta^2 L = \left[432 - 3,9^2\,(10+6+4)\right]\,\mathrm{m}^3 = 127,8\mathrm{m}^3$$

d) *Linien-Zentrifugalmomente*
Es gilt Formel 4.73 für ein gerades Rohr in der Ebene und für ein zusammengesetztes Rohrsystem $I_{Lxy} = I_{L1xy} + I_{L2xy} + I_{L3xy}$. Diesen Wert entnimmt man Tabelle 4.8. Somit ist $I_{Lxys} = I_{Lxy} - \eta\,\xi\,L$ berechenbar:
$I_{Lxys} = [612 - 3,9 \cdot 6,1\,(10+6+4)]\,\mathrm{m}^3 = 136,2\mathrm{m}^3$.

2. Die Berechnung der Auflagerkräfte erfordert zunächst die Bestimmung der Verschiebungen.

Die thermischen (verhinderten) Verschiebungen erfolgen in Richtung der als positiv definierten Achsen.

Mit $\alpha\,\Delta\vartheta = 15,03 \cdot 10^{-6} \cdot (450 - 20) = 0,00646$ folgen

$$\Delta_{\vartheta x} = (L_1 + L_3)\,\alpha\,\Delta\vartheta = (10.000 + 4000) \cdot 0,00646\,\mathrm{mm} = 90,44\,\mathrm{mm}$$

$$\Delta_{\vartheta y} = L_2 \alpha\,\Delta\vartheta = 6000 \cdot 0,00646\,\mathrm{mm} = 38,76\,\mathrm{mm}$$

Die Auflagerkraft in x-Richtung entspricht Formel 4.101. Die Berücksichtigung der Richtung des Kraftvektors in Bezug auf das festgelegte Koordinatensystem erfolgt mit Formel 4.58:

$$F_x = -E\,I\,\frac{\Delta_{\vartheta x} I_{Lys} + \Delta_{\vartheta y} I_{Lxys}}{I_{Lxs} I_{Lys} - I_{Lxys}^2}$$

Mit $E = 172\,\mathrm{kN/mm^2}$ und $I = 23\,860\,000\,\mathrm{mm^4}$ ist

$$F_x = -178,37 \cdot 23.860.000 \cdot \frac{90,44 \cdot 266,46 + 38,76 \cdot 136,2}{127,8 \cdot 266,46 - 136,2^2} \cdot 10^{-9}\,\mathrm{kN} = -8,065\,\mathrm{kN}$$

Analog ergibt sich der Kraftvektor in y-Richtung mit Formel 4.100 und Formel 4.58

$$\begin{aligned} F_y &= -E\,I \frac{\Delta_{\vartheta y} I_{Lxs} + \Delta_{\vartheta x} I_{Lxys}}{I_{Lxs} I_{Lys} - I_{Lxys}^2} \\ &= -178,37 \cdot 23.860.000 \cdot \frac{38,76 \cdot 127,8 + 90,44 \cdot 136,2}{127,8 \cdot 266,46 - 136,2^2}\,\mathrm{kN} \\ &= -4,741\,\mathrm{kN} \end{aligned}$$

3. Einspannmoment

Mit Formel 4.94 folgt

$$M_0 = F_x\,\eta - F_y\,\xi = (-8,065 \cdot 3,9 + 4,741 \cdot 6,1)\,\mathrm{kNm} = -2,530\,\mathrm{kNm}$$

Das negative Vorzeichen sagt aus, dass das Einspannmoment M_0 entgegen der in Bild 4.48 angenommenen Richtung orientiert ist.

Der Vergleich mit dem System mit Gelenkfestpunkten ergibt:

- Die Berechnung ist deutlich aufwendiger.
- Die Kräfte auf die Festpunkte sind bei Einspannfestpunkten deutlich größer als bei Gelenkfestpunkten. Das kommt nach Erfahrungen und Versuchen [61] den praktischen Gegebenheiten am nächsten.

Damit ist die **Belastung des Festpunkts**, ohne die Wirkung der Rohrbögen zu berücksichtigen, angenähert bestimmt. Die Rohrbögen müssen aber, um reale Aussagen zu erhalten, bei der Berechnung des Linienträgheitsmomentes berücksichtigt werden, denn bisher wurden die Umlenkungen der Rohrleitung als biegesteife Ecken interpretiert. In Wirklichkeit liegen jedoch Rohrkrümmer vor. Folglich spiegeln die gefundenen Ergebnisse die realen Verhältnisse nur angenähert wider. Realistischere Ergebnisse findet man, wenn die elastischen Eigenschaften des Bogens berücksichtigt werden.

Rohrbögen unter Belastung durch ein Biegemoment

Das am Rohrbogen wirkende Biegemoment ruft an der Außenseite des Bogens Zug- und an der Innenseite Druckspannungen hervor (Bild 4.49). Die resultierenden Zug- und Druckspannungen weisen auf die Mittellinie des Bogens. Durch das Moment entstehen Kräfte, welche die Rohrwand in Richtung der Rohrmittellinie zu verschieben trachten. Damit verformt sich der Querschnitt des Bogens oval, er wird letztlich flacher und stellt dem angreifenden Moment einen verringerten Verformungswiderstand entgegen. Außerdem dehnen sich die Fasern in der Rohrwand infolge ihrer Verschiebung zur Rohrmitte deutlich geringer als ohne Verschiebung. Das gilt insbesondere, wenn die Wanddicke klein gegenüber der Nennweite ist.

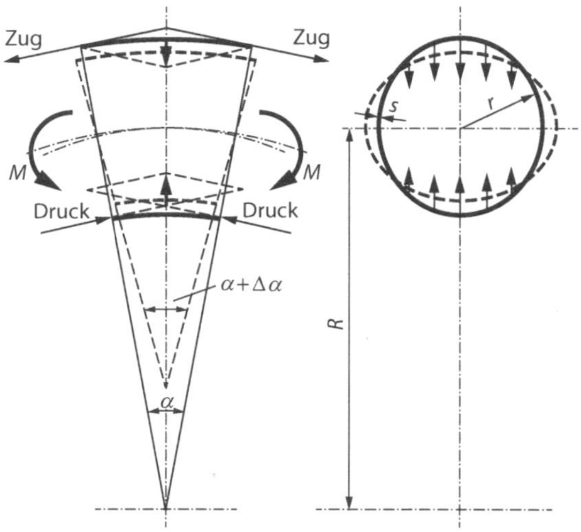

Bild 4.49
Biegung eines gekrümmten Rohrs und resultierende Querschnittsänderung [61]

Betrachtet man im Gegensatz zum hier behandelten gebogenen Hohlprofil ein gebogenes Vollprofil, dann ist festzustellen, dass beim Belasten des gebogenen Vollprofils mit einem Biegemoment eine Verschiebung der Fasern in Richtung zur Profilmitte in wahrnehmbarer Größenordnung nicht erfolgen kann. Der Verformungswiderstand des gebogenen Vollprofils gegenüber einem angreifenden Biegemoment verringert sich demnach nicht. Um einen schwach gekrümmten Stab mit Vollprofil um einen kleinen Winkel $\Delta\alpha$ zu biegen, ist ein Biegemoment der Größe $M = E\,I\,\Delta\alpha/(R\,\alpha)$ erforderlich, s. z. B. [63]. Es bleibt aber die Frage nach der Größe des Moments zum Biegen eines Rohrbogens.

Grundlegende praktische Untersuchungen bezüglich des Biegungsverhaltens gekrümmter Rohre führte *Bantlin* [79] durch. Theoretische Interpretationen der Ergebnisse nahmen v. *Kármán* und *Lorenz* nach unterschiedlichen Ansätzen vor. *Von Kármán* löste das Problem mithilfe des Satzes vom Minimum der Formänderungsarbeit. Er bestimmte das die Biegung eines gekrümmten Rohrs um $\Delta\alpha$ sich vergrößernde Moment zu:

$$M = E\,I\frac{\Delta\alpha}{R\alpha}K \tag{4.102}$$

Hierin ist K die *Kármán*-Zahl. Es gilt $K < 1$, d. h., das Moment zum Biegen eines Hohlprofils ist kleiner als das, welches zum Verformen eines Vollprofils aufgewendet werden muss. K kann verschieden genau mittels einer trigonometrischen Reihe angenähert werden (s. [64]). In erster Näherung gilt:

$$K = \frac{1 + 12\lambda^2}{10 + 12\lambda^2} = K_1 \tag{4.103}$$

$$\lambda = \frac{sR}{r^2} \tag{4.104}$$

Für die dritte Näherung ergibt sich:

$$K = \frac{3 + 3280\lambda^2 + 329.376\lambda^4 + 2.822.400\lambda^6}{252 + 73.912\lambda^2 + 2.446.176\lambda^4 + 2.822.400\lambda^6} = K_3 \tag{4.105}$$

In Bild 4.50 sind die nach erster und dritter Näherung berechneten K-Werte dargestellt. Es ist zu erkennen, dass der anfängliche Unterschied zwischen den Ergebnissen der ersten und der dritten Näherung mit steigendem λ abklingt.

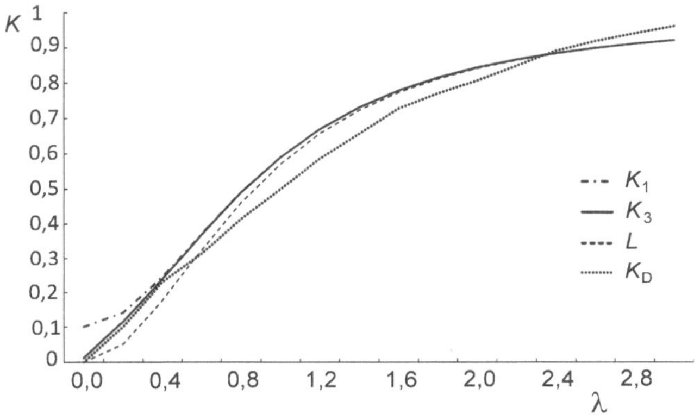

Bild 4.50 Berechnete *Kármán*- und *Lorenz*-Zahlen sowie Versuchsergebnisse für K_D

Die im praktischen Versuch gewonnenen Ergebnisse K_D zeigen allerdings gegenüber den theoretischen Werten in einem größeren Bereich deutliche Differenzen. Diese sind u. a. durch Abweichungen der Voraussetzungen des theoretischen Modells von den praktischen Gegebenheiten begründet: Fertigungsbedingt hat ein Glattrohrbogen eine geringere Außen- als Innenwanddicke. Diese Wanddickenunterschiede sind in der K-Zahl nicht erfasst, sie sind jedoch in der Praxis signifikant.

Lorenz [119] ging vom Gleichgewicht der Kräfte am differenziellen Rohrwandteilchen aus und fand die nach ihm benannte *Lorenz*-Zahl:

$$L = \frac{4\lambda^2}{3 + 4\lambda^2} \tag{4.106}$$

Vergleicht man beide Kennzahlen, dann ist $L < K$ bei kleinerem λ (Bild 4.50).

Insgesamt liegen den Ergebnissen folgende vereinfachende Annahmen zugrunde:

- Der mittlere Rohrradius ist klein gegenüber dem Krümmungsradius $r = (d_a - s)/2 \ll R$. Es liegt also ein schwach gekrümmter Rohrbogen vor. Inzwischen wurde gezeigt, dass diese Annahme zwar für die Berechnung nach *v. Kármán* zwingend ist, aber nach neueren Näherungen anderer Autoren können auch die stärker gekrümmten Rohrbögen mit $R = 1{,}5\ d_m$ hinreichend genau erfasst werden, s. dazu [57].

- Die Wanddicke ist konstant und klein gegenüber dem mittleren Rohrdurchmesser, $s \ll d_m$.
- Die Rohrachse ist mit der Null-Linie identisch.
- Die Querschnitte bleiben bei der Biegung eben.
- Bei der Fertigung des Bogens bleibt sein Kreisringquerschnitt erhalten. Fertigungsbedingt flacht der Querschnitt aber mehr oder weniger stark ab. Er nimmt eine elliptische Form an. Demzufolge hat der Krümmer bereits vor der Belastung durch ein Biegemoment ein kleineres Flächenträgheitsmoment.

Beispiel: Für einen Krümmer aus einem Rohr mit 219,1 mm Außendurchmesser, Wanddickenreihe 3 und der Bauart 5 ist die *K*-Zahl zu bestimmen. Es ist auch ein Vergleich mit der Bauart 10 durchzuführen.

Lösung

Aus den Tabellen 3.23 und 3.24 ergeben sich die folgenden Maße des Rohrbogens:

d_a (in mm)	Bauart	s (in mm)	$s_{i,ord}$ (in mm)	$s_{a,ord}$ (in mm)	R (in mm)
219,1	5	6,3	7,2	5,8	547,75
219,1	10	6,3	6,6	6,1	1095,50

Zunächst ist $\lambda = s\,R/r^2$ zu bestimmen. Hierin ist r der mittlere Radius des Kreisringquerschnitts des Bogens (der nicht zu verwechseln ist mit dem r in Bild 3.20). Das Problem ist, welche Wanddicke in die Gleichung einzusetzen ist. Zur Auswahl stehen s, s_i, s_a oder Mittelwerte. Beispielhaft wird mit der Wanddicke des geraden Rohrs s gerechnet, da dieser Ansatz der Ableitung der *K*-Zahl zugrunde liegt. Es ergibt sich

$$r = \frac{d_a - s}{2} = \frac{219,1 - 6,3}{2}\,\text{mm} = 106,4\,\text{mm}$$

Zum Vergleich wird ein Mittelwert herangezogen, der die Wanddickenänderung im Außen- und Innenbereich berücksichtigt:

$$r = \frac{d_a - \frac{s_a}{2} - \frac{s_i}{2}}{2} = \frac{219,1 - \frac{5,8}{2} - \frac{7,2}{2}}{2}\,\text{mm} = 106,3\,\text{mm}$$

Die Differenz zwischen beiden Ansätzen ist gering.

Bauart 5: $\lambda = \frac{6,3 \cdot 547,75}{106,4^2} = 0,3048$; $K_1 = \frac{1+12 \cdot 0,3048^2}{10+12 \cdot 0,3048^2} = 0,1903$; $K_3 = 0,1775$

Bauart 10: $\lambda = \frac{6,3 \cdot 1095,50}{106,4^2} = 0,6096$; $K_1 = 0,3776$; $K_3 = 0,3753$

Vergleicht man beide Bauarten mittels Formel 4.102, dann ist erkennbar, dass bei größerem Radius R die *K*-Zahl größer wird und damit das aufzuwendende Biegemoment bei Bauart 10 (M_{10}) etwas größer ist als das bei Bauart 5 (M_5). Es ergibt sich für das Beispiel $M_{10}/M_5 = 1/0,9459$.

Jetzt ist zu klären, wie die K-Zahl sinnvoll in die Berechnung des elastischen Verhaltens einzuordnen ist. Formel 4.102 zeigt die Proportionalität zwischen dem Biegemoment und der K-Zahl. Anderseits gilt aber auch die Beziehung Biegemoment = Kraft × Hebelarm. Bei konstantem Hebelarm ist damit auch die Kraft proportional der K-Zahl. Für den auf Biegung beanspruchten Rohrbogen folgt mit Formel 4.63:

$$F_{\text{Bogen}} = \frac{EI\Delta_{FF}}{I_{LF}}K = \frac{EI\Delta_{FF}}{\frac{I_{LF}}{K}} \tag{4.107}$$

Da $K < 1$ ist, heißt das, dass die zur Verschiebung des Bogenendes um Δ_{FF} aufzuwendende Kraft infolge der Abplattung des Querschnitts nunmehr kleiner ist als ohne Berücksichtigung der Abplattung. Der im Nenner stehende Bruch kann so interpretiert werden, als würde das Linienträgheitsmoment durch die Abplattung um $1/K$ größer werden. Betrachtet man nun die allgemeine Beziehung zur Bestimmung des Linienträgheitsmoments, dann ist für einen Bogen $I_L = \frac{1}{K}\int h^2\,\mathrm{d}s$ mit h als Abstand des Linienelements von der Bezugsachse. Weiter ist $\mathrm{d}s = R\,\mathrm{d}\varphi$. Nimmt man die K-Zahl unter das Integral, dann folgt $I_L = \int h^2\frac{R}{K}\,\mathrm{d}\varphi$. Das Linienträgheitsmoment wird größer, weil die Bogenlänge um das $1/K$-fache größer geworden ist. Diese größere Bogenlänge bezeichnet [61] als „elastische Länge" des Rohrbogens:

$$\mathrm{d}s_{\text{el}} = \frac{R}{K}\,\mathrm{d}\varphi \tag{4.108}$$

Damit ist die Einbeziehung der K-Zahl in die Berechnungsmethodik erklärt. Sie ist nur bei den Größen zu berücksichtigen, die das elastische Verhalten des Bogens beschreiben. Das sind das statische, das Linienträgheits- und das Zentrifugalmoment. Zur Berechnung geometrischer Größen ist die K-Zahl nicht heranzuziehen.

Eine Rohrleitung besteht im Allgemeinen aus Bögen und geraden Teilen. Die zur Verformung aufzubringende Kraft ist daher ganz allgemein:

$$F = \frac{EI\Delta_{FF}}{\frac{I_{LF}}{K} + I_{LF\,\text{gerade}}} \tag{4.109}$$

Hierin enthält der erste Term des Nenners die Linienträgheitsmomente aller Bögen, der zweite Term repräsentiert alle geraden Teile. Nachdem nunmehr die elastischen Eigenschaften des Krümmers bestimmbar sind, wird die vereinfachende Annahme biegesteifer Ecken fallengelassen. Daher sind die Linienmomente für Krümmer zu berechnen. In einem Rohrsystem können Bögen in verschiedener Lage eingebaut sein, ebenso können verschiedene Koordinaten als Bezugsgrößen definiert werden. Im Folgenden sollen beispielhaft Linienmomente berechnet werden. Generell wird die elastische Länge nach Formel 4.108 eingeführt.

a) *Linienträgheitsmoment des Bogens nach* Bild 4.51*, bezogen auf die x-Achse*

$$I_{Lx} = \int_A^B y^2\,\mathrm{d}s_{\text{el}} = \int_0^\alpha y^2\frac{R}{K}\,\mathrm{d}\varphi$$

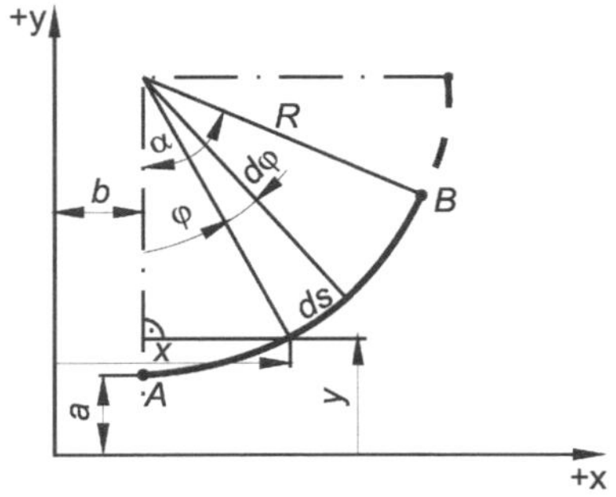

Bild 4.51
Allgemeiner unterer Bogen

Aus Bild 4.51 sind die Koordinaten des Bogenelements ds abzulesen:

$$y = a + R - R\cos\varphi$$

$$x = b + R\sin\varphi$$

Damit ergibt sich

$$\begin{aligned} I_{Lx} &= \int_0^{\alpha} (a + R - R\cos\varphi)^2 \tfrac{R}{K} d\varphi \\ &= \int_0^{\alpha} (a+R)^2 \tfrac{R}{K} d\varphi - 2(a+R)\,R \int_0^{\alpha} \tfrac{R}{K}\cos\varphi d\varphi + R^2 \int_0^{\alpha} \tfrac{R}{K}\cos^2\varphi\, d\varphi \\ &= (a+R)^2 \tfrac{R}{K}\alpha - 2(a+R)\tfrac{R^2}{K}\sin\alpha + \tfrac{R^3}{K}\left(\tfrac{\alpha}{2} + \tfrac{1}{4}\sin^2\alpha\right) \end{aligned} \tag{4.110}$$

b) *Linienträgheitsmoment des Bogens, bezogen auf die y-Achse*

$$I_{Ly} = \int_0^{\alpha} (b + R\sin\varphi)^2 \frac{R}{K} d\varphi = b^2\frac{R\alpha}{K} - \frac{2bR^2}{K}(\cos\alpha - 1) + \frac{R^3}{K}\left(\frac{\alpha}{2} - \frac{1}{4}\sin^2\alpha\right) \tag{4.111}$$

c) *Statisches Moment, bezogen auf die x-Achse*

$$M_{sx} = \int_A^B y\,ds = \int_0^{\alpha} (a + R - R\cos\varphi)\frac{R}{K} d\varphi = (a+R)\frac{R}{K}\alpha - \frac{R^2}{K}\sin\alpha \tag{4.112}$$

d) *Statisches Moment bezüglich der y-Achse*

$$M_{sy} = \int_0^{\alpha} x\frac{R}{K} d\varphi = \int_0^{\alpha} (b + R\sin\varphi)\frac{R}{K} d\varphi = \frac{bR\alpha}{K} - \frac{R^2}{K}(\cos\alpha - 1) \tag{4.113}$$

e) *Zentrifugalmoment bezüglich der x- und y-Achse*

$$\begin{aligned} I_{xy} &= \int_0^{\alpha} (b + R\sin\varphi)\,(a + R - R\cos\varphi)\tfrac{R}{K}\, d\varphi \\ &= \tfrac{bR\alpha}{K}(a+R) - \tfrac{bR^2}{K}\sin\alpha - \tfrac{R^2}{K}(a+R)(\cos\alpha - 1) - \tfrac{R^3}{2K}\sin^2\alpha \end{aligned} \tag{4.114}$$

Die Werte für 90°-Krümmer ($\alpha = \pi/2$) sind in Tabelle 4.9 zusammengefasst.

Analog bestimmt man die Momente für einen Bogen nach Bild 4.52, wobei die Koordinaten des Bogenteils $x = b + R - R\cos\varphi$ und $y = a + R\sin\varphi$ sind. Man erhält folgende Ergebnisse für den beliebigen Winkel α, s. Formel 4.115 ... Formel 4.119, und für den 90°-Krümmer (s. Tabelle 4.8). Eine tabellarische Zusammenstellung für beliebige Winkel enthält [61]. Dort werden auch ausführlich die räumlichen Rohrsysteme behandelt.

Tabelle 4.9 Linienträgheitsmomente und statische Momente für unterschiedlich angeordnete 90°-Krümmer

Anordnung	Linienträgheitsmomente	Statische Momente
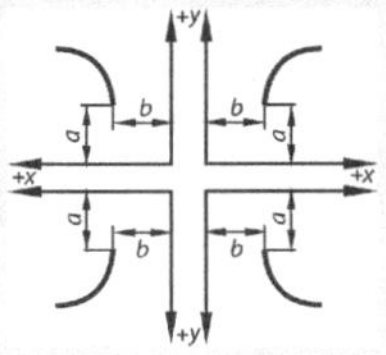	$I_{Lx} = \frac{R}{K}\left(\frac{\pi}{4}R^2 + 2aR + \frac{\pi}{2}a^2\right)$ $I_{Ly} = \frac{R}{K}\left[\left(\frac{3\pi}{4} - 2\right)R^2 + (\pi - 2)\,bR + \frac{\pi}{2}b^2\right]$ $I_{Lxy} = \frac{R}{K}\left[\frac{R^2}{2} + \left(\frac{\pi}{2} - 1\right)aR + bR + \frac{\pi}{2}ab\right]$	$M_{sx} = \frac{R}{K}\left(R + \frac{\pi}{2}a\right)$ $M_{sy} = \frac{R}{K}\left[\left(\frac{\pi}{2} - 1\right)R + \frac{\pi}{2}b\right]$
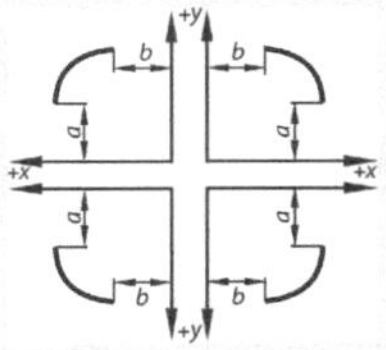	$I_{Lx} = \frac{R}{K}\left[\frac{\pi}{4}R^2 + 2aR + \frac{\pi}{2}a^2\right]$ $I_{Ly} = \frac{R}{K}\left[\frac{\pi}{4}R^2 + 2bR + \frac{\pi}{2}b^2\right]$ $I_{Lxy} = \frac{R}{K}\left[\frac{R^2}{2} + (a+b)\,R + \frac{\pi}{2}ab\right]$	$M_{sx} = \frac{R}{K}\left(R + \frac{\pi}{2}a\right)$ $M_{sy} = \frac{R}{K}\left(R + \frac{\pi}{2}b\right)$
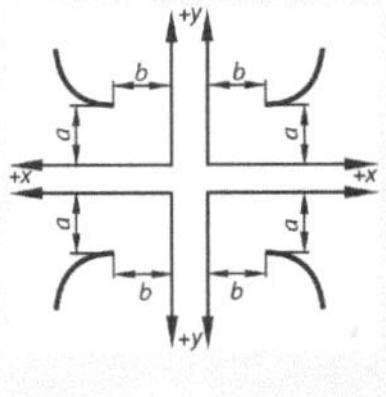	$I_{Lx} = \frac{R}{K}\left[\left(\frac{3\pi}{4} - 2\right)R^2 + (\pi - 2)\,aR + \frac{\pi}{2}a^2\right]$ $I_{L\,y=\frac{R}{K}\left(\frac{\pi}{4}R^2+2bR+\frac{\pi}{2}b^2\right)}$ $I_{Lxy} = \frac{R}{K}\left[\frac{R^2}{2} + aR + \left(\frac{\pi}{2} - 1\right)bR + \frac{\pi}{2}ab\right]$	$M_{sx} = \frac{R}{K}\left[\left(\frac{\pi}{2} - 1\right)R + \frac{\pi}{2}a\right]$ $M_{sy} = \frac{R}{K}\left(R + \frac{\pi}{2}b\right)$
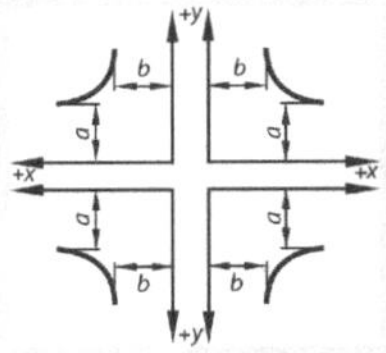	$I_{Lx} = \frac{R}{K}\left[\left(\frac{3\pi}{4} - 2\right)R^2 + (\pi - 2)\,aR + \frac{\pi}{2}a^2\right]$ $I_{Ly} = \frac{R}{K}\left[\left(\frac{3\pi}{4} - 2\right)R^2 + (\pi - 2)\,bR + \frac{\pi}{2}b^2\right]$ $I_{Lxy} = \frac{R}{K}\left[(\pi - 3)\frac{R^2}{2} + \left(\frac{\pi}{2} - 1\right)(a+b)\,R + \frac{\pi}{2}ab\right]$	$M_{sx} = \frac{R}{K}\left[\left(\frac{\pi}{2} - 1\right)R + \frac{\pi}{2}a\right]$ $M_{sy} = \frac{R}{K}\left[\left(\frac{\pi}{2} - 1\right)R + \frac{\pi}{2}b\right]$

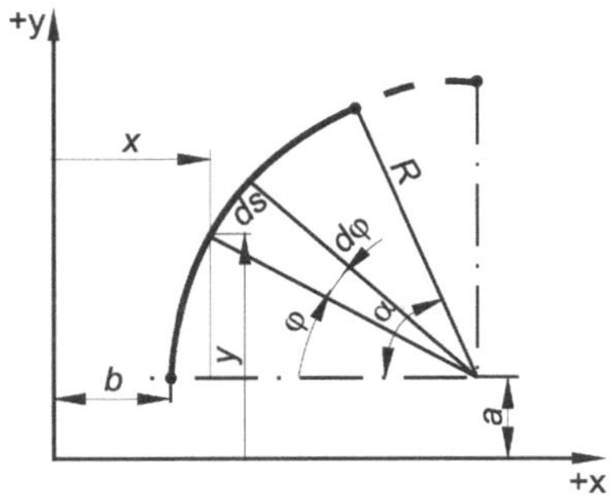

Bild 4.52
Allgemeiner oberer Bogen im *x-y*-Koordinatensystem

$$I_{Lx} = \frac{a^2 R\alpha}{K} - \frac{2aR^2}{K}(\cos\alpha - 1) + \frac{R^3}{K}\left(\frac{\alpha}{2} - \frac{1}{4}\sin 2\alpha\right) \tag{4.115}$$

$$I_{Ly} = \frac{(b+R)^2 R\alpha}{K} - \frac{2(b+R)R^2 \sin\alpha}{K} + \frac{R^3\left(\frac{\alpha}{2} + \frac{1}{4}\sin 2\alpha\right)}{K} \tag{4.116}$$

$$M_{sx} = \frac{aR\alpha}{K} - \frac{R^2(\cos\alpha - 1)}{K} \tag{4.117}$$

$$M_{sy} = \frac{(b+R)R\alpha}{K} - \frac{R^2\sin\alpha}{K} \tag{4.118}$$

$$I_{Lxy} = \frac{aR\alpha(b+R)}{K} - \frac{R^2(b+R)(\cos\ \alpha - 1)}{K} - \frac{R^2 a\sin\alpha}{K} - \frac{R^3\sin^2\alpha}{2K} \tag{4.119}$$

Beispiel: Für das nachfolgende Rohrsystem aus nahtlosem Rohr (Bild 4.53) 219,1 × 6,3 DIN EN 10216-2 P 265 GH ist die Festpunktbelastung nach Größe und Richtung zu bestimmen, wenn es auf 450 °C erhitzt wird (s. a. vorherige Beispiele). $E = 178{,}37\ \text{N/mm}^2$; $\alpha \cdot \Delta\vartheta = 0{,}00646$.

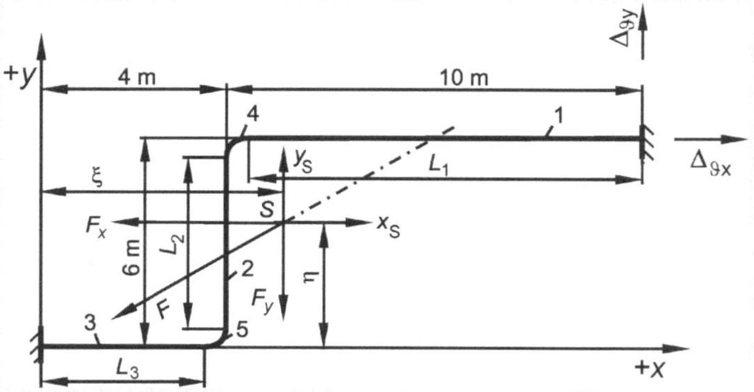

Bild 4.53 Rohrsystem

Lösung

Definition der Krümmer: Bauart 5, d. h. $R = 2{,}5\, d_a = 2{,}5 \cdot 219{,}1$ mm = 547,75 mm

Der mittlere Radius der Rohrwand ist $r = (219,1 - 6,3)\,/2\,\text{mm} = 106,4\,\text{mm}$. Damit ergibt Formel 4.104 $\lambda = (6,3 \cdot 547,75)\,/106,4^2 = 0,3048$, und man kann mit Formel 4.105 $K = 0{,}1775$ bestimmen. Nun ist ein Bezugskoordinatensystem zu definieren. Sein Ursprung wird in den linken Festpunkt gelegt. Es wird angenommen, dass der rechte Festpunkt gelöst ist und sich hier Verschiebungen infolge der thermischen Belastung einstellen würden, die in Richtung der als positiv definierten Achsen orientiert sind. Die Festpunktkraft muss nun diese Verschiebung gem. Formel 4.58 kompensieren. Jetzt sind die elastischen Längen der Krümmer, Elemente 4 und 5, berechenbar. Die geometrischen Längen der geraden Rohre lassen sich aus der Zeichnung ermitteln. Die berechneten Linienmomente sind in Tabelle 4.10 zusammengestellt. Die Momente der geraden Rohre sind mit Bezug auf Bild 4.53 und die dort angegebenen Formeln zu sehen.

Tabelle 4.10 Momente für das Rohrsystem von Bild 4.53

Nr. i	elastische Länge L_i (in m)	β (in °)	a (in m)	b (in m)	I_{Lx} (in m³)	I_{Ly} (in m³)	M_{sx} (in m²)	M_{sy} (in m²)	I_{Lxy} (in m³)
1	9,45225	0	L_2+2R	L_3+2R	340,281	883,314	56,714	87,659	525,954
2	4,9045	90	R	L_3+R	53,972	78,462	14,714	19,618	58,845
3	3,45225	0	0	0	0	13,715	0	5,959	0
4	4,84721	–	L_2+R	L_3+R	163,252	85,605	28,118	20,354	118,197
5	4,84721	–	0	L_3	0,33	70,167	0,965	18,424	3,793
$\sum_{i=1}^{i=5}$	27,50342				557,835	1131,263	100,511	152,014	706,798

Bestimmung der Schwerachsen des Systems, bezogen auf die x-, y-Koordinaten:

Formel 4.92 ergibt $\eta = M_{sx}/L = 100,511/27,50342\,\text{m} = 3,6545\,\text{m}$, Formel 4.93 $\xi = 152,014/27,50342\,\text{m} = 5,527\text{m}$. Zur Berechnung der Festpunktreaktionen werden nach Formel 4.100 und Formel 4.101 die auf die Schwerachsen bezogenen Linienmomente benötigt. Der *Steiner*sche Satz (Formel 4.97) ergibt $I_{Lxs} = I_{Lx} - \eta^2 L$. Hierin ist I_{Lx} das Linienträgheitsmoment des Rohrsystems, d. h. die Summe aller einzelnen Momente. Der Wert ist der Tabelle 4.10 zu entnehmen. Somit ist $I_{Lxs} = \left(557,835 - 3,6545^2 \cdot 27,5034\right)\text{m}^3 = 190,517\text{m}^3$. Analog folgen $I_{Lys} = 291,097\text{m}^3$ sowie $I_{Lxys} = 151,273\text{m}^3$. Die Festpunktkräfte in x- und y-Richtung müssen die (verhinderten) thermischen Verschiebungen in diese Richtungen kompensieren, d. h., die durch die Kraftkomponenten aufzubringenden Verschiebungen sind den thermischen Verschiebungen entgegengesetzt. Mit $\alpha\,\Delta\vartheta = 0,00646$ ist

$$\begin{aligned}\Delta_{Fx} &= -\Delta_{\vartheta x} = -\left(L_1 + L_3 + 2R\right)\,\alpha\,\Delta\vartheta \\ &= -\left(3,45225 + 9,45225 + 2\cdot 0,54775\right)\cdot 0,00646\,\mathrm{m} = -0,0904\,\mathrm{m}\end{aligned}$$

$$\Delta_{Fy} = -\Delta_{\vartheta y} = -\left(L_2 + 2R\right)\,\alpha\,\Delta\vartheta = -\left(4,9045 + 2\cdot 0,54775\right)\cdot 0,00646\,\mathrm{m} = -0,0388\,\mathrm{m}$$

bezogen auf das gewählte *x*-*y*-Koordinatensystem. Damit erhält man mit Formel 4.101

$$F_x = 178,37\cdot 23.860.000\cdot\frac{-0,0904\cdot 291,097 - 0,0388\cdot 151,273}{190,517\cdot 291,097 - 151,273^2}\cdot 10^{-6}\,\mathrm{kN} = -4,205\,\mathrm{kN}$$

und mit Formel 4.100

$$F_y = 178,37\cdot 23.860.000\cdot\frac{-0,0388\cdot 190,517 - 0,0904\cdot 151,273}{190,517\cdot 291,097 - 151,273^2}\cdot 10^{-6}\,\mathrm{kN} = -2,753\,\mathrm{kN}$$

Diese Kraftkomponenten wirken vom Festpunkt auf das Rohr. Sie beanspruchen das Rohr auf Biegung. Das Einspannmoment kann mit Formel 4.94 berechnet werden. Das negative Vorzeichen der Kraftkomponenten besagt, dass diese entgegen der als positiv definierten Achsenrichtung orientiert sind.

5 Montage

5.1 Inhalt und Umfang der Montage

Montieren ist Fertigen mit dem Ziel, aus Bauelementen ein zusammengesetztes technisches Gebilde zu erzeugen [71]. Diese allgemeine Definition beschreibt auch die Montage von Rohrleitungen. Der **Montageprozess** besteht aus einer Vielzahl von Montageverrichtungen. Dabei ist die Montageverrichtung ein nach fertigungstechnischen Gesichtspunkten bestimmter Teil des Montageprozesses. Typische Montageverrichtungen sind das Vorbereiten der Rohrleitungselemente und der Trasse für die Montage, das Transportieren der Elemente und ihr Positionieren, das Fügen der Rohre und der Rohrleitungselemente, das Justieren und das Kontrollieren.

In der praktischen Arbeit hat es sich ergeben, dass die **Rohrleitungsmontage** in Abhängigkeit von der Anlage zu sehen und zu organisieren ist, zu der die Rohrleitungen gehören. So werden die Rohrleitungen für Kraftwerksanlagen als quasi-separates System betrachtet. Zu den Aufgaben des Rohrleitungsbetriebs gehören hier die Rohrleitungsplanung, die Auslegung diverser Rohrleitungselemente, die Lieferung des kompletten Materials und die Inbetriebnahme. In Chemieanlagen sind die Rohrleitungen als anlagen-immanent zu sehen. Auf engstem Raum sind sie verbindende Teile zwischen Apparaten und Behältern. Im Zusammenhang mit der Sicherung der Passfähigkeit bei der Montage und eines ungehinderten Montagefortschritts ist es hier zweckmäßig, dem Montagebetrieb die Rohrleitungsmontage und die Montage der Grundausrüstungen der Anlage (Apparate, Behälter, Arbeitsmaschinen) einschließlich des technologischen Stahlbaus zuzuordnen. Die Montage erfolgt auf der Grundlage der vom Auftraggeber bereitgestellten technischen Unterlagen. Gleichfalls stellt der Auftraggeber in der Regel das erforderliche Rohrleitungsmaterial zur Verfügung.

Fern- und Versorgungsrohrleitungen sind im Allgemeinen linear orientiert, d.h., die Anzahl richtungsändernder Elemente wie Krümmer und T-Stücke ist relativ gering im Vergleich zu anlageninternen Leitungen. Die **linear orientierten Leitungen** gliedern sich nach ihren Verlegearten:

- über dem Planum auf Rohrbrücken, Einzelstützen oder Sockeln,
- unter dem Planum im Kanal (während der Montage offen oder geschlossen), Graben oder Erdreich.

Der montagetechnologische Aufwand ist von der Verlegeart abhängig. Bei der Montage linearer Rohrleitungen ist mit dem Montagefortschritt eine z.T. erhebliche Veränderung des Montageortes zu verzeichnen. Diesen Bedingungen sind die Organisation der Baustelleneinrichtung (s. Abschnitt 5.2) und die Anlieferung der Bauelemente anzupassen.

Anlageninterne Rohrleitungen, auf die im Folgenden näher eingegangen werden soll, haben überwiegend eine ebene oder räumliche Struktur. Sie haben einen hohen Anteil richtungsändernder Elemente je Längeneinheit, gleichzeitig ist der Anteil der Schweißnähte je Längeneinheit groß. Insgesamt wird gegenüber den mehr linear orientierten Leitungen eine geringere Verlegeleistung erreicht. Bei der Montage tritt keine wesentliche Veränderung des Montageortes ein. Die Montage erfolgt in der Regel in einem abgegrenzten und überschaubaren Raum. Damit sind die Voraussetzungen für eine stationäre Baustelleneinrichtung gegeben.

5.2 Voraussetzungen für die Montage

Die **Baustelleneinrichtung** soll die vielseitigen Verflechtungen zwischen der Organisation und Durchführung der Montagearbeiten optimal gestalten helfen. Demzufolge beinhaltet sie Einrichtungen zur Gewährleistung der Arbeits- und Lebensbedingungen der auf der Baustelle tätigen Monteure, für die materiell-technische Sicherung der Montagearbeiten und projektbezogener Sondermaßnahmen. In Abhängigkeit von der Größe des Montagevorhabens ist die Baustelleneinrichtung differenziert zu planen. Hierzu gehören Tagesunterkünfte für die Monteure, sanitäre Einrichtungen, im Bedarfsfalle auch Wohnunterkünfte ebenso wie Werkstatt- und Lagerflächen, Büroräume, Bau- und Lagerstraßen, Energieversorgung und Bereitstellung von Kommunikationsmöglichkeiten u.a.m. Die Baustelleneinrichtung ist vom Auftraggeber zu gewährleisten. Im Hinblick auf die Senkung der mit der Baustelleneinrichtung verbundenen Kosten ist stets zu prüfen, ob z.B. vorhandene Gebäude bzw. bauliche Einrichtungen sinnvoll dafür genutzt werden können. Auch der Einsatz mobiler Elemente für die Baustelleneinrichtung (Container) ist zu prüfen.

Der **Montageablauf** erfordert, dass am Montageort die in den technologischen Unterlagen fixierten Arbeiten mit minimalem Aufwand an Arbeitszeit und unter Ausschaltung von Gefährdungen jeder Art durchgeführt werden können. Die Bedingungen dafür werden unter dem Begriff **Montagefreiheit** zusammengefasst. Der Inhalt der Montagefreiheit ist von der Art der Montage und den am Montageort vorherrschenden Bedingungen abhängig. Sie ist dem Montagebetrieb vom Auftraggeber entsprechend seinen technisch begründeten Anforderungen so zu gewährleisten, dass ein ungestörter Ablauf des Montageprozesses gesichert wird. Dem Charakter der Montage entsprechend ist die Montagefreiheit zeitabhängig gemäß dem Montagefortschritt zu sichern. Zu den allgemeinen Montagefreiheitsbedingungen gehören u. a.:

- die Bereitstellung von Anfahrtswegen zum Montageort,
- die Zugänglichkeit des Montageorts,
- die Freigabe der Bau- und/oder Stahlkonstruktion für die Montage,
- die Beleuchtung,
- Winterbaumaßnahmen,
- die Bereitstellung von Rüstung und Hilfskonstruktionen,
- die Erteilung der Schweißerlaubnis und
- die Gewährleistung arbeitsschutztechnischer Maßnahmen (z. B. Fluchtwege).

Für die Apparatemontage werden gefordert:

- Freigabe der Fundamente und Tragwerke,
- Bereitstellung der bautechnischen Vermessungsangaben.

Für lineare Rohrleitungen ist parallel zur Trasse ein den Erfordernissen entsprechender Geländestreifen zur Verfügung zu stellen. Er dient für eine Baustraße und anderen montagetechnologisch erforderlichen Platzbedarf. Weitere Forderungen ergeben sich aus dem jeweiligen Montagevorhaben.

5.3 Montagedurchführung

5.3.1 Montageplanung

Die Voraussetzungen für eine störungsfreie Durchführung der Montage werden prinzipiell in den der Montage vorgelagerten Planungsstufen geschaffen. Davon ausgehend ist eine frühzeitige Zusammenarbeit zwischen den Planungsgremien und dem Montageunternehmen im Interesse des Projekts erstrebenswert. Das Ziel der Montageplanung besteht in:

- der Bestimmung der Montagedauer auf der Grundlage der Abfolge der Montageverrichtungen und möglicher Parallelarbeiten unter Berücksichtigung rationeller Montageverfahren, insbesondere die Einbeziehung der Vorfertigung (s. Abschnitt 5.4) in den Montageablauf,
- der Ermittlung der auf der Baustelle einzusetzenden Fachkräfte unter Beachtung ihrer erforderlichen Qualifikation, s. z. B. DIN EN 287 für Schweißerprüfungen,
- der Bestimmung der notwendigen Arbeitsmittel, z. B. Schweißgeräte, Hebezeuge, Transportmittel,
- der Ermittlung der Anforderungen an die Baustelleneinrichtung unter Berücksichtigung des Ablaufs der Montage und des dadurch technologisch festgelegten zeitlichen Wechsels der eingesetzten Arbeitskräfte und Arbeitsmittel am Montageort.

Grundlage für die Montageplanung sind die bereitzustellenden konstruktiven Unterlagen wie Lageplan, Aufstellungsplan für Apparate und Maschinen, Rohrleitungsplan mit Stückliste, isometrische Strangzeichnungen (Isometrien), ggf. ein Modell der Anlage. Der grundsätzliche Ablauf von der Planung bis zur Montage einer Anlage ist in Bild 5.1 schematisch dargestellt.

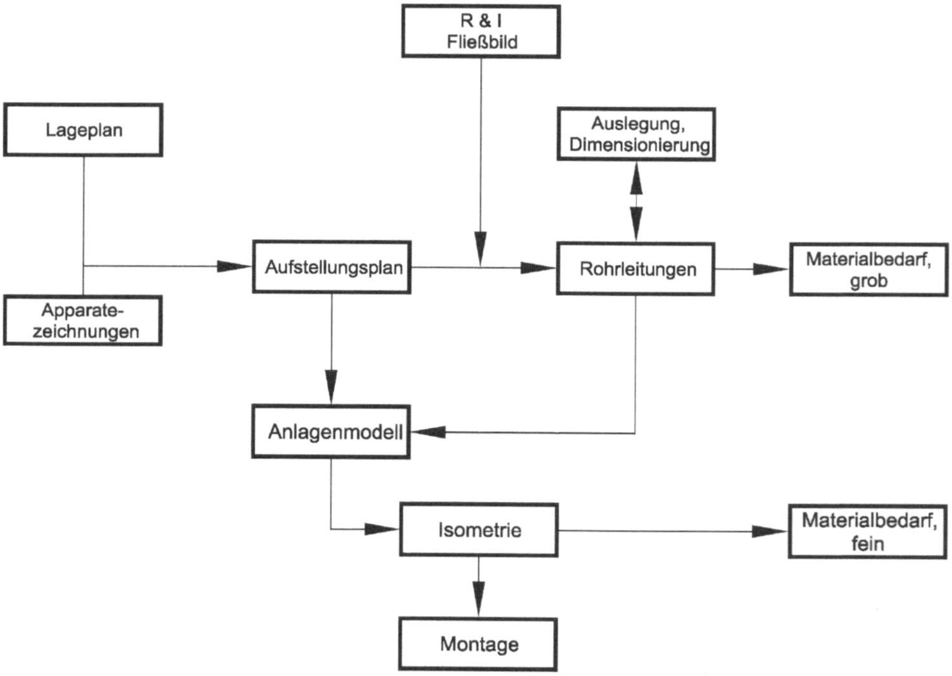

Bild 5.1 Ablauf der Planung einer Anlage bis zur Montage (nach [113])

Das **Rohrleitungs- und Instrumentenfließbild** (RI-Fließbild nach DIN EN ISO 10628) ist die symbolische Darstellung der technischen Ausrüstung einer Anlage (Bild 5.2). Es beinhaltet:

- die Art der Apparate und Maschinen, einschließlich Antriebsmaschinen und Rohrleitungen,
- die Bezeichnung von Nennweite, Druckstufe, Werkstoff und Ausführung der Rohrleitungen, z. B. durch Rohrleitungsnummer und Rohrleitungsklasse,
- Angaben zur Dämmung von Apparaten, Maschinen, Rohrleitungen und Armaturen,
- die Aufgabenstellung für Messen, Steuern, Regeln,
- kennzeichnende Daten von Antriebsmaschinen,
- die Benennung,
- Durchflüsse bzw. Mengen von Energie bzw. Energieträgern,
- die Höhenlage von Apparaten und Maschinen,
- die Bezeichnung von Armaturen.

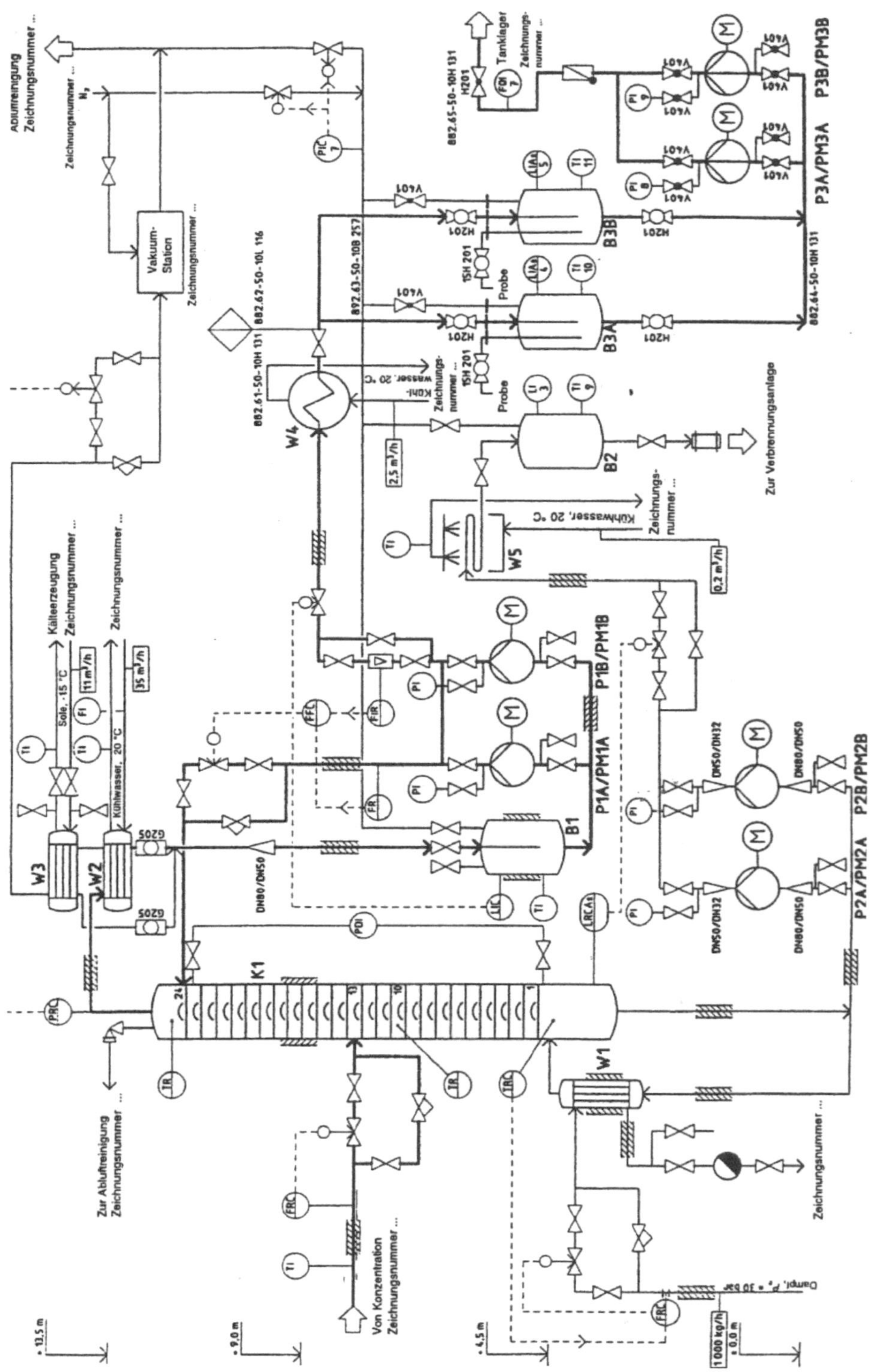

Bild 5.2 Rohrleitungs- und Instrumentenfließbild (nach DIN EN ISO 10628)

Der **Lageplan** ist eine maßstäbliche Darstellung, die zeigt, wie Werke, Anlagenkomplexe, Anlagen oder Teilanlagen und Verkehrswege lagemäßig zusammengehören (Bild 5.3). Er beinhaltet:

- vereinfacht dargestellte Umrisse der Anlagenkomplexe, Anlagen oder Teilanlagen,
- Anlagen- oder Teilanlagengrenzen,
- vereinfacht dargestellte Verkehrswege,
- Hauptrohrleitungstrassen,
- Maße oder Koordinaten für die eindeutige Lagebestimmung der Verkehrswege und Grenzen der Anlage oder Teilanlage,
- Bezugshöhen (Koten),
- Kennzeichen der Anlagen, Teilanlagen und Verkehrswege,
- den geografischen Nordpfeil,
- soweit erforderlich Angaben über die Hauptwindrichtung.

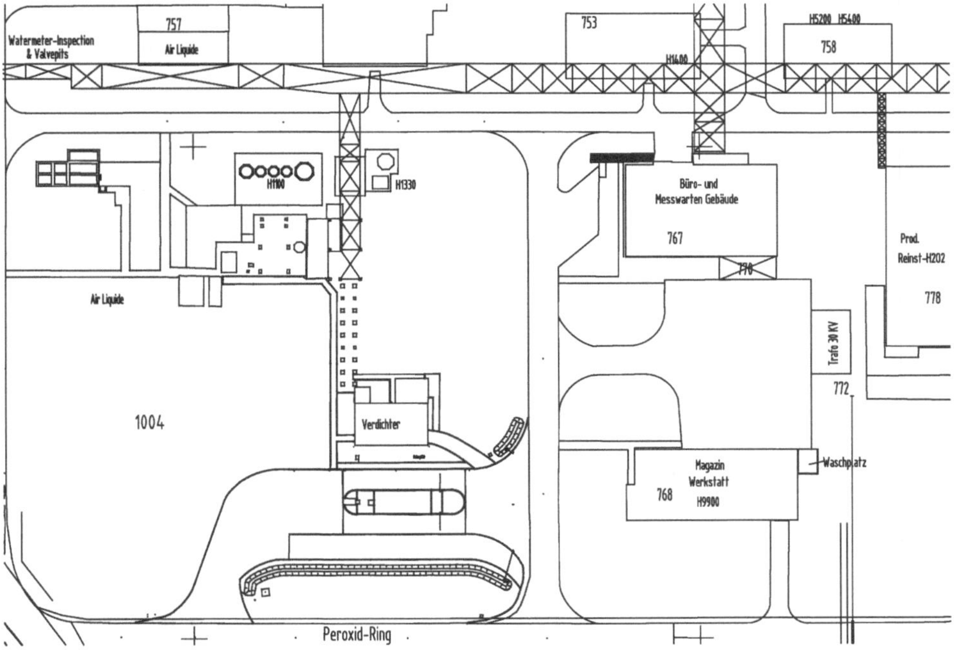

Bild 5.3 Ausschnitt des Lageplans einer Anlage in einem Werk [89]

Der **Aufstellungsplan** ist die maßstäbliche Darstellung in Grundrissen und kennzeichnenden Schnitten. Er zeigt, wie Anlagenteile, Gebäude und Stützkonstruktionen lagegemäß zusammengehören (Bild 5.4). Er enthält:

- vereinfacht dargestellte Umrisse der Anlagenteile, Gebäude, Stützkonstruktionen (z. B. Apparategerüste, Rohrleitungsbrücken) und wesentlicher Rohrleitungs- und Kabeltrassen sowie Angaben über Verkehrs- und Fluchtwege,
- Maße oder Koordinaten für die Lagebestimmung der Anlagenteile, Gebäude und Stützkonstruktionen,
- Kennzeichnung der Anlagenteile,
- Kennzeichnung der Gebäude, Stützkonstruktionen und Trassen,
- den Nordpfeil.

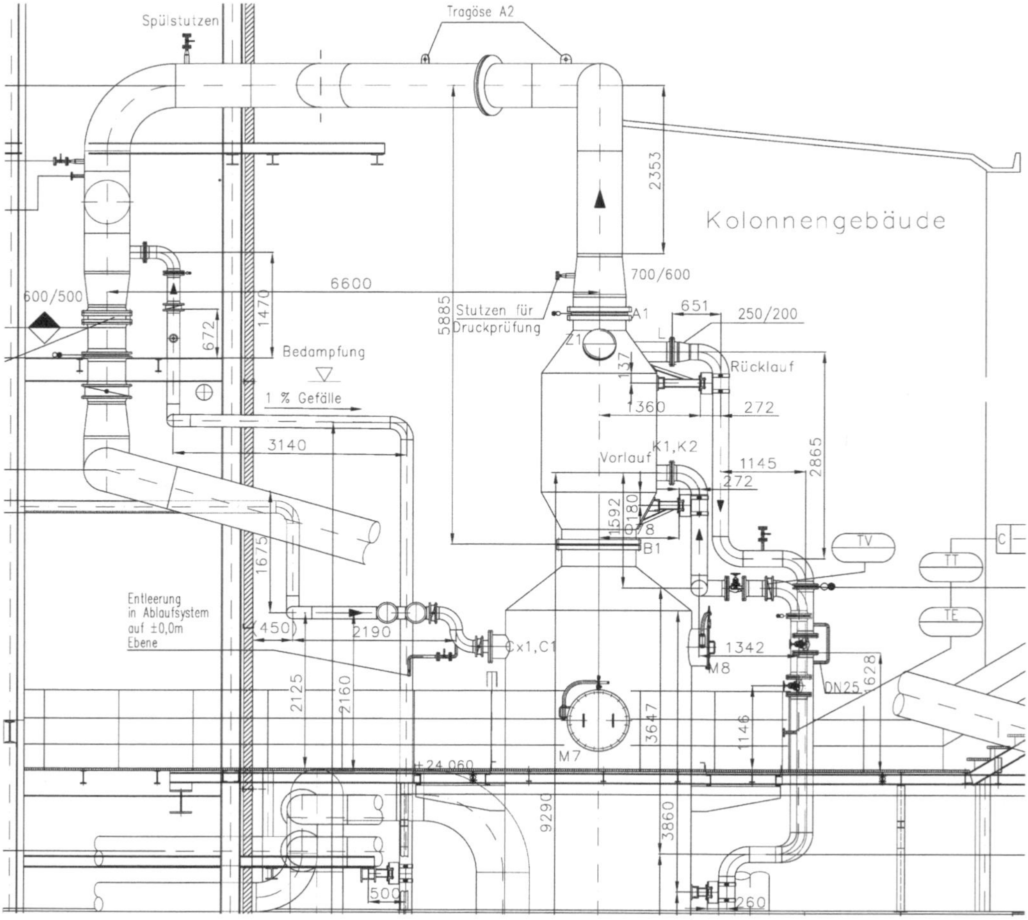

Bild 5.4 Aufstellungsplan (*LURGI Gesellschaft für Mineralöltechnik m.b.H. Frankfurt, Main*) [89]

Der **Fundamentplan** gibt maßstäblich die Lage und Größe von Fundamenten an (Bild 5.5). Er ist für die Montage von Grundausrüstungen und anlageninternen Leitungen erforderlich. Insbesondere für die Auswahl und den Einsatz von Hebezeugen für die Ausrüstungsmontage in Anlagen werden auch Informationen über Detailmaße der Fundamente benötigt, die aus den Fundamentzeichnungen zu entnehmen sind (Bild 5.6).

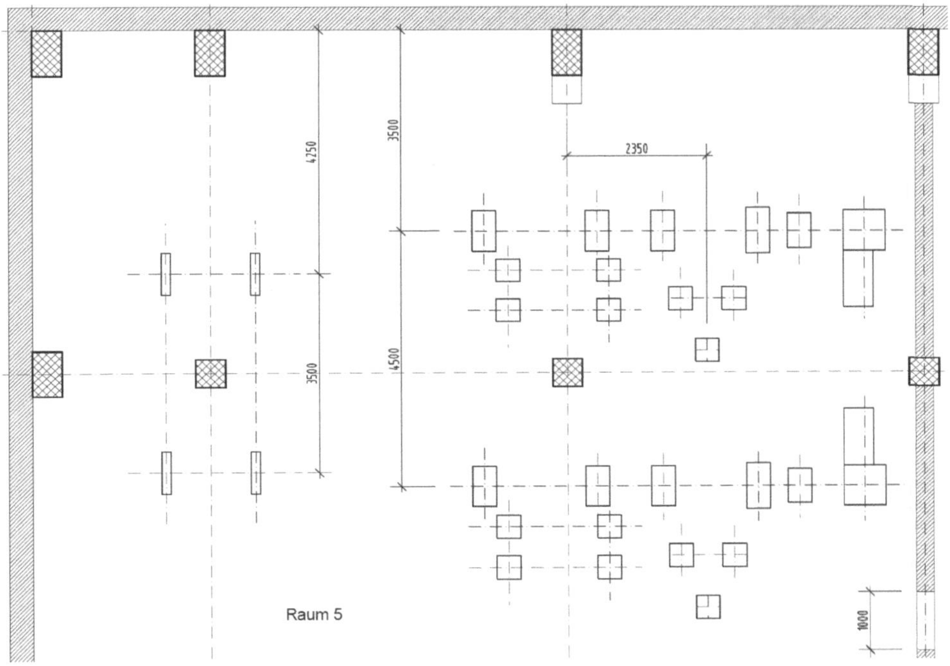

Bild 5.5 Fundamentplan [89]

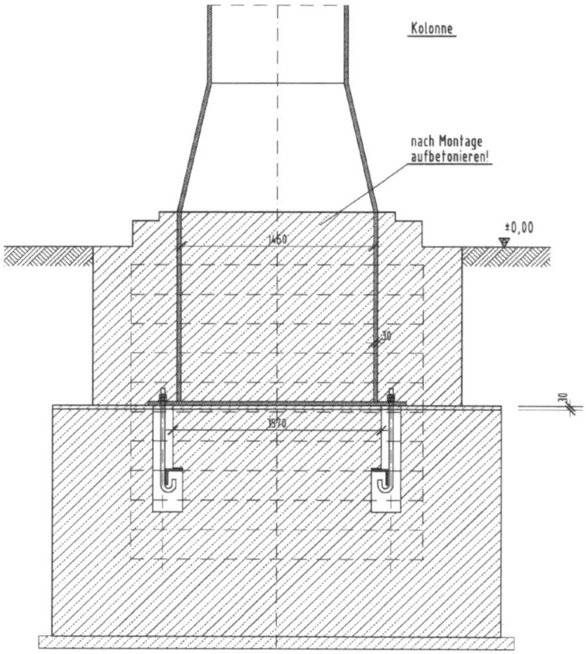

Bild 5.6 Fundamentzeichnung (*H. Koppers GmbH Essen*) [89]

Einlinien- oder Dreiliniendarstellung von Rohrleitungen in Grundrissen und kennzeichnenden Schnitten zeigen:

- Kurzzeichen der Rohrleitung,
- grafische Symbole für Rohrleitungsteile, -halterungen, Armaturen, MSR-Geräte,
- Fließrichtung,
- Anlagen-Nordpfeil,
- Maße, die den Verlauf der Rohrleitungen festlegen,
- Maße, die die Lage der Rohrleitungsteile, -halterungen, Armaturen, MSR-Geräte festlegen, soweit diese nicht aus weiteren Zeichnungen, wie z. B. isometrischen Rohrleitungszeichnungen, hervorgehen,
- Dämmung und Beheizung,
- Verweise auf Anschlusspunkte, Anschlusszeichnungen und gegebenenfalls die Rohrleitungsstückliste (Bild 5.7).

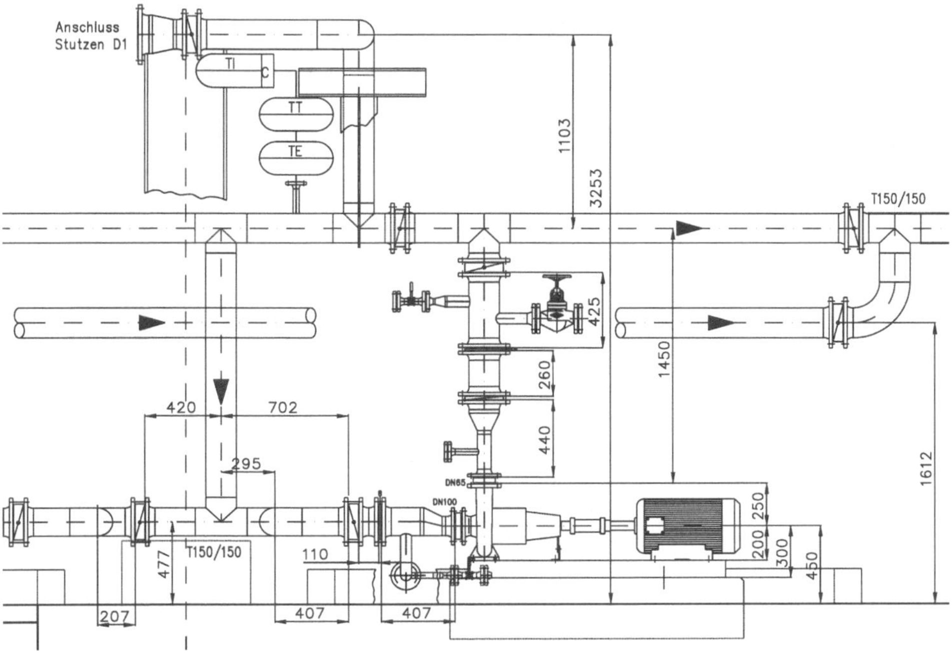

Bild 5.7 Rohrleitungszeichnung. Dreiliniendarstellung [89]

Die **Rohrleitungsstückliste** ist das Verzeichnis aller Elemente eines Rohrleitungssystems, einer Rohrleitung oder eines Rohrleitungsabschnittes. Sie enthält auch das der besseren Orientierung dienende Kurzzeichen der Rohrleitung. Es wird gebildet aus:

- der Nummer der Rohrleitung,
- der Nennweite DN und
- der Rohrklasse mit Nenndruck PN, Kennbuchstaben der Werkstoffgruppe und der Rohrklassennummer (Tabelle 5.1).

Tabelle 5.1 Rohrleitungsstückliste [89]

Material-Stückliste				**Projekt-Nr.:**		
				Projekt:		
Rohrklasse:	**16H1_1.4541**			**Objekt:**		
Rohrleitung:	**4.30-01-50-16H1**					
Isometrie:				**Bemerkungen:**		
Pos.	**Benennung**	**Standard**	**Abmessungen**	**Werkstoff**	**Prüf**	**Bemerkung**
1	Rohr, geschweißt	DIN EN ISO 1127	60,3 × 2,0	1.4541	3.1	Schweißnahtwertigkeit = 1
2	Rohrbogen, geschweißt, 90°, Bauart 3, Typ A	DIN EN 10253-4	60,3 × 2,0	1.4541	3.1	Schweißnahtwertigkeit = 1
3	Abzweig, aufgeschweißter Abzweig, 45°	DIN EN ISO 1127	60,3 × 2,0 / 26,9 × 2,0	1.4541	3.1	Schweißnahtwertigkeit = 1
4	Vorschweißflansch, Typ 11, B1	DIN EN 1092-1	DN 50 / PN 16	1.4541	3.1	
5	Sechskantschraube	DIN EN ISO 4017	M16 × 60	A2-70	3.1	
6	Sechskantmutter	DIN EN ISO 4032	M16	A2-70	3.1	
7	Flachdichtung IBC	DIN EN 1514-1	DN 50 / PN 16	EPDM mit Stahleinlage	3.1	
8	Kugelhahn	s. Armaturen-Spezifikation, Ident-Nr. KH	DN 50 / PN 16			TA Luft, Armatur-Nr. 4.30-01-KH, Beistellung MSR (XS 9063)
9	Kugelhahn	s. Armaturen-Spezifikation, Ident-Nr. KH	DN 50 / PN 16			TA Luft, Armatur-Nr. 4.30-03-KH
10	Detonationssicherung	s. separate Spezifikation	DN 50 / PN 16			Armatur-Nr. 4.30-02-DS
11						
12						
13						
		Rev. Benennung		Unterschrift		
Bearbeiter:						
Unterschrift:						

Die Nummer der Rohrleitung wird vom Anwender individuell festgelegt, z. B. als laufende Nummer generell oder auch als laufende Nummer einer speziellen Leitung im Konvolut aller Leitungen, die der Fortleitung eines bestimmten Mediums (z. B. Dampf, Schweißgas) dienen. Sie ist ein Begriff für eine festgelegte Zusammenstellung aller Rohrleitungselemente, die zu einer Rohrleitung gehören. Die Rohrklassennummer kennzeichnet einander zugehörige Rohrleitungsteile. Sie ist eine Zählnummer innerhalb einer Werkstoffgruppe (Tabelle 5.2) und unterscheidet hier die unterschiedlichen Ausführungen entsprechend dem konkreten Werkstoff.

Beispiel: Eine Rohrleitung mit der laufenden Nr. 120 und DN 50, PN 25 sei aus nahtlosem Rohr 13CrMo4-5 DIN EN 10216-2. Nach Tabelle 5.2 ist der Werkstoff der Gruppe C zuzuordnen. Die Rohrklassen-Nr. sei 15. Damit wird die Rohrleitungsnummer 120-50-25-C-15 (Nr. der Rohrleitung im System – Nennweite – Nenndruck – Werkstoffgruppe – Nr. der Rohrklasse).

Tabelle 5.2 Rohrwerkstoffgruppen nach DIN 2406 (Auszug)

Kennbuchstabe	Gruppe der Rohrwerkstoffe	Technische Lieferbedingungen
A	Gusseisen	
B	unlegierte Stähle	DIN EN 10217-1, 10216-1, 10208-2, 10305-1, 10305-2
C	warmfeste Stähle	DIN EN 10028-2, 10216-2
D	hitzebeständige Stähle	SEW 470*)
E	druckwasserstoffbeständige Stähle	SEW 590*)
F	kaltzähe Stähle	SEW 680*)
G	oberflächengeschützte Stähle	DIN 2460, DIN 2461, DIN 2444
H	nichtrostende Stähle	DIN EN 1127, 10028-7, 10222-5

*) Stahl-Eisen-Werkstoffblätter

Weitere technische Unterlagen, z. B. Konstruktionszeichnungen von Ausrüstungen bzw. wichtige Informationen über z. B. Anschlussmaße an Behältern, Apparaten und Maschinen, sind für die reibungslose Abwicklung des Rohrleitungsbaus von Bedeutung.

Die **isometrische Rohrleitungszeichnung** ist eine nicht-maßstäbliche Darstellung des Rohrleitungssystems, einer Rohrleitung oder eines Rohrleitungsabschnitts mit bemaßtem Rohrleitungsverlauf in isometrischer Projektion (Bild 5.8 und Bild 5.9). Die Rohrleitungselemente sind durch entsprechende Symbole nach DIN 2129 darzustellen. Die Isometrie ist die Grundlage für die Ausführung der Montage der Rohrleitung und enthält alle für den Monteur relevanten Angaben, sowohl maßlich als auch schweißtechnisch. Sie ist weiterhin die Grundlage für die Vorfertigung. Das 3D-Modell einer Anlage zeigt Bild 5.10.

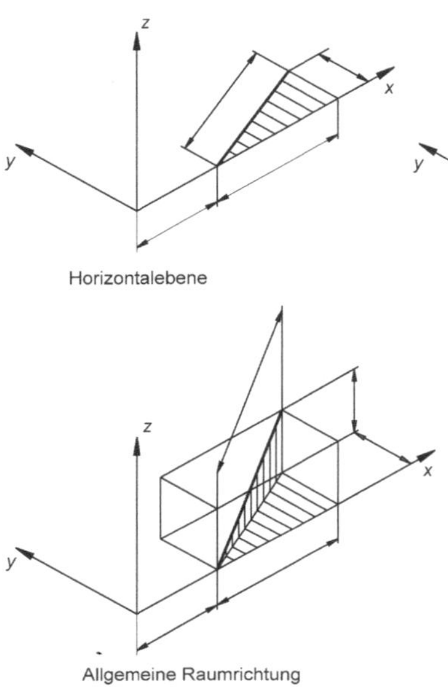

Bild 5.8 Isometrische Projektion im Rohrleitungsbau, nach [94]

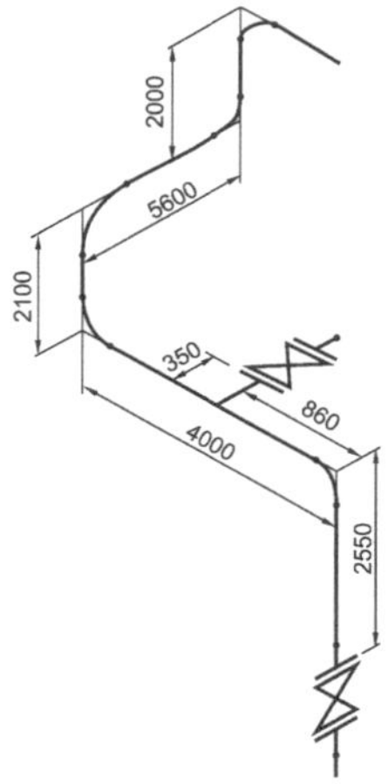

Bild 5.9
Isometrische Zeichnung einer Rohrleitung [89]

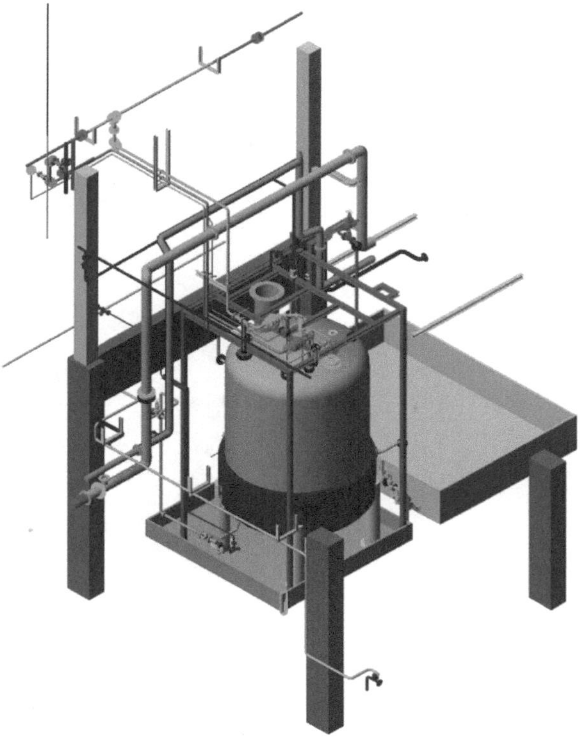

Bild 5.10 Anlagenmodell [89]

Zeitliche Planung des Montageablaufs

Ausgehend von diesen Unterlagen wird die Planung des Montageablaufs vorgenommen. Die Bestimmung der Montagedauer setzt die Gliederung des anstehenden Montageprojekts in Montageverrichtungen bzw. -vorgänge voraus, deren Zeitdauer kalkulatorisch berechnet werden kann. Dafür haben sich die Montagebetriebe erfahrungsbasiert geeignete Kennziffern geschaffen. Die Auflösung des Projekts in einzelne Vorgänge sowie deren mehr oder weniger starke technologische Verknüpfung miteinander sind die Grundlage für die Organisation des Montageablaufs in zeitlich nacheinander und parallel ablaufende Vorgänge. So ist beispielsweise das zeitliche Nacheinander der Vorgänge Schweißnahtvorbereitung – Heften – Schweißen der Wurzel- sowie der Füll- und Decklagen verfahrensbedingt technologisch fixiert und kann nur in dieser Folge realisiert werden. Anderseits kann insbesondere bei der Montage anlageninterner Leitungen Parallelarbeit organisiert werden, etwa in der Weise, dass eine Leitung verschweißt wird, während gleichzeitig für eine andere Leitung die Halterungen montiert werden.

Als Grundlage für die Ablaufplanung ist die **Vorgangsliste** des Montageprojektes (Tabelle 5.3) zu erarbeiten. Sie enthält alle relevanten Vorgänge, deren montagetechnologische gegenseitige Abhängigkeit sowie die kalkulierte Dauer der Montage, gemessen in Zeiteinheiten (ZE). Verallgemeinernd sind die Vorgänge hier mit Buchstaben bezeichnet und ihr Inhalt wurde mit „Montage des Teils 1, 2, ...“ umschrieben.

Tabelle 5.3 Vorgangsliste (Beispiel)

Vorgang	Inhalt	Dauer τ_{ij} in ZE	Vorläufer
A	Montage des Teils 1	10	–
B	Montage des Teils 2	4	–
C	Montage des Teils 3	10	A
D	Montage des Teils 4	3	B
E	Montage des Teils 5	5	C, D
F	Montage des Teils 6	9	A
G	Montage des Teils 7	2	B
H	Montage des Teils 8	7	B
I	Montage des Teils 9	3	E, F, H

Die Ergebnisse der zeitlichen Montageablaufplanung und der technologischen Verknüpfung einzelner Montagevorgänge werden bei der Planung relativ einfacher Projekte in Form eines **Balkendiagramms** (*Gantt, Taylor*) (Bild 5.11) dargestellt. Es zeigt die zeitliche Abfolge der einzelnen Montagearbeitsgänge. Der Vorteil des Balkendiagramms liegt in der mit geringem Aufwand erreichbaren überschaubaren Darstellung. Nachteile ergeben sich bei komplexen Anlagen u. a. durch die Abbildung der Struktur der Montage und durch mangelndes Erkennen von für die Einhaltung des Montageendtermins signifikanten Vorgängen (im Bild 5.11 durch Vollstrich mit Unterstreichung gekennzeichnet).

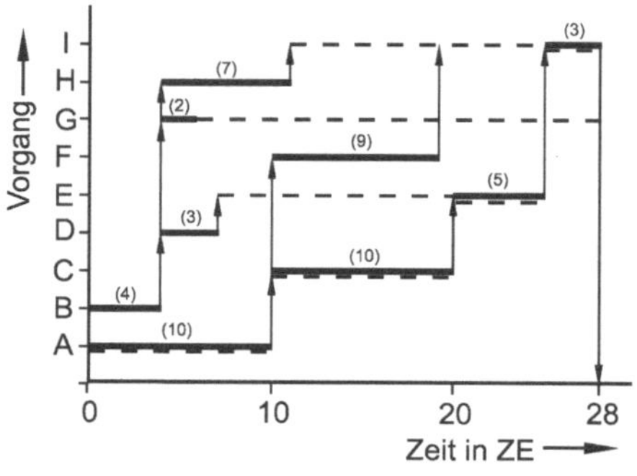

Bild 5.11
Balkendiagramm für den Montageablauf für das Beispiel aus Tabelle 5.3

Komplexe Abläufe, wie sie beispielsweise bei der Montage der Grundausrüstungen und der internen Rohrleitungen in Chemieanlagen auftreten, erfordern in Abhängigkeit von der Größe des Projekts auch entsprechende Methoden zur Ablaufplanung, die effektiver als die Balkendiagramm-Technik sind. Dafür hat sich die Netzplantechnik bewährt. Hier wird nur kurz auf die **Methode des kritischen Wegs** (CPM) eingegangen.

Die **Netzplantechnik** ist Bestandteil der Graphentheorie. Man versteht darunter alle Verfahren, die zur Planung und Steuerung von zeitlichen Abläufen dienen. Der Netzplan ist also die grafische Darstellung von Ablaufstrukturen. Die Entscheidung für oder gegen ihre Anwendung ist von Fall zu Fall zu prüfen. 1956 entwickelte die Firma du Pont de Nemours & Co. eine Methode zur Reduzierung der Zeitaufwendungen im Bereich der Instandhaltung von Chemieanlagen. Durch ihre Anwendung konnte eine deutliche Zeitverkürzung erreicht werden. Dadurch wurde die Verbreitung und Weiterentwicklung der Netzplantechnik initiiert. Die ingenieurtechnische Bearbeitung und Weiterentwicklung der Netzplantechnik erfolgte in den letzten Jahren im Bereich der Organisationswissenschaft und hier insbesondere im Rahmen der Projektablaufplanung. Mit ihrer Hilfe können nunmehr Antworten auf die folgenden technisch relevanten Fragen gegeben werden:

- Wie lange dauert die Montage eines arbeitsteiligen Projekts?
- Welche Arbeitsverrichtungen sind für die Einhaltung der Termine und – vor allem – des Endtermins von besonderer Bedeutung?
- Wie sind die einzelnen Arbeitsverrichtungen miteinander vernetzt bzw. wie sind sie voneinander abhängig?

Das Vorgangs-Pfeilnetz im Bild 5.12 entspricht dem Balkendiagramm im Bild 5.11. Der Netzplan besteht aus nummerierten Knoten bzw. Ereignissen (Anfang bzw. Ende eines Vorgangs) und mit z. B. durch Buchstaben gekennzeichneten Kanten bzw. Vorgängen (hier läuft ein Prozess ab, der in der Regel Arbeitszeit verbraucht). Er gestattet insbesondere das formale Berechnen der Termine der Ereignisse. In diesem Zusammenhang bedeuten:

- T^f – frühester Termin des Ereignisses,
- T^s – spätester Termin des Ereignisses,
- i, j – Nummern der Ereignisse.
- $t_{i,j}$ – Montagedauer.

Der Starttermin für die Montage wird zweckmäßig mit „0“ angesetzt, damit können dann alle Termine einfach in den Kalender übertragen werden. Einzelheiten zur Erarbeitung, Berechnung und Auswertung von Netzplänen findet man in [71] und [72].

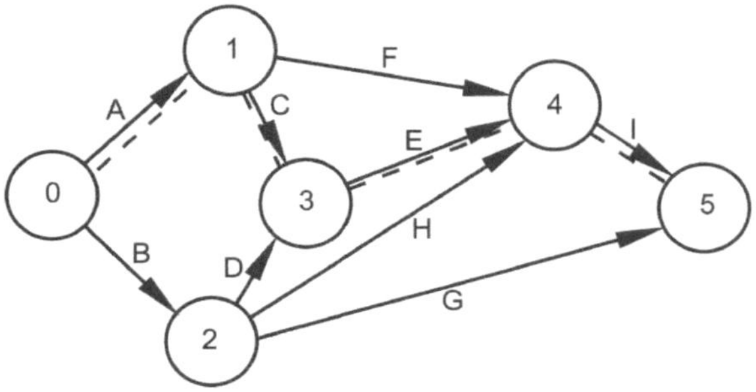

Bild 5.12
Netzplan als Vorgangs-Pfeilnetz für das Beispiel aus Tabelle 5.3

a) Allgemeine Berechnung der Termine und des kritischen Weges

Der **kritische Weg** durch den Netzplan ist zeitlich gesehen der längste Weg vom Startereignis bis zum Zielereignis. Wenn die Vorgänge realisiert sind, die auf dem kritischen Weg liegen, also den größten Zeitaufwand erfordern, dann sind auch die Vorgänge auf den nichtkritischen Wegen abgearbeitet.

1. Startpunkt ist das Ereignis $i = 0$ mit $T_0 = 0$ (s. Bild 5.11 und Bild 5.12, Tabelle 5.3). Von hier aus ist der Netzplan von links nach rechts zu durchlaufen. Dieser Lauf heißt **progressive Terminbestimmung**. Auf diesem Wege wird jedem Ereignis j ein Termin, der **früheste Termin**, zugeordnet. Aus der Definition des kritischen Weges folgt:

   Bestimme den frühesten Termin des Ereignisses j so, dass aus den gegebenen möglichen Terminen der gewählt wird, der am „weitesten hinten" (also rechts auf der Zeitskala) liegt. Wenn so verfahren wird, ist gesichert, dass Ereignistermine, die weiter links, also davor liegen, abgearbeitet werden können.

   Übertragung der Methodik auf das Beispiel (Tabelle 5.3):

   $T_0^f = 0 \longrightarrow T_1^f = T_0^f + \tau_{01} = (0 + 10)$ ZE $= 10$ ZE. Andere Vorgänge münden nicht in das Ereignis $j = 1$, folglich gibt es für das Fixieren von T_1^f keine Wahlnotwendigkeit und -möglichkeit. Weiterhin ist $T_2^f = T_0^f + \tau_{02} = (0 + 4)$ ZE $= 4$ ZE. In das Ereignis 3 münden zwei Vorgänge, nämlich der Vorgang C von $i = 1$ nach $j = 3$ und der Vorgang D von $i = 2$ nach $j = 3$. Für die Festsetzung von T_3^f ergibt sich $T_3^f = T_1^f + \tau_{13} = (10 + 10)$ ZE $= 20$ ZE oder $T_3^f = T_1^f + \tau_{23} = (10 + 3)$ ZE $= 13$ ZE. Der Definition entsprechend ist der längste Weg durch den Graphen zu wählen: $T_3^f = 20$ ZE. Der früheste Termin für das j-te Ereignis ergibt sich also aus dem Maximum aller Wege, die in dieses Ereignis münden:

   $$T_j^f = \max_i \left\{ T_i^f + \tau_{ij} \right\}$$

   $$i < j, j = 1, 2, \ldots, n$$

   Auf einem bekannten Termin T_i^f wird also schrittweise aufgebaut. Jedes Ereignis kann in Abhängigkeit von den in dasselbe Ereignis einmündenden Vorgängen zu verschiedenen Terminen stattfinden. Insbesondere wird von diesen Terminen einer der früheste sein, zu dem er stattfinden darf, ohne den Montageablauf der anderen einmündenden Vorgänge zu stören. Das ist der auf dem längsten Weg liegende Termin. Fährt man auf diese Weise fort, findet man alle frühesten Termine der Ereignisse. Danach ist $T_5^f = 28\,\text{ZE}$ die Gesamtprojektdauer. Sie darf auf keinen Fall überschritten werden.

2. Neben einem frühesten Termin besitzt ein Ereignis auch einen **spätesten Termin** T^s. Der späteste Termin des letzten (des n-ten) Ereignisses wird gleich seinem frühesten Termin gesetzt, d. h., das Zielereignis ist terminlich eindeutig fixiert: $T_n^f = T_n^s$ (bei dem Beispiel der Tabelle 5.3 $T_5^s = 28\,\text{ZE}$). Vom Zielereignis werden nun retrograd – also von rechts nach links im Netzplan – die spätesten Termine der Ereignisse berechnet. Man geht also vom Zielereignis $n = j$ zum Ereignis i zurück, also entgegen dem Pfeilsinn. Die Anzahl der vom Ereignis i ausgehenden Pfeile entspricht der Anzahl der retrograd zu berücksichtigenden Vorgänge. Sie ergeben dann verschiedene Termine für das Ereignis i. Einer davon wird – von i aus gesehen – der nächstliegende sein: Das ist der späteste Termin für das Eintreten des Ereignisses i.

Dieser Termin liegt damit zeitlich am weitesten vor irgendeinem Ereignis j, das von dem betrachteten i ausgeht. Damit ist gesichert, dass die Aktivität, die von i ausgeht und den größten Zeitaufwand erfordert, auch tatsächlich realisiert werden kann, ohne den spätesten Termin von j zu gefährden.

Die frühesten und spätesten Ereignistermine können in folgender Abhängigkeit voneinander stehen: a) $T_i^f = T_i^s$ oder b) $T_i^f < T_i^s$. Im Fall b) liegt zwischen beiden Terminen ein zeitlicher Spielraum, die Pufferzeit $T_i^s - T_i^f$. Im Fall a) ist das Ereignis i terminlich fixiert; i ist ein kritisches Ereignis. Allgemein gilt $T_i^s = \min\limits_j \left\{T_j^s - \tau_{ij}\right\}$ für $i < j$. Für das Beispiel der Tabelle 5.3 folgt:

$$T_4^s = \min\left\{T_5^s - \tau_{45}\right\} = \min\{28 - 3\}\text{ ZE} = 25\text{ ZE}$$

$$T_3^s = \min\left\{T_4^s - \tau_{34}\right\} = \min\{25 - 5\}\text{ ZE} = 20\text{ ZE}$$

$$\begin{aligned} T_2^s &= \min\left\{T_5^s - \tau_{25};\ T_4^s - \tau_{24};\ T_3^s - \tau_{23}\right\} \\ &= \min\{28 - 2;\ 25 - 7;\ 20 - 3\}\text{ ZE} = 17\text{ ZE} \end{aligned}$$

$$T_1^s = \min\left\{T_3^s - \tau_{13};\ T_4^s - \tau_{14}\right\} = \min\{20 - 10;\ 25 - 9\}\text{ ZE} = 10\text{ ZE}$$

$$T_0^s = \min\left\{T_1^s - \tau_{01};\ T_2^s - \tau_{02}\right\} = \min\{10 - 10;\ 17 - 4\}\text{ ZE} = 0\text{ ZE}$$

Wegen $T_0^s = T_0^f = 0$ ist das Startereignis wie das Zielereignis ein kritisches Ereignis. Für die Systematisierung der Netzplandarstellung ist es günstig, auch die frühesten und spätesten Ereignis-Termine bei den Ereignissen zu vermerken (Bild 5.13).

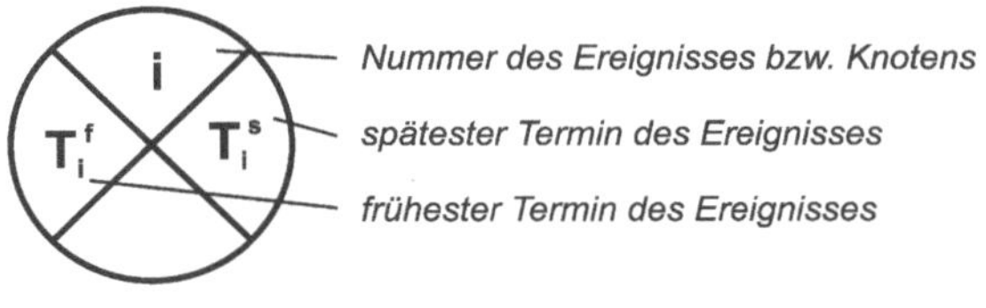

Bild 5.13 Netzplan-Ereignis

Gesucht ist der längste (kritische) Weg durch den Netzplan, für den

- die Ereignisse kritisch sind, also terminliche Gleichheit gegeben ist ($T_j^f = T_j^s$), und
- der Zeitraum zwischen zwei aufeinanderfolgenden Ereignissen i und j genau der Dauer des dort angesiedelten Vorgangs entspricht, also $T_j - T_i - \tau_{ij} = 0$ gilt.

Der kritische Weg besitzt folglich keinen Schlupf. Daraus folgt seine große Bedeutung für die Planung und Überwachung von Bauvorhaben: Das Nichteinhalten eines Termins auf dem kritischen Weg wirkt sich sofort auf den Endtermin des Projekts aus und verschiebt diesen. Leitungsmäßig muss man also besonders auf die Vorgänge achten, die auf dem kritischen Weg liegen. Vorgänge, die nicht auf dem kritischen Weg liegen, heißen nicht- oder subkritisch.

b) Berechnung der Ereignistermine mit der Netzplanmatrix

Entwurf der Netzplanmatrix

n: Anzahl der Ereignisse (im Beispiel 0 ... 5, d. h. $n = 6$)

Man zeichnet eine quadratische Matrix mit $n + 2$ Zeilen und $n + 2$ Spalten (im Beispiel $6 + 2 = 8$ Zeilen und 8 Spalten, s. Tabelle 5.4). In die erste Spalte werden die noch zu errechnenden frühesten Termine eingetragen. Daher erscheint in der ersten Zeile dieser Spalte der Eintrag T^f. In der letzten Zeile der Matrix stehen die noch zu errechnenden spätesten Termine. Das wird durch den Eintrag T^s in der ersten Spalte dieser Zeile angezeigt. In die 1. Zeile werden die Ereignisse j eingetragen (im Beispiel in die Spalten 3 ... 8 die Ereignisse 0 ... 5), in die 2. Spalte die Ereignisse i (im Beispiel in die Zeilen 2 ... 7 die Ereignisse 0 ... 5). Der Übersicht wegen kennzeichnet man die Hauptdiagonale der Matrix (siehe ✗ in Tabelle 5.4).

Die Nummerierung der Knoten erfolgte mittels der „Methode der sukzessiven Elimination der Pfeile“. Die vom Startknoten mit der Ereignis-Nr. 0 ausgehenden Pfeile denkt man sich eliminiert. Der Knoten, der danach keine einmündenden Pfeile aufweist, bekommt die nächste Ereignis-Nr. 1. Sind mehrere Knoten ohne einmündende Pfeile, erhalten sie fortlaufende Ereignisnummern: im Bild 5.12 die 2. Von diesen nunmehr nummerierten Knoten eliminiert man gedanklich wieder die abgehenden Pfeile und vergibt die nächsten Ereignisnummern an die Knoten ohne einmündende Pfeile usw. bis zum Zielknoten.

In die Matrix werden vom Ereignis i zum Ereignis j die Montagedauern t_{ij} der Vorgänge gemäß der Vorgangsliste eingetragen. Für Tabelle 5.3 folgt:

Berechnung der frühesten Ereignistermine T^f mit progressiver Vorgehensweise

Es wird $T_0^f = 0$ gesetzt. Alle in das Ereignis j mündenden Vorgänge, die von beliebigen Ereignissen i ausgehen, stehen in der j-ten Spalte der Matrix. Zur Bestimmung von T_1^f addiert man den frühesten Termin $T_0^f = 0$ mit der in Spalte $j = 1$ stehenden Vorgangsdauer t_{01} zu 0 + 10 ZE = 10 ZE und wählt das Maximum, d. h. $T_1^f = 10$ ZE. Diesen Termin trägt man in der Kopfspalte links neben $i = 1$ ein. Zur Bestimmung von T_2^f, usw. addiert man die in Spalte $j = 2, \ldots$ stehende Vorgangsdauer zu den in der Kopfspalte stehenden und in der gleichen Zeile liegenden frühesten Terminen T^f. Bei T_2^f ist nur ein Vorgang betroffen, d. h. $T_2^f = T_0^f + \tau_{02} = (0 + 4)$ ZE = 4 ZE. Für T_3^f hat man gemäß $T_j^f = \max\limits_i \{T_i^f + \tau_{ij}\}$ die Summe mit den in der 3. Spalte stehenden Daten zu bilden. Hier sind zwei Vorgänge zu beachten: (10 + 10) ZE = 20 ZE bzw. (4 + 3) ZE = 7 ZE, wobei $T_3^f = 20$ ZE ist, da es sich um das Maximum handelt. Der früheste Termin des Endereignisses ergibt sich auf diesem Wege zu 28 ZE.

Berechnung der spätesten Ereignistermine T^s

Man rechnet auch hier retrograd und setzt $T_n^s = T_n^f$ und $T_5^s = 28$ ZE. Alle in ein j-tes Ereignis einmündenden und von einem bestimmten Ereignis i ausgehenden Vorgänge stehen in der i-ten Zeile. Die Bestimmung von T_4^s erfolgt nach dem eingangs gegebenen generellen Schema $T_i^s = \min\limits_j \left\{T_j^s - \tau_{ij}\right\}$. Man subtrahiert von $T_5^s = 28$ ZE die Dauer des in das Ereignis $j = 5$ einmündenden Vorgangs, die in der Zeile $i = 4$ steht, also $\tau_{45} = 3$ ZE: $T_4^s = T_5^s - \tau_{45} = (28 - 3)$ ZE = 25 ZE. Vom Ereignis 4 geht nur ein Vorgang aus und daher kann man nur auf einem Wege von 5 nach 4 gelangen. Der gefundene Termin ist in die Fußzeile in Spalte $j = 4$ einzutragen. Die Berechnung von T_3^s wird analog vorgenommen. Von dem in der Fußzeile stehenden T_4^s ist die in der Zeile $i = 3$ befindliche Vorgangsdauer abzuziehen, sodass sich ergibt: $T_3^s = T_4^s - \tau_{34} = (25 - 5)$ ZE = 20 ZE. Für das zweite Ereignis sind wegen der davon abgehenden drei Vorgänge drei späteste Termine gegeben. Davon ist der dem Ereignis am nächsten liegende auszuwählen:

$$T_2^s = \min\left\{T_5^s - \tau_{25};\quad T_4^s - \tau_{24};\quad T_3^s - \tau_{23}\right\}$$
$$= \min\{28 - 3;\quad 25 - 7;\quad 20 - 3\}\ \text{ZE} = 17\ \text{ZE}$$

Analog findet man den spätesten Termin des ersten Ereignisses mit der Beziehung

$$T_1^s = \min\left\{T_4^s - \tau_{14};\quad T_3^s - \tau_{13}\right\} = \min\{25 - 9;\quad 20 - 10\} = 10\ \text{ZE}$$

und des Startereignisses mit

$$T_0^s = \min\left\{T_2^s - \tau_{02};\quad T_1^s - \tau_{01}\right\} = \min\{17\ -\ 4;\quad 10 - 10\} = 0\ \text{ZE}$$

Das Startereignis ist ein kritisches Ereignis, d. h. es hat keinen Schlupf. Dieses Ergebnis ist gleichzeitig der Beweis dafür, dass die Terminberechnung richtig ausgeführt wurde.

Die Berechnung endet bei $T_0^s = 0$.

Die frühesten und spätesten Termine der Ereignisse sind ablesbar. So kann das Ereignis $i = 2$ frühestens nach Ablauf von 4 ZE und spätestens nach Ablauf von 17 ZE eintreten, ohne dass der Endtermin infrage gestellt wird. Es ist bezüglich dieses Ereignisses ein zeitlicher Schlupf vorhanden. Die gesamte Dauer der Montage ist hier mit 28 ZE ermittelt (Tabelle 5.4). Der kritische Weg wird durch die Vorgänge A–C–E–I bestimmt, d. h., hier sind die Termine nicht mit einem zeitlichen Schlupf ausgestattet und müssen im Interesse des Endtermins unbedingt eingehalten werden. Hierauf ist bei der Terminkontrolle während der Montage grundsätzlich zu achten.

Tabelle 5.4 Netzplanmatrix für das Beispiel aus Tabelle 5.3

T^f	ji	0	1	2	3	4	5
0	0	✗	10	4			
10	1		✗		10	9	
4	2			✗	3	7	2
20	3				✗	5	
25	4					✗	3
28	5						✗
T^s		0	10	17	20	25	28

5.3.2 Montageablauf

Die Montage läuft generell in folgenden Etappen ab:

- Verlauf der Leitung auf der Grundlage der zeichnerischen Unterlagen trassieren,
- Anbringen der Halterungen gemäß den Angaben in der Isometrie, Befestigen der Festpunkte an den dafür vorgesehenen Stellen,
- ggf. Anschlagen des Bauelements am Hebezeug, Durchführung horizontaler und vertikaler Transportverrichtungen,
- Positionieren und Justieren des zu montierenden Elements unter besonderer Beachtung der Fügestellen,
- Fügen der Bauelemente, z. B. Rohr mit der Halterung, Herstellen einer Flanschverbindung, Verschweißen der Rohre.

In Abhängigkeit von der spezifischen Montageaufgabe können diese Etappen in anderer Folge und auch mehrfach durchlaufen werden. Obwohl jedes Montageprojekt unterschiedlich ist, hat sich eine grobe Klassifizierung nach montagetechnologischer Ähnlichkeit der Projekte bewährt.

5.3.2.1 Anlageninterne Rohrleitungen

Die Rohrleitungen in Gebäuden und Anlagen zeichnen sich gegenüber den anlagenverbindenden Rohrleitungen durch eine geringere Länge aus. Bedingt durch die in einer Anlage erkennbare Häufung von Apparaten und Maschinen kann der Stofftransport vielfach nicht auf kürzestem Wege zwischen zwei bestimmten Grundausrüstungen erfolgen. Richtungsänderungen in der Rohrleitungsführung sind die Folge. Des Weiteren zeichnen Zusammenführungen und Verzweigungen von Stoffströmen die Rohrleitungen in Gebäuden und Anlagen aus.

Für die Montagedurchführung sind durch die örtlichen Verhältnisse am Montageort Grenzen gesetzt. Insbesondere ergeben sich Auswirkungen auf die verwendbaren Arbeitsmittel zur Durchführung der jeweiligen Montageverrichtungen. Die horizontale Zuführung der Rohre und Rohrleitungselemente zum Montageort erfolgt unter Berücksichtigung der Zugänglichkeit der Anlage oder des Gebäudes mittels flurgebundener Transportmittel.

In der Anlage müssen die Bauelemente oft noch vertikal transportiert werden, um zu ihrer Einbaustelle zu gelangen. Betrachtet man Anlagen mit mehreren übereinanderliegenden Bühnen, können größere Höhen zu überwinden sein. Zum Heben verwendet man Winden in Verbindung mit Umlenkrollen, Unterflanschlaufkatzen mit zusätzlich angeordneten Montageträgern oder Handhebezüge. Von Fall zu Fall sind Montageöffnungen in Bühnen bzw. Decken erforderlich. Diese sollten, um unnötige Stillstandszeiten während der Montage zu vermeiden, bereits in den Zeichnungen vorgesehen und bauseitig vor der Rohrleitungsmontage realisiert sein. Verschiedentlich lassen sich die Hebearbeiten vorteilhaft mithilfe eines einfachen Säulendrehkrans durchführen, der z. B. an der Stahlkonstruktion der Bühnen zu befestigen ist. Das ist bereits bei der Planung zu beachten.

Im Zusammenhang mit der Rationalisierung der Rohrleitungsmontage wird zunehmend eine Vergrößerung der Bauelemente durchgesetzt. Es sind dann nicht mehr Rohrleitungselemente zu montieren, sondern diese werden im Rahmen der Vorfertigung zu einer größeren Einheit verschweißt und dann montiert. Dafür muss lokal die Zugänglichkeit gegeben sein.

Die Montage der Bauelemente der Rohrleitung in einer Anlage wird zweckmäßig an einem vorgegebenen feststehenden Punkt begonnen. Das wird in der Regel der Flansch eines Apparats oder einer Maschine sein. Hier ist montageseitig zu sichern, dass der Anschluss so erfolgt, dass keine zusätzlichen Biegemomente in den Apparatestutzen eingeleitet werden. Der Anschluss muss kräfte- und momentenfrei erfolgen. Bei der konventionellen Rohrleitungsmontage, die die Montage von Rohrleitungselementen beinhaltet, wird ein kräftefreier Anschluss durch Anpassen eines jeden Bauelements erreicht. Die Montage von Rohrleitungsbauteilen erfordert dagegen eine genaue Maßvorgabe für die Fertigung der Bauteile. Zur Sicherung eines kräftefreien Anschlusses sind für den Toleranzausgleich entsprechende Passlängen vorzusehen.

Bei anlageninternen Rohrleitungen kann dann auch das Schweißen in Zwangslage erforderlich werden. Ebenso wird der Einsatz größerer Montagetechnik, z. B. von Hebezeugen, infolge zu geringer Zugänglichkeit erschwert oder auch ausgeschlossen. Die zeitliche Montagefolge der Rohrleitungen wird beeinflusst von der Montage der Grundausrüstungen der Anlage und ist daher in Abhängigkeit von dieser sowie gemeinsam mit dieser festzulegen.

5.3.2.2 Lineare Rohrleitungen

Die Rohrleitungen auf Brücken, Sockeln, in Kanälen und im Erdreich sind meist länger als Rohrleitungen in Anlagen, weisen aber weniger Richtungsänderungen und Verzweigungen auf. Der Querschnitt einer Rohrleitungsbrücke ist in Bild 5.14 gezeigt.

Entsprechend der linearen Orientierung der Montageeinheit ist hier im Vergleich zur Anlagenmontage mit zunehmendem Montagefortschritt eine größere Ortsveränderung der Montagestelle zu verzeichnen. Diesem Sachverhalt muss bei der Planung der Baustelleneinrichtung Rechnung getragen werden. Die Montage beginnt mit der Montage der Rohrhalterungen mit einem mehrwöchigen Vorlauf vor der Rohrleitungsmontage [54]. Infolge der relativ wenigen Richtungsänderungen in der Leitungsführung kommt der Kompensation auftretender Wärmedehnungen eine besondere Bedeutung zu. In Abhängigkeit von der konstruktiven Ausbildung des Dehnungsausgleichers treten bei seiner Belastung mehr oder weniger große Reaktionskräfte auf, die von den Festpunkten aufzunehmen sind. Die elastischen Dehnungsausgleicher sind beim Einbau entgegen der im Betriebszustand eintretenden Verformungsrichtung vorzuspannen. Dabei richtet sich die Größe der Vorspannung nach den Angaben in den technischen Unterlagen. Entsprechend der Umgebungstemperatur bei der Montage des Kompensators sind ggf. Korrekturen vorzunehmen.

Vom Festpunkt ausgehend nimmt im Betriebszustand die temperaturbedingte Gesamtverschiebung der Rohrleitung in Richtung Dehnungsausgleicher zu. Das muss bei der Montage der Gleitlager berücksichtigt werden. Sie sind bei der Montage so einzustellen, dass sie im Betriebszustand der Rohrleitung mittig auf ihrer Unterstützung aufliegen.

Für den vertikalen Transport der Rohre vom Transportmittel oder Zwischenlagerplatz auf die vorher ausgelegten Halterungen hat sich der Einsatz von Auto- oder Mobilkränen bewährt. Dabei können diese Hebezeuge entsprechend den Montagefreiheitsbedingungen teilweise den Horizontaltransport mit übernehmen.

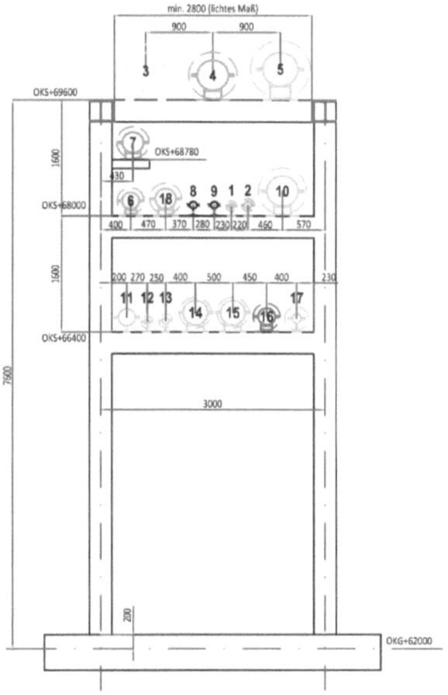

1 Einspritz-H2O RL DN50
2 Einspritz-H2O VL DN80
3 Dampf VE4,5 DN500
4 Dampf VE14 DN400
5 Dampf VE40 DN450
6 Kondensat DT-KRA DN200
7 Deionat KRA von Deionatvorwärmer DN250
8 Kühlturm Dosierleitung DN80
9 Kondensatsammelltg DN80
10 Dampf Reserve DN400
11 Druckluft Reserve DN200
12 Kondensat Reserve DN50
13 Kondensat Reserve DN80
14 Kühlwasser Rücklauf Reserve DN300
15 Kühlwasser Vorlauf Reserve DN300
16 Kondensat von IKB DN200
17 Heizdampf Reserve DN100
18 Kondensat von Sammelbehälter DN250
Profile HEB300

a)

b)

Bild 5.14 Rohrbrücke. a) Beispiel zur Belegung einer Rohrleitungsbrücke. [89] Rohrbrücke. b) Rohrbrücke mit z. T. gedämmten Rohrleitungen [115], c) Leitungen auf Rohrbrücke mit noch unbehandelten Schweißnähten [115]

Die Montage der Rohre mithilfe eines Krans kann nach verschiedenen Varianten erfolgen, die sich durch die erreichbare Effektivität unterscheiden. Die Rohre werden dabei längs der Trasse ausgelegt:

- Montage von Rohren in handelsüblichen Längen,
- Montage größerer vorgefertigter Rohrleitungsbauteile mithilfe von zwei Kränen und im Bedarfsfalle mit entsprechend ausgebildeten Anschlagmitteln, um unzulässige Verformungen (Durchbiegung) während der Montage zu verhindern,
- Montage von Rohren einschließlich vorher aufgebrachter Isolierung,
- Montage vorgefertigter Rohrbrückenfelder mit den zugehörigen Rohrleitungen (passungstechnisch komplizierter Fall der Blockbauweise).

Ist parallel zur Trasse die Kranfahrt nicht möglich, dann kann der Kran nur für den Vertikaltransport eingesetzt werden, während der noch notwendige Horizontaltransport der Rohre auf den Halterungen mit einem Handhebezeug o. Ä. erfolgt.

Erdverlegte Leitungen mit langen Strecken der Trasse, z. B. im Pipelinebau, erfordern besonders hohe Montageleistungen. Um sie zu erreichen, werden die Rohre neben dem Rohrgraben vorgestreckt und komplett, d. h. auch mit den zugehörigen Bögen, zu ebener Erde verschweißt und geprüft. Das Absenken in den vorbereiteten Rohrgraben erfolgt mittels mehrerer gleichzeitig eingesetzter Seitenbaumtraktoren.

5.3.2.3 Schweißverfahren

Das Verschweißen der Rohre (z. B. Bild 5.15) ist in hohem Maße spezialisiert, d. h., das Schweißen einer Naht nimmt ein Team vor und zwar so, dass jeder Schweißer nur eine bestimmte Schweißlage ausführt, beispielsweise die Wurzelnaht. Nachfolgende Schweißer stellen dann die Füll- und Decklagen her [54]. Im Rohrleitungsbau, insbesondere auf der Baustelle unter den dort gegebenen Bedingungen, finden nicht alle Schweißverfahren Anwendung.

Bild 5.15
Schweißarbeiten an Rohren [115]

Bewährte Verfahren sind:

Gasschmelzschweißen (Autogenschweißen)

Durch eine Brenngas-Sauerstoff-Flamme werden der Grundwerkstoff des Rohrs und der Zusatzwerkstoff aufgeschmolzen und verbunden. Als Brenngas dient in der Regel Acetylen, es können aber auch z. B. Erdgas und Propangas verwendet werden. Der Zusatzwerkstoff soll in seiner chemischen Zusammensetzung dem Grundwerkstoff ähnlich sein.

Lichtbogenhandschweißen (Elektrodenhandschweißen)

Dieses Verfahren wird auf der Baustelle am häufigsten angewendet. Ein offener Lichtbogen brennt zwischen einer abschmelzenden Elektrode (Zusatzwerkstoff) und dem Grundwerkstoff. Es werden sowohl Gleich- als auch Wechselspannung verwendet. Als Stromquellen stehen Schweißumformer, -gleichrichter und -transformatoren zur Verfügung. Der Typ der Umhüllung der Elektroden hat wesentlichen Einfluss auf die Festigkeitseigenschaften des Schweißguts. Üblich sind Elektroden mit basischer Umhüllung sowie Zellulose- und Rutilumhüllung. Letztere haben sich für die Wurzelschweißung und auch für Füll- und Decklagen bewährt. Die zelluloseumhüllten Elektroden wendet man vorzugsweise im Fernrohrleitungsbau an. Basisch umhüllte Elektroden eignen sich für größere Schweißquerschnitte bzw. -volumina.

Wolfram-Inertgas-Schweißen (WIG)

Der Lichtbogen brennt zwischen einer nicht abschmelzenden Wolframelektrode und dem Rohr, wobei eine Schutzgasatmosphäre aus Argon das Schweißbad vor dem Luftzutritt schützt. Der Zusatzwerkstoff wird stromlos zugeführt. Es kann mit Wechsel- oder Gleichstrom gearbeitet werden. Das Verfahren eignet sich gut für das Schweißen der Nahtwurzel bei allen Stählen.

Metall-Inertgas-Schweißen (MIG)

Es ähnelt dem WIG-Schweißen, hat allerdings als Elektrode den abschmelzenden Zusatzwerkstoff. Als Inertgas kommt hauptsächlich Argon, auch mit zugefügten Komponenten anderer Gase (z. B. CO_2), zum Einsatz. Es wird Gleichstrom verwendet.

Metall-Aktivgas-Schweißen (MAG, CO2-Schutzgasschweißen)

Das Verfahren stimmt im Prinzip mit dem WIG-Verfahren überein, allerdings dient als Schutzgas reines CO_2 oder auch mit Argon oder Helium versetztes CO_2. Es wird nur mit Gleichstrom gearbeitet. Umfassende Informationen hierzu sind in [54] und [71] zu finden. Eine Übersicht über die Anwendung der Verfahren enthält Tabelle 5.5.

Tabelle 5.5 Ausgewählte Schweißverfahren (Auszug nach [54])

Schweiß-verfahren	Kurz-zeichen	Anwendungsbereich				Bemerkung
		Wanddicke (in mm)	DN	Schweiß-lagen	Anwendungs-ort	
Gasschmelz-schweißen	G	≤ 6	≤ 150	eine Lage	Montagestelle, Werkstatt	nicht für hochlegierte Stähle
Elektroden-handschweißen	E	≤ 6	> 150	Wurzel, Füll-, Deck-, Kapplage	Montagestelle, Werkstatt	
		> 6	alle	Wurzel, Füll-, Deck-, Kapplage	Montagestelle, Werkstatt	
Wolfram-Inert-gas-Schweißen	WIG	alle	alle	Wurzel	Montagestelle, Werkstatt	alle Stähle
				Füll-, Deck-lage	Montagestelle, Werkstatt	hochlegierte und warm-feste Stähle
Metall-Aktivgas-Schweißen	MAG	alle	> 100	Wurzel, Füll-, Deck-, Kapplage	Werkstatt	nicht- und niedrigle-gierte Stähle
Metall-Inertgas-Schweißen	MIG	> 3	> 150	Füll-, Deck-, Kapplage	Werkstatt	hochlegierte Stähle

Die Schweißfuge (Tabelle 5.6) kann durch thermisches Trennen oder durch maschinelle spangebende Bearbeitung hergestellt werden. Die I- und V-Nahtvorbereitung wird bei geringeren Wanddicken durch Brennschneiden vorgenommen. Bei größeren Wanddicken und höheren Qualitätsanforderungen an die Naht ist die mechanische Bearbeitung der Schweißfuge erforderlich. Die Schweißnaht wird in Abhängigkeit von der Wanddicke in mehreren Lagen aufgebaut: Wurzel-, Füll- und Decklagen. Bei zweiseitiger Zugänglichkeit zur Naht besteht die Möglichkeit, bei Bedarf die Wurzel zu entfernen und eine Kappnaht zu schweißen. Zur Sicherung der Nahtqualität kann eine thermische Vor- und/oder Nachbehandlung, abhängig von der Wanddicke und dem Werkstoff, erforderlich sein. Das Vorwärmen verhindert den schnellen Wärmeabfluss aus dem Schweißgut in das kalte Grundmaterial. Die Wärmenachbehandlung trägt zur Ausbildung des geforderten Gefüges der Schweißnaht bei und reduziert Schweißspannungen. Für die Wärmebehandlung nutzt der Montagebetrieb z. B. Ringbrenner, Infrarotstrahler, Glühmatten und Induktionsspulen. Grundsätze für die Wärmebehandlung sind in den AD-Merkblättern HP 7/1 … 3 angegeben.

Tabelle 5.6 Ausgewählte Fugenformen im Rohrleitungsbau, Auszug aus DIN EN 29692

Benennung	Fugenform Sinnbild, Bild	Schweiß-verfahren	*s* (in mm)	*α* (in °)	*b* (in mm)	*c* (in mm)	*h* (in mm)
I-Naht einseitig geschweißt	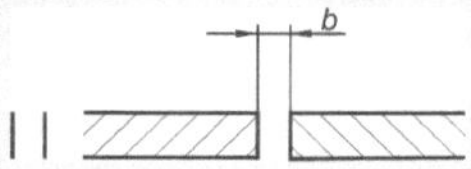	G	≤3	–	2...3	–	–
		WIG	≤2	–	≤2	–	–
		E	≤3	–	1...3	–	–
		MIG/MAG	≤6	–	≤2	–	–
V-Naht	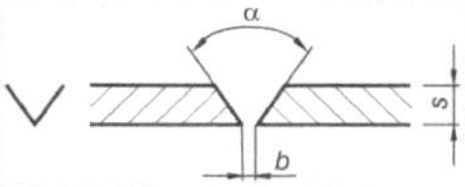	G	3...6	50...60	2...4	–	–
		WIG	2...8	50...60	2...4	–	–
		E	3...16	50...60	2...4	–	–
		MIG/MAG	3...16	40...60	≤3	–	–
Y-Naht	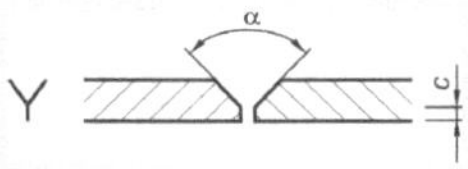	E fallend	≥3	50...60	1,5±0,5		–
U-Naht auf V-Wurzel	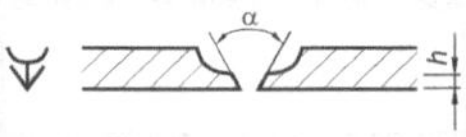	WIG	≥12	50...60	1...3	–	3...4

5.3.3 Qualitätssicherung

In Abhängigkeit von der Art der Montageeinheit und von der Spezialisierung des Montagebetriebs können fremde und eigene Bauelemente zum Einbau gelangen. Werden eigene Bauelemente durch den Montagebetrieb hergestellt, ist er auch verantwortlich für deren qualitätsentsprechende technologische Vorbereitung. Bereits mit der Übernahme fremder Bauelemente durch den Montagebetrieb sind im Zusammenhang mit ihrer Qualitätssicherung die Kontrollen

- der Bauelemente auf Transportschäden,
- der Lieferung auf Vollzähligkeit,
- der Vollständigkeit der Dokumentation und ihrer Übereinstimmung mit den gelieferten Bauelementen

durchzuführen. Werden die Bauelemente bis zu ihrer Montage gelagert, sind die damit verbundenen Transport-, Umschlag- und Lagerprozesse so auszuführen, dass dadurch die den Anlieferungszustand kennzeichnenden Qualitätsmerkmale erhalten bleiben. Gleichzeitig sind Maßnahmen zur Sicherung einer verlustlosen Aufbewahrung durchzuführen. Zur Qualitätserhaltung großer Bauelemente gehört auch, dass sie zu Transport- und Umschlagzwecken nur an den dafür vorgesehenen und gekennzeichneten Stellen angeschlagen werden. Nicht jede Verpackung und Teilverpackung darf bereits im Zwischenlager entfernt werden. Aus Gründen der Erhaltung eines definierten und seitens der betreffenden Lieferbetriebe garantierten Reinheitszustands bestimmter Bauelemente ist deren Verpackung erst unmittelbar vor ihrer Montage unter Aufsicht der zuständigen Leiter zu entfernen. Durch zu frühes und unsachgemäßes Entfernen der Verpackung geht meist die Gewährleistungspflicht auf den Montagebetrieb über. Im Rohrleitungsbau sind z. B. öl- und fettfrei gelieferte Armaturen für Sauerstoff-Rohrleitungen solche Bauelemente. Bei falscher Behandlung dieser Bauelemente während der Lagerung muss der Montagebetrieb ihre z. T. mit erheblichem Kosten- und Zeitaufwand verbundene komplette Nachentfettung veranlassen, da mit vorsätzlicher oder fahrlässiger Verunreinigung gerechnet werden muss. Andere Bauelemente müssen in Abhängigkeit von der zu erwartenden Lagerzeit und von den klimatischen Bedingungen, unter denen die Lagerung erfolgt, einen temporären Korrosionsschutz erhalten (z. B. Schutzlack, Öl). Dieser ist vor der Montage wieder sorgfältig zu entfernen (Herstellung des projektgerechten Einbauzustands der Bauelemente).

Während der Montage sind die Bauelemente erneut Beanspruchungen ausgesetzt, die zu einer Qualitätsminderung (Lackschäden, Verformungen, Brüche, Eintragen von Verunreinigungen in das Innere von Hohlkörpern) führen können. Um diese zu vermeiden, sind entsprechende qualitätserhaltende montagetechnologische Vorkehrungen zu treffen. Dazu gehört auch insbesondere die ständige Qualifizierung der Monteure bzw. ihre montagespezifische Unterweisung.

Bei der Montage stehen aus der Sicht der Qualitätssicherung

- die Struktur der Anlage, d. h. ihre geometrische Konfiguration,
- die Fügestellen (lösbar und unlösbar) sowie
- der technische Zustand der Montageeinheit

in dem Maße im Vordergrund, wie sie zum Liefer- und Leistungsumfang des betreffenden Montagebetriebs gehören. Die Einhaltung der im Projekt festgelegten Maße (Längen und Winkel) ist dabei ein Schwerpunkt. Die Maßeinhaltung ist während der Montage der Ausrüstungen ständig zu kontrollieren, da hiervon die Funktionsfähigkeit der Anlage unmittelbar beeinflusst werden kann (z. B. senkrechte Stellung von Apparaten).

Ein weiterer Schwerpunkt der strukturellen Qualitätssicherung besteht in der Vollständigkeit der Montageeinheit und in der richtigen Einbaulage der Bauelemente. In diesem Zusammenhang kommt, ohne die diesbezügliche Verantwortung des Montagebetriebs schmälern zu wollen, der augenscheinlichen Kontrolle des erreichten Montagefortschritts durch den Planungsingenieur eine große Bedeutung zu. Sie ist notwendig, da erfahrungsgemäß in den Planungsunterlagen nicht alle die Montage beeinflussenden Probleme umfassend dargestellt sind und sich daraus Abweichungen gegenüber dem konzipierten Zustand ergeben können. Diese Probleme sind im Rahmen der Autorenkontrolle unmittelbar zu klären. Die Autorenkontrolle kann sich schwerpunktmäßig auf

- die projektgerechte Montage der Grundausrüstungen und Rohrleitungen,
- den richtigen Einbau der Armaturen in Fließrichtung,
- den Einsatz der vorgesehenen Werkstoffe,
- die Einhaltung eines vorgeschriebenen Gefälles von Rohrleitungen,
- die ordnungsgemäße Kennzeichnung der Rohrleitungen,
- die Zugänglichkeit von Be- und Entlüftungen bzw. Entwässerungen

und auf andere Sachverhalte erstrecken.

Bei der Rohrleitungsmontage sind die Toleranzen von Bau, Stahlbau, der Grundausrüstungen und der Rohrleitungselemente zu beachten und zu kompensieren. Toleranzbedingte Anpassarbeiten vor Ort erhöhen allerdings den Montagezeitaufwand.

Besondere Sorgfalt muss bei der Montage von richtungsändernden Rohrleitungselementen aufgebracht werden. Die hier zulässige Winkelabweichung kann z. B. bei Verbindung eines geraden Rohrs mit einem Krümmer letztlich zu erheblichen Maßabweichungen in horizontaler oder vertikaler Richtung (je nach Einbaulage des Krümmers) führen. Mit fortschreitender Montage muss sich daher der Monteur stets durch Messung von der Einhaltung der vorgegebenen Maße überzeugen, wobei er im Bedarfsfalle zur Herstellung der Maßhaltigkeit der Lage der Rohrleitung Justiervorgänge zwischenschalten muss. Die Maßabweichungen, die sich aus der Summe der Einzeltoleranzen der Bauelemente ergeben, entstehen unabhängig vom Monteur. Er muss in diesem Fall seine Aufmerksamkeit darauf richten, zur Herstellung der projektgerechten Lage der Rohrleitung die Abweichungen an geeigneter Stelle zu kompensieren. Vom Monteur abhängige Maßabweichungen können während des Montageprozesses an den Fügestellen der Rohre entstehen. Als Ursachen kommen dafür in Frage:

- mangelhafte Schweißnahtvorbereitung,
- das Rohrende steht nicht rechtwinklig zur Rohrachse,
- der Luftspalt zwischen den zu fügenden Rohrleitungselementen hat längs des Rohrumfangs keine konstante Breite.

Zulässige Toleranzen sind in Tabelle 5.7 angegeben.

Tabelle 5.7 Toleranzklassen, Auszug aus DIN 8570-DH

Grenzmaße für	Nennmaßbereich in mm					
	≤ 30	> 30 … 120	> 1000 … 2000	> 4000 … 8000	> 12 000 … 16 000	> 20 000
Länge (in mm)	1	4	12	21	32	40
Winkel (in °)	1° 30'	1° 30'	1°	1°	1°	1°
Form, Lage (in mm) (Ebenheit, Geradheit, Parallelität)	2,5	2,5	14	26	36	40

5.3.3.1 Qualitätssicherung der Fügestellen

Für die Funktionsfähigkeit und Betriebssicherheit der montierten Rohrleitungen ist die Gewährleistung einer hohen Qualität der Fügestellen der Rohrleitungselemente ausschlaggebend. Bei der Herstellung von Schraubverbindungen der Rohrleitung hat der Monteur folgende Hinweise besonders zu beachten:

- Beim Einbau von **Flanschen** dürfen deren Dichtflächen nicht beschädigt sein. Schadhafte Dichtflächen können insbesondere bei höheren Drücken und Temperaturen zu Undichtheiten führen, die auch durch das Einlegen neuer Dichtungen nicht mehr behoben werden können. Beschädigte Dichtflächen sind nach Möglichkeit nachzuarbeiten.
- **Schrauben** sind gleichmäßig (z. B. mit dem Drehmomentenschlüssel) kreuzweise anzuziehen.
- **Dichtungen** müssen stets zentrisch in die Flanschverbindungen eingelegt werden. Exzentrisch eingelegte Dichtungen stellen für das in der Rohrleitung strömende Medium einen zusätzlichen Strömungswiderstand dar, können zerstört werden und zu Schäden in der Anlage führen.

Die hohen Anforderungen, die an die Schweißverbindungen in einer Rohrleitung gestellt werden, setzen die fachliche Qualifikation der Schweißer und eine hinreichende Kontrolle der Schweißnähte voraus. Der Schweißnahtbereich der zu fügenden Bauelemente muss trocken, frei von Zunder, Rost, Öl und sonstigen Verschmutzungen sein. Ein gleichmäßiger dünner und festhaftender Zunder (sog. Walzhaut) darf belassen werden. Bei korrosionsgeschützten Bauelementen ist das Korrosionsschutzmittel, sofern es nicht überschweißbar ist, im Schweißnahtbereich zu entfernen.

Die zu verwendenden **Schweißzusatzstoffe** dürfen keine Beschädigungen, Verunreinigungen oder Feuchtigkeit aufweisen. Falls erforderlich, sind sie unter Beachtung der Angaben des Herstellers in auf der Baustelle vorhandenen Elektroden-Trockenschränken zu trocknen. Die Trockenzeiten betragen im Allgemeinen:

- für kalkbasisch ummantelte Elektroden 2 h bei 250 ... 300 °C,
- für Schweißpulver 4 h bei 350 ... 400 °C.

Von wesentlichem Einfluss auf die Erzeugnisqualität ist die **Schweißfolge**. Sie ist bei komplizierten Bauelementen vom verantwortlichen Technologen vorzugeben. Das Ermitteln und Festlegen der richtigen Schweißfolge dient dazu, das Auftreten unzulässiger Verformungen des Bauelements zu vermeiden sowie zusätzliche Spannungen im Schweißnahtbereich zu mindern. Als günstig erweist es sich, komplizierte Bauelemente höherer Ordnung so in Bauelemente niederer Ordnung aufzulösen, dass diese vollständig unter Werkstattbedingungen gefügt und notfalls gerichtet werden können. Auf der Baustelle sollten dann nur noch einfache Schweißnähte ausgeführt werden.

Allgemein gelten folgende Regeln:

- Die Schweißfolge ist so festzulegen, dass die zu fügenden Bauelemente ungehindert schrumpfen können. Nähte, die zu einer starren Verbindung von Bauelementen führen, sollten als letzte geschweißt werden.
- Treffen Längs- und Querstumpfnähte zusammen, sind die Quernähte als erste zu schweißen.
- Bei sich kreuzenden Stumpfnähten ist die in Beanspruchungsrichtung liegende durchgehend zu schweißen.
- Symmetrisch angeordnete Nähte sollten durch Einsatz mehrerer Schweißer gleichzeitig hergestellt werden.
- Beim Schweißen großer Nahtlängen ist insbesondere beim E-Schweißen die erste Lage im Pilgerschrittverfahren herzustellen.
- Das Zünden des Lichtbogens beim E-Schweißen sollte nur an einer solchen Stelle erfolgen, die beim Schweißen aufgeschmolzen wird (sonst Kraterbildung, Angriffspunkt für Korrosion, Kerbwirkung in Abhängigkeit von der Belastung).

Nach dem Schweißen sind die Nähte zu entschlacken und so zu belassen, sofern in den Ausführungsunterlagen nicht weitere Maßnahmen (z. B. Abschleifen der Nahtüberhöhung) festgelegt sind. Werden hochlegierte Cr-Ni-Stähle verarbeitet, sind im Interesse der Korrosionsvermeidung im Schweißnahtbereich die Anlauffarben zu beseitigen. Hierfür wendet man meist Beizpasten an. Nach dem Beizen sind die behandelten Stellen zu spülen und zu neutralisieren.

Als **Schweißnahtfehler** können in Erscheinung treten [71]:

äußere Fehler (Form- und Messabweichungen, die sich visuell oder mit einfachen Messmitteln feststellen lassen) wie

- nicht vollständig gefüllte Stumpfnähte,
- zu schwach ausgeführte Kehlnähte,
- Risse,
- nicht geschlossene Endkrater,
- Einbrandkerben, Zündstellen, Schweißspritzer,
- Verformungen;

innere Fehler (Defekte in der Schweißnaht, über die erst eine zerstörende oder zerstörungsfreie Werkstoffprüfung Aufschluss gibt) wie

- Wurzel- und Bindefehler,
- Poren, Metall- und Schlackeneinschlüsse,
- innere Risse.

In den für die Herstellung, Abnahme und den Betrieb geschweißter Erzeugnisse maßgebenden Vorschriften sind Festlegungen über die Zulässigkeit von Fehlern in der Schweißnaht enthalten.

5.3.3.2 Zerstörungsfreie Schweißnahtprüfung

Sichtprüfung

Eine Sichtprüfung muss jeder Schweißer vornehmen und dabei jede Schweißnaht in Augenschein nehmen. Schwerpunkt der Prüfung sind die Breite und Höhe der Decknaht, der Durchhang der Schweißwurzel, die fluchtende (versatzlose) Ausrichtung der Schweißkanten, an der Oberfläche erkennbare Poren, Risse und Kerben. Erkannte Fehlstellen sind sofort zu beheben.

Ultraschallprüfung (US-Prüfung)

Das Prüfen von Schweißverbindungen mit dem Impuls-Echo-Verfahren mit Normal- oder Winkelprüfköpfen ist von der Form des Prüflings und von der Lage der Naht abhängig. Außerdem ist die Einschallrichtung so zu wählen, dass die gefährlichsten Fehler, im Allgemeinen Längsrisse, mit Sicherheit gefunden werden. Die Senkrechteinschallung von der Nahtoberfläche her ist ungünstig, weil dazu die Schweißnahtüberhöhung abgearbeitet werden muss. In den meisten Fällen verschweißter Rohre ist das Anwenden von Winkelprüfköpfen geeignet. Der Aussagewert der Prüfung wird von der Kopplung des Prüfkopfs mit der Werkstückoberfläche bestimmt. Günstige Verhältnisse erreicht man durch Verwenden von Wasser als Kopplungsmedium. Die Werkstückoberfläche ist vor der Prüfung von Zunder, Rost, Schweißspritzern u. a. zu reinigen. Das auf dem Bildschirm erscheinende Fehlerecho gibt Auskunft über den Schweißnahtfehler. In Zweifelsfällen ist zusätzlich ein anderes Verfahren, beispielsweise die Röntgenprüfung, anzuwenden.

Mit der Ultraschallprüfung lassen sich Risse, Bindefehler, Schlackeneinschlüsse und Poren bei Werkstoffdicken > 6 mm gut erkennen. Von Nachteil ist das Fehlen eines Prüfdokuments. Dagegen ist die Wirtschaftlichkeit dieses Verfahrens unbestritten, insbesondere sind die Geräte handlich und gestatten eine sofortige Aussage über die Nahtqualität.

Röntgen- und Gammadefektoskopie

Rundnähte werden günstig von innen nach außen durchstrahlt. Auch radioaktive Isotope können verwendet werden. Die Geräte sind handlicher, erfordern aber einen höheren sicherheitstechnischen Aufwand. Ein Vorteil dieses Verfahrens ist es, dass die Bilder als Beleg zur Verfügung stehen. Um die Zuordnung von Bild und Naht zu ermöglichen, werden die geprüften Nähte nummeriert und in die Rohrleitungszeichnungen eingetragen. Der Film erhält die gleiche Nummer.

Magnetpulververfahren

Es gestattet das Erkennen von Fehlern an oder dicht unter der Oberfläche (Risse, Poren, Lunker). Tiefer liegende Fehler sind auch erkennbar, jedoch muss dafür ein größerer Magnet eingesetzt werden. Im Werkstoff lenken Gefügeunterbrechungen (also Fehler) die magnetischen Feldlinien ab. Dadurch treten an Fehlerstellen in Oberflächennähe die Kraftlinien teilweise aus dem Werkstück heraus. Der magnetische Widerstand des Streuwegs lässt sich verringern, wenn man magnetisierbares Pulver auf die Werkstückoberfläche aufschwemmt oder aufbläst. Das Pulver wird unter dem Einfluss der aus dem Werkstoff ausgetretenen Kraftlinien festgehalten und zeigt dadurch die Fehlerstellen an. Beim Aufbringen des Pulvers ist zu beachten, dass die damit verbundenen mechanischen Kräfte kleiner als die magnetischen Haftkräfte sein müssen, damit eine Fehleranzeige zustande kommen kann. Bei sorgfältiger Arbeitsweise können mit diesem Verfahren Risse von etwa 10^{-4} mm Breite sichtbar gemacht werden. Die Anzeige ist dabei am besten, wenn die Gefügefehler orthogonal zum Verlauf der magnetischen Feldlinien orientiert sind.

Rissprüfung mit Penetrierflüssigkeit

Ein einfaches Verfahren zur Ermittlung von Rissen in der Schweißnaht besteht im Anwenden einer Prüffarbe. Der Farbstoff wird auf die Werkstückoberfläche aufgetragen und diffundiert in den Riss. Nach dem Trocknen wird der Farbstoff abgewischt und ein weißer Farbstoff auf Methanolbasis aufgespritzt. Der im Riss verbliebene Farbstoff markiert dann auf der weißen Fläche den Verlauf des Risses. Dieses Verfahren liefert nur bei glatten und metallisch reinen Oberflächen eindeutige Ergebnisse.

Diffusionsprüfung

Durchgehende Risse oder Poren können bei Schweißnähten unter Baustellenbedingungen auch mit der Kalk-Petroleum-Prüfung sichtbar gemacht werden. Die zu prüfenden Stellen erhalten auf der Oberfläche eine dünne Kreideaufschlämmung. Nach ihrem Trocknen wird die Gegenfläche mit Petroleum eingestrichen. Das Petroleum diffundiert durch die Fehlerstellen der Naht und zeichnet diese auf der Kreideschicht sichtbar an. Die Diffusionszeit beträgt bei

- Wanddicken bis 6 mm 40 ... 60 min,
- Wanddicken von 6 ... 25 mm 60 ... 90 min.

Dieses Verfahren wird im Rohrleitungsbau zur Dichtheitsprüfung von Schweißnähten angewendet, insbesondere wenn es sich um bituminierte Rohrleitungen handelt.

5.3.3.3 Innenreinigung von Rohrleitungen

Die Notwendigkeit der Innenreinigung von Rohrleitungen aus niedrig- und unlegiertem Stahl kann sich ergeben aus

- der Sicherung spezifischer Qualitätsmerkmale der durch die Rohrleitungen zu befördernden Medien,
- der Reinhaltung der nachgeschalteten verfahrenstechnischen Ausrüstungen sowie
- Forderungen des Arbeits- und Brandschutzes.

Lokale Reinheitsforderungen können werkstoffabhängig aus Gründen der Erhaltung des Qualitätszustands der Rohrleitung gestellt werden (z. B. Reinigen der Schweißnahtzone bei Rohren aus austenitischem Stahl).

In Rohrleitungen sind folgende Verunreinigungen möglich:

- feste, überwiegend schichtförmige mehr oder weniger intensiv auf dem Grundwerkstoff haftende Verunreinigungen wie Zunder-, Rost- und Salzschichten, Öle, Fette,
- feste Stoffe, die meist locker am Grundwerkstoff haften, wie Staub, Späne, Schweißgut und Sand.

Die anwendbaren Reinigungsverfahren sind von der Art der Verunreinigung abhängig. Allgemein können mechanische, thermische und chemische Verfahren angewendet werden. Unter zeitlichem Aspekt ist zwischen dem Reinigen vor und nach der Montage zu unterscheiden. Für diese Fälle sind jeweils verschiedene Reinigungsverfahren anwendbar, wobei für die Verfahrensauswahl auch Einflüsse aus der Umgebung der Montageeinheit mit maßgebend sind. Das Reinigen erfolgt im Interesse einer hohen Qualität in der Regel in den Stufen Vor- und Nachreinigung, wobei jeweils verschiedene Verfahrenskombinationen angewandt werden können. Die Rohrleitungen sind so für das Reinigen vorzubereiten, dass

- die gesamte Rohrinnenwand gereinigt wird,
- Armaturen, Dichtungen sowie andere beim Reinigen gefährdete Bestandteile der Rohrleitung aus dem Reinigungsprozess ausgeschlossen werden.

Das Entfernen fester Stoffe, die locker am Grundwerkstoff haften, wird vor oder nach der Montage auf mechanischem Weg durchgeführt. Vor der Montage ist jedes Rohr mit einer Stahlrundbürste zu reinigen. Die gelösten Schmutzteilchen sind durch Schrägstellen des Rohrs und Abklopfen oder durch Ausblasen mit Druckluft zu entfernen. Nach der Montage sind eingetragene grobe Verunreinigungen im Allgemeinen durch Ausblasen mit Druckluft oder Dampf bzw. durch Spülen mit Brauchwasser (Geschwindigkeit 3 ... 5 m/s) zu entfernen. Spezifische Forderungen können rohrleitungsabhängig vereinbart werden.

Längere lineare Rohrleitungen können innen mithilfe eines **Molches** (Bild 5.16) gereinigt werden. Das ist ein zylindrischer Körper mit an seinem Umfang angeordneten Reinigungs- und Dichtungselementen. Er wird meist mit Druckluft durch die Rohrleitung gefördert. Molche können auch aus Segmenten gefertigt und durch Scharniere miteinander verbunden werden. Molche dieser Bauart sind in Rohrleitungen mit Richtungsänderungen einsetzbar.

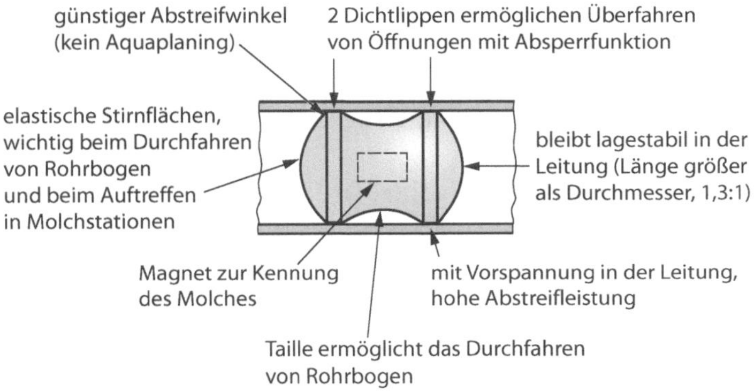

Bild 5.16
Molch [73]

Entfetten von Stahlrohren

Das Entfetten wird meist auf chemischem Weg durchgeführt. Dafür gibt es mehrere Möglichkeiten. Man kann z. B. alkalische Reinigungsmittel (etwa 10 %ige Lösungen von Soda, Ätznatron o. a.) bei Arbeitstemperaturen um 80 °C anwenden. Zur Verbesserung der Reinigungswirkung sind dem Entfettungsmittel scheuernd wirkende Stoffe zuzusetzen. Darüber hinaus wirkt sich eine Relativbewegung zwischen Entfettungslösung und Rohrwand positiv aus.

Zu den organischen Reinigungsmitteln gehören die nichtbrennbaren Lösungsmittel Trichlorethylen (C_2HCl_3) und Perchlorethylen (C_2Cl_4). Sie weisen gegenüber tierischen, pflanzlichen und mineralischen Fetten ein gutes Lösungsvermögen auf, versagen jedoch bei wässrigen Bohrölemulsionen oder bei seifenartigen Verunreinigungen. Die mit diesen Lösungsmitteln behandelten Werkstoffe trocknen sofort nach ihrer Entnahme aus dem Entfettungsbad. Ein Nachteil ist ihre Giftigkeit. Da sie schwerer als Luft sind, müssen bei Anwendung in geschlossenen Räumen arbeitsschutztechnische Maßnahmen vorgesehen werden. Entlüftungsmöglichkeiten sind in Fußbodennähe zu schaffen. Zur Vermeidung von Dampfbildung darf mit beiden Entfettungsmitteln nur im Kaltverfahren gearbeitet werden. Trichlor- und Perchlorethylen können sich bei anhaltender starker Sonnenbestrahlung und Überhitzung sowie unter Einwirkung von Säuren und Aluminiumspänen zersetzen und hochgiftige Gase bilden. Daher sind besonders beim Arbeiten im Freien Abdeckmöglichkeiten für das Entfettungsbad zu schaffen.

Ein weiteres Entfettungsmittel ist Trifluortrichlorethan [74], das für das Entfetten von Rohrleitungen für den Sauerstofftransport verwendet werden kann. Es ist unbrennbar und bildet keine explosiblen Gemische. Die Entfettungsdauer ist abhängig vom Grad der Verfettung der Rohrwandung. Fettfreiheit kann im partiell bewegten Bad bereits nach 0,5 h erreicht werden. Es empfiehlt sich, die Entfettungswirkung des zu verwendenden Lösungsmittels vor großtechnischer Anwendung im Labormaßstab zu ermitteln.

Zum ersten Nachweis der Fettfreiheit der gereinigten Oberfläche genügt die Wassertropfenprobe: Bei fettfreier Oberfläche zerfließt ein darauf gebrachter Wassertropfen, während das bei fettiger Oberfläche nicht der Fall ist. Gleichzeitig ist der Zustand des Entfettungsbades auf analytischem Weg zu untersuchen.

5.3.3.4 Entrosten und Entzundern von Stahlrohren

Mechanische Verfahren

Vor der Montage der Rohre sind verschiedene Strahlverfahren zum Entrosten anwendbar. Dafür dürfen metallische und nichtmetallische Strahlmittel verwendet werden. Durch Druckluftstrahlen, vorzugsweise mit Stahlkies, ist eine gründliche Reinigung bis „metallisch blank" erreichbar. Das Strahlen kann in ortsfesten oder mit ortsveränderlichen Anlagen durchgeführt werden. Wichtig ist es, das Strahlmittel trockenzuhalten, um die sofortige Neubildung von Rost auf der gereinigten Fläche zu erschweren.

Nach der Montage kann die erosive Wirkung von strömendem Wasserdampf für das Entzundern und Entrosten ausgenutzt werden. Dazu wird Dampf kurzzeitig in Phasen von 15 ... 30 min mit Geschwindigkeiten von mehr als 50 m/s durch die zu reinigende Rohrleitung geleitet. Zwischen den Phasen sind Pausen zum Abkühlen der Rohrwand einzulegen. Durch die temperaturbedingten Dehnungsdifferenzen lösen sich noch haftende Zunderreste.

Chemische Verfahren

Die chemischen Verfahren zum Entfernen von Korrosionsprodukten auf Metallen sind als **Beizen** bekannt [75]. Dafür steht eine Reihe erprobter Säuren zur Verfügung. Bekannt und bewährt ist das Beizen mit verdünnter Salzsäure (HCl), Schwefelsäure (H_2SO_4) und Phosphorsäure (H_3PO_4). Neben der beim Beizen erwünschten Auflösung der Rost- und Zunderschichten ist aber auch eine unerwünschte Reaktion der Beizsäure mit dem Grundwerkstoff zu verzeichnen. Sie ist abhängig von der verwendeten Säure und von deren Konzentration. Zur Verringerung dieser Reaktion werden der Beizsäure sog. **Sparbeizen** (Inhibitoren) zugesetzt.

Die Beizgeschwindigkeit wird wesentlich von der Beiztemperatur bestimmt. Im Allgemeinen nimmt das Lösungsvermögen des Beizmediums mit steigender Temperatur zu. Der Erhöhung der Beizgeschwindigkeit dient auch eine Relativbewegung zwischen Beizmedium und Rohrwandung. Versuche zeigten, dass dadurch eine Verringerung der Beizzeit auf etwa die Hälfte der bei ruhendem Medium erforderlichen Zeit möglich ist. Schwefelsäure und Salzsäure ermöglichen eine relativ hohe Beizgeschwindigkeit, wobei die Beizwirkung der Salzsäure vorwiegend durch Auflösung des Zunders entsteht, während die Schwefelsäure die poröse Schicht der Korrosionsprodukte durchdringt und den Grundwerkstoff angreift. Dadurch kommt es zur Lösung des Zunders von seiner Unterlage und damit zur Absprengung des Zunders [75].

Dem Vorteil der hohen Beizgeschwindigkeit stehen einige Nachteile gegenüber, die besonders unter Baustellenbedingungen zu beachten sind:

- Es sind besondere arbeitsschutztechnische Vorkehrungen erforderlich.
- Es ergibt sich eine Aktivierung der gebeizten Rohrwandung, die in kurzer Zeit zur Bildung von Flugrost führt, wenn nicht entsprechende Maßnahmen zum Spülen und Passivieren der betreffenden Flächen durchgeführt werden.

Phosphorsäure ist eine dreibasige Säure. Sie bildet wasserlösliche primäre Eisenphosphate $Fe(H_2PO_4)_2$ bei höherer Konzentration (etwa 10 %) sowie mit zunehmender Verdünnung wasserunlösliche sekundäre $[Fe_2(HPO_4)_3]$ und tertiäre $[Fe_3(PO_4)_2]$ Eisenphosphate. Sekundäre und tertiäre Eisenphosphate können daher schichtbildend wirken und somit einen temporären Korrosionsschutz nach dem Beizen bieten. Weitere Vorteile der Phosphorsäure sind folgende:

- Bei höheren Beiztemperaturen bilden sich keine korrosiven Dämpfe, es entsteht keine Geruchsbelästigung.
- Ihre Abtraggeschwindigkeit ist geringer als bei Schwefel- oder Salzsäure, dadurch verringert sich die Gefahr des Überbeizens.

Technologische Varianten der chemischen Innenreinigung von Rohren zeigt Bild 5.17. Das Anwenden eines speziellen Verfahrens wird durch die auf der Baustelle gegebenen Möglichkeiten bestimmt und vom Montageablauf entscheidend beeinflusst.

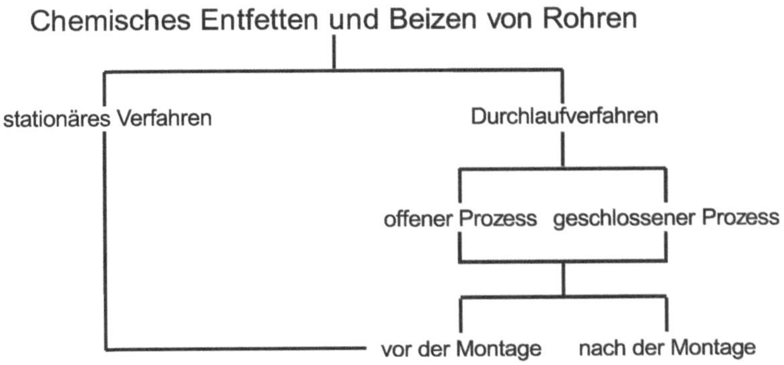

Bild 5.17 Technologische Varianten der chemischen Innenreinigung von Rohren

Das stationäre Verfahren und das Durchlaufverfahren unterscheiden sich durch die Relativgeschwindigkeit zwischen dem Reinigungsmedium und der inneren Rohrwand. Das Reinigen im stationären Verfahren (Badverfahren) setzt für seine Anwendung entsprechende Behälter voraus. Es ist vor der Montage der Rohre anzuwenden. Dabei werden allerdings beide Rohroberflächen, die äußere und die innere, entrostet. Ein höherer Verbrauch an Beizmedium ist die Folge.

Der offene Prozess ist dadurch gekennzeichnet, dass das Reinigungsmittel am Anfang des Rohrs bzw. der Rohrleitung eintritt und am Ende des Systems dieses wieder verlässt und gesammelt werden muss. Die Einwirkungsdauer des Mediums auf die an der Wand befindlichen Verunreinigungen wird von der Fließgeschwindigkeit des Mediums und von der zu durchströmenden Leitungslänge und somit von der Verweilzeit bestimmt. Reicht diese zur Reinigung nicht aus, muss der Prozess wiederholt werden. In diesem Sinne ist das Verfahren diskontinuierlich.

Bei geschlossenem Prozess sind die zu reinigenden Leitungen und die Reinigungsanlage in einem Kreislauf geschaltet, sodass ein stetiges Durchfließen des Mediums gewährleistet ist. Der Reinigungsprozess wird ununterbrochen bis zur Erreichung der geforderten Reinheit fortgesetzt. Das Durchlaufverfahren ist vor und nach der Montage anwendbar. Es erfordert für seine Anwendung geeignete apparative Voraussetzungen. Dazu gehören säurefeste Pumpen und Behälter für das Aufbewahren der Beiz- und Passivierungsmittel, deren Schaltung einen den Erfordernissen entsprechenden Betrieb gestatten muss. In der Praxis werden unter Beachtung der konkreten Bedingungen die einzelnen Reinigungsverfahren kombiniert angewendet. Die generellen Reinigungsstufen und deren zeitliche Folge beim Innenreinigen zeigt Bild 5.18 [76].

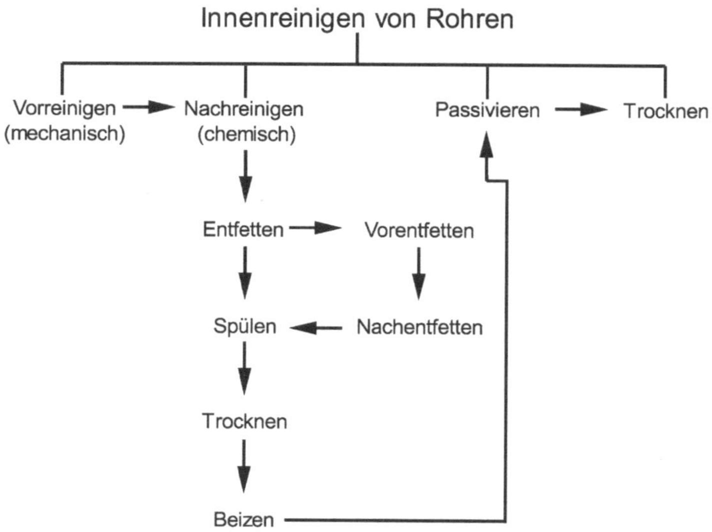

Bild 5.18 Ablauf des Innenreinigens

Die Schutzdauer der Eisenphosphatschicht auf der entrosteten und entzunderten Rohrwand ist abhängig von den klimatischen Umweltbedingungen. Zur Überbrückung der Zeitdauer zwischen dem Abschluss der Reinigungsarbeiten und der Inbetriebnahme der Rohrleitungen ist daher zur Verhinderung erneuter Korrosion das Füllen der Rohrleitung mit Stickstoff oder einem anderen inerten Gas zweckmäßig. Anschließend ist das System zu verdeckeln.

Von besonderer Bedeutung für die Abnahme der gereinigten Rohrleitungen ist der Nachweis der erreichten Oberflächenqualität. Unter Baustellenbedingungen kann man sich auf den qualitativen Nachweis durch visuelle Begutachtung beschränken. Bei Beizarbeiten vor der Montage der Rohre sind die gereinigten Flächen zugänglich und können besichtigt werden, bei Rohren kleiner Nennweite mithilfe eines Innensichtgeräts [77]. Nach der Montage gereinigte Rohrleitungen müssen zur Kontrolle an verschiedenen Stellen geöffnet werden (z. B. durch Entfernen von Passstücken).

Im Interesse des Erreichens der geforderten Oberflächenqualität sind technologische Maßnahmen zu treffen:

- sorgfältige Montageausführung,
- gründliches Entlüften der Rohrleitung,
- ständige Kontrolle der als optimal ermittelten Beizparameter (Konzentration und Temperatur des Beizmediums, Einhalten der Beizdauer).

Sollen montierte Rohrleitungen im Durchlaufverfahren gereinigt werden, muss dieser Sachverhalt bereits bei ihrer konstruktiven Auslegung der Leitung berücksichtigt werden:

- Vor der Entscheidung für das Durchlaufbeizen ist zu prüfen, ob die Tragkonstruktion der Rohrleitung die Belastungserhöhung durch das Beizmittel aushält.
- Die zulässige Druckbeanspruchung der Rohrleitung muss mindestens dem Druck der Beizflüssigkeit entsprechen.
- Sollen geflanschte Rohrleitungen im Durchlaufverfahren gebeizt werden, ist in Abhängigkeit von den Eigenschaften des Betriebsmediums der Rohrleitung zu prüfen, ob die Dichtungen nach dem Beizen entfernt werden müssen oder ob im Interesse der Arbeitsersparnis von vornherein solche Dichtungen vorgesehen werden, die sowohl für das Beizen als auch für den späteren Betrieb der Rohrleitung verwendbar sind.
- Die Beizkreisläufe sind unter Berücksichtigung der Behältervolumina und der Außentemperatur so festzulegen, dass möglichst Rohrleitungen gleicher Nennweiten zusammengeschaltet werden.
- Reduzierungen in der Rohrleitung sind exzentrisch auszuführen. Bei zentrischen Reduzierungen muss die Rohrleitung Gefälle in Richtung der größeren Nennweite haben.

- Es ist zu sichern, dass das Beizmittel vollständig aus der Rohrleitung entfernt werden kann, damit keine Beeinflussung des im Betriebszustand in der Rohrleitung befindlichen Mediums erfolgt. Im Regelfall sollten derartige Leitungen projektmäßig mit Gefälle von etwa 3 ‰ vorgesehen werden. Darüber hinaus sind an den Tiefpunkten der zu beizenden Abschnitte der Rohrleitung Entleerungsmöglichkeiten vorzusehen.
- Um die gleichmäßige und vollständige Benetzung der Rohrwandung mit Beizmittel zu gewährleisten, sind an den höchsten Stellen der zu beizenden Abschnitte Entlüftungen anzubringen. Dürfen die in den Beizabschnitten vorgesehenen Entlüftungs- und Entleerungseinrichtungen nach Beendigung der Beizarbeiten nicht in der Rohrleitung verbleiben, sind für ihren Austausch Passstücke vorzusehen, die ebenfalls gebeizt sein müssen.
- Rohrleitungselemente, die nicht mit dem Beizmittel in Berührung kommen dürfen, müssen durch Passstücke ersetzt werden.
- Beim Beizen bei höheren Temperaturen ist zu prüfen, ob die entstehende Wärmedehnung der Rohrleitung kompensiert wird.

Generell sind bei Anwendung chemischer Reinigungsverfahren die umweltschutztechnischen Forderungen zu beachten.

5.3.3.5 Komplexprüfung

Das komplexe Prüfen der Fügestellen, insbesondere im Rohrleitungs- und Behälterbau als eine wesentliche Voraussetzung für deren Inbetriebnahme durchgeführt, erfolgt durch die **Dichtheitsprüfung**. Sie soll den Nachweis dafür erbringen, dass die während der Montage geschaffenen Fügestellen dicht sind und den im Betriebszustand möglichen Beanspruchungen mit Sicherheit genügen. Sie erfasst die Schraub- und Schweißverbindungen. Dichtheitsprüfungen sind durchführbar mit dem Diffusionsverfahren und dem Verfahren der Innendruckbelastung (AD-Vorschrift HP90).

Das **Diffusionsverfahren** ist ein druckloses Verfahren und gestattet das Erkennen von Werkstofffehlern, die im Betriebszustand der Rohrleitung zur Undichtheit führen können.

Das Verfahren der **Innendruckbelastung** besteht darin, die Rohrleitung einer dem Betriebszustand entsprechenden oder meist einer höheren Belastung auszusetzen. Ertragen die Fügestellen diese Überbeanspruchung, ohne dass zulässige Druckverluste überschritten werden, gilt die Dichtheit der Rohrleitung als hinreichend nachgewiesen. Voraussetzung für diese Prüfung sind das Feststellen und Beseitigen von Werkstofffehlern im Schweißnahtbereich. Je nach dem Medium, dem Werkstoff der Rohre u. a. Kriterien gibt es Richtlinien für die Durchführung der Prüfung (für Wasserleitungen s. DIN 4297).

Die Dichtheitsprüfung durch Innendruckbelastung wird in den Stufen Vorprüfung und Hauptprüfung (auch Festigkeitsprüfung genannt) durchgeführt. Zur Vorprüfung beaufschlagt man die Leitung mit Luft- oder Stickstoff und trägt auf die zu prüfenden Fügestellen ein schaumbildendes Mittel auf. An Leckstellen zeigen sich Blasen.

Die Hauptprüfung erfolgt durch Beaufschlagen der Rohrleitung mit einem gasförmigen oder flüssigen Medium, wobei Nenndruck > Prüfdruck ≥ Betriebsdruck gilt. Die Festlegung des Prüfmediums und des Prüfdrucks wird in Abhängigkeit von den Betriebsparametern der Rohrleitung vorgenommen. Aus Rationalisierungsgründen sollten nicht einzelne Rohrleitungen, sondern Rohrleitungskomplexe geprüft werden. Dazu sind im Projekt bereits Schaltvarianten zum Herstellen von Systemen gleicher Prüfbedingungen vorzusehen. Die Druckerhöhung vom Druck der Vorprüfung bis zum Prüfdruck der Hauptprüfung erfolgt unter Berücksichtigung der Höhe des Prüfdrucks in mehreren Stufen, zwischen denen jeweils eine Beruhigungszeit liegt. Der Prüfdruck muss dann über mehrere Stunden gehalten werden (Tabelle 5.8). Für bestimmte Arten von Rohrleitungen können auch Druckverluste geringer Größe als zulässig vereinbart werden. Wegen der Temperaturabhängigkeit des Prüfdrucks sollte die Prüfung zeitlich so organisiert werden, dass während der Haltezeit des Druckes keine großen Temperaturdifferenzen auftreten können (z. B. Beginn der Abendstunden im Sommer).

Aus Gründen des Arbeitsschutzes sind Hauptprüfungen mit flüssigem Medium wegen dessen praktischer Inkompressibilität günstiger als Hauptprüfungen mit Gasen. Konstruktiv sind dann aber die Trag- und Stützkonstruktion für eine höhere Belastung auszulegen, sofern nicht die Betriebsparameter der Rohrleitung bereits eine entsprechende Ausbildung dieser Konstruktionen erforderten.

Tabelle 5.8 Erfahrungswerte für die Prüfung von Rohrleitungen [71], BD: Betriebsdruck

Betriebsmedium	Medium der Vorprüfung	Medium der Hauptprüfung	Druck	Haltezeit (in h)
Dampf	–	Dampf	BD	Sichtprüfung
Kühlwasser	–	Wasser	1,3 BD	5
Steuerluft	Steuerluft	Steuerluft	1,1 BD	6
Stickstoff	Stickstoff	Stickstoff	1,1 BD	6
Sauerstoff	Sauerstoff	Sauerstoff	BD	6
Laugen	Luft	Wasser	1,3 BD	6
Salzsäure	Luft	Wasser	1,3 BD	6
Gase, brennbar, außer Stadt- und Schweißgas	Stickstoff	Wasser	1,3 BD	6

5.4 Vorfertigung

Zentrales Anliegen ist es, die Verringerung der Montagezeit auf der Baustelle durch sinnvolle Anwendung von Prinzipien der Teilefertigung und Werkmontage zu erreichen. Im Chemieanlagenbau haben sich die Vorfertigung, Blockbauweise und die Vormontage als mögliche Verfahren zur Montagerationalisierung erwiesen. Unter Vorfertigung ist ganz allgemein das örtliche und zeitliche Verlagern von Arbeitsverrichtungen zu verstehen. Angewendet auf die Verhältnisse der Rohrleitungsmontage in Chemieanlagen heißt das, die Bearbeitung von Teilen der zu montierenden Rohrleitungen aus dem Montageprozess auf der Baustelle herauszulösen und diese in entsprechend eingerichteten Werkstätten vorzunehmen. Damit entfällt aus dem Arbeitsumfang der Monteure auf der Baustelle ein bestimmter Anteil der Verrichtungen Trennen, Fügen und Kontrollieren. Dieser Verrichtungsanteil wird nunmehr in einer Werkstatt unter günstigeren Verhältnissen als am Montageort realisiert. Diese günstigeren Verhältnisse bestehen darin, dass die Arbeitsverrichtungen in der Werkstatt witterungsunabhängig durchgeführt werden können. Darüber hinaus bestehen in einer Werkstatt bezüglich der Art und Größe der anzuwendenden Arbeitsmittel nicht die für die Baustelle geltenden Restriktionen bezüglich der Zugänglichkeit. Somit ist in der Vorfertigungswerkstatt grundsätzlich die Möglichkeit der Mechanisierung von Arbeitsgängen gegeben. Das Ergebnis der Vorfertigung sind Bauelemente höherer Aggregation, die Rohrleitungsbauteile.

Während der Monteur bei konventioneller Montageweise eine Rohrleitung durch ausschließliche Montage von Rohrleitungselementen (Flansche, Krümmer, Armaturen, Rohre usw.) herstellt, verwendet er bei der durch die Vorfertigung rationalisierten Montage Rohrleitungselemente und Rohrleitungsbauteile. Damit wird bei der Montage eine höhere Arbeitsproduktivität erreicht.

Rohrleitungsbauteile können nicht beliebig gebildet werden. Ihre Bildung muss fertigungs-, transport- und montagetechnischen Forderungen genügen [78]. Die Aufwendungen für die Herstellung der Bauteile und ihre Montage müssen insgesamt niedriger werden als die entsprechenden Aufwendungen bei konventioneller Montage. Wenn diese Bedingung erfüllt ist, können die betreffenden Rohrleitungsbauteile bezüglich ihrer Form und Größe als optimal angesehen werden.

Die Aufwendungen für die Fertigung der Rohrleitungsbauteile können durch ihre Typisierung und die damit geschaffenen Voraussetzungen für die Mechanisierung einzelner Arbeitsgänge gesenkt werden. Für eine mechanisierte Fertigung eignen sich bevorzugt Rohrleitungsbauteile mit linearer und ebener Ausdehnung, da diese um eine ausgezeichnete Achse drehbar sind und dafür nur relativ einfache Vorrichtungen geschaffen werden müssen. Aus montagetechnischer Sicht ist es oft noch möglich, Rohrleitungsbauteile mit räumlicher Ausdehnung in die Anlage einzubauen und damit den Montageaufwand zu senken. Rohrleitungsbauteile dieser Art lassen sich kaum mit vertretbarem Aufwand mechanisiert verschweißen, sodass hier die manuelle Ausführung der Arbeitsverrichtungen in der Werkstatt überwiegt.

Die Bildung der Rohrleitungsbauteile kann generell während der Planung bzw. der Montage erfolgen. Die Bauteilbildung während der Montage, gleichsam im Nachgang zur Projektierung, ist mit erheblichem Aufwand für den ausführenden Betrieb verbunden. Es sei in diesem Zusammenhang nur auf das Erarbeiten der notwendigen Fertigungsbelege, wie z. B. Zeichnungen und Stücklisten, hingewiesen. Hinzu kommen organisatorische Probleme, die sich aus der erforderlichen Materialzuordnung für die Baustelle und für die Werkstatt ergeben.

Anzustreben ist die planmäßige Bauteilbildung während der Planung der Anlage. In diesem Falle kann ein Maximum der Rohrleitungen für die Vorfertigung erschlossen werden. Insbesondere ist dann auch die Möglichkeit gegeben, durch frühzeitige Abstimmung mit den Montagetechnologen eine höhere Aggregation der Rohrleitungsbauteile zu erreichen.

Anhang

Tabelle A 1 Gleichungen zur Berechnung der Stoffwerte von Wasser, Wasserdampf, Luft und Gas-Flüssigkeits-Systemen

Stoff	Einheit	Geltungsbereich
Wasser		
$\rho = 1000 - \frac{(\vartheta - 3,982)^2}{466,7} \cdot \frac{\vartheta + 273}{\vartheta + 67} \cdot \frac{350 - \vartheta}{365 - \vartheta}$	kg/m³	$0°C \le \vartheta \le 150°C$ [42]
$\rho = 1002,045 - 0,1029905\,\vartheta - 3,698162 \cdot 10^{-3}\,\vartheta^2 + 3,991053 \cdot 10^{-6}\,\vartheta^3$		$20°C \le \vartheta \le \vartheta_s(p)$ oder 200 °C [16]
$c_p' = 4,218 - 3,233 \cdot 10^{-3}\vartheta + 6,333 \cdot 10^{-5}\,\vartheta^2$	kJ/(kg·K)	$0°C \le \vartheta \le 30°C$
$c_p' = 4,177375 - 2,144614 \cdot 10^{-6}\,\vartheta - 3,165823 \cdot 10^{-7}\,\vartheta^2 + 4,134309 \cdot 10^{-8}\,\vartheta^3$		$30°C \le \vartheta \le \vartheta_s(p)$ oder 200 °C [16]
$\lambda = 0,561 + 1,9 \cdot 10^{-3}\vartheta$	W/(K·m)	$0°C \le \vartheta \le 10°C$
$\lambda = 0,5587913 + 2,268458 \cdot 10^{-3}\,\vartheta - 1,248304 \cdot 10^{-5}\,\vartheta^2 + 1,890318 \cdot 10^{-8}\,\vartheta^3$		$10°C \le \vartheta \le \vartheta_s(p)$ oder 200 °C [16]
$\eta = \left(554,7781 + 19,726936\,\vartheta + 0,1282308\,\vartheta^2 - 2,686914 \cdot 10^{-4}\,\vartheta^3\right)^{-1}$	Pa·s	$0°C \le \vartheta \le \vartheta_s(p)$ oder 200 °C [16]
$\nu = \left(556272,7 + 19703,39\,\vartheta + 124,4091\,\vartheta^2 - 0,3770952\,\vartheta^3\right)^{-1}$	m²/s	$0°C \le \vartheta \le \vartheta_s(p)$ oder 200 °C [16]
$\nu = 19,8 \cdot 10^{-6}\,\vartheta^{-0,916}$		$40°C \le \vartheta \le \vartheta_s(p)$ oder 200 °C [16]
$Pr = \left(0,07547718 + 2,76297 \cdot 10^{-3}\,\vartheta + 3,210257 \cdot 10^{-5}\,\vartheta - 1,015768 \cdot 10^{-7}\,\vartheta\right)^{-1}$	–	$0°C \le \vartheta \le \vartheta_s(p)$ oder 200 °C [16]
$Pr = 178\,\vartheta^{-1}$		$40°C \le \vartheta \le \vartheta_s(p)$ oder 200 °C [16]
$E = 1991,312 + 14,97931\vartheta + 0,2302622\,\vartheta^2 - 8,170163 \cdot 10^{-4}\,\vartheta^3$	MPa	$0°C \le \vartheta \le 100°C$ [16]

Tabelle A 1 Gleichungen zur Berechnung der Stoffwerte von Wasser, Wasserdampf, Luft und Gas-Flüssigkeits-Systemen

Stoff	Einheit	Geltungsbereich
Wasser		
$\gamma = -0,0672 + \frac{0,0178\,\vartheta}{1,0128^{\vartheta}}$	1/K	$0°C \le \vartheta \le 30°C$
$\gamma = \left(45 + 9,16\,\vartheta - 0,019\,\vartheta^2\right) \cdot 10^{-6}$		$30°C \le \vartheta \le 150°C$
$\kappa = \left(50,88496 + 0,6163813\ \vartheta + 1,459187 \cdot 10^{-3}\vartheta^2 + 20,08438 \cdot 10^{-6}\vartheta^3 - 58,47727 \cdot 10^{-9}\vartheta^4 + 410,4110 \cdot 10^{-12}\vartheta^5\right) / \left(1 + 19,67348 \cdot 10^{-3}\vartheta\right) \cdot 10^{-6}$	bar^{-1}	$0°C \le \vartheta \le 100°C$ [31] $1\ bar \le p \le 50\ bar$ [16]
2-Phasengebiet Gas – Flüssigkeit (x_G Molanteil, y_G Massenanteil, φ_G Volumenanteil Gas) $y_G = \frac{\varphi_G\rho_G}{\varphi_G\rho_G + (1-\varphi_G)\rho_F}$, $x_G = \frac{\varphi_G\rho_G M_F}{\varphi_G\rho_G M_F + (1-\varphi_G)\rho_F M_G}$		
$T_G = T_F$: $\quad \kappa = \frac{y_G c_{p,G} + (1 - y_G)\,c_{p,F}}{y_G c_{v,G} + (1 - y_G)\,c_{v,F}}$	-	[2]
$T_G \ne T_F$: $\quad \kappa = \frac{c_{p,G}}{c_{v,G}}$		
$\rho = \rho_G\,\varphi_G + \rho_F\,(1 - \varphi_G)$		
$M = M_G\,x_G + M_F\,(1 - x_G)$		
molbezogen: $h = h_G\,x_G + h_F\,(1 - x_G)$ massenbezogen: $h = h_G\,y_G + h_F\,(1 - y_G)$		
molbezogen: $c_p = c_{p,G}\,x_G + c_{p,F}\,(1 - x_G)$ massenbezogen: $c_p = c_{p,G}\,y_G + c_{p,F}\,(1 - y_G)$		
molbezogen: $c_v = c_{v,G}\,x_G + c_{v,F}\,(1 - x_G)$ massenbezogen: $c_v = c_{v,G}\,y_G + c_{v,F}\,(1 - y_G)$		

Stoff	Einheit	Geltungsbereich
Wasserdampf (Sattdampf) **($\kappa = 1{,}33$, $M_j = 18{,}0153$ g/mol, $R_j = 461{,}526$ J/(kg·K), $p_{krit} = 22{,}064$ MPa, $T_{krit} = 647{,}096$ K)**		
$p_s = 611 \exp\left(-1,91275 \cdot 10^{-4} + 7,258 \cdot 10^{-2}\vartheta - 2,939 \cdot 10^{-4}\vartheta^2 + 9,841 \cdot 10^{-7}\vartheta^3 - 1,92 \cdot 10^{-9}\vartheta^4\right)$	Pa	$0,01°C \le \vartheta \le 100°C$ [16]
$p_s = 611 \exp\left(6 \cdot 10^{-5} + 7,13274 \cdot 10^{-2}\vartheta - 2,581631 \cdot 10^{-4}\vartheta^2 + 6,311955 \cdot 10^{-7}\vartheta^3 - 7,167112 \cdot 10^{-10}\vartheta^4\right)$		$100°C \le \vartheta \le 200°C$ [16]
$\vartheta_s = -63,16113 + 5,36859 \ln p + 0,973587 (\ln p)^2 - 7,38636 \cdot 10^{-2} (\ln p)^3 + 4,81832 \cdot 10^{-3} (\ln p)^4$	°C	$611,5$ Pa $\le p \le 101.320$ Pa [16]
$\vartheta_s = -228,146 + 31,97037 \ln p + 1,153295 (\ln p)^2 - 0,27847109 (\ln p)^3 + 1,319026 \cdot 10^{-2} (\ln p)^4$		101.320 Pa $\le p \le 1.555.100$ Pa [16]
$v'' = \exp\left(5,322289 - 6,80891 \cdot 10^{-2}\vartheta + 2,561151 \cdot 10^{-4}\vartheta^2 - 5,602153 \cdot 10^{-7}\vartheta^3\right)$	m³/kg	$10°C \le \vartheta \le 100°C$ [16]
$v'' = \exp\left(5,01069 - 5,8737 \cdot 10^{-2}\vartheta + 1,5874 \cdot 10^{-4}\vartheta^2 - 2,095037 \cdot 10^{-7}\vartheta^3\right)$		$100°C \le \vartheta \le 200°C$ [16]
$v'' = 0,193803 p^{-0,9412}$		$0,001$ MPa $\le p \le 1,6$ MPa [16]
$c'_p = 1,854283 + 1,12674 \cdot 10^{-3}\vartheta - 6,939165 \cdot 10^{-6}\vartheta^2 + 1,344783 \cdot 10^{-7}\vartheta^3$	kJ/(kg·K)	$10°C \le \vartheta \le 200°C$ [16]
$c'_p = 2,631 + 0,4388683 \ln p + 9,00253 \cdot 10^{-2} (\ln p)^2 + 6,209735 \cdot 10^{-3} (\ln p)^3$		$0,001$ MPa $\le p \le 1,6$ MPa [16]
$\lambda'' = 0,0170247 + 5,510435 \cdot 10^{-5}\vartheta + 2,123489 \cdot 10^{-7}\vartheta^2 + 4,433889 \cdot 10^{-10}\vartheta^3$	W/(K·m)	$10°C \le \vartheta \le 200°C$ [16]
$\lambda'' = 0,0365 + 7,093983 \cdot 10^{-3} \ln p + 1,049106 \cdot 10^{-3} (\ln p)^2 + 6,15731 \cdot 10^{-5} (\ln p)^3$		$0,001$ MPa $\le p \le 1,6$ MPa [16]
$\eta'' = 9,186109 \cdot 10^{-6} + 2,597258 \cdot 10^{-8}\vartheta + 6,312254 \cdot 10^{-11}\vartheta^2 - 1,421265 \cdot 10^{-13}\vartheta^3$	Pa·s	$10°C \le \vartheta \le 200°C$ [16]
$\eta'' = 1,50753 \cdot 10^{-5} + 1,506919 \cdot 10^{-6} \ln p + 1,351544 \cdot 10^{-7} (\ln p)^2 + 5,293056 \cdot 10^{-9} (\ln p)^3$		$0,001$ MPa $\le p \le 1,6$ MPa [16]
$Pr'' = 1,003512 - 9,396716 \cdot 10^{-5}\vartheta - 3,900988 \cdot 10^{-6}\vartheta^2 + 3,798923 \cdot 10^{-8}\vartheta^3$	–	$10°C \le \vartheta \le 200°C$ [16]
$Pr'' = 1,086 + 8,33452 \cdot 10^{-2} \ln p + 2,185343 \cdot 10^{-2} (\ln p)^2 + 1,690318 \cdot 10^{-3} (\ln p)^3$		$0,001$ MPa $\le p \le 1,6$ MPa [16]

Tabelle A 1 Gleichungen zur Berechnung der Stoffwerte von Wasser, Wasserdampf, Luft und Gas-Flüssigkeits-Systemen *(Fortsetzung)*

Stoff	Einheit	Geltungsbereich
Überhitzter Dampf (Heißdampf) **(M_j = 18,0153 g/mol, R_j = 461,526 J/(kg K), p_{krit} = 22,064 MPa, T_{krit} = 647,096 K)**		
$v = \frac{4,616 \cdot 10^{-4} (\vartheta + 273,15)}{p} - 4,003723 \cdot 10^{5} (\vartheta + 273,15)^{-2,82} - p^2 \left[1,72 \cdot 10^{34} (\vartheta + 273,15)^{-14} + 7,72 \cdot 10^{80} (\vartheta + 273,15)^{-31,6}\right]$	m^3/kg	50 °C oder $\vartheta_s(p) \le \vartheta \le 400°C$ $0,01\ MPa \le p \le 2\ MPa$ [16]
$c_p = 1,9 - 3,154439 \cdot 10^{-4}\vartheta + 3,027647 \cdot 10^{-6}\vartheta^2 - 3,200767 \cdot 10^{-9}\vartheta^3 - 1,94949 \cdot 10^{3}\vartheta^{-2,5} + 2,5 \cdot 10^{5} p^{1,07+0,0944p-0,11p^2} \vartheta^{-2,5} + 2,4 \cdot 10^{12} p^4 \vartheta^{-6}$	kJ/(kg·K)	50 °C oder $\vartheta_s(p) \le \vartheta \le 400°C$ $0,01\ MPa \le p \le 2\ MPa$ [16]
$\lambda = 1,71 \cdot 10^{-2} + 5,875435 \cdot 10^{-5}\vartheta + 1,169690 \cdot 10^{-7}\vartheta^2 - 7,180650 \cdot 10^{-11}\vartheta^3 + 0,0199 (p - 0,01)\, e^{-0,0077\vartheta}$	W/(K·m)	50 °C oder $\vartheta_s(p) \le \vartheta \le 400°C$ $0,01\ MPa \le p \le 2\ MPa$ [16]
$\eta = 9,054339 \cdot 10^{-6} + 2,941217 \cdot 10^{-8}\vartheta + 4,021091 \cdot 10^{-11}\vartheta^2 - 4,379615 \cdot 10^{-14}\vartheta^3 - 10^{-6} p\, e^{-0,007\vartheta}$	Pa·s	50 °C oder $\vartheta_s(p) \le \vartheta \le 400°C$ $0,01\ MPa \le p \le 2\ MPa$ [16]
Trockene Luft **(κ = 1,4; M_j = 28,96 g/mol, R_j = 287,22 J/(kg·K), p_{krit} = 3,766 MPa, T_{krit} = 132,5 K)**		
$\rho^{*)} = \frac{p}{R_j T}$		p = 0,1 MPa $-20°C \le \vartheta \le 200°C$ [16] *) Werte mit einem Fehler < 2 % auch bis zu p = 1 MPa verwendbar
$c_p{}^{*)} = 1,0065 + 5,309587 \cdot 10^{-6}\vartheta + 4,758596 \cdot 10^{-7}\vartheta^2 - 1,136145 \cdot 10^{-10}\vartheta^3$	kJ/(kg·K)	
$\lambda^{*)} = 2,4178 \cdot 10^{-2} + 7,634878 \cdot 10^{-5}\vartheta - 4,663859 \cdot 10^{-8}\vartheta^2 + 4,612639 \cdot 10^{-11}\vartheta^3$	W/(K·m)	
$\eta^{*)} = 1,72436 \cdot 10^{-5} + 5,04587 \cdot 10^{-8}\vartheta - 3,923361 \cdot 10^{-11}\vartheta^2 + 4,046118 \cdot 10^{-14}\vartheta^3$	Pa·s	
$\nu = 1,35198 \cdot 10^{-5} + 8,930841 \cdot 10^{-8}\vartheta + 1,094808 \cdot 10^{-10}\vartheta^2 - 3,659345 \cdot 10^{-14}\vartheta^3$	m^2/s	
$a = 1,88328 \cdot 10^{-5} + 1,286753 \cdot 10^{-7}\vartheta + 1,680101 \cdot 10^{-10}\vartheta^2 - 1,240072 \cdot 10^{-13}\vartheta^3$	m^2/s	
$Pr^{*)} = 7,1789 \cdot 10^{-1} - 1,675739 \cdot 10^{-4}\vartheta + 6,514142 \cdot 10^{-7}\vartheta^2 - 6,687762 \cdot 10^{-10}\vartheta^3$	–	

Tabelle A 2 Anhaltswerte für die Verlustbeiwerte ζ in Formel 2.17 für Rohrteile und Einbauten, inkompressible Strömung von 1 nach 2, ausreichende Beruhigungsstrecken (ca. 2d vor und 6d nach dem Einbauteil), wenn nicht anders erwähnt: turbulente Strömung

Art des Verlusts	Verlustbeiwert	Bezug
Einlauf	**(Strömung aus großem Reservoir mit $\overline{c}_1 \approx 0$)**	$\overline{c}_2$
▪ scharfkantig 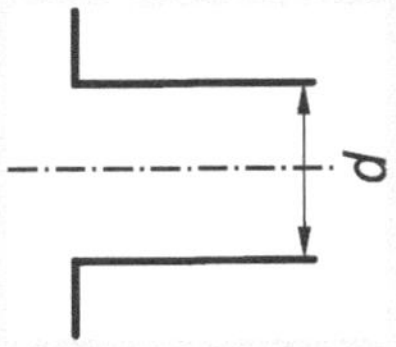	$\zeta_2 = 0,5$	
▪ abgerundet 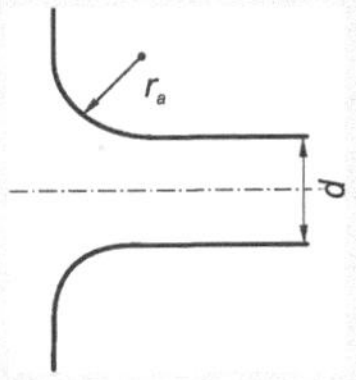	an Wand: $\zeta_2 = \max\left[0,5 - 0,475\ \tanh\left(12\frac{r_a}{d}\right);\ 0,03\right]$ eingesteckt: $\zeta_2 = \max\left[1,0 - 0,965\ \tanh\left(15\frac{r_a}{d}\right);\ 0,03\right]$	
▪ BORDA-Mündung 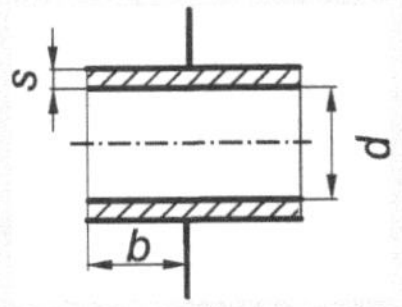	$\frac{b}{d} < 0,5:\quad \zeta_2 = 0,5\left\{1 + \tanh\left[3\left(1 - \frac{\frac{s}{d}}{0,05}\right)^{2,5}\sqrt{\frac{b}{d}}\right]\right\}$ $\frac{b}{d} \geq 0,5:\quad \zeta_2 = 0,5$	
Querschnitts-verengung	**(im vorgelagerten Rohr Strömungsprofil $\overline{c}_1 > 0$)** **Wiederanlegelänge ≈ $2d_2$**	$\overline{c}_2$
▪ plötzlich 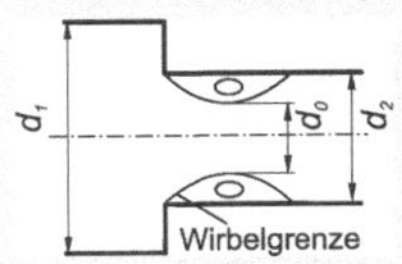	Kontraktionsbeiwert $\mu = \left(\frac{d_0}{d_2}\right)^2 = 0,59$ (scharfkantig) $\zeta_2 = \frac{1}{2}\left(1 - \frac{A_2}{A_1}\right)$ $Re < 10:\quad \zeta_2 = \frac{30}{Re}$	

Tabelle A 2 *(Fortsetzung)*

Art des Verlusts	Verlustbeiwert	Bezug
■ allmählich (Düse) 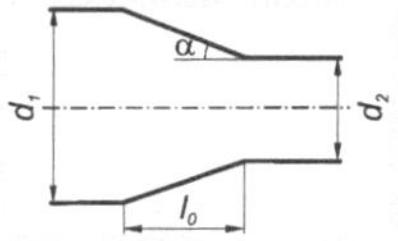	$\zeta_2 = \lambda \frac{l_0}{4d_1}\left[1 + \frac{d_2}{d_1} + \left(\frac{d_2}{d_1}\right)^2 + \left(\frac{d_2}{d_1}\right)^3\right]$ mit $\frac{l_0}{d_1} = \frac{1}{2\tan\alpha}\left(1 - \frac{d_2}{d_1}\right)$ laminar, $Re \leq 50$, $5° \leq \alpha \leq 20°$: $\zeta_1 = \frac{20{,}5}{[\tan(2\alpha)]^{0{,}75} Re}\left(\frac{A_1}{A_2}\right)^{0{,}5}$	
Querschnitts-erweiterung	**Länge der Ablösezone** $l_A \approx 10\,(d_2 - d_1)$	$\bar{c}_1$
■ plötzlich 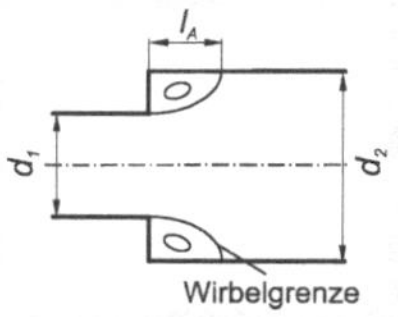	Pfropfenstrom: $\zeta_1 = \left(1 - \frac{A_1}{A_2}\right)^2$ Profil: $\zeta_1 = (2K_{i,2} - K_{e,2})\left(\frac{A_1}{A_2}\right)^2 - 2K_{i,1}\frac{A_1}{A_2} + K_{e,1}$ K_i, K_e s. Tabelle 2.5 $Re < 10$: $\zeta_1 = \frac{30}{Re}$	
■ allmählich (Diffusor) 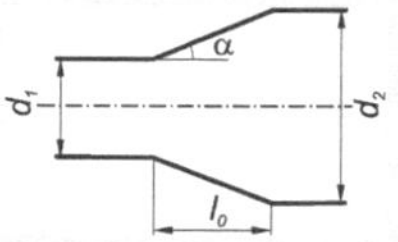	laminar, $Re \geq 50$, $\alpha \leq 20°$: $\zeta_1 = \frac{20}{[\tan(2\alpha)]^{0{,}75} Re}\left(\frac{A_2}{A_1}\right)^{0{,}33}$ turbulent, $\alpha \leq 90°$: $\zeta_1 = \lambda\frac{l_0}{4d_2}\left[1 + \frac{d_1}{d_2} + \left(\frac{d_1}{d_2}\right)^2 + \left(\frac{d_1}{d_2}\right)^3\right]$ $+ \left(1 - \frac{d_1}{d_2}\right)^2 \cdot \left[\tanh(0{,}0282\alpha) + 522\,(0{,}02\alpha)^{4{,}365}\,e^{-0{,}16\alpha}\right]$ mit $\frac{l_0}{d_1} = \frac{1}{2\tan\alpha}\left(\frac{d_2}{d_1} - 1\right)$; α in ° Strömungsabriss für $\alpha > \alpha_{krit}$, Verlust minimal bei α_{krit} $\alpha_{krit} = 2{,}38 + 544 Re^{-0{,}5}$, $Re > 2320$	
Rohrkrümmer		$\bar{c}$
■ einfach 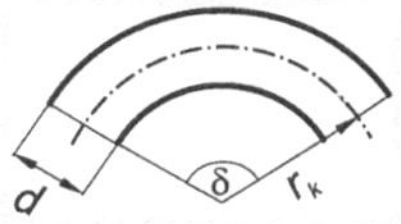Rauigkeit k $d_k = 2\,r_k$	laminar: $11{,}6 < Re\sqrt{\frac{d}{d_k}} < 3000$: $\zeta = \frac{\frac{\lambda l}{d}}{1 - \left[1 - \left(\frac{11{,}6}{Re\sqrt{\frac{d}{d_k}}}\right)^{0{,}45}\right]^{2{,}22}}$, $l = 0{,}0175\,\delta\, r_k$ turbulent, $\delta \leq 90°$: $\zeta = \frac{0{,}0078 c_K c_{Re} \delta^{0{,}75}}{\sqrt{\frac{r_k}{d}}} + 0{,}0175\lambda\frac{r_k}{d}\delta$ mit $c_K = \min\left(1 + 10^3\frac{k}{d};\ 2\right)$; $c_{Re} = \max\left(20{,}2\ Re^{-0{,}25};\ 1\right)$; δ in °	

Art des Verlusts	Verlustbeiwert	Bezug
▪ zusammen-gesetzt 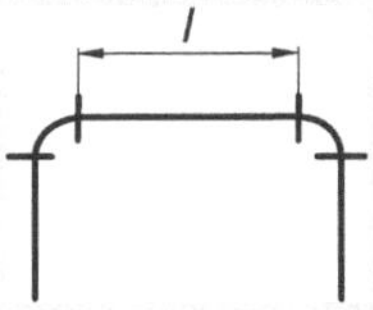 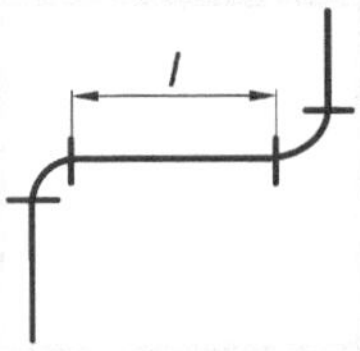	je nach räumlicher Anordnung bei dichter Aufeinanderfolge $\left(\frac{l}{d} < 20\ldots40\right):\ \zeta_{ges} < \sum \zeta_{Krümmer,\,l/d=0}$, bei $\frac{l}{d} \to 0$, z. T. auch $\zeta_{ges} > \sum \zeta_{Krümmer,\,l/d=0}$	
Kniestück		$\overline{c}$
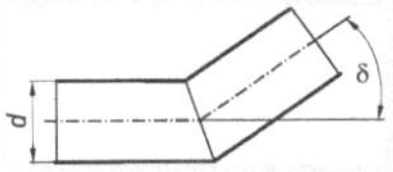	$\zeta = 1,2\,(1-\cos\delta)$ $\delta < 120°$	
Dehnungs-ausgleicher		$\overline{c}$
▪ U-Bogen 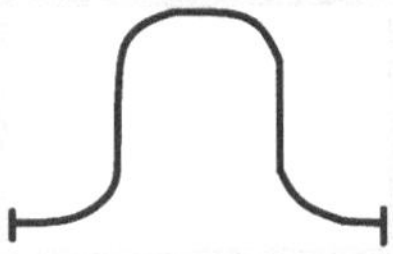	$\zeta = 0,33$	
▪ Lyrabogen 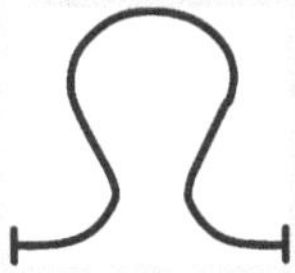	glatt: $\zeta = 1,6 + 2d$ Wellrohr: $\zeta = 2,875 + 4,25d$ d in m	
▪ Wellrohr 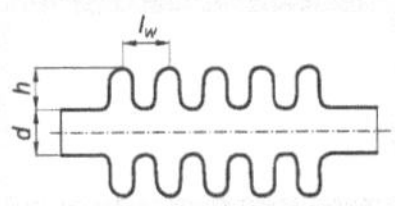	$\lambda = \frac{0{,}2\,l_w^{0{,}7}}{d^{0{,}6}\,h^{0{,}1}}$ für $0,2 < \frac{h}{l_w} < 1,2$; $Re \approx 5 \cdot 10^4$	

Tabelle A 2 *(Fortsetzung)*

Art des Verlusts	Verlustbeiwert	Bezug
Rohrschlange/ Rohrwendel		$\overline{c}_1$
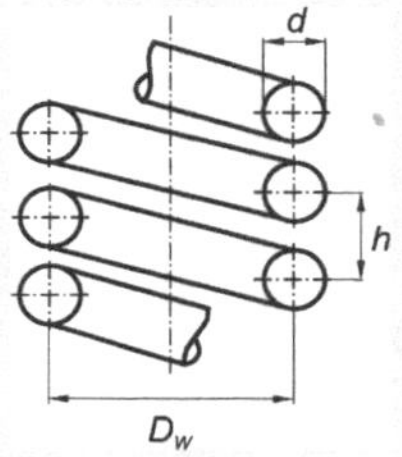	$D = D_\mathrm{w}\left[1+\left(\frac{h}{\pi D_\mathrm{w}}\right)^2\right]$ laminar $\left(1 < Re_d\sqrt{\frac{d}{D}} < Re_{d,\mathrm{krit}}\sqrt{\frac{d}{D}}\right)$: $\zeta_\mathrm{w} = \frac{64}{Re_d}\left\{1+0,033\left[\lg\left(Re_d\sqrt{\frac{d}{D}}\right)\right]^4\right\}$ turbulent $(Re_{d,\mathrm{krit}} < Re_d < 10^5)$: $\zeta_\mathrm{w} = \frac{0,3164}{Re_d^{0,25}}\left[1+0,095\left(\frac{d}{D}\right)^{1/2} Re_d^{1/4}\right]$	
Blende		$\overline{c}_1$
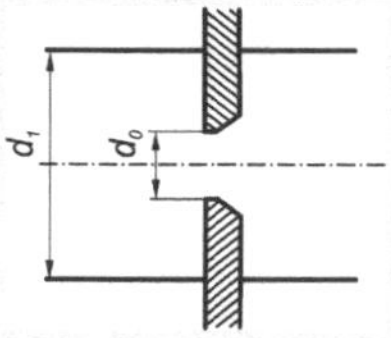	$\zeta_1 = \left[\frac{A_1}{A_0}\left(1+0,707\sqrt{1-\frac{A_0}{A_1}}\right)-1\right]^2$	
Ventile	**(A_1 voll geöffnet, A_0 teilgeöffnet)**	$\overline{c}_1$
▪ DIN-Ventil 	$\zeta_1 = 3,9+\left[\frac{A_1}{A_0}\left(1+0,707\sqrt{1-\frac{A_0}{A_1}}\right)-1\right]^2$	
▪ Reform-Ventil 	$\zeta_1 = 3,4+\left[\frac{A_1}{A_0}\left(1+0,707\sqrt{1-\frac{A_0}{A_1}}\right)-1\right]^2$	

Art des Verlusts	Verlustbeiwert	Bezug
▪ Rhei-Ventil 	$\zeta_1 = 2,7 + \left[\frac{A_1}{A_0}\left(1 + 0,707\sqrt{1 - \frac{A_0}{A_1}}\right) - 1\right]^2$	
▪ Koswa-Ventil 	$\zeta_1 = 2,5 + \left[\frac{A_1}{A_0}\left(1 + 0,707\sqrt{1 - \frac{A_0}{A_1}}\right) - 1\right]^2$	
▪ Patent-Freifluss-Ventil 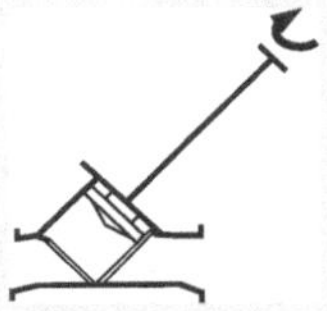	$\zeta_1 = 0,6 + \left[\frac{A_1}{A_0}\left(1 + 0,707\sqrt{1 - \frac{A_0}{A_1}}\right) - 1\right]^2$	
Schieber	**(A_1 voll geöffnet, A_0 teilgeöffnet)**	$\overline{c}_1$
▪ Keilschieber 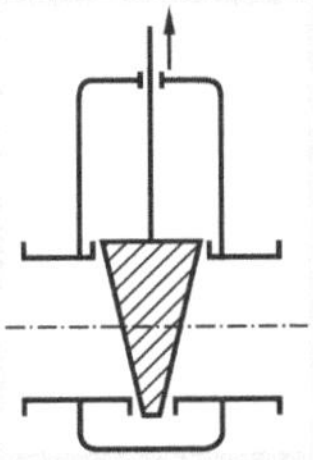	$\zeta_1 = 0,3 + \left[\frac{A_1}{A_0}\left(1 + 0,707\sqrt{1 - \frac{A_0}{A_1}}\right) - 1\right]^2$	
▪ Plattenschieber mit Leitrohr 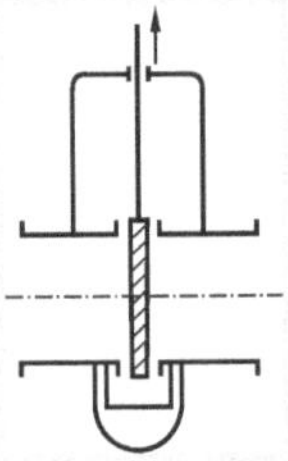	$\zeta_1 = 0,15 + \left[\frac{A_1}{A_0}\left(1 + 0,707\sqrt{1 - \frac{A_0}{A_1}}\right) - 1\right]^2$	

Tabelle A 2 *(Fortsetzung)*

Art des Verlusts	Verlustbeiwert	Bezug
Hähne	**(A_1 voll geöffnet, A_0 teilgeöffnet)**	$\bar{c}_1$
▪ Kükenhahn 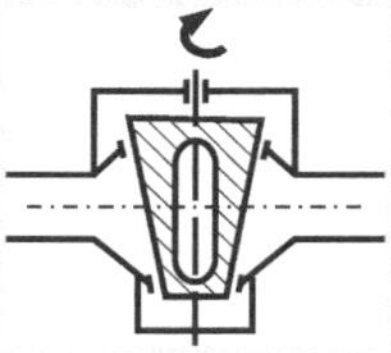	$\zeta_1 = 0{,}8 + \left[\frac{A_1}{A_0}\left(1 + 0{,}707\sqrt{1 - \frac{A_0}{A_1}}\right) - 1\right]^2$	
▪ Kugelhahn 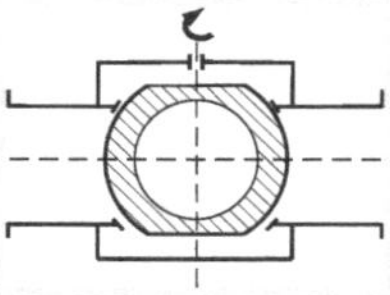	$\zeta_1 = 0{,}1 + \left[\frac{A_1}{A_0}\left(1 + 0{,}707\sqrt{1 - \frac{A_0}{A_1}}\right) - 1\right]^2$	
Klappe	**(A_1 voll geöffnet, A_0 teilgeöffnet)**	$\bar{c}_1$
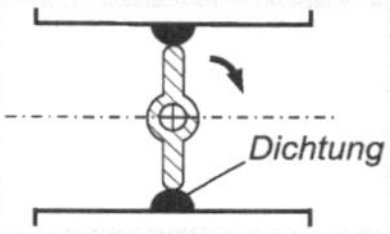	$\zeta_1 = 0{,}8 + \left[\frac{A_1}{A_0}\left(1 + 0{,}707\sqrt{1 - \frac{A_0}{A_1}}\right) - 1\right]^2$	
Schmutzfänger (gereinigt)		$\bar{c}_1$
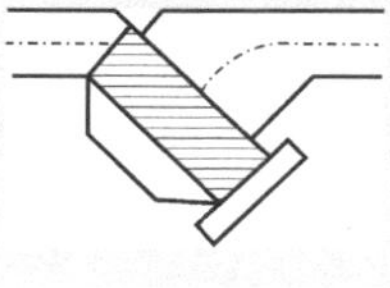	$\zeta = 2{,}8$	
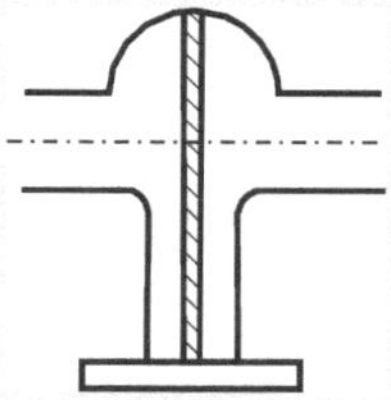	$\zeta = 1$	

Art des Verlusts	Verlustbeiwert	Bezug
Stromteilung	$x = \frac{\dot{V}_a}{\dot{V}}, a = \frac{A}{A_a}, y = \frac{r}{D_a}$ D_a **Durchmesser des Abzweigs**	$\bar{c}_{ges}$
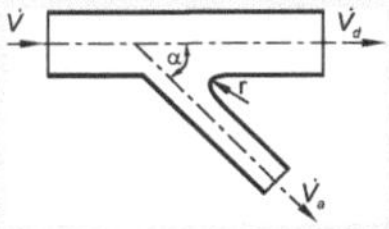 $A_d = A$, r bezieht sich auf die Innenseite	Durchgang [82] $\zeta_d = 0,04 + x\left[-0,48 + \left(0,064 - 0,08e^{-0,68a}\right)\cos\alpha + 1,02x\right]$ Abzweig [82] $\zeta_a = 0,96 + x\left[-3,92 + a\left(0,2 + 3,94\,e^{-0,4a} - 1,2\cos\alpha\right)\right]$ $+ x^2\left\{1,96 + a\left[-1,43 + 0,74a + e^{-40y}\,(0,186 + 0,137a)\right]\right\}$	
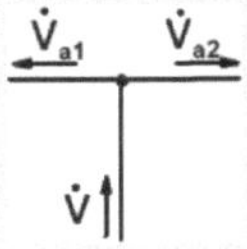	$\zeta_{a\,i} = 1 + 1,5\left(\frac{\bar{c}_{a\,i}}{\bar{c}}\right)^2$	
Stromvereinigung	$x = \frac{\dot{V}_a}{\dot{V}}, a = \frac{A}{A_a}, y = \frac{r}{D_a}$ D_a **Durchmesser des Abzweigs**	$\bar{c}_{ges}$
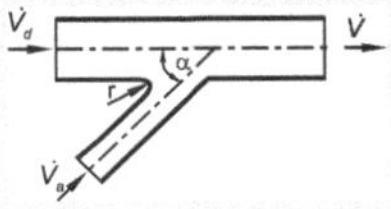 r bezieht sich auf die Innenseite $A_d = A$	Durchgang [82] $\zeta_d = 0,04 + x\left(1,92 - 0,936a^{-1,17}\right)$ $- x^2\left[0,96 - 0,22a + a\cos\alpha\left(2,1 - 24,747e^{-2,26a}\right)\right]$ Abzweig [82] $\zeta_a = -0,94 + x\left(3,88 - 2,58a^{0,83} + 1,88a\right)$ $- x^2\left\{1,94 + a\left[-a + 0,5\,(a - 0,04)^{0,26} - 0,2e^{-40y} + 0,8\cos\alpha\right]\right\}$	
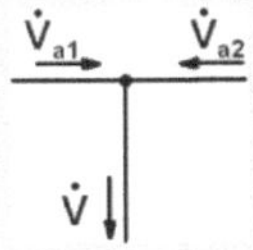	$\zeta_{a\,i} = \left\{1 + \left(\frac{A}{A_a}\right)^2\left[1 + 3\frac{\dot{V}_a}{\dot{V}}\left(\frac{\dot{V}_a}{\dot{V}} - 1\right)\right]\right\}\cdot\min\left[0,6\left(\frac{A}{A_a}\right)^{0,25};\ 1\right]$	

Tabelle A 3 Zusammenstellung von Gleichungen für ideale Gase

Definitionen (Ruhegrößen T_0, ρ_0, p_0; spezielle Gaskonstante $R_j = c_p - c_v$)	
Isentropenkoeffizient κ	$\kappa = \frac{c_p}{c_v} = \frac{R_j}{c_v} + 1 = \frac{1}{1 - \frac{R_j}{c_p}}$ $\kappa = 5/3$ (ein-), $\kappa = 1,4$ (zwei-), $\kappa = 4/3$ (drei- und mehratomig)
Schallgeschwindigkeit a (Bezugspunkt lokale Temperatur, ortsabhängig)	$a = \sqrt{\kappa R_j T}$

Tabelle A 3 Zusammenstellung von Gleichungen für ideale Gase *(Fortsetzung)*

kritische Schallgeschwindigkeit a^* (Bezugspunkt Ruhetemperatur, ortsunabhängig)	$a^* = \sqrt{\frac{2(\kappa-1)}{\kappa+1} c_p T_0} = \sqrt{\frac{2\kappa}{\kappa+1} R_j T_0}$
Mach-Zahl *Ma*	$Ma = \overline{c}/a$ mit $Ma \in [0, \infty)$
kritische *Mach*-Zahl Ma^*	$Ma^* = \frac{\overline{c}}{a^*}$ mit $Ma^* \in \left[0, \sqrt{\frac{\kappa+1}{\kappa-1}}\right]$
Zustandsgleichung	
ideales Gasgesetz	$pV = nRT$ bzw. $pv = R_j T$ bzw. $p = \rho R_j T$
Bilanzgleichungen	
Kontinuitätsgleichung	$\rho A \overline{c} = \text{const}$
Energiebilanz	$\frac{\overline{c}^2}{2} + c_p T + q = \text{const}$
Senkrechter Verdichtungsstoß (Dach kennzeichnet Größen nach dem Stoß)	
Massenerhaltung	$\hat{\rho}\overline{c} = \rho \widehat{\overline{c}}$
Geschwindigkeitsverhältnis	$\frac{\widehat{\overline{c}}}{\overline{c}} = 1 - \frac{2}{\kappa+1}\left(1 - \frac{1}{Ma^2}\right)$
Druckverhältnis	$\frac{\hat{p}}{p} = 1 + \frac{2\kappa}{\kappa+1}\left(Ma^2 - 1\right)$
Dichteverhältnis	$\frac{\rho}{\hat{\rho}} = 1 - \frac{2}{\kappa+1}\left(1 - \frac{1}{Ma^2}\right)$ mit $\left(\frac{\rho}{\hat{\rho}}\right)_{\max} = \frac{\kappa-1}{\kappa+1}$
Verhältnis kritischer *Mach*-Zahlen	$\widehat{Ma}^* Ma^* = 1$
Reibungsfreie Strömungen (Düsenströmung) → s. auch Tabelle A4	
Durchsatz (Index 0 steht für Ruhezustand, A^* für engster Querschnitt) Beachte: Im engsten Querschnitt kann maximal die Schallgeschwindigkeit erreicht werden.	$\frac{T_1}{T_0} = \left(\frac{\rho_1}{\rho_0}\right)^{\kappa-1} = \left(\frac{p_1}{p_0}\right)^{\frac{\kappa-1}{\kappa}} > \frac{2}{\kappa+1}$ $\dot{m} = \rho_0 A_1 \left(\frac{p_1}{p_0}\right)^{\frac{1}{\kappa}} \sqrt{2 c_p T_0 \left[1 - \left(\frac{p_1}{p_0}\right)^{\frac{\kappa-1}{\kappa}}\right]}$ $\overline{c}_1 = \sqrt{2 c_p (T_0 - T_1)} = \sqrt{2 c_p T_0 \left[1 - \left(\frac{p_1}{p_0}\right)^{\frac{\kappa-1}{\kappa}}\right]}$ $\frac{T_1}{T_0} = \left(\frac{\rho_1}{\rho_0}\right)^{\kappa-1} = \left(\frac{p_1}{p_0}\right)^{\frac{\kappa-1}{\kappa}} \leq \frac{2}{\kappa+1}$ $\dot{m} = \dot{m}_{\max} = \sqrt{\frac{\kappa}{\kappa+1}} \left(\frac{2}{\kappa+1}\right)^{\frac{1}{\kappa-1}} \sqrt{2 p_0 \rho_0}\, A^*$

Isotherme reibungsbehaftete Rohrströmung

Geschwindigkeitsentwicklung (Strömung strebt zu $Ma_2 = 1/\sqrt{\kappa}$)	$\frac{1}{\kappa Ma_1^2} - \frac{1}{\kappa Ma_2^2} - \ln\frac{Ma_2^2}{Ma_1^2} = \lambda\frac{l}{d}$
maximale Rohrleitungslänge ohne Verdichtungsstoß/Durchsatzabsenkung	$l_{\max} = \frac{d}{\lambda}\left(\frac{1}{\kappa Ma_1^2} - 1 - \ln\frac{1}{\kappa Ma_1^2}\right)$
Druck-/Geschwindigkeits-/Dichteänderung	$\frac{p_1}{p_2} = \frac{\rho_1}{\rho_2} = \frac{Ma_2}{Ma_1} = \frac{\overline{c}_2}{\overline{c}_1}$
Durchsatz (Test auf unzulässige Überschreitung $Ma_2 = 1/\sqrt{\kappa}$ notwendig)	$\frac{\dot{m}}{A} = \sqrt{\frac{\rho_1 p_1\left(1 - \frac{p_2^2}{p_1^2}\right)}{\lambda\frac{l}{d} - 2\ln\left(\frac{p_2}{p_1}\right)}}$

Adiabate reibungsbehaftete Rohrströmung ($\lambda = \text{const}$)*), s. auch Tabelle A4

Geschwindigkeitsentwicklung (Strömung strebt zu $Ma_2^* = 1$)	$\frac{1}{Ma_1^{*2}} - \frac{1}{Ma_2^{*2}} - \ln\frac{Ma_2^{*2}}{Ma_1^{*2}} = \frac{2\kappa}{\kappa+1}\lambda\frac{l}{d}$
maximale Rohrleitungslänge ohne Verdichtungsstoß/Durchsatzabsenkung	$l_{\max} = \frac{\kappa+1}{2\kappa}\frac{d}{\lambda}\left(\frac{1}{Ma_1^{*2}} - 1 - \ln\frac{1}{Ma_1^{*2}}\right)$
Temperaturänderung	$\frac{T_1}{T_2} = \frac{1 - \frac{\kappa-1}{\kappa+1}Ma_1^{*2}}{1 - \frac{\kappa-1}{\kappa+1}Ma_2^{*2}}$
Dichte-/Geschwindigkeitsänderung	$\frac{\overline{c}_2}{\overline{c}_1} = \frac{\rho_1}{\rho_2} = \frac{Ma_2^*}{Ma_1^*}$
Druckänderung	$\frac{p_1}{p_2} = \frac{\rho_1}{\rho_2}\frac{T_1}{T_2} = \frac{Ma_2^*}{Ma_1^*}\frac{1 - \frac{\kappa-1}{\kappa+1}Ma_1^{*2}}{1 - \frac{\kappa-1}{\kappa+1}Ma_2^{*2}}$
Durchsatz (Test auf unzulässige Überschreitung $Ma_2^* = 1$ notwendig)	$\frac{\dot{m}}{A} = \sqrt{\frac{2\rho_1 p_1\frac{\kappa}{\kappa+1}\left[1 - \left(\frac{p_2}{p_1}\right)^{\frac{\kappa+1}{\kappa}}\right]}{\lambda\frac{l}{d} - \frac{2}{\kappa}\ln\left(\frac{p_2}{p_1}\right)}}$

Strömung mit Wärmequellen oder Wärmesenken

Ruhetemperaturänderung	$\frac{T_{02}}{T_{01}} = \frac{Ma_2^2\left(1 + \kappa Ma_1^2\right)^2\left(1 + \frac{\kappa-1}{2}Ma_2^2\right)}{Ma_1^2\left(1 + \kappa Ma_2^2\right)^2\left(1 + \frac{\kappa-1}{2}Ma_1^2\right)}$
Ruhedruckänderung	$\frac{p_{01}}{p_{02}} = \frac{1 + \kappa Ma_2^2}{1 + \kappa Ma_1^2}\left[\frac{1 + \frac{\kappa-1}{2}Ma_1^2}{1 + \frac{\kappa-1}{2}Ma_2^2}\right]^{\frac{\kappa}{\kappa-1}}$
Druckänderung	$\frac{p_2}{p_1} = \frac{1 + \kappa Ma_1^2}{1 + \kappa Ma_2^2}$
Geschwindigkeits-/Dichteänderung	$\frac{\overline{c}_1}{\overline{c}_2} = \frac{\rho_2}{\rho_1} = \frac{Ma_1^2\left(1 + \kappa Ma_2^2\right)}{Ma_2^2\left(1 + \kappa Ma_1^2\right)}$

*) Wegen der Kontinuitätsgleichung ist im Zähler der *Reynolds*-Zahl $\rho\overline{c}$ konstant. Da die dynamische Viskosität η der Gase kaum vom Druck und nur relativ wenig von der Temperatur abhängt, kann mit guter Näherung der Rohrreibungskoeffizient λ als konstant angesehen werden.

Tabelle A 4 Berechnungsgleichungen für reversibel adiabate/isentrope Gasströmungen eines idealen Gases mit konstanten c_p und c_v, die Gleichungen im dick umrandeten Bereich gelten zusätzlich für adiabate Strömungen mit Reibung, Index „0“: Ruhezustand

gesucht / gegeben	Ma^2	Ma^{*2}	$\frac{a}{a_0}$	$\frac{T}{T_0}$	$\frac{p}{p_0}$	$\frac{\rho}{\rho_0}$
Ma^2	Ma^2	$\frac{Ma^{*2}}{1-\frac{\kappa-1}{2}(Ma^{*2}-1)}$	$\frac{2}{\kappa-1}\left[\left(\frac{a_0}{a}\right)^2-1\right]$	$\frac{2}{\kappa-1}\left(\frac{T_0}{T}-1\right)$	$\frac{2}{\kappa-1}\left[\left(\frac{p_0}{p}\right)^{\frac{\kappa-1}{\kappa}}-1\right]$	$\frac{2}{\kappa-1}\left[\left(\frac{\rho_0}{\rho}\right)^{\kappa-1}-1\right]$
$Ma*^2$	$\frac{Ma^2}{1+\frac{\kappa-1}{\kappa+1}(Ma^2-1)}$	Ma^{*2}	$\frac{\kappa+1}{\kappa-1}\left[1-\left(\frac{a}{a_0}\right)^2\right]$	$\frac{\kappa+1}{\kappa-1}\left(1-\frac{T}{T_0}\right)$	$\frac{\kappa+1}{\kappa-1}\left[1-\left(\frac{p}{p_0}\right)^{\frac{\kappa-1}{\kappa}}\right]$	$\frac{\kappa+1}{\kappa-1}\left[1-\left(\frac{\rho}{\rho_0}\right)^{\kappa-1}\right]$
$\frac{a}{a_0}$	$\frac{1}{\sqrt{1+\frac{\kappa-1}{2}Ma^2}}$	$\sqrt{1-\frac{\kappa-1}{\kappa+1}Ma^{*2}}$	$\left(\frac{a}{a_0}\right)$	$\sqrt{\frac{T}{T_0}}$	$\left(\frac{p}{p_0}\right)^{\frac{\kappa-1}{2\kappa}}$	$\left(\frac{\rho}{\rho_0}\right)^{\frac{\kappa-1}{2}}$
$\frac{T}{T_0}$	$\frac{1}{1+\frac{\kappa-1}{2}Ma^2}$	$1-\frac{\kappa-1}{\kappa+1}Ma^{*2}$	$\left(\frac{a}{a_0}\right)^2$	$\frac{T}{T_0}$	$\left(\frac{p}{p_0}\right)^{\frac{\kappa-1}{\kappa}}$	$\left(\frac{\rho}{\rho_0}\right)^{\kappa-1}$
$\frac{p}{p_0}$	$\frac{1}{(1+\frac{\kappa-1}{2}Ma^2)^{\frac{\kappa}{\kappa-1}}}$	$\left(1-\frac{\kappa-1}{\kappa+1}Ma^{*2}\right)^{\frac{\kappa}{\kappa-1}}$	$\left(\frac{a}{a_0}\right)^{\frac{2\kappa}{\kappa-1}}$	$\left(\frac{T}{T_0}\right)^{\frac{\kappa}{\kappa-1}}$	$\frac{p}{p_0}$	$\left(\frac{\rho}{\rho_0}\right)^{\kappa}$
$\frac{\rho}{\rho_0}$	$\frac{1}{(1+\frac{\kappa-1}{2}Ma^2)^{\frac{1}{\kappa-1}}}$	$\left(1-\frac{\kappa-1}{\kappa+1}Ma^{*2}\right)^{\frac{1}{\kappa-1}}$	$\left(\frac{a}{a_0}\right)^{\frac{2}{\kappa-1}}$	$\left(\frac{T}{T_0}\right)^{\frac{1}{\kappa-1}}$	$\left(\frac{p}{p_0}\right)^{\frac{1}{\kappa}}$	$\frac{\rho}{\rho_0}$

Tabelle A 5 Zusammenstellung von Gleichungen für den Wärmeübergangskoeffizienten in Rohren (konstante Stoffwerte)

Laminar	Turbulent
Rohrdurchströmung [2], Stoffwerte bei $(T_1+T_2)/2$	
T_W = const, ausgebildete Strömung	
$Nu_x=\left\{49,37+\left[1,077\left(Re\,Pr\frac{d}{x}\right)^{1/3}-0,7\right]^3\right\}^{1/3}$ $\overline{Nu_l}=\left\{49,37+\left[1,615\left(Re\,Pr\frac{d}{l}\right)^{1/3}-0,7\right]^3\right\}^{1/3}$ $\frac{x}{d}\gg 1:\quad Nu_x=3,66;\ \overline{Nu_l}=3,66$	$0,1\le Pr\le 1000,\ 10^4\le Re\le 10^6,\ d/l\le 1,$ $\zeta=(1,8\lg Re-1,5)^{-2}$: $Nu_x=\frac{0,125\zeta RePr}{1+4,49\sqrt{\zeta}\,(Pr^{2/3}-1)}\left[1+\frac{1}{3}\left(\frac{d}{x}\right)^{2/3}\right]$ $\overline{Nu_l}=\frac{0,125\zeta RePr}{1+4,49\sqrt{\zeta}\,(Pr^{2/3}-1)}\left[1+\left(\frac{d}{l}\right)^{2/3}\right]$ Übergangsbereich: $Nu=(1-\gamma)\ Nu_{\text{lam},\,Re=2300}+\gamma\,Nu_{\text{turb},\,Re=10^4}$ $\gamma=\frac{Re-2300}{10^4-2300}$
T_W = const, thermischer und Strömungseinlauf	
$Nu_x=\left\{49,37+\left[1,077\left(Re\,Pr\frac{d}{x}\right)^{1/3}-0,7\right]^3+\frac{1}{8}\left(\frac{2}{1+22Pr}\right)^{1/2}\left(Re\,Pr\frac{d}{x}\right)^{3/2}\right\}^{1/3}$ $\overline{Nu_l}=\left\{49,37+\left[1,615\left(Re\,Pr\frac{d}{l}\right)^{1/3}-0,7\right]^3+\left(\frac{2}{1+22Pr}\right)^{1/2}\left(Re\,Pr\frac{d}{l}\right)^{3/2}\right\}^{1/3}$ $\frac{x}{d}\gg 1:\quad Nu_x=3,66;\ \overline{Nu_l}=3,66$	wie bei ausgebildeter Strömung
$\dot{q}_W$ = const, ausgebildete Strömung	
$Nu_x=\left\{84,11+\left[1,302\left(Re\,Pr\frac{d}{x}\right)^{1/3}-1\right]^3\right\}^{1/3}$ $\overline{Nu_l}=\left\{83,33+\left[1,953\left(Re\,Pr\frac{d}{l}\right)^{1/3}-0,6\right]^3\right\}^{1/3}$ $\frac{x}{d}\gg 1:\quad Nu_x=4,364;\ \overline{Nu_l}=4,364$	wie bei T_W = const

Tabelle A 5 Zusammenstellung von Gleichungen für den Wärmeübergangskoeffizienten in Rohren (konstante Stoffwerte) *(Fortsetzung)*

Laminar	Turbulent
$\dot{q}_\mathrm{W} = \mathrm{const}$, thermischer und Strömungseinlauf	
für $0{,}7 \le Pr \le 1000$: $Nu_x = \left\{84{,}11 + \left[1{,}302\left(Re\,Pr\frac{d}{x}\right)^{1/3} - 1\right]^3 + 0{,}099 Pr\left(Re\frac{d}{x}\right)^{3/2}\right\}^{1/3}$ $\overline{Nu_l} = \left\{83{,}33 + \left[1{,}953\left(Re\,Pr\frac{d}{l}\right)^{1/3} - 0{,}6\right]^3 + 0{,}789 Pr\left(Re\frac{d}{l}\right)^{3/2}\right\}^{1/3}$ $\frac{x}{d} \gg 1$: $Nu_x = 4{,}364$; $\overline{Nu_l} = 4{,}364$	wie bei $T_\mathrm{W} = \mathrm{const}$
angeströmte Rohre [2], Stoffwerte bei T_∞	
Längsanströmung	
für $0{,}5 \le Pr \le 500$: $Nu_x = 0{,}332 Pr^{1/3}\left(Re\frac{d}{x}\right)^{1/2}$ $\overline{Nu_l} = 0{,}664 Pr^{1/3}\left(Re\frac{d}{l}\right)^{1/2}$	$\overline{Nu}_{l,\mathrm{turb}} = \frac{0{,}037 Re_l^{0{,}8} Pr}{1 + 2{,}443 Re_l^{-0{,}1}\left(Pr^{2/3} - 1\right)}$
Queranströmung, $l = \pi\, d_\mathrm{a}/2$	
$\overline{Nu_l} = 0{,}3 + \sqrt{\overline{Nu}^2_{l,\mathrm{lam}} + \overline{Nu}^2_{l,\mathrm{turb}}}$	
$\overline{Nu}_{l,\mathrm{lam}} = 0{,}664 Re_l^{1/2} Pr^{2/3}$	$\overline{Nu}_{l,\mathrm{turb}} = \frac{0{,}037 Re_l^{0{,}8} Pr}{1 + 2{,}443 Re_l^{-0{,}1}\left(Pr^{2/3} - 1\right)}$
freie Konvektion außen [2]	
$\overline{Nu_l} = \frac{\alpha_\mathrm{W} l}{\lambda}$; $Gr = \frac{g l^3}{\nu^2}\beta\,\Delta T \approx \frac{g l^3}{\nu^2}\frac{\rho_\infty - \rho_\mathrm{W}}{\rho_\infty}$; $Ra = Gr\,Pr$; Stoffwerte für $\frac{T_\infty + T_\mathrm{W}}{2}$	
vertikale Flächen, $T_\mathrm{W} = \mathrm{const}$ oder $\dot{q}_\mathrm{W} = \mathrm{const}$	
$\overline{Nu}_{l,\mathrm{Platte}} = \left\{0{,}825 + 0{,}387 Ra^{1/6}\left[1 + \left(\frac{0{,}492}{Pr}\right)^{9/16}\right]^{-8/27}\right\}^2$, $l = \frac{A}{U}$, $10^{-1} < Ra < 10^{12}$, $Pr > 0{,}001$	
$\overline{Nu}_{l,\mathrm{Rohr}} = \overline{Nu}_{l,\mathrm{Platte}} + 0{,}97\frac{h}{d_\mathrm{a}}$	

Laminar	Turbulent

horizontale Rohre

$$\overline{Nu}_l = \left\{0,6 + 0,387 Ra^{1/6}\left[1+\left(\frac{0,559}{Pr}\right)^{9/16}\right]^{-8/27}\right\}^2, \; l = d_a,\; 10^{-1} < Ra < 10^{12},\; \forall Pr$$

horizontales Kreisrippenrohr (Geometrieparameter s. Tabelle A6) mit $l = d_a + h$ und $\Delta T = \overline{T}_{\text{Oberfläche Rohr}} - T_\infty$

$$Nu = 0,24\left(Gr\,Pr\frac{t_R}{d_a}\right)^{1/3}$$

Überlagerung freier und erzwungener Rohrumströmung [2]

- Wirkung in die gleiche Richtung: $\overline{Nu}^3 = \overline{Nu}^3_{\text{erzw}} + \overline{Nu}^3_{\text{frei}}$
- Ist der Winkel zwischen freier und erzwungener Konvektion rechtwinklig (waagerechte Anströmung), wird in [35] ebenfalls die Verwendung dieser Gleichung empfohlen.
- Wirkung in die entgegengesetzte Richtung: $\overline{Nu}^3 = \left|\overline{Nu}^3_{\text{erzw}} - \overline{Nu}^3_{\text{frei}}\right|$

Rohre in Luft, zugeschnittene Gleichungen [VDI-Richtlinie 2055]

$-20°\text{C} \le T_m \le 60°\text{C}$, $T_m = (T_O - T_L)/2$ (T_O Oberflächentemperatur, T_L Lufttemperatur)

waagerechtes Rohr in Innenräumen und im Freien bei Windstille

($\Delta T = T_O - T_L$ in K, d_a: Außendurchmesser der Dämmschicht in m)

$d_a^3 \Delta T \le 1\,\text{m}^3\,\text{K}$:

$$\alpha_{W_{fK}}\left[\frac{\text{W}}{\text{m}^2\cdot\text{K}}\right] = 1,22\left(\frac{\Delta T}{d_a}\right)^{1/4}$$

$d_a^3 \Delta T > 1\,\text{m}^3\,\text{K}$:

$$\alpha_{W_{fK}}\left[\frac{\text{W}}{\text{m}^2\cdot\text{K}}\right] = 1,21\sqrt[3]{\Delta T}$$

senkrechtes Rohr und senkrechte Wand

$$\alpha_{W_{fK}}\left[\frac{\text{W}}{\text{m}^2\cdot\text{K}}\right] = 1,74\sqrt[3]{\Delta T}$$

quer angeströmtes Rohr ($\overline{c}_a$ mittlere Anströmgeschwindigkeit in m/s, d_a Außendurchmesser in m)

$d_a\,\overline{c}_a \le 8,55\cdot 10^{-3}\text{m}^2/\text{s}$:

$$\alpha_{W_{eK}}\left[\frac{\text{W}}{\text{m}^2\cdot\text{K}}\right] = \frac{8,1\cdot 10^{-3}}{d_a} + 3,14\cdot\sqrt{\frac{\overline{c}_a}{d_a}}$$

$d_a\,\overline{c}_a > 8,55\cdot 10^{-3}\text{m}^2/\text{s}$:

$$\alpha_{W_{eK}}\left[\frac{\text{W}}{\text{m}^2\cdot\text{K}}\right] = 2\overline{c}_a + 3\cdot\sqrt{\frac{\overline{c}_a}{d_a}}$$

Überlagerung von freier und erzwungener Konvektion

$$\alpha_{W_{\text{result}}} \approx \sqrt[4]{\alpha^4_{W_{fK}} + \alpha^4_{W_{eK}}}$$

Tabelle A 6 Wirkungsgrad für Rippen und Nadeln bei adiabater Außenkante $\left(\frac{\mathrm{d}\theta}{\mathrm{d}x}\Big|_{x=0} = 0\right)$ nach [2], [27], [35], [83]; I_n, K_n modifizierte *Bessel*-Funktionen (s. Tabelle A7)

Fall	η_{Ri}	Parameter
parabelförmig konkave Nadel $D\left(\frac{x}{h}\right)^2$ 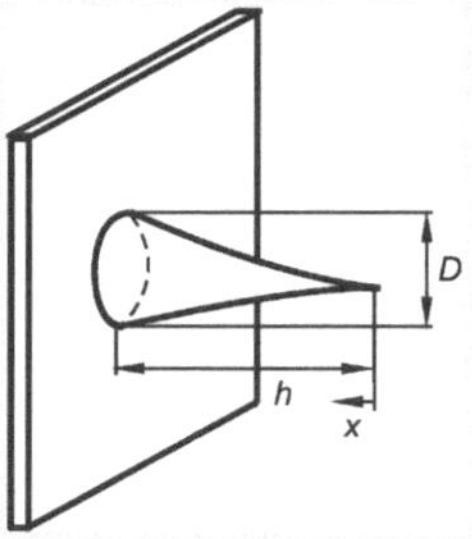	$\frac{2}{1+\sqrt{1+\frac{8}{9}(\mu h)^2}}$	$\mu \approx \sqrt{\frac{4\alpha_W}{\lambda D}}$
zylindrische Nadel 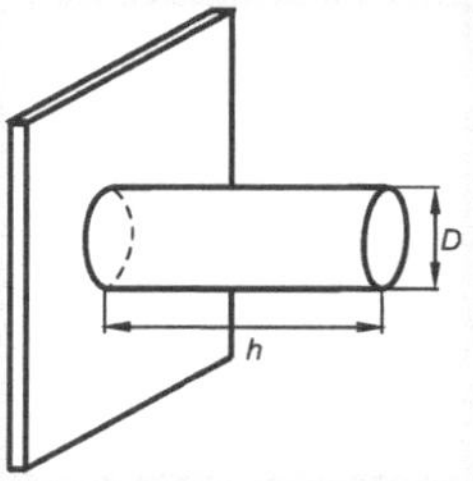	$\frac{\tanh(\mu h)}{\mu h}$	$\mu \approx \sqrt{\frac{4\alpha_W}{\lambda D}}$
Kanal mit Rippe bzw. Rohr mit Längsrippe		
Trapezrippe $h < h_e \rightarrow s_u \geq s_o > 0$ 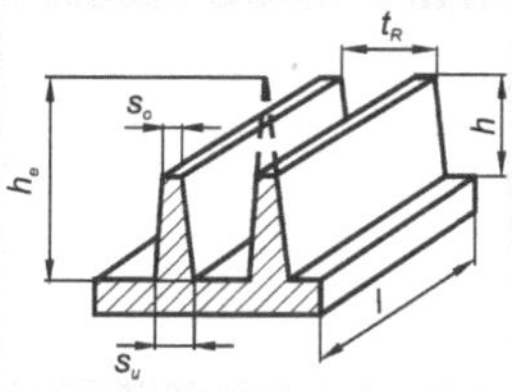	$\frac{I_1(2\mu h)K_1(2\mu\tilde{h}) - K_1(2\mu h)I_1(2\mu\tilde{h})}{\mu h\left[I_0(2\mu h)K_1(2\mu\tilde{h}) + K_0(2\mu h)I_1(2\mu\tilde{h})\right]}$ $\approx \frac{\tanh\left[\sqrt{\frac{8\alpha}{\lambda(3s_u+s_o)}}h\right]}{\sqrt{\frac{8\alpha}{(3s_u+s_o)\lambda}}h}$	$\mu \approx \sqrt{\frac{2\alpha_W}{\lambda s_u}}$ $\tilde{h} = \sqrt{h\,(h_e - h)}$
Kanal mit Dreieckrippe $h = h_e \rightarrow s_o = 0$	$\frac{1}{\mu h}\frac{I_1(2\mu h)}{I_0(2\mu h)} \approx \frac{\sqrt{3}\tanh\left(\frac{2\mu h}{\sqrt{3}}\right)}{2\mu h}$	
Kanal mit Rechteckrippe $s_u = s_o = s$	$\frac{\tanh(\mu h)}{\mu h}$	
parabelförmig konkave Rippe $s\left(\frac{x}{h}\right)^2$	$\frac{2}{1+\sqrt{1+4(\mu h)^2}}$	

Fall	η_{Ri}	Parameter
Rohr mit Rippen in Umfangsrichtung		
Rohr mit sich verjüngender Kreisrippe 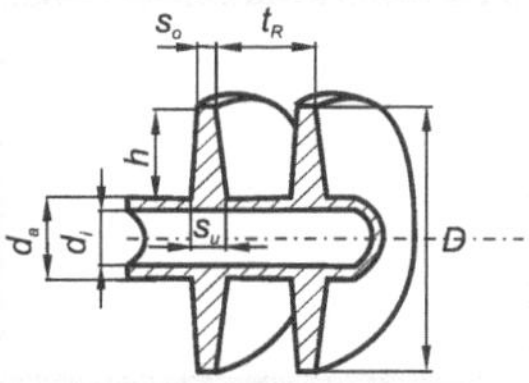 	$\approx \dfrac{\tanh\left[\mu h\left(1+0,35\ln\frac{D}{d_a}\right)\right]}{\mu h\left(1+0,35\ln\frac{D}{d_a}\right)}$	$\mu \approx \sqrt{\dfrac{4\alpha_W}{\lambda\,(s_u+s_o)}}$
Rohr mit Kreisrippe konstanter Dicke $s_u = s_o = s$	$\dfrac{4d_a}{\mu\left(D^2-d_a^2\right)} \cdot \dfrac{I_1\left(\frac{\mu D}{2}\right)K_1\left(\frac{\mu d_a}{2}\right)-I_1\left(\frac{\mu d_a}{2}\right)K_1\left(\frac{\mu D}{2}\right)}{I_0\left(\frac{\mu d_a}{2}\right)K_1\left(\frac{\mu D}{2}\right)+I_1\left(\frac{\mu D}{2}\right)K_0\left(\frac{\mu d_a}{2}\right)}$ $\approx \dfrac{\tanh\left[\mu h\left(1+0{,}35\ln\frac{D}{d_a}\right)\right]}{\mu h\left(1+0{,}35\ln\frac{D}{d_a}\right)}$	$\mu \approx \sqrt{\dfrac{2\alpha_W}{\lambda s}}$
Rohr mit Rechteckrippe 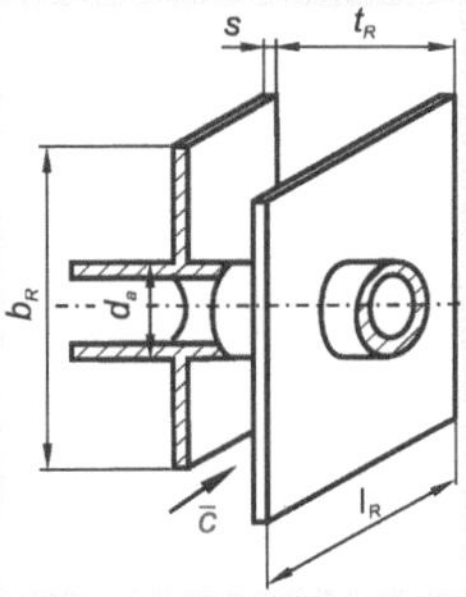 	$\dfrac{\tanh(\mu h)}{\mu h}$ mit $h = \left(1,28\frac{b_R}{d_a}\sqrt{\frac{b_R}{l_R}-0,2}-1\right)$ $\cdot\left[1+0,35\ln\left(1,28\frac{b_R}{d_a}\sqrt{\frac{b_R}{l_R}-0,2}\right)\right] d_a$	$\mu \approx \sqrt{\dfrac{2\alpha_W}{\lambda s}}$
Rohr mit Sechseckrippe 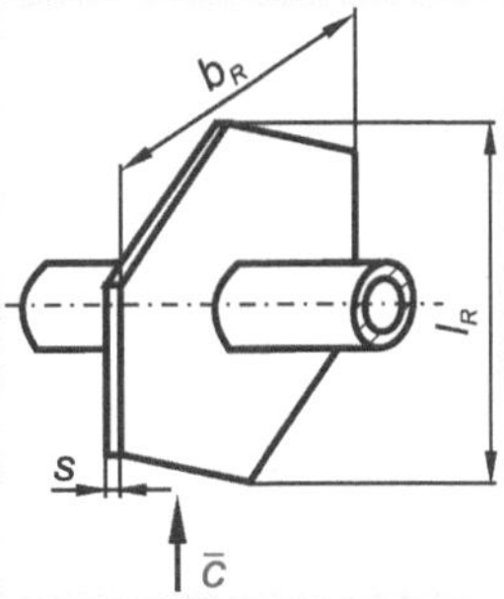 	Gleichungen wie bei Rohr mit Rechteckrippe	

Tabelle A 7 Näherungsgleichungen für die modifizierten *Bessel*-Funktionen nach [56]

$I_0(x)$	$1 + 3,5156229\,t^2 + 3,0899424\,t^4 + 1,2067492\,t^6 + 0,2659732\,t^8 + 0,0360768t^{10} + 0,0045813t^{12}$	$-3,75 \le x \le 3,75$
	$(0,39894228 + 0,01328592t^{-1} + 0,00225319t^{-2} - 0,00157565t^{-3} + 0,00916281t^{-4} - 0,02057706t^{-5} + 0,02635537t^{-6} - 0,01647633t^{-7} + 0,00392377t^{-8})\,x^{-0,5}e^x$	$3,75 \le x < \infty$
$I_1(x)$	$(0,5 + 0,87890594t^2 + 0,51498869t^4 + 0,15084934t^6 + 0,02658733t^8 + 0,00301532t^{10} + 0,00032411t^{12})\,x$	$-3,75 \le x \le 3,75$
	$(0,39894228 - 0,03988024t^{-1} - 0,00362018t^{-2} + 0,00163801t^{-3} - 0,01031555t^{-4} + 0,02282967t^{-5} - 0,02895312t^{-6} + 0,01787654t^{-7} - 0,00420059t^{-8})\,x^{-0,5}e^x$	$3,75 \le x < \infty$
$K_0(x)$	$-\ln(x/2)\,I_0(x) - 0,57721566 + 0,4227842\,(x/2)^2 + 0,23069756\,(x/2)^4 + 0,0348859\,(x/2)^6 + 0,00262698\,(x/2)^8 + 0,0001075\,(x/2)^{10} + 0,0000074\,(x/2)^{12}$	$0 < x \le 2$
	$[1,25331414 - 0,07832358\,(2/x) + 0,02189568\,(2/x)^2 - 0,01062446\,(2/x)^3 + 0,00587872\,(2/x)^4 - 0,0025154\,(2/x)^5 + 0,00053208\,(2/x)^6]\,x^{-0,5}e^{-x}$	$2 \le x < \infty$
$K_1(x)$	$\ln(x/2)\,I_1(x) + [1 + 0,15443144\,(x/2)^2 - 0,67278579\,(x/2)^4 - 0,18156897\,(x/2)^6 - 0,01919402\,(x/2)^8 - 0,00110404\,(x/2)^{10} - 0,00004686\,(x/2)^{12}]\,/x$	$0 < x \le 2$
	$[1,25331414 + 0,23498619\,(2/x) - 0,0365562\,(2/x)^2 + 0,01504268\,(2/x)^3 - 0,00780353\,(2/x)^4 + 0,00325614\,(2/x)^5 - 0,00068245\,(2/x)^6]\,x^{-0,5}e^{-x}$	$2 \le x < \infty$

Literaturverzeichnis

[1] *Schmitt, W.:* Ermittlung des wirtschaftlich optimalen Durchmessers von Rohrleitungen in verfahrenstechnischen Anlagen. 3R international 25 (1986) S. 356 – 362.

[2] VDI Heat Atlas, Springer 2nd ed. (2010) oder VDI-Wärmeatlas. Springer Verlag, 2013.

[3] *Durand, A. A. et al.:* Updating the Rules for Pipe Sizing. Chem. Eng. 1 (2010) p. 48 – 50.

[4] *Naue, G. u. a.:* Technische Strömungsmechanik II, Aufgabensammlung. Deutscher Verlag für Grundstoffindustrie, 1990.

[5] *Zigrang, D. J.; Sylvester, N. D.:* Explicit Approximations to the Solution of Colebrook's Friction Factor Equation. AIChE J. 28 (1982) p. 514 – 515.

[6] *Bohl, W.:* Technische Strömungslehre. Vogel Buchverlag, 2008.

[7] *Glück, B.:* Hydrodynamische und gasdynamische Rohrströmung – Druckverluste. Verlag für Bauwesen, 1988.

[8] *Naue, G. u. a.:* Technische Strömungsmechanik I. Deutscher Verlag für Grundstoffindustrie, 1988.

[9] *Preißler, G.; Bollrich, G.:* Technische Hydromechanik, Band 1. Verlag für Bauwesen, 1985.

[10] *Idelchik, I. E.:* Handbook of Hydraulic Resistance. Jaico Publishing House, 2007.

[11] *Jousten, K.; Jitschin, W.; Sharipov, F.; Lachenmann, R.:* Wutz Handbuch Vakuumtechnik. Vieweg + Teubner Verlag, 2012.

[12] Technische Regeln für Betriebssicherheit TRBS 2153, Vermeidung von Zündgefahren infolge elektrostatischer Aufladungen. GMBl. Nr. 15/16 vom 9. April 2009, S. 278.

[13] *Grassmann, P.; Tuma, M.:* Kritische Reynolds-Zahlen bei oszillierenden und pulsierenden Rohrströmungen. Wärme- u. Stoffübertragung 12 (1979) S. 203 – 209.

[14] *Wagner, W.:* Strömung und Druckverlust. Vogel Buchverlag, 2012.

[15] *Rist, D.:* Dynamik realer Gase – Grundlagen, Berechnungen und Daten für Thermogasdynamik, Strömungsmechanik und Gastechnik. Springer Verlag, 2011.

[16] *Glück, B.:* Zustands- und Stoffwerte. Verlag für Bauwesen, 1991.

[17] *Albers, K.-J.:* Untersuchungen zur Auslegung von Erdwärmeaustauschern für die Konditionierung der Zuluft für Wohngebäude. Diss. Uni. Dortmund, 1991.

[18] *Shapiro, A. H.:* The Dynamics and Thermodynamics of Compressible Fluid Flow, Vol. 1. Wiley, 1953.

[19] *Zoebl, H.; Kruschik, J.:* Strömung durch Rohre und Ventile. Springer Verlag, 2013.

[20] *Brennen, Ch. E.:* Fundamentals of Multiphase Flow. Cambridge University Press, 2009.

[21] *Brauer, H.:* Grundlagen der Ein- und Mehrphasenströmung. Sauerländer, 1971.

[22] *Kossatz, G.; Mosch, H.-P.:* Betriebseinrichtung Bd. 1 und 2. Verlag Technik, 1968.

[23] *Ham, J.-H.; Lohse, R.; Platzer, B.:* Modellierung der Einlaufstrecke und deren Auswirkungen auf die Verweilzeitverteilung in laminar durchströmten Rohren und Kanälen. Chem.-Ing.-Tech. 83, 8 (2011) S. 1245 - 1255.

[24] *Schwaigerer, S.:* Die Berechnung der Flanschverbindungen im Behälter- und Rohrleitungsbau. Z. VDI 96 (1954) 7.

[25] *Sommer, B. (Bearb.):* Stahlrohr-Handbuch. Vulkan Verlag, 1995.

[26] *Sigloch, H.:* Strömungsmaschinen. Carl Hanser Verlag, 2013.

[27] *Wagner, W.:* Wärmeübertragung. Vogel Buchverlag, 2011.

[28] *Levenspiel, O.:* The Chemical Reactor Omnibook. Oregon St Univ Book Stores, 1996.

[29] *Ham, J.-H., Platzer, B.:* Halbempirische Gleichung für die Verweilzeitverteilungen in dispersen Systemen – Teil 1 und 2. Chem.-Ing.-Techn. 76 (2004) S. 132 - 138 und S. 244 - 248.

[30] *Pallaske, U.:* Kritik an zwei bekannten Verweilzeitformeln für das Diffusionsströmungsrohr. Chem.-Ing.-Techn. 56 (1984) S. 46 - 47.

[31] *Kell, G. S.:* Density, Thermal Expansivity, and Compressibility of Liquid Water from 0° to 150 °C: Correlations and Tables for Atmospheric Pressure and Saturation Reviewed and Expressed on 1968 Temperature Scale. Journal of Chem. and Eng. Data, Vol. 20, No. 1, (1975) S. 97.

[32] *Weber, K. H.:* Dokumentation verfahrenstechnischer Anlagen. Springer Verlag, 2008.

[33] *Kraft, G.; Kurth, K.; Kraatz, W.; Roloff, J.:* Handbuch der technischen Gebäudeausrüstung. Verlag für Bauwesen, 1978.

[34] *Mitrovic, J.:* Wärmeübertrager – Rohre. Publico Publ., 2002.

[35] *Marek, R.; Nitsche, K.:* Praxis der Wärmeübertragung. Fachbuchverlag Leipzig, 2012.

[36] *Wesselak, V.; Schabbach, T.; Link, Th.; Fischer, J.:* Regenerative Energietechnik. Springer Verlag, 2013.

[37] *Shah, R. K.; London, A. L.:* Laminar Flow Forced Convection in Ducts. Academic Press, 1978.

[38] *Baehr, H. D.; Stephan, K.:* Wärme- und Stoffübertragung. Springer Verlag, 2010.

[39] *Durst, F; Ray, S.; Ünsal, B.; Bayoumi, O. A.:* The Development Lengths of Laminar Pipe and Channel Flows. J. Fluids Eng. 127 (2005) p. 1154 - 1160.

[40] *Bollrich, G. (Hrsg.):* Technische Hydromechanik, Band 2. Verlag für Bauwesen, 1989.

[41] *Glück, B.:* Wärmeübertragung – Wärmeabgabe von Raumflächen und Rohren. Verlag für Bauwesen, 1990.

[42] *Glück, B.:* Heizwassernetze für Wohn- und Industriegebiete. Verlag für Bauwesen, 1985.

[43] *Wagner, W.:* Rohrleitungstechnik, Vogel Buchverlag, 2012.

[44] *Nouar, C.; Frigaard, I. A.:* Nonlinear Stability of Poiseuille Flow of Bingham Fluid: Theoretical Results and Comparison with Phenomenological Criteria. J. Non-Newtonian Fluid Mech. 100 (2001) p. 127 - 149.

[45] *Desouky, S. E. M.; Al-Awad, M. N.:* A New Laminar-to-Turbulent Transition Criterion for Yield-Pseudoplastic Fluids. J. Petroleum Sci. Engng., 19 (1998) p. 171 - 176.

[46] *Hanks, R. W.; Ruo, H.-C.:* Laminar-Turbulent Transition in Ducts of Rectangular Cross Section. I&EC Fundamentals 5 (1966) p. 558 - 561.

[47] *Dou, H.-S.; Khoo, B. C.; Tsai, H. M.:* Determining the Critical Condition for Turbulent Transition in a Full-Developed Annulus Flow. J. Petroleum Sci. Eng. 73 (2010) p. 41 - 47.

[48] *Cornish, R. J.:* Flow in a Pipe of Rectangular Cross-Section. Proc. Roy. Soc. London A120 (1928) p. 691 - 700.

[49] *Buchter, H. H.:* Apparate und Armaturen der chemischen Hochdrucktechnik, Springer Verlag, 1967.

[50] *Mohr, O.:* Technische Mechanik. W. Ernst & Sohn, 1928.

[51] *Quak, K.:* Technisches Wissen. Fachbuchverlag Leipzig, 1953, S. 55.

[52] *Thier, B.:* Rohrleitungstechnik. Vulkan Verlag, 1998.

[53] *Rieg, F; Kaczmarek, M. (Hrsg.).:* Taschenbuch der Maschinenelemente. Fachbuchverlag Leipzig, 2006.

[54] *Wossog, G. u. a.:* Handbuch Rohrleitungsbau, Band I – Planung, Herstellung, Errichtung; Band II – Berechnung. Vulkan Verlag, 2008, 2013.

[55] *Roloff, H.; Matek, W.:* Maschinenelemente. Springer Vieweg, 2013.

[56] *Abramowitz, M.; Stegun I. A.:* Handbook of Mathematical Functions. Dover Publ., 1965.

[57] *Hampel, H.:* Rohrleitungsstatik. Springer Verlag, 1972.

[58] Tyco Valves & Controls: Prospekt zum Yarway-Rohrleitungskompensator.

[59] HKS Gmbh Rostock.

[60] Witzenmann GmbH Pforzheim: Das Handbuch der Kompensatoren. Februar 2010.

[61] *Jürgensonn, H. v.:* Elastizität und Festigkeit im Rohrleitungsbau. Springer Verlag, 1953.

[62] *Szabo, I.:* Einführung in die Technische Mechanik, Springer Verlag, 1975.

[63] Dubbel Taschenbuch für den Maschinenbau Bd. I. Springer Verlag, 1956.

[64] *Kármán, T. v.:* Über die Formänderung dünnwandiger Rohre, insbesondere federnder Ausgleichsrohre. Z. VDI Nr. 45 (1911) S. 1889 – 1895.

[65] *Wagner, W.; Kretzschmar, H.-J.:* International Steam Tables. Springer Verlag, 2008.

[66] *Hanks, R. W.; Bonner, W. F.:* Transitional Flow Phenomena in Concentric Annuli. I&EC Fundamentals 10 (1971) 105 – 113.

[67] *Nummer, W.:* Wärmeübergang und Druckabfall in rauhen Rohren. VDI-Forschungsheft 22 (1956) Ausgabe B, Nr. 455.

[68] *Brandt, F.:* Dampferzeuger – Kesselsysteme, Energiebilanz, Strömungstechnik. Vulkan Verlag, 1999.

[69] *Gandenberger, W.:* Grundlagen der graphischen Ermittlung der Druckschwankungen in Wasserversorgungsleitungen. Oldenbourg Verlag, 1950.

[70] *Herwig, H.:* Wärmeübertragung A–Z. Springer Verlag, 2000.

[71] *Zachau, H. u. a.:* Außenmontage im Maschinen- und Anlagenbau. Verlag Technik, 1982.

[72] *Berbig, R.; Franke, F.:* Netzplantechnik. Verlag für Bauwesen, 1976.

[73] *Hiltscher, G.; Mühlthaler, J.; Smits, J.:* Molchtechnik. Wiley-VCH, 1999.

[74] Entfetten von Stahlrohrleitungen, Mitt. der TÜ Nr. 635/75 v. 17. 06. 1975.

[75] *Machu, W.:* Oberflächenbehandlung von Eisen- und Nichteisenmetallen. Akademische Verlagsgesellschaft Geest und Portig, 1954.

[76] *Franke, W.:* Das Innenreinigen einer Rohrleitung für den Transport von gasförmigem Sauerstoff unter Baustellenbedingungen. Stadt- und Gebäudetechnik 34 (1979) S. 56 – 59.

[77] *Müller, E. A.:* Handbuch der zerstörungsfreien Materialprüfung. Oldenbourg Verlag, 1970.

[78] *Franke, W.:* Grundlagen für montagegerechtes Konstruieren vorzufertigender Rohrleitungsbauteile. Chem. Technik 28 (1976) S. 419 – 421.

[79] *Bantlin, A.:* Formänderung und Beanspruchung federnder Ausgleichsrohre, Mitteilungen über Forschungsarbeiten auf dem Gebiete des Ingenieurwesens (1910).

[80] *Kölbel, H.; Schulze, J.:* Projektierung und Vorkalkulation in der chemischen Industrie. Springer Verlag, 1982.

[81] *Städtke, H.:* Gasdynamic Aspects of Two Phase Flow. Wiley-VCH, 2006.

[82] *Brandt, F.:* Dampferzeuger – Kesselsysteme, Energiebilanz, Strömungstechnik. Vulkan Verlag, 1992.

[83] *Gardner, K. A.:* Efficiency of Extended Surfaces. Trans. ASME 67(1945) p. 621 – 631.

[84] *Schwaigerer, S., Mühlenbeck, G.:* Festigkeitsberechnung im Dampfkessel-, Behälter- und Rohrleitungsbau. Springer Verlag, 1997.

[85] *Schwaigerer, S.:* Festigkeitsberechnung von Bauelementen des Dampfkessel-, Behälter- und Apparatebaues. Springer Verlag, 1970.

[86] *Wölfel, J.; Räbisch,W.:* Berechnung und Standardisierung von Flanschverbindungen. Chem. Technik 27 (1975) 8, S. 470 – 478.

[87] *Mußmann, J.:* Ing.-Büro f. Schweißtechnik und Qualitätsmanagement (*www.mussmann.org*), Meerbusch, 2014.

[88] *Wagner, W.:* Festigkeitsberechnungen im Apparate- und Rohrleitungsbau. Vogel Buchverlag, 1991.

[89] APRO-Ingenieurbüro für Anlagenprojektierung Leuna.

[90] *Siebel, E.; Hauser, H.:* Festigkeitsversuche an Behältern mit eingeschweißten Stutzen, Techn. Mitt. aus dem Dampfkessel-, Behälter- und Rohrleitungsbau, Düsseldorf, Mai 1955.

[91] *Siebel, E.; Schwaigerer, S.:* Untersuchungen über das Festigkeitsverhalten ausgehalster Abzweigstücke. Mitt. der Vereinigter Rohrleitungsbau GmbH Düsseldorf, H. 1, August 1949.

[92] *Melcer, H.:* Überelastisches Verhalten an Ausschnittsrändern unter Innendruck stehender Hohlzylinder. BWK 22 (1970) Nr. 10, S. 477 – 480.

[93] *Aurich, H.; Winkler, J.:* Taschenbuch der Technischen Mechanik. Fachbuchverlag, 2000.

[94] *Ullrich, H.:* Wirtschaftliche Planung und Abwicklung verfahrenstechnischer Anlagen. Vulkan Verlag, 1992.

[95] *Schwaigerer, S.:* Rohrleitungen – Theorie und Praxis. Springer Verlag, 1967.

[96] *Zanke, U.:* Zur Berechnung von Strömungswiderstandsbeiwerten. Wasser & Boden, 1 (1993).

[97] *Herning, F.:* Stoffströme in Rohrleitungen. VDI-Verlag, 1957.

[98] *Cerbe, G. u. a.:* Grundlagen der Gastechnik. Carl Hanser Verlag, 2004.

[99] *Mayer, W.; Jankowski, K.:* Langzeit-Druckmessungen in Gasrohrnetzen. gwf-Gas/Erdgas 138 (1997), Nr. 3, S. 144 – 150.

[100] *Baer, H.:* Druckabfall und Zustandsänderung in Gas- und Dampfleitungen. Forschung im Ing. wesen, 16. Bd. H. 3 (1949/50) S. 79 – 84.

[101] *Richter, H.:* Rohrhydraulik. Springer Verlag, 1962.

[102] *Schwedler, F.; Jürgensonn, H. v.:* Handbuch der Rohrleitungen. Springer Verlag, 1953.

[103] KSB Armaturen Handbuch, Klein, Schanzlink, Becker Frankenthal (1965).

[104] *Kecke, H.-J., Kleinschmidt, P.:* Industrie-Rohrleitungsarmaturen. VDI-Verlag, 1994.

[105] *Volk, W.:* Absperrorgane in Rohrleitungen. Springer Verlag, 1959.

[106] KSB: Auslegung von Kreiselpumpen, Klein, Schanzlin, Becker Frankenthal, 1999.

[107] *Surek, D.; Stempin, S.:* Angewandte Strömungsmechanik für Praxis und Studium. Teubner, 2007.

[108] *Junge, G.:* Einführung in die Technische Strömungslehre. Fachbuchverlag, 2011.

[109] *Bozóki, G.:* Überdrucksicherungen für Behälter und Rohrleitungen. Verlag Technik, 1986.

[110] *Cerbe, G.; Hoffmann, H.-J.:* Einführung in die Thermodynamik. Carl Hanser Verlag, 2013.

[111] Wärmetechnisches Handbuch. G+H Montage GmbH Ludwigshafen, 1996.

[112] AD-Richtlinie AD 2000 – Merkblatt W4:2008-05.

[113] *Bernecker, G.:* Planung und Bau verfahrenstechnischer Anlagen. Springer Verlag, 2001.

[114] *Schulze, R. u. a.:* Anlagentechnik I. Deutscher Verlag für Grundstoffindustrie, 1977.

[115] N. N.: Werksfoto IMO Merseburg.

[116] N. N.: Porn Marlener Metallverarbeitung GmbH.

[117] *Wellinger, K.; Sturm, D.:* Nahtlose und geschweißte Stahlrohre bei ruhender und schwellender Innendruckbelastung. Techn. Überwachung 10 (1969) Nr. 4, S. 114 – 118.

[118] *Winn, L.:* Berechnung von Behältern unter statischem Innendruck. Konstruktion 15 (1963) S. 263 – 270.

[119] *Lorenz, H.:* Die Biegung krummer Rohre. Dinglers polytechnisches Journal. H. 37, Band 327, 1912.

Index

K

L

M

T

U

V